Godement · Analyse Mathématique III

Springer
*Berlin
Heidelberg
New York
Barcelone
Hong Kong
Londres
Milan
Paris
Tokyo*

Roger Godement

Analyse mathématique III

Fonctions analytiques,
différentielles et variétés,
surfaces de Riemann

Springer

Roger Godement
Université Paris VII
Département de Mathématiques
2, place Jussieu
75251 Paris Cedex 05
France

Mathematics Subject Classification (2000): 30Axx, 30Exx, 30Fxx, 42Axx, 58Axx

Die Deutsche Bibliothek - CIP-Einheitsaufnahme
Godement, Roger:
Analyse mathématique / Roger Godement. - Berlin; Heidelberg; New York; Barcelona;
Hongkong; London; Mailand; Paris; Tokio: Springer
Vol. 3. Fonctions analytiques, différentielles et variétés, surfaces de Riemann. - 2001
ISBN 3-540-66142-5

ISBN 3-540-66142-5 Springer-Verlag Berlin Heidelberg New York

Tous droits de traduction, de reproduction et d'adaptation réservés pour tous pays. La loi du 11 mars 1957 interdit les copies ou les reproductions destinées à une utilisation collective. Toute représentation, reproduction intégrale ou partielle faite par quelque procédé que ce soit, sans le consentement de l'auteur ou de ses ayants cause, est illicite et constitue une contrefaçon sanctionnée par les articles 425 et suivants du Code pénal.

Springer-Verlag Berlin Heidelberg New York
est membre du groupe BertelsmannSpringer Science+Business Media GmbH

http://www.springer.de

© Springer-Verlag Berlin Heidelberg 2002
Imprimé en Allemagne

Maquette de couverture: *design & production* GmbH, Heidelberg

Printed on acid-free paper   SPIN 10637582   41/3142/YL - 5 4 3 2 1 0

Table des matières du volume III

VIII – La Théorie de Cauchy 1

§ 1. *Intégrales de functions holomorphes* 3

1 – Résultats préliminaires 3

    (i)   Le théorème fondamental (TF) du calcul différentiel et intégral 3
    (ii)   Calcul différentiel dans $\mathbb{R}^2$ 4
    (iii) Fonctions holomorphes 7

2 – Le problème des primitives 8

    (i)   Primitives locales d'une fonction holomorphe 8
    (ii)   Intégration le long d'un chemin. Chemins admissibles 10
    (iii) L'intégrale le long d'un chemin comme intégrale de Stieltjes 12
    (iv) Une condition nécessaire et suffisante d'existence d'une primitive 14
    (v)   Cas d'un domaine contractile 17

3 – Invariance de l'intégrale par homotopie 19

    (i)   Chemins homotopes 19
    (ii)   Différentiation par rapport à un chemin 21
    (iii) Effet d'une homotopie linéaire sur une intégrale 23
    (iv) Le théorème d'invariance par homotopie 25

§ 2. *Les formules intégrales de Cauchy* 32

4 – Formule intégrale pour un cercle 32

    (i)   Intégrales en $1/z$ 32
    (ii)   Longueur d'un chemin 34
    (iii) La formule intégrale de Cauchy pour un cercle 36
    (iv) Modes de convergence des fonctions holomorphes 37
    (v)   Analyticité des fonctions holomorphes 41
    (vi) Série de Laurent 42

5 – La formule des résidus 44

VI   Table des matières du volume III

    (i)   La formule des résidus 44
    (ii)   Formule intégrale de Cauchy : cas général 48
    (iii) Nombre de zéros et de pôles d'une fonction 49
    (iv) Résidus à l'infini 51
    (v)   Invariance du résidu par représentation conforme 53
    (vi) Fonctions sur la sphère de Riemann 56

6 – Le théorème de Dixon 58

7 – Intégrales dépendant holomorphiquement d'un paramètre 62

§ 3. *Quelques applications de la méthode de Cauchy* 66

8 – Transformée de Fourier d'une fraction rationnelle 68

    (i)   Intégrales absolument convergentes de fonctions rationnelles 68
    (ii)   Intégrales semi-convergentes de fonctions rationnelles 71
    (iii) Transformées de Fourier absolument convergentes 72
    (iv) Transformées de Fourier semi-convergentes 76

9 – Formules sommatoires 79

10 – La fonction gamma, la transformée de Fourier de $e^{-x}x_+^{s-1}$
    et l'intégrale de Hankel 82

    (i)   La fonction gamma 82
    (ii)   Transformée de Fourier de $e^{-x}x_+^{s-1}$ 85
    (iii) L'intégrale de Hankel 86

11 – Le problème de Dirichlet pour le demi-plan 89

12 – La transformation de Fourier complexe 98

    (i)   Généralités 98
    (ii)   Un théorème de Paley-Wiener 101
    (iii) Fonctions holomorphes inégrables une bande 102
    (iv) Fonctions holomorphes intégrables dans un demi-plan 106

13 – La transformation de Mellin 108

    (i)   Questions de convergence 108
    (ii)   Prolongement analytique d'une transformée de Mellin 110
    (iii) Exemple : la fonction zêta de Riemann 113
    (iv) Un théorème de type Paley-Wiener 115

14 – La formule de Stirling pour la fonction gamma 123

15 – La transformée de Fourier de $1/\cosh \pi x$ 131

IX – Différentielles et Intégrales à Plusieurs Variables 139

§ 1. *Calcul différentiel classique* 139

1 – Algèbre linéaire et tenseurs 139

	(i)	Espaces vectoriels de dimension finie	139
	(ii)	Les notations tensorielles	141
2 –	Calcul différentiel à n variables		154
	(i)	Fonctions différentiables	154
	(ii)	Dérivation des fonctions composées	157
	(iii)	Différentielles partielles	159
	(iv)	Difféomorphismes	161
	(v)	Immersions, submersions, subimmersions	163
3 –	Calculs en coordonnées locales	163
	(i)	Difféomorphismes et cartes locales	163
	(ii)	Repères mobiles et champs de tenseurs	165
	(iii)	Dérivées covariantes dans un espace cartésien	169

§ 2. *Formes différentielles de degré 1* 175

4 – Formes différentielles de degré 1 175

5 – Primitives locales 177

    (i)   Existence : calcul en coordonnées 177
    (ii) Existence des primitives locales : formules intrinsèques 179

6 – Intégration le long d'un chemin. Images réciproques 181

    (i)   Intégrales d'une forme différentielle 181
    (ii) Image réciproque d'une forme différentielle 183

7 – Effet d'une homotopie sur une intégrale 185

    (i)   Différentiation par rapport à un chemin 185
    (ii) Effet d'une homotopie sur une intégrale 187
    (iii) L'espace de Banach $C^{1/2}(I;E)$ 189

§ 3. *Intégrales de formes différentielles* 192

8 – Dérivée extérieure d'une forme de degré 1 192

    (i)   L'analyse vectorielle des physiciens 192
    (ii) Formes différentielles de degré 2 193
    (iii) Formes de degré p 196

9 – Intégrales étendues à un chemin de dimension 2 201

    (i)   La dérivée extérieure comme intégrale infinitésimale 203
    (ii) La formule de Stokes pour un chemin de dimension 2 205
    (iii) Intégrale d'une image réciproque 208
    (iv) Un exemple dans le plan 209
    (v)   Version classique 211

10 – Changement de variables dans une intégrale multiple 214

    (i)   Cas où φ est linéaire 215
    (ii)   Lemmes d'approximation 219
    (iii) La formule du changement de variables 224
    (iv) Formule de Stokes pour un chemin de dimension p 226

§ 4. *Variétés différentielles* 230

11 – Qu'est-ce qu'une variété ? 230

    (i)   La sphère dans $\mathbb{R}^3$ 230
    (ii)   La notion de variété de classe C^r et de dimension d 231
    (iii) Quelques exemples 233
    (iv) Applications différentiables 236

12 – Vecteurs tangents et différentielles 238

    (i)   Vecteurs et espaces vectoriels tangents 238
    (ii)   Vecteur tangent à une courbe 241
    (iii) Différentielle d'une application 242
    (iv) Différentielles partielles 246
    (v)   La variété des vecteurs tangents 247

13 – Sous-variétés et subimmersions 248

    (i)   Sous-variétés 249
    (ii)   Sous-variétés définies par une subimmersion 252
    (iii) Les sous-groupes à un paramètre d'un tore 255
    (iv) Sous-variétés d'un espace cartésien : vecteurs tangents 260
    (v)   Espaces de Riemann 262

14 – Champs de vecteurs et opérateurs différentiels 264

15 – Champs de vecteurs et équations différentielles 266

    (i)   Réduction à une équation intégrale 267
    (ii)   Existence des solutions 268
    (iii) Unicité de la solution 269
    (iv) Dépendance des conditions initiales 270
    (v)   Exponentielle d'une matrice 273

16 – Formes différentielles sur une variété 275

17 – Intégrale d'une forme différentielle 277

    (i)   Variétés orientables 277
    (ii)   Intégrales de formes différentielles 281

18 – La formule de Stokes 284

X – La Surface de Riemann d'une Fonction Algébrique 289

1 – Surfaces de Riemann 289

2 – Fonctions algébriques 295

3 – Revêtements d'un espace topologique 300

    (i)   Définition des revêtements 300
    (ii)   Sections d'un revêtement 302
    (iii) Relèvements d'un chemin 303
    (iv) Revêtements d'un espace simplement connexe 307
    (v)   Revêtements d'un disque pointé 311

4 – La surface de Riemann d'une fonction algébrique 312

    (i)   Branches uniformes globales 312
    (ii)   Définition de la surface de Riemann $\hat{X}$ 313
    (iii) La fonction algébrique $\mathcal{F}(z)$
            comme fonction méromorphe sur $\hat{X}$ 316
    (iv) Connexité de $\hat{X}$ 319
    (v)   Fonctions méromorphes sur $\hat{X}$ 321
    (vi) Le point de vue purement algébrique 322

Index 327

Table des matières du volume I 331

Table des matières du volume II 335

VIII – La Théorie de Cauchy

§ 1. Intégrales de fonctions holomorphes – § 2. Les formules intégrales de Cauchy – § 3. Quelques applications de la méthode de Cauchy

Nous avons montré au Chapitre VII, § 4 comment l'utilisation des séries de Fourier permettait d'obtenir une très appréciable partie de la théorie classique des fonctions holomorphes ou analytiques dans $\mathbb{C}$. En fait, la méthode universellement adoptée pour les établir consiste, idée fondamentale de Cauchy, à intégrer les fonctions holomorphes le long de courbes tracées dans leurs domaines de définition et, par ce moyen, à établir une version du "théorème fondamental du calcul différentiel et intégral" (TF) s'appliquant aux fonctions holomorphes, après quoi l'on en déduit une infinité de conséquences.

Je n'en exposerai qu'une très faible partie. La théorie générale des fonctions analytiques est d'une étendue illimitée[1] et les résultats dont on a besoin dans les domaines des mathématiques où l'on rencontre des fonctions holomorphes sont par contre très limités dans la grande majorité des cas. Par exemple, un résultat aussi célèbre que le théorème de Riemann sur la représentation conforme des domaines simplement connexes ne sert que très rare-

---

[1] Les deux volumes de Reinhold Remmert, *Funktionentheorie* (Springer, 1995), existe aussi en édition anglaise), plus de 700 pages très concentrées, peuvent donner une idée de ce qu'est la théorie générale des fonctions analytiques, mais ne traitent pas des surfaces de Riemann, des fonctions algébriques, des fonctions elliptiques et automorphes, des équations différentielles dans le domaine complexe, des fonctions spéciales, etc., domaines qui exigeraient quelques milliers de pages supplémentaires et ont de toute façon fait l'objet d'exposés spécialisés. Parmi les très nombreux autres exposés disponibles, citons Walter Rudin, *Real and Complex Analysis* (McGraw-Hill, 1966, disponible aussi en français), Jean Dieudonné, *Calcul Infinitésimal* (Hermann, 1968), utile en particulier par ses nombreux exercices, Eberhard Freitag & Rolf Busam, *Funktionentheorie* (Springer-Verlag, 1995) qui cite beaucoup d'autres titres, Serge Lang, *Complex Analysis* (Springer, plusieurs éditions), John B. Conway, *Functions of One Complex Variable* (2 vol., Springer, 1978-95), Carlos A. Berenstein & Roger Gray, *Complex Variables. An Introduction* (Springer, 1991).

ment, même s'il est recommandé de le connaître pour la "culture générale"; et quant à classifier les surfaces de Riemann simplement connexes, ce qui serait beaucoup plus utile, cela demanderait des développements beaucoup trop difficiles. Les résultats et méthodes fort élémentaires que nous exposerons dans ce chapitre suffisent largement, par exemple, au chapitre que nous consacrerons à la théorie des surfaces de Riemann ou à celle des fonctions elliptiques et modulaires.

Il vaut donc beaucoup mieux apprendre à utiliser les idées fondamentales que des foules de théorèmes généraux, si ingénieux et profonds soient-ils, sauf bien sûr si l'on tient à se spécialiser dans la théorie générale.

La théorie de Cauchy (il vaudrait beaucoup mieux dire : de Cauchy et Weierstrass) a fait et continue à faire l'objet d'innombrables exposés ne différant les uns des autres que par des détails d'exposition ou de style ; ne voyant pas l'utilité de les reproduire une énième fois, j'ai tenté, lorsque c'était possible, de ne pas les suivre, notamment à propos de l'homotopie. On verra au Chapitre suivant que, mis à part le théorème des résidus qui en est une conséquence facile, la méthode de Cauchy rentre dans le cadre beaucoup plus général des formes différentielles à plusieurs variables.

§ 1. Intégrales de fonctions holomorphes

1 – Résultats préliminaires

(i) *Le théorème fondamental (TF) du calcul différentiel et intégral* (Chap. V, § 3). Dans sa version la plus simple, on se donne une fonction continue f sur un intervalle $I \subset \mathbb{R}$ et, en choisissant un $a \in I$, on pose

$$F(x) = \int_a^x f(t)dt \, ;$$

on obtient ainsi une fonction dérivable telle que $F'(x) = f(x)$ pour tout $x \in I$. Inversement, toute primitive de f est, à une constante additive près, donnée par cette formule.

Si, cas moins simple, on part d'une fonction f *réglée*[2], la formule précédente définit une fonction F continue qui, en tout $x \in I$, admet des dérivées à droite et à gauche données par

$$F'_d(x) = \lim_{\substack{h=0 \\ h>0}} \frac{F(x+h) - F(x)}{h} = f(x+0) = \lim_{\substack{h=0 \\ h>0}} f(x+h)$$

et une formule analogue à gauche. En particulier, la dérivée $F'(x)$ existe en dehors de l'ensemble dénombrable D des points de discontinuité de f. Si, inversement, on a dans I une fonction réglée f et une fonction *continue* F qui, en dehors d'une partie *dénombrable* de I, admet une dérivée égale à $f(x)$, alors F est, à une constante près, encore donnée par la formule standard (Chap. V, § 3, n° 13). On dit alors que F est une *primitive* de f.

Pour simplifier le langage, nous dirons qu'une fonction F est *de classe $C^{1/2}$* dans I si c'est une primitive d'une fonction réglée que nous noterons toujours F'; elle est déterminée sauf peut-être pour une infinité dénombrable de valeurs de la variable: ambiguïté sans importance qu'on peut lever en posant $F'(x) = F'_d(x)$ pour tout x. Il ne suffit pas pour cela que F soit dérivable en dehors d'un ensemble dénombrable. On adopte la notation $C^{1/2}$

---

[2] Rappelons qu'une fonction f définie sur un intervalle $I \subset \mathbb{R}$ est dite réglée si elle vérifie les trois conditions équivalentes que voici: (a) elle possède des valeurs limites à droite et à gauche en tout point de I; (b) pour tout intervalle compact $K \subset I$ et tout $r > 0$, il existe une partition de K en intervalles sur chacun desquels f est constante à r près; (c) il existe une suite de fonctions étagées qui converge vers f uniformément sur tout compact $K \subset I$ (donc sur I si I est compact). Chap. V, n° 7, Théorème 6. La somme, le produit et le quotient de deux fonctions réglées sont encore du même type. Si f et g sont de classe $C^{1/2}$, le produit fg est une fonction continue qui, en dehors d'un ensemble dénombrable, admet une dérivée $f'(t)g(t) + f(t)g'(t)$, laquelle est une fonction réglée; fg est donc une primitive de $f'g + fg'$, ce qui permet d'appliquer la formule d'intégration par parties aux fonctions de classe $C^{1/2}$ définies plus bas.

parce que C^0 signifie que F est continue, ce qui est moins restrictif, tandis que C^1 signifie que F' existe partout et est continue, ce qui l'est davantage.

(ii) *Calcul différentiel dans* $\mathbb{R}^2$. Soient U un ouvert de $\mathbb{R}^2$ et f une application de U dans $\mathbb{R}$ ou $\mathbb{R}^2$. On dit qu'elle est différentiable en un point $c \in U$ si, $h \in \mathbb{R}^2$ étant un vecteur variable, $f(c+h) - f(c)$ est " approximativement linéaire" en h pour h assez petit ; de façon précise, on exige l'existence d'une application linéaire de $\mathbb{R}^2$ dans $\mathbb{R}$ ou $\mathbb{R}^2$, l'application linéaire tangente à f (ou application dérivée, ou différentielle) de f en c, notée $f'(c)$, telle que l'on ait

$$f(c+h) = f(c) + f'(c)h + o(h)$$

quand la longueur $|h|$ du vecteur h tend vers 0 ; on a donc

(1.1) $$f'(c)h = \frac{d}{dt} f(c+th) \qquad \text{pour } t = 0.$$

Si $c = (a, b)$ on a

$$f(a+u, b+v) = f(a,b) + pu + qv + o(|u| + |v|)$$

où les coefficients p, q, éléments de $\mathbb{R}$ ou $\mathbb{R}^2$ selon les cas, ne dépendent pas de u, v. Ce sont les dérivées partielles[3]

$$p = D_1 f(c) = \lim_{u=0} \frac{f(a+u, b) - f(a,b)}{u},$$
$$q = D_2 f(c) = \lim_{v=0} \frac{f(a, b+v) - f(a,b)}{v}$$

de f au point c. Si $h = (u, v) \in \mathbb{R}^2$, on a donc

(1.2) $$f'(c)h = D_1 f(c) u + D_2 f(c) v.$$

Si, dans le cas d'une fonction à valeurs dans $\mathbb{R}^2$, on pose $f(x, y) = (f_1(x, y), f_2(x, y))$, l'application $f'(c)$, pour $c = (a, b)$, transforme donc $h = (u, v)$ en le vecteur

(1.3) $$f'(c)h = D_1 f(c) u + D_2 f(c) v =$$
$$= (D_1 f_1(c), D_1 f_2(c)) u + (D_2 f_1(c), D_2 f_2(c)) v =$$
$$= (D_1 f_1(c) u + D_2 f_1(c) v, D_1 f_2(c) u + D_2 f_2(c) v).$$

Si inversement les dérivées partielles existent quel que soit $c \in U$ et sont continues dans U, auquel cas on dit que f est de classe C^1 dans U, alors

---

[3] Une notation telle que $D_1 f(c)$ représentera toujours la valeur au point c de la fonction $D_1 f$.

f est différentiable en tout point de U. Si $D_1 f$ et $D_2 f$ sont à leur tour de classe C^1, on dit que f est de classe C^2, et ainsi de suite. On a alors

(1.4) $$D_1 D_2 f = D_2 D_1 f.$$

Au lieu de la notation $f'(c)h$, on écrit souvent

$$df(c;h) = f'(c)h;$$

pour $h = (u,v)$, on a évidemment $df(c;h) = u$ si f est la fonction coordonnée $(x,y) \mapsto x$, $df(c;h) = v$ si f est $(x,y) \mapsto y$ et $df(c;h) = h$ si f est[4] l'application identique $z = (x,y) \mapsto (x,y)$. On peut donc écrire

$$df[c; dz(x;h)] = D_1 f(c) dx(c;h) + D_2 f(c) dy(c;h)$$

ou, en abrégé,

(1.5) $$df(c;dz) = D_1 f(c) dx + D_2 f(c) dy.$$

On aura aussi besoin du théorème de dérivation des fonctions composées dans deux cas.

(a) Supposons f de classe C^1 dans U et soit $\mu : I \longrightarrow U$ une fonction définie dans un intervalle I de $\mathbb{R}$, d'où une fonction composée $p = f \circ \mu : t \mapsto f[\mu(t)]$. En tout point t où μ est dérivable, il en est de même de p et l'on a

(1.6) $$p'(t) = f'[\mu(t)] \mu'(t),$$

image du vecteur[5] $\mu'(t) \in \mathbb{R}^2$ par l'application linéaire tangente à f en $\mu(t)$. Si f et μ sont de classe C^1, il en est de même de p; si f est de classe C^1 et μ de classe $C^{1/2}$, la fonction p, évidemment continue, est de classe $C^{1/2}$ car $p'(t)$ existe en dehors d'un ensemble dénombrable et est réglée comme produit de la fonction continue $f'[\mu(t)]$ par la fonction réglée $\mu'(t)$. La fonction p est donc une primitive de $f'[\mu(t)] \mu'(t)$.

---

[4] La lettre z désigne ici le point de coordonnées x, y de $\mathbb{R}^2$ plutôt que le nombre complexe $x + iy$. C'est dans la théorie des fonctions holomorphes qu'il est indispensable de regarder les points du plan comme des nombres complexes. Cela dit, il n'est pas interdit d'utiliser la lettre z pour désigner un point de $\mathbb{R}^2$ ou de tout autre ensemble.

[5] Si $\mu(t) = (\mu_1(t), \mu_2(t))$, $\mu'(t)$ est le vecteur $(\mu_1'(t), \mu_2'(t))$. Si l'on ne fait pas de distinction entre un point ou vecteur $(u,v) \in \mathbb{R}^2$ et le nombre complexe $u + iv \in \mathbb{C}$, le nombre complexe $\mu'(t)$ devient la dérivée usuelle de la fonction à valeurs complexes $\mu(t)$. Mais cette interprétation n'est généralement pas compatible avec la formule (6), car dans celle-ci $f'[\mu(t)]$ est une application linéaire de $\mathbb{R}^2$ dans $\mathbb{R}^2$ et non pas un simple nombre complexe. C'est seulement si f est holomorphe que l'on peut interpréter les trois dérivées figurant dans (6) comme des nombres complexes. L'existence de ces deux interprétations possibles des éléments de $\mathbb{R}^2$ conduit fréquemment à des confusions qui ne se produisent pas, et pour cause, dans $\mathbb{R}^n$, avec $n \geq 3$.

(b) Si g est une application d'un ouvert $V \subset \mathbb{R}^2$ dans U, d'où à nouveau une application composée $p = f \circ g : V \longrightarrow \mathbb{R}^2$, alors p est différentiable en tout point $c \in V$ où g l'est, et l'on a

(1.7) $$p'(c) = f'[g(c)] \circ g'(c),$$

composée ou produit des applications linéaires tangentes à g en c et à f en $g(c)$. On retrouve facilement ce résultat en écrivant que

$$p(c+h) = f[g(c+h)] \sim f[g(c) + g'(c)h]$$
$$\sim f[g(c)] + f'[g(c)]g'(c)h = p(c) + f'[g(c)]g'(c)h,$$

mais ce n'est pas là une *démonstration*. La formule précédente s'écrit aussi sous la forme

(1.8) $$dp(z; dz) = df[g(z); dg(z; dz)] :$$

dans la différentielle $df(z; dz)$ de f, on remplace z et dz par $g(z)$ et la différentielle de g au point z, comme Leibniz le savait déjà.

Lorsqu'on identifie les points de $\mathbb{R}^2$ à des nombres complexes, toute fonction $f(x,y) = (f_1(x,y), f_2(x,y))$ à valeurs dans $\mathbb{R}^2$ s'identifie à la fonction à valeurs complexes

$$z \longmapsto f_1(z) + if_2(z),$$

les dérivées partielles s'identifiant alors aux fonctions

$$D_1 f = D_1 f_1 + i D_1 f_2, \quad D_2 f = D_2 f_1 + i D_2 f_2.$$

Dans le cas (a), la fonction composée $p(t) = f_1[\mu(t)] + if_2[\mu(t)]$ est à valeurs complexes ; si l'on pose $\mu(t) = \mu_1(t) + i\mu_2(t)$ et $D = d/dt$, on a

$$p'(t) = D_1 f_1[\mu(t)] D\mu_1(t) + D_2 f_1[\mu(t)] D\mu_2(t) +$$
$$+ i\{D_1 f_2[\mu(t)] D\mu_1(t) + D_2 f_2[\mu(t)] D\mu_2(t)\} =$$
$$= \{D_1 f_1[\mu(t)] + i D_1 f_2[\mu(t)]\} D\mu_1(t) +$$
$$+ \{D_2 f_1[\mu(t)] + i D_2 f_2[\mu(t)]\} D\mu_2(t) ;$$

on retrouve donc la même formule

$$p'(t) = D_1 f[\mu(t)] D\mu_1(t) + D_2 f[\mu(t)] D\mu_2(t)$$

mais où, cette fois, il s'agit des dérivées usuelles, à valeurs complexes, de fonctions à valeurs complexes. Dans le cas (b), il faut supposer que l'on compose deux fonctions f et g holomorphes pour obtenir une formule simple ; voir plus loin.

(iii) *Fonctions holomorphes.* Soit f une fonction à valeurs complexes définie dans un ouvert U de $\mathbb{C}$ et supposons-la différentiable en $c \in U$ en tant qu'application de U dans $\mathbb{R}^2$. Elle possède donc une différentielle $f'(c) : \mathbb{R}^2 \longrightarrow \mathbb{R}^2$ qui est linéaire sur le corps $\mathbb{R}$. Il se peut qu'elle soit $\mathbb{C}$-linéaire, i.e. de la forme $h \mapsto ah$, où $a \in \mathbb{C}$ est une constante (à savoir la valeur de l'application pour $h = 1$); cela signifie qu'on a alors

$$f(c+h) = f(c) + ah + o(h)$$

lorsque $|h|$ tend vers 0, relation où c, h, a, $f(c)$, etc. sont, cette fois, des nombres complexes. Le nombre a, qui caractérise $f'(c)$, est alors donné par la relation

(1.9) $$a = \lim_{h=0} \frac{f(c+h) - f(c)}{h}$$

où l'on fait tendre h vers 0 par valeurs *complexes* non nulles. On dit alors que f est dérivable au sens complexe au point c de U et l'on pose $a = f'(c)$. La notation $f'(c)$ désigne donc à la fois un nombre complexe et une application linéaire de $\mathbb{R}^2$ dans $\mathbb{R}^2$; cette ambiguïté apparente tient au fait que, dans $\mathbb{R}^2$, les applications de la forme $h \mapsto ah$, où $a \in \mathbb{C}$ est une constante, ne sont autres que les applications $\mathbb{C}$-linéaires; il est donc naturel de ne pas faire de distinction entre une telle application et le coefficient a qui la détermine; généralisation aux applications d'un corps K dans lui-même qui sont linéaires sur K : ce sont les fonctions $x \mapsto ax$ des potaches.

La fonction f est dite *holomorphe* dans U si la limite $f'(z)$ existe pour tout $z \in U$ et est fonction continue de z (Chap. II, § 3, n° 19); il revient au même d'exiger que f soit C^1 comme fonction de (x,y) et vérifie la relation de Cauchy

(1.10) $$D_1 f = -i D_2 f \quad (= f')$$

(Chap. III, § 5, n° 20), laquelle exprime exactement la $\mathbb{C}$-linéarité de la différentielle (2).

Il existe pour les fonctions holomorphes une formule de dérivation des fonctions composées formellement identique à celle de la théorie des fonctions d'une variable réelle. On l'utilise dans deux cas.

(a) Considérons d'abord un intervalle $I \subset \mathbb{R}$, un ouvert $U \subset \mathbb{C}$, une application $\mu : I \longrightarrow U$ et une fonction f définie et *holomorphe* dans U, d'où une application composée $p : t \mapsto f[\mu(t)]$ de I dans U. Si μ est dérivable en un point t de I, il en est de même de p et l'on a

(1.11) $$p'(t) = f'[\mu(t)] \mu'(t)$$

où f' désigne la fonction définie par la limite (9). Ce résultat s'étend immédiatement au cas d'une fonction composée de la forme $p = f \circ \mu$ où μ est une fonction de plusieurs variables réelles $s_1, \ldots, s_p$: en notant D_i l'opérateur de dérivation partielle relatif à s_i, on a

(1.11') $\qquad D_i p(s_1, \ldots, s_p) = f'\left[\mu(s_1, \ldots, s_p)\right] D_i \mu(s_1, \ldots, s_p)$,

car pour dériver par rapport à s_i, on fixe les autres variables, ce qui ramène à (11).

(b) Si maintenant l'on remplace I par un ouvert V de $\mathbb{C}$ et μ par une fonction $g : V \longrightarrow U$ *holomorphe* dans V, l'application composée p de V dans $\mathbb{C}$ est encore holomorphe et l'on a

(1.12) $\qquad\qquad\qquad p'(z) = f'\left[g(z)\right] g'(z)$

pour tout $z \in V$. La formule (12) est en effet exacte d'après (7) si on y interprète les dérivées f', g' et p' comme des applications linéaires de $\mathbb{R}^2$ dans $\mathbb{R}^2$ et le second membre comme l'application composée de $f'[g(z)]$ et $g'(z)$. Ces applications sont par hypothèse $\mathbb{C}$-linéaires. Mais si, dans $\mathbb{C}$, on compose deux applications $\mathbb{C}$-linéaires $h \mapsto ah$ et $h \mapsto bh$, on obtient l'application $h \mapsto abh$; la formule (12) s'obtient donc en substituant aux applications $p'(z)$, etc. les nombres complexes correspondants.

Comme on l'a montré au Chap. VII, dire qu'une fonction f est holomorphe dans un ouvert G revient à dire qu'elle est *analytique* dans G, i.e. possède en tout $a \in G$ un développement en série entière $f(z) = \sum_{n \geq 0} c_n (z-a)^n$ qui converge et la représente dans un disque de centre a et, en fait, dans le plus grand disque de centre a contenu dans G ; la série entière qui, au voisinage de a, représente f n'est autre que sa série de Taylor

$$f(z) = \sum_{n \geq 0} f^{(n)}(a)(z-a)^{[n]}$$

où, rappelons-le, on pose $z^{[n]} = z^n/n!$. Les termes " holomorphe " et " analytique " sont donc synonymes.

Néanmoins, tous les résultats que nous démontrerons dans ce chapitre reposent uniquement sur la définition initiale des fonctions holomorphes, autrement dit, n'utilisent pas l'analyticité de celles-ci, résultat que nous retrouverons par la méthode traditionnelle de Cauchy. Nous maintiendrons donc la distinction stricte entre les fonctions " holomorphes " et les fonctions " analytiques " aussi longtemps que nous n'aurons pas démontré à nouveau l'équivalence entre ces deux notions.

2 – Le problème des primitives

(i) *Primitives locales d'une fonction holomorphe*. L'un des problèmes de base de la théorie des fonctions holomorphes consiste, étant donnée une telle fonction f dans un ouvert U de $\mathbb{C}$, à trouver une *primitive* de f dans U, i.e. une fonction holomorphe F telle que $F' = f$. Si U est un disque de centre a, le problème possède toujours une solution puisqu'une série entière peut se dériver terme à terme (Chap. II, n° 19) :

$$(2.1) \quad f(z) = \sum_{n \geq 0} c_n(z-a)^n \iff F(z) = c + \sum_{n \geq 0} c_n(z-a)^{n+1}/(n+1)$$

où c est une constante arbitraire. Une démonstration n'utilisant pas l'analyticité, et qui se généralise aux formes différentielles, consiste à observer que si f est holomorphe dans le disque $D : |z| < R$ et si $F' = f$, la fonction $t \mapsto F(tz)$, définie au minimum dans $[0,1]$ pour $z \in D$ donné, a pour dérivée $F'(tz)z = f(tz)z$ d'après (11); le TF montre alors que, si $F(0) = 0$, on a

$$(2.2) \quad F(z) = \int_0^1 f(tz)z\,dt$$

pour tout $z \in D$.

Si, inversement, on définit F dans D à l'aide de cette formule, alors F est holomorphe et vérifie $F' = f$. Pour le voir, on observe que la fonction de (t,x,y) sous le signe $\int$ est C^1, ce qui permet de dériver sous le signe $\int$ par rapport à x ou y; posant $D_1 = d/dx$ et $D = d/dt$, on a alors, en omettant les limites d'intégration et en notant que $D_1 z = 1$,

$$D_1 F(z) = \int D_1\left[f(tx,ty)z\right]dt = \int \left[D_1 f(tz).tz + f(tz)\right]dt\,;$$

puisque f est holomorphe, on a $D_1 f = f'$ et $f'(tz)z$ est la dérivée de $f(tz)$ par rapport à t; il vient donc, en intégrant par parties,

$$D_1 F(z) = \int f(tz)dt + \int t.D\left[f(tz)\right]dt = \int f(tz)dt + tf(tz)\Big|_0^1 - \int f(tz)dt,$$

d'où $D_1 F = f$. Si maintenant on remplace D_1 par $D_2 = d/dy$, le calcul reste le même à ceci près que $D_2 f = if'$. On trouve alors $D_2 F = if$; par suite, F vérifie la condition de Cauchy et l'on a $F'(z) = D_1 F(z) = f(z)$, cqfd.

La méthode vaut plus généralement pour tout domaine *étoilé* G, i.e. dans lequel il existe un point a tel que, pour tout $z \in G$, le segment de droite $[a,z]$ soit contenu dans G : remplacer tz par $a+t(z-a)$ dans (2). C'est par exemple le cas d'un ouvert convexe, de $\mathbb{C} - \mathbb{R}_+$ en choisissant a sur l'axe réel négatif, etc. Mais on trouvera plus loin un résultat moins restrictif quant à G.

Revenons au cas général. Ce que l'on vient d'établir signifie que toute fonction holomorphe f dans un ouvert quelconque G admet une primitive *au voisinage* de chaque point de G; mais ce résultat local n'implique aucunement l'existence d'une primitive globale, i.e. valable dans G tout entier, comme on l'a déjà vu (Chapitre IV, §4) à propos de $1/z$ et sa pseudo-primitive $\mathcal{L}og\,z$; on y reviendra plus loin.

(ii) *Intégration le long d'un chemin. Chemins admissibles.* Soit f une fonction définie et holomorphe dans un ouvert connexe G de $\mathbb{C}$, i.e. un *domaine*, et supposons que f possède dans G une primitive F. Si nous étions dans $\mathbb{R}$, le TF

$$(2.3) \qquad F(z) - F(a) = \int_a^z f(\zeta)d\zeta \iff F'(z) = f(z)$$

où, en dépit des notations, z et la variable d'intégration ζ sont réels, permettrait de calculer F à une constante additive près. Mais intégrer d'un point $a \in G$ à un autre point $z \in G$ n'a à première vue aucun sens dans $\mathbb{C}$.

Toutefois, nous savons – c'est (1.11) – que si $\mu : I \longrightarrow G$ est une application d'un intervalle $I \subset \mathbb{R}$ dans G, i.e. un *chemin*[6] dans G, on a

$$(2.4) \qquad \frac{d}{dt}F[\mu(t)] = F'[\mu(t)]\,\mu'(t) = f[\mu(t)]\,\mu'(t)$$

en tout point où la dérivée $\mu'(t)$ existe. Si μ est de classe C^1, si $I = [u,v]$ et si $\mu(u) = a$, $\mu(v) = z$, la version la plus simple du TF montre donc que

$$(2.5) \qquad F(z) - F(a) = \int_I f[\mu(t)]\,\mu'(t)dt$$

puisque le dernier membre de (4) est fonction continue de t; la formule (2) s'obtient pour $\mu(t) = tz$. Ce résultat est encore valable si μ est de classe $C^{1/2}$: la formule (4) est valable en tout point où μ possède une dérivée, donc en dehors d'une partie dénombrable de I, et la fonction $f[\mu(t)]\,\mu'(t)$ est réglée; la fonction continue $F[\mu(t)]$ est donc une primitive de celle-ci, d'où (5). Un chemin de classe $C^{1/2}$ sera encore dit *admissible*.

Si l'on pose, à la Leibniz, $\zeta = \mu(t)$, on a $d\zeta = \mu'(t)dt$, de sorte qu'au second membre de (5) on intègre l'expression $f(\zeta)d\zeta$; ceci conduit à définir *l'intégrale de f le long d'un chemin* μ par

$$(2.6) \qquad \int_\mu f(\zeta)d\zeta = \int_I f[\mu(t)]\,\mu'(t)dt$$

comme on l'a fait au Chap. V, equ. (5.16), pour la formule de Cauchy pour un cercle. On pourrait justifier la notation introduite au premier membre de (6) en observant que, si l'on choisit une subdivision de $I = [u,v]$ par des points $u = t_0 < t_1 < \ldots < t_n = v$ et si l'on pose $\zeta_i = \mu(t_i)$, l'intégrale (5) est approximativement égale à

---

[6] Tout le monde utilise la lettre γ pour noter un chemin. J'utiliserai la lettre μ parce que (i) les " concepteurs " des claviers d'ordinateurs ont eu l'heureuse idée d'y faire figurer une et une seule lettre grecque, à savoir μ, (ii), raison plus sérieuse, la fonction $\mu(t)$ intervient par la mesure de Radon (ou de Stieltjes) $d\mu(t) = \mu'(t)dt$ qu'elle définit, comme on le verra un peu plus loin.

$$\sum f(\zeta_i) \mu'(t_i) (t_{i+1} - t_i)$$

et donc, non moins approximativement, à $\sum f(\zeta_i) (\zeta_{i+1} - \zeta_i)$ d'après la formule des accroissements finis; d'où la notation (6). Le lecteur n'aura aucun mal à ajouter à ce raisonnement schématique les ε qui le rendront correct en utilisant une subdivision de I sur les intervalles de laquelle les fonctions considérées sont constantes à ε près; voir le point (iv) plus bas.

On notera que l'intégrale (6) ne dépend pas uniquement de la "courbe" $\mu(I)$ décrite par $\mu(t)$ lorsque t décrit I; celle-ci en effet ne change pas si l'on remplace l'application μ par $\nu(t) = \mu(\varphi(t))$ où φ est une application *surjective* d'un intervalle J dans I; supposant φ de classe C^1 pour simplifier, on a alors

$$\int_\nu f(z)dz = \int_J f[\mu(\varphi(t))] \mu'[\varphi(t)] \varphi'(t)dt$$

d'après la règle de dérivation d'une fonction composée; en posant $F(t) = f[\mu(t)] \mu'(t)$, on a donc

$$\int_\mu f(z)dz = \int_I F(t)dt, \quad \int_\nu f(z)dz = \int_J F[\varphi'(t)] \varphi'(t)dt$$

comme $I = \varphi(J)$, l'égalité de ces deux intégrales semble résulter de la formule de changement de variable dans une intégrale (Chapitre V, § 6, n° 19). Mais celle-ci concerne des intégrales *orientées*. L'égalité

$$\int_\mu f(z)dz = \int_\nu f(z)dz$$

suppose donc que φ applique l'origine (resp. l'extrémité) de J sur l'origine (resp. l'extrémité) de I. Dans le cas contraire, la relation précédente n'est vraie qu'au signe près. Dans la pratique, on se borne à des "changements de paramètre" φ qui sont strictement croissants, ce qui élimine les difficultés et permet de se ramener à des chemins pour lesquels $I = [0,1]$, ce que nous supposerons toujours par la suite sauf mention explicite du contraire.

Les chemins admissibles ou de classe $C^{1/2}$ couvrent tous les cas qui se présentent. Dans la pratique, on peut même presque toujours partager I en intervalles sur lesquels la fonction μ est C^1, voire linéaire. Mais ces chemins de classe C^1 (ou linéaires) "par morceaux", comme on les appelle, ne s'utilisent pas plus simplement que les chemins de classe $C^{1/2}$ à partir du moment où l'on a compris ce qu'est une primitive d'une fonction réglée. En utilisant le Théorème 12 bis du Chap. V, n° 13, on voit que si l'on considère un chemin comme la trajectoire d'un point mobile, on peut caractériser les chemins admissibles en leur imposant les conditions suivantes:

(a) l'application μ est continue,
(b) elle possède en tout point t des dérivées à droite et à gauche,
(c) celles-ci sont égales en dehors d'une partie dénombrable D de I (on peut avoir $D = I \cap \mathbb{Q}$ par exemple, mais il vaut mieux éviter ce genre de chemin dans les calculs pratiques ...),
(d) la dérivée à droite (ou à gauche) est une fonction *réglée* de t, i.e. possède des valeurs limites à droite et à gauche quel que soit t ou, au choix, est limite uniforme sur I de fonctions étagées.

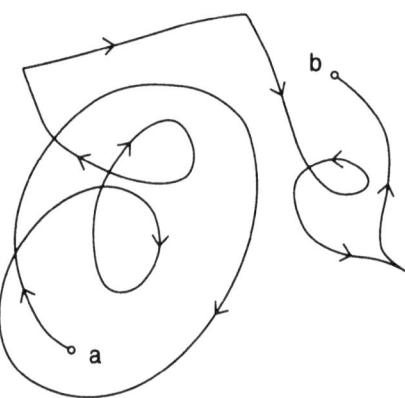

fig. 1.

La trajectoire du mobile $\mu(t)$, qui peut passer plusieurs fois par le même point, admet donc en dehors de D un "vecteur vitesse" $\mu'(t)$, la trajectoire pouvant changer de direction ("points anguleux") aux points de D. Elle possède une tangente en tout point où $\mu'(t)$ existe et est non nulle, le cas où $\mu'(t) = 0$ pouvant se traduire par un point de rebroussement[7] comme le sait tout automobiliste qui tente de se garer entre deux voitures.

(iii) *L'intégrale le long d'un chemin comme intégrale de Stieltjes*. Il est parfois commode d'interpréter l'intégrale (6) comme une intégrale de Stieltjes (Chap. V, § 9, n° 32) par rapport à la mesure de Radon ou de Stieltjes complexe définie dans I par la fonction $\mu(t)$. Nous n'avons, au Chap. V, défini les intégrales de Stieltjes dans un intervalle I de $\mathbb{R}$ que par rapport à des fonctions réelles et croissantes afin d'obtenir des mesures positives, mais la méthode s'étend de façon évidente aux fonctions qui sont des combinaisons linéaires à coefficients complexes de fonctions croissantes[8]. C'est le cas de

---

[7] Exemple : $t \mapsto (t^2, t^3)$ en $t = 0$, avec $I = [-1, 1]$.
[8] On appelle cela classiquement les fonctions *à variation bornée*. Caractérisation directe : il existe une constante M positive finie telle que l'on ait

toute fonction μ de classe $C^{1/2}$, car en utilisant la formule standard $\mu' = \mathrm{Re}(\mu')^+ - \mathrm{Re}(\mu')^- + \ldots$, on transforme μ en une combinaison linéaire de fonctions croissantes puisque primitives de fonctions positives. On obtient ainsi dans I des mesures de Radon *complexes* au sens du Chap. V, §9, i.e. des formes linéaires continues sur l'espace $C^0(I)$ muni de la norme de la convergence uniforme, tout au moins si I est compact, seul cas qui nous intéresse ici.

Comme toute fonction de classe $C^{1/2}$ est continue, la formule (32.1) du Chap. V, §9 définissant la mesure d'un intervalle $J = (u,v) \subset I$ relativement à μ se réduit à $\mu(J) = \mu(v) - \mu(u)$ quelle que soit la nature de J. L'intégrale $\int f(t)d\mu(t)$ d'une fonction f continue ou plus généralement réglée se définit alors comme l'intégrale de Riemann usuelle : à toute partition finie $I = J_1 \cup \ldots \cup J_n$ de I en intervalles, on associe la somme $\sum f(t_p)\mu(J_p)$, où $t_p \in J_p$; l'intégrale $\int f(t)d\mu(t)$ est la limite de ces sommes lorsque la partition considérée devient de plus en plus fine. Si l'on choisit les J_p de telle sorte que f soit constante à r près sur chaque J_p (caractérisation des fonctions réglées), on a

$$(2.7) \qquad \left| \int f(t)d\mu(t) - \sum f(t_p)\mu(J_p) \right| \leq r\|\mu\|$$

puisque $f(t)$ est, quel que soit t, égal à r près à la valeur en t de la fonction étagée égale à $f(t_p)$ dans chaque J_p. La notation $\|\mu\|$, *norme* ou *masse totale* de la mesure μ, est, rappelons-le, le plus petit nombre positif tel que l'on ait

$$(2.8) \qquad \left| \int f(t)d\mu(t) \right| \leq \|\mu\| \cdot \|f\|_I$$

pour toute fonction continue et, en fait, réglée. On a $\|\mu\| = \mu(I)$ si la mesure μ est positive, i.e. si la fonction $\mu(t)$ est réelle et croissante. L'essentiel dans (8) n'est du reste pas la valeur exacte de $\|\mu\|$; toute constante indépendante de f fera l'affaire. Mais voir le n° 4, (ii).

Pour montrer que l'intégrale curviligne (6) est aussi une intégrale de Stieltjes, rappelons d'abord qu'on a établi au Chap. V une formule (32.15) disant que, pour toute fonction $\mu(t)$ réelle, croissante et de classe C^1 dans I et pour toute fonction f continue dans I, on a

$$(2.9) \qquad \int f(t)d\mu(t) = \int f(t)\mu'(t)dt \,;$$

elle s'étend trivialement au cas où μ est à valeurs complexes. En fait, la formule (9) reste valable si $\mu(t)$ est $C^{1/2}$. On peut, pour le voir, supposer

$$\sum |\mu(t_{i+1}) - \mu(t_i)| \leq M$$

quels que soient les points $t_1 < t_2 < \ldots < t_n$ de l'intervalle considéré. Voir par exemple Rudin, Chap. 6.

que μ' est positive, i.e. que μ est croissante. Comme μ est une primitive de μ', on a tout d'abord

$$\mu(J) = \mu(v) - \mu(u) = \int_J \mu'(t)dt$$

pour tout intervalle $J = (u,v) \subset I$. En utilisant comme plus haut une partition suffisamment fine de I, on peut supposer la fonction réglée μ' constante à r près sur chaque J_p, d'où, quels que soient les $t_p \in J_p$,

(2.11) $$|\mu(J_p) - \mu'(t_p) m(J_p)| \leq m(J_p) r,$$

où m est la mesure de Lebesgue usuelle. En remplaçant chaque terme $\mu(J_p)$ par $\mu'(t_p) m(J_p)$ dans la somme de Riemann $\sum f(t_p)\mu(J_p)$, on commet donc une erreur inférieure à $\|f\|_I \sum m(J_p) r = \|f\|_I m(I) r$, d'où

$$\left| \int f(t)d\mu(t) - \sum f(t_p) \mu'(t_p) m(J_p) \right| \leq \mu(I)r + \|f\|_I m(I)r,$$

cqfd.

On peut donc écrire (6) sous la forme

(2.10) $$\int_\mu f(\zeta)d\zeta = \int_I f[\mu(t)] d\mu(t)$$

dans tous les cas, conformément aux idées de Leibniz.

(iv) *Une condition nécessaire et suffisante d'existence d'une primitive.* Revenons à une fonction holomorphe f dans un domaine G de $\mathbb{C}$. Si elle admet une primitive F dans G et si l'on choisit un point a de G, on a, comme on l'a vu au début de ce n°,

(2.12) $$F(z) - F(a) = \int_\mu f(\zeta)d\zeta$$

pour n'importe quel chemin μ admissible joignant a à z dans G. L'intégrale de f le long d'un tel chemin dépend donc uniquement des extrémités de celui-ci.

Dans le cas général, on pourrait être tenté de construire une primitive à l'aide de la formule précédente, en choisissant arbitrairement sa valeur au point a, par exemple $F(a) = 0$. Mais cette définition de F est parfaitement ambiguë : la valeur de l'intégrale peut fort bien dépendre du choix du chemin μ joignant a à z dans G comme le montre déjà le cas[9] de la fonction

---

[9] Si elle était indépendante du chemin dans ce cas, l'intégrale de $1/\zeta$ le long du chemin $t \mapsto \exp(2\pi i t)$ joignant le point $a = 1$ au point $z = 1$ serait égale à celle qu'on obtient en intégrant le long du chemin "constant" $t \mapsto 1$, i.e. à 0. Or l'intégrale sur le cercle s'obtient en intégrant sur $[0,1]$ la fonction $2\pi i$ et n'est donc pas nulle. On reviendra en détail plus loin sur les intégrales en $1/z$.

$1/z$. La notation $F(z)$ utilisée n'a donc a priori aucun sens ; la seule notation sensée consiste à poser

$$(2.13) \qquad F(\mu) = \int_\mu f(\zeta) d\zeta$$

pour tout chemin d'intégration[10] μ. Comme dans le cas du logarithme d'un nombre complexe $z \neq 0$ (Chap. IV, § 4 ou Chap. VII, n° 16), on obtient pour chaque $z \in G$ un *ensemble* $\mathcal{F}(z)$ de valeurs possibles de la " fonction" cherchée, à savoir tous les nombres obtenus en intégrant f le long d'un chemin μ joignant a à z dans G ou, dans le cas du logarithme, tous les nombres obtenus en utilisant une branche uniforme de $\mathcal{L}og$ le long d'un chemin joignant un point fixe a au point z (ce qui, on le verra, revient à intégrer $1/\zeta$ le long de ce chemin). Mais comme dans le cas du logarithme, le problème est de construire une vraie fonction F holomorphe, et en particulier continue, telle que $F(z) \in \mathcal{F}(z)$ pour tout $z \in G$. Dans le cas du logarithme, on avait vu que c'est possible si et seulement si la condition suivante est réalisée : si, pour un $a \in G$ donné et un chemin variable $\mu : I \longrightarrow G$ d'origine a dans G, on considère la branche uniforme $t \mapsto L(t)$ de $\mathcal{L}og z$ le long de μ qui prend en $t = 0$ une valeur donnée dans l'ensemble $\mathcal{L}og\, a$, la valeur $L(1)$ de cette branche ne doit dépendre que de l'extrémité $z = \mu(1)$ de μ.

Le problème des primitives admet une réponse identique comme on va le voir. Tout d'abord, si f possède une primitive F dans G, l'intégrale (13) ne dépend que de z. Supposons inversement que, pour a fixé, la valeur de l'intégrale (13) soit, quel que soit z, indépendante du chemin μ ; on peut alors parler sans ambiguïté de la fonction $F(z)$ ainsi définie. La fonction F est alors une primitive globale de f.

Considérons en effet un point $b \in G$ quelconque et soit $D \subset G$ un disque ouvert de centre b. La formule (2) adaptée au point b fournit alors une primitive F_D de f dans D, et l'on a $F_D(z) - F_D(b) = \int f(\zeta) d\zeta$ où l'on intègre le long du segment de droite $[b, z]$. Comme on peut ajouter à F_D une

---

[10] Les mathématiciens qui ont inventé le "calcul des variations" il y a presque trois siècles avaient déjà eu l'idée de considérer des fonctions d'une courbe variable dans le plan, sur une surface ou dans l'espace, courbe le long de laquelle on intègre une fonction donnée ; il y a un siècle, le mathématicien Vito Volterra appelait cela des *fonctions de ligne*. Lorsqu'on a dans $\mathbb{R}^3$ une surface " lisse" S, on peut par exemple chercher les courbes de longueur minimum tracées sur S et joignant deux points donnés : les géodésiques ; la longueur d'une courbe μ est fournie par (4.8) et en la comparant à celle d'une courbe " infiniment voisine" on obtient une équation différentielle qui caractérise les géodésiques. Un problème de mécanique fort ancien consiste, étant donnés deux points A et B, à trouver une courbe joignant A à B et telle qu'un mobile la parcourant sous l'action de la pesanteur se déplace de A à B dans le temps minimum. Fermat savait déjà que la trajectoire d'un rayon lumineux allant d'un point A à un point B à travers un milieu dont l'indice de réfraction varie est celle qui minimise le temps de parcours. Etc.

constante, on peut supposer que $F_D(b) = F(b)$. Pour calculer $F(z)$ en un point $z \in D$, on doit intégrer f le long d'un chemin quelconque joignant a à z dans G; on peut par exemple choisir un chemin joignant a à b dans G puis b à z dans D; l'intégration le long de l'arc joignant a à b fournit par définition $F(b)$ et l'arc joignant b à z, par exemple le rayon, fournit, comme on vient de le voir, $F_D(z) - F_D(b) = F_D(z) - F(b)$; en additionnant, on trouve donc $F(z) = F_D(z)$ dans D. Il en résulte que F est holomorphe et vérifie $F' = f$ dans D, donc globalement dans G puisque b est arbitraire. Par suite:

Théorème 1. *Pour qu'une fonction f holomorphe dans un domaine G possède une primitive dans G, il faut et il suffit que l'intégrale de f le long de tout chemin admissible dans G ne dépende que des extrémités de celui-ci.*

En particulier, l'intégrale de f le long d'un chemin *fermé*, i.e. tel que $\mu(0) = \mu(1)$, est nulle. Cette condition est en fait suffisante pour assurer l'existence d'une primitive. Si en effet

$$\mu_1, \mu_2 : [0,1] \longrightarrow G$$

sont deux chemins joignant un point donné a au même point z, on obtient un chemin fermé $[0,1] \longrightarrow G$ en suivant d'abord le chemin $[0, 1/2] \longrightarrow G$ donné par $t \mapsto \mu_1(2t)$, puis le chemin: $[1/2, 1] \longrightarrow G$ donné par $t \mapsto \mu_2(2-2t)$; il est clair que l'intégrale de f le long du premier est égale à l'intégrale le long de μ_1, et que l'intégrale le long du second est opposée à son intégrale le long du premier. L'intégrale le long du chemin total[11] : $[0,1] \longrightarrow G$ est donc la différence entre les intégrales le long de μ_1 et μ_2. Par suite, celles-ci sont égales quels que soient μ_1 et μ_2, d'où le résultat d'après le Théorème 1: *pour que f possède une primitive dans G, il faut et il suffit que son intégrale le long de tout chemin fermé dans G soit nulle.*

Autre démonstration du théorème 1. Plaçons-nous dans un disque ouvert $D \subset G$ de centre z. Pour aller de a à un point $z + h \in D$, on peut suivre un chemin joignant a à z puis le rayon $[z, z+h]$, i.e. le chemin $t \mapsto z + th$; il est alors clair que $F(z+h) - F(z)$ est l'intégrale le long de ce rayon, d'où $F(z+h) - F(z) = \int f(z+th)h dt$ où, comme toujours, on intègre sur $[0, 1]$. Il s'ensuit que

$$F(z+h) - F(z) - f(z)h = \int [f(z+th) - f(z)] h dt;$$

f étant continue, on a $|f(z+th) - f(z)| \leq r$ quel que soit $t \in I$ pourvu que $|h| \leq r'$ (continuité uniforme sur un compact); d'où

$$F(z+h) = F(z) + f(z)h + o(h)$$

---

[11] Lequel peut n'être pas C^1 si μ_1 et μ_2 le sont, d'où la nécessité d'admettre des chemins ... admissibles ou, à tout le moins, C^1 par morceaux.

§ 1. Intégrales de fonctions holomorphes   17

lorsque h tend vers 0, ce qui montre l'existence de $F'(z) = f(z)$, cqfd.

(v) *Cas d'un domaine contractile.* Si nous ne connaissions pas le théorème 1, une idée naïve pour tenter de construire une primitive consisterait à choisir arbitrairement pour tout $z \in G$ un chemin μ_z joignant a à z et à poser $F(z) = F(\mu_z)$. Si étrange que cela puisse paraître, cette idée fournit le résultat *à condition* que μ_z dépende de z d'une façon pas trop ... arbitraire, ce qui, on va le voir, implique une restriction drastique sur G. La formule (2) utilisée dans le cas d'un domaine étoilé rentre visiblement dans ce cadre, mais repose sur un choix trop providentiel des μ_z.

Assignons donc à tout $z \in G$ un chemin

$$\mu_z : t \in [0,1] \longrightarrow \mu_z(t)$$

joignant a à $z = x + iy = (x,y)$ dans G et posons

$$H(z,t) = \mu_z(t),$$

d'où $H(z,0) = a$, $H(z,1) = z$ pour tout $z \in G$. Pour montrer que la fonction

$$(2.14) \quad F(z) = F(\mu_z) = \int_{\mu_z} f(\zeta) d\zeta = \int_0^1 f[H(z,t)] DH(z,t).dt,$$

où $D = d/dt$, est une primitive de f, il suffirait de montrer qu'elle possède par rapport à x et y des dérivées partielles $D_1 F$ et $D_2 F$ égales à f et if respectivement. *Supposons* pour cela que l'on puisse dériver sans problème sous le signe $\int$ – ce serait miraculeux si les μ_z étaient choisis au hasard – et calculons comme l'auraient fait Euler ou Cauchy; le calcul est analogue, en un peu moins simple, à celui qu'on a effectué à propos de la fonction (2). En utilisant les formules de dérivation d'un produit et d'une fonction composée et les relations $DD_1 = D_1 D$, $D_1 f = f'$, on trouve[12]

$$(2.15) \quad D_1 F(z) = \int D_1 \{f[H(z,t)] DH(z,t)\} dt =$$

$$= \int \{f'[H(z,t)] D_1 H(z,t).DH(z,t) +$$

$$+ f[H(z,t)] D_1 DH(z,t)\} dt =$$

$$= \int \{f'[H(z,t)] DH(z,t).D_1 H(z,t) +$$

$$+ f[H(z,t)] DD_1 H(z,t)\} dt =$$

$$= \int D\{f[H(z,t)] D_1 H(z,t)\} dt = f[H(z,1)] D_1 H(z,1) -$$

$$- f[H(z,0)] D_1 H(z,0)$$

---

[12] Dans une notation telle que $DH(z,t).D_1 H(z,t)$, le point de ponctuation signifie que l'opérateur D s'applique à $H(z,t)$ et non pas au produit $H(z,t)D_1 H(z,t)$.

d'après le TF. Mais puisque $H(z,0) = \mu_z(0) = a$ est indépendant de z et en particulier de x, on a $D_1 H(z,0) = 0$; et puisque $H(z,1) = \mu_z(1) = z = x + iy$, on a $D_1 H(z,1) = 1$. Il reste donc $D_1 F(z) = f(z)$. Si l'on remplace $D_1 = d/dx$ par $D_2 = d/dy$, le calcul est identique à ceci près que l'on a $D_2 f = if'$ et $D_2 H(z,1) = i$; d'où $D_2 F(z) = if(z)$. La fonction F est donc holomorphe et est une primitive de f.

Tout cela est du calcul formel. Pour le justifier, il faut appliquer le théorème de dérivation sous le signe $\int$ (Chap. V, n° 9, Théorème 9). Si l'on refuse des subtilités provisoirement inutiles, cela suppose que la fonction $f[H(z,t)]DH(z,t)$ que l'on intègre dans (14) possède, par rapport à x et y, des dérivées partielles qui soient des fonctions continues du couple $(z,t) \in G \times I$. Puisque f ne pose pas de problème, les dérivées de $H(z,t)$ et de $DH(z,t)$ par rapport à x et y doivent donc exister et être continues dans $G \times I$. On a aussi utilisé la formule $DD_i = D_i D$; c'est justifié si H est de classe C^2 dans[13] $G \times I$, auquel cas les conditions précédentes sont évidemment vérifiées.

Le calcul (15) et la relation $F' = f$ sont donc justifiés pourvu qu'il existe une application

$$H : G \times I \longrightarrow G$$

vérifiant les conditions suivantes :

(i) $H(z,0) = a$, $H(z,1) = z$ pour tout $z \in G$,
(ii) H est de classe C^2

au sens précisé dans la note précédente. C'est le cas de l'application $(z,t) \mapsto tz$ pour un domaine étoilé autour de l'origine.

L'existence d'une application *continue* H, mais non nécessairement C^2, de $G \times I$ dans G vérifiant (i) pour un point $a \in G$ s'exprime en disant que le domaine G est *contractile* sur a. Si l'on pose $H_t(z) = H(1-t,z)$, on obtient alors une famille à un paramètre t d'applications continues H_t de G dans lui-même qui commence par l'application identique $z \mapsto z$ et, à la fin du processus, applique G sur le point a; chaque $z \in G$ décrit au cours de la " contraction" une trajectoire $t \mapsto H(1-t,z)$ qui le fait passer de sa position initiale au point a. On peut montrer que s'il existe une contraction de classe

---

[13] Ceci pose un problème puisqu'on n'a défini les fonctions de classe C^2 que dans un ouvert d'un espace cartésien; or I est compact et G ouvert, de sorte que le produit $G \times I \subset \mathbb{C} \times \mathbb{R} = \mathbb{R}^3$, cylindre vertical ayant pour base G et pour hauteur 1, n'est ni ouvert ni fermé dans $\mathbb{R}^3$. La solution consiste à imposer à H d'être C^2 dans l'ouvert $G \times]0,1[$ et à H et à ses dérivées d'ordre ≤ 2 d'être les restrictions à celui-ci de fonctions définies et *continues* dans $G \times I$. Cela donne un sens aux dérivées aux points de la forme $(z,0)$ ou $(z,1)$ et la relation $D_1 D = DD_1$, étant valable en (z,t) pour $0 < t < 1$, reste valable pour $t = 0$ ou 1 par passage à la limite. On pourrait aussi, plus simplement, supposer H définie et de classe C^2 dans $G \times J$, où J est un intervalle ouvert contenant I, ce qui, dans la pratique, ne change rien aux résultats.

C^0 de G sur un point, il en existe aussi une qui soit C^2 et même C^∞ ; ce n'est pas très difficile à établir, sans être pour autant très facile. Si l'on admet ce point[14], on obtient donc un résultat plus général que celui du n° 1 relatif aux domaines étoilés, mais il sera à son tour généralisé (?) plus bas:

Théorème 2. *Toute fonction holomorphe définie dans un domaine contractile $G \subset \mathbb{C}$ possède une primitive dans G.*

Corollaire. Une couronne circulaire $r < |z| < R$ n'est pas contractile (ce qui est physiquement évident), car la fonction $1/z$ n'y possède pas de primitive : son intégrale le long d'un cercle de centre 0 s'obtient en intégrant $2\pi i$ sur $[0, 1]$, donc est égale à $2\pi i$ en dépit du fait que le chemin d'intégration est fermé. Par contre, $\mathbb{C} - \mathbb{R}_-$ est contractile et même étoilé (considérer les homothéties de centre 1), ce qui explique pourquoi, dans ce domaine, la fonction $1/z$ possède une primitive, à savoir n'importe quelle branche uniforme de la pseudo-fonction $\mathcal{L}og\, z$.

3 – Invariance de l'intégrale par homotopie

(i) *Chemins homotopes.* Le calcul (2.15) de dérivation sous le signe $\int$ resterait valable si l'on y remplaçait la fonction $H(x, y, t)$ par n'importe quelle fonction de plusieurs variables réelles prenant ses valeurs dans G. Le cas le plus simple est celui d'une application[15]

$$\sigma : I \times I \longrightarrow G$$

de classe C^2, i.e. vérifiant les conditions suivantes :

(a) σ est de classe C^2 dans l'ouvert intérieur à $I \times I \subset \mathbb{R}^2$;
(b) les dérivées partielles d'ordre ≤ 2 de σ se prolongent par continuité[16] à $I \times I$.

---

[14] C'est en fait inutile, le théorème 2 étant une conséquence du théorème 3 que l'on démontrera plus loin. L'intérêt du théorème 2 tel qu'on l'expose ici ne réside que dans sa démonstration et, à ce titre, ne constitue qu'un exercice de calcul.

[15] Pour des raisons qui apparaîtront au chapitre 9 - analogie entre intégrales curvilignes (dimension 1) et de surface (dimension 2) -, on pourrait appeler σ un *chemin de dimension* 2 dans $\mathbb{C}$; le lecteur généralisera sans peine à une dimension quelconque. Il n'y a pas de terminologie orthodoxe ; certains, comme Serge Lang, parlent comme en topologie algébrique, et à tort, d'un *simplexe* de dimension 2. La nôtre suggère qu'un tel " chemin " fait passer continûment d'un chemin usuel $\mu_0 : t \mapsto \sigma(0, t)$ à un autre, $\mu_1 : t \mapsto \sigma(1, t)$, de même qu'un chemin usuel, de dimension un, fait passer continûment d'un point, chemin de dimension 0, à un autre.

[16] Comme $I \times I$ est compact, cela signifie exactement qu'elles sont *uniformément* continues dans l'ouvert $]0, 1[\times]0, 1[$: Chap. V, § 2, n° 2, Corollaire 2 du Théorème 8.

Une telle application définit deux familles de chemins de classe C^2 dans G, à savoir

(3.1) $$\mu_s : t \longmapsto \sigma(s,t)$$

et

(3.2) $$\nu_t : s \longmapsto \sigma(s,t).$$

Comme σ est continue, on peut considérer que la famille des chemins μ_s constitue une " déformation " de μ_0 en μ_1. Le fait que l'on puisse déformer un chemin en un autre par cette méthode, ou même à l'aide d'une application seulement *continue* σ de $I \times I$ dans G, s'exprime en disant que les deux chemins considérés sont *homotopes*. Un premier cas utile est celui d'une *homotopie à extrémités fixes* de μ_0 à μ_1 : on suppose alors que

$$\mu_s(0) = \sigma(s,0) \quad \text{et} \quad \mu_s(1) = \sigma(s,1)$$

sont indépendants de s. Un autre cas est celui où, μ_0 et μ_1 étant fermés, les chemins intermédiaires μ_s le restent pendant la déformation :

$$\sigma(0,t) = \sigma(1,t) \text{ quel que soit } t;$$

on dit alors que μ_0 et μ_1 sont *homotopes en tant que chemins fermés*.

En dehors de ces deux cas, la condition d'homotopie est toujours réalisée (donc sans intérêt) parce que, d'une part, tout chemin μ est homotope à un chemin " constant " par $\sigma(s,t) = \mu[(1-s)t]$, et parce que, d'autre part, deux chemins " constants " sont toujours homotopes comme on le voit en joignant le premier au second par un chemin dans G et en déplaçant le premier le long de celui-ci pour l'amener sur le second.

> On peut donner de l'homotopie à extrémités fixes une interprétation intéressante en dépit de son aspect quelque peu abstrait. Remarquons d'abord que, muni de la norme $\|\mu\|_I = \sup |\mu(t)|$ et des opérations algébriques évidentes (addition, produit par un nombre complexe), l'ensemble $C^0(I)$ de tous les chemins continus[17] $I \longrightarrow \mathbb{C}$ est un espace vectoriel normé complet (critère de Cauchy pour la convergence uniforme), i.e. un espace de Banach (Chap. III, Appendice, n° 5). On peut donc définir des chemins dans $C^0(I)$ comme dans tout espace topologique : ce sont les applications continues $h : [0,1] = I \longrightarrow C^0(I)$. Pour tout $s \in I$, $h(s) = \mu_s$ est donc un chemin dans $\mathbb{C}$, et si l'on pose $\sigma(s,t) = \mu_s(t)$, on obtient une application σ de $I \times I$ dans $\mathbb{C}$; il est clair que $t \mapsto \sigma(s,t) = \mu_s(t)$ est continue pour tout s.
>
> Ceci dit, montrons que l'application $h : I \longrightarrow C^0(I)$ est continue si et seulement si l'application $\sigma : I \times I \longrightarrow \mathbb{C}$ l'est. Si en effet la seconde est continue, elle l'est uniformément puisque $I \times I$ est compact (Chap. V, § 2, n° 8) ; cela signifie en particulier que pour tout $r > 0$, il existe un $r' > 0$ tel que

---

[17] Un " chemin " continu n'est pas autre chose, au vocabulaire près, qu'une fonction à valeurs complexes définie et continue dans I.

§ 1. Intégrales de fonctions holomorphes

$$|s-s'|\leq r' \Longrightarrow |\sigma(s,t)-\sigma(s',t)|\leq r \quad \text{pour tout } t\in I\,;$$

mais puisque $h(s)\in C^0(I)$ n'est autre que le chemin $t\mapsto \sigma(s,t)$, cette relation s'écrit

(3.3) $$|s-s'|\leq r' \Longrightarrow \|h(s)-h(s')\|_I\leq r\,,$$

d'où la continuité de h. La réciproque revient à prouver que (3) implique la continuité de $\sigma(s,t)$ en tout point $(s,t)\in I\times I$. Pour le voir, partons de l'inégalité

$$\left|\sigma\left(s',t'\right)-\sigma(s,t)\right|\leq \left|\sigma\left(s',t'\right)-\sigma\left(s,t'\right)\right|+\left|\sigma\left(s,t'\right)-\sigma(s,t)\right|$$

et choisissons un $r>0$. Si $|s-s'|\leq r'$, le premier terme du second membre est $\leq r$ quel que soit t' d'après (3) ; mais comme la fonction $t\mapsto \sigma(s,t)$ est continue pour s donné, le second terme du second membre est, pour (s,t) donné, $\leq r$ si $|t-t'|$ est assez petit, cqfd.

Considérons maintenant un ouvert G de $\mathbb{C}$ et, dans $C^0(I)$, soit $C^0(I,G)$ l'ensemble des chemins $I\longrightarrow G$; il est *ouvert* dans $C^0(I)$ car si $\mu\in C^0(I,G)$, l'image $\mu(I)$ est un compact de G dont la distance R à la frontière de G est strictement positive[18] ; il est alors clair que tout chemin $\nu:I\longrightarrow \mathbb{C}$ tel que $\|\mu-\nu\|_I<R$ est encore un chemin dans G, d'ailleurs homotope à μ par

$$\sigma(s,t)=(1-s)\mu(t)+s\nu(t)\,,$$

segment de droite joignant μ à ν dans $C^0(I)$. Il est clair d'autre part que, pour $a,b\in G$ donnés, l'ensemble $C^0_{a,b}(G)$ des chemins continus $I\longrightarrow G$ joignant a à b dans G est une partie fermée de l'ouvert $C^0(I,G)$. Il en est de même de l'ensemble des chemins fermés dans G.

En conclusion, deux chemins d'extrémités a et b données dans G sont homotopes à extrémités fixes si et seulement si on peut les joindre par un chemin continu dans l'espace $C^0_{a,b}(G)$ de tous ces chemins. Résultat analogue pour l'homotopie entre chemins fermés.

(ii) *Différentiation par rapport à un chemin*. Dans l'espace vectoriel $C^{1/2}(I)$ des chemins admissibles $I\longrightarrow \mathbb{C}$, on peut définir une norme en posant

$$\|\mu\|=\|\mu\|_I+\|\mu'\|_I\,;$$

muni de celle-ci, $C^{1/2}(I)$ est *complet*. Si en effet (μ_n) est une suite de Cauchy, les fonctions $\mu_n(t)$ et $\mu'_n(t)$ convergent uniformément vers des limites μ et ν qui sont respectivement continue et réglée ; la relation

$$\mu(s)-\mu(t)=\int_s^t \nu(x)dx$$

---

[18] Soit F cette frontière ; la fonction $d(z,F)$ est continue sur le compact $\mu(I)$, donc atteint son minimum en un point $a\in \mu(I)$; si ce minimum était nul, il existerait une suite de points de F convergeant vers a, d'où $a\in F$ puisque F est fermé, contradiction.

prouvant que μ est une primitive de ν s'obtient alors par passage à la limite. Il est par ailleurs clair que, comme dans l'espace $C^0(I)$, l'ensemble $C^{1/2}(I;G)$ des $\mu \in C^{1/2}(I)$ tels que $\mu(I) \subset G$ est ouvert dans $C^{1/2}(I)$.

Revenons maintenant à la formule (2.13)

$$(3.4) \qquad F(\mu) = \int_\mu f(\zeta)d\zeta = \int_0^1 f[\mu(t)]\,\mu'(t)dt$$

qui définit une fonction dans $C^{1/2}(I;G)$. Il peut paraître étrange de la différentier par rapport à μ, mais puisqu'elle est définie dans l'ouvert $C^{1/2}(I;G)$ de l'espace de Banach $C^{1/2}(I)$, on peut imiter la définition (1.1) valable dans $\mathbb{R}^2$. Ici, c et h seront remplacés par un $\mu \in C^{1/2}(I;G)$ et un $\nu \in C^{1/2}(I)$, de sorte qu'il faut dériver par rapport à s l'expression

$$F(\mu + s\nu) = \int f[\mu(t) + s\nu(t)]\,[\mu'(t) + s\nu'(t)]\,dt =$$
$$= \int f[\mu(t) + s\nu(t)]\,d\mu(t) + s\int f[\mu(t) + s\nu(t)]\,d\nu(t),$$

laquelle, pour tout ν, a un sens pour $|s|$ assez petit. Pour dériver sous le signe $\int$ [Chapitre V, § 2, Théorème 9 ou § 9, formule (30.15)], il suffit de vérifier que $f[\mu(t) + s\nu(t)]$ est fonction continue de (s,t), ce qui est évident, et possède par rapport à s une dérivée fonction continue de (s,t) ; l'existence de celle-ci est claire – c'est $f'[\mu(t) + s\nu(t)]\,\nu(t)$ – de même que sa continuité puisque les fonctions f', μ et ν sont continues. On trouve donc, en style télégraphique,

$$\int f'(\mu + s\nu)\nu d\mu + \int f(\mu + s\nu)d\nu + s\int f'(\mu + s\nu)\nu d\nu =$$
$$= \int f'(\mu + s\nu)\nu(d\mu + sd\nu) + \int f(\mu + s\nu)\nu'dt\,;$$

en intégrant par parties la dernière intégrale, opération légitime puisque les fonctions $f(\mu + s\nu)$ et ν sont de classe $C^{1/2}$, celle-ci s'écrit encore

$$f(\mu + s\nu)\nu\Big|_{t=0}^{t=1} - \int f'(\mu + s\nu)\,(\mu' + s\nu')\,\nu dt\,;$$

puisque $[\mu'(t) + s\nu'(t)]\,dt = d\mu(t) + sd\nu(t)$, la dernière intégrale s'écrit $\int f'(\mu + s\nu)\nu(d\mu + sd\nu)$ et neutralise le premier terme de l'avant dernière formule ; on trouve donc finalement

$$(3.5) \qquad \frac{d}{ds}F(\mu + s\nu) = f[\mu(1) + s\nu(1)]\,\nu(1) - f[\mu(0) + s\nu(0)]\,\nu(0)\,.$$

Tout cela suppose évidemment que l'on se borne aux valeurs de s telles que $\mu + s\nu \in C^{1/2}(I;G)$. Le lecteur aura probablement l'impression d'avoir rencontré plus haut des calculs analogues ; Cauchy en avait eu plus ou moins vaguement l'idée : il développait $f[\mu(t) + s\nu(t)]$ en série entière par rapport à s et calculait le coefficient de s ; ses calculs ont depuis longtemps disparu des manuels. Bonne raison pour les réintroduire en rectifiant son idée simpliste mais finalement juste puisqu'on la voit réapparaître, sous une forme très généralisée, dans la version du calcul des variations que l'on trouve par exemple dans H. Cartan, *Calcul différentiel*, où l'on différentie par rapport à μ une fonction de la forme

$$F(\mu) = \int_a^b f\left[t, \mu(t), \mu'(t)\right] dt\,.$$

Notons d'autre part qu'en présence d'une formule telle que (5), on a immédiatement l'idée d'en déduire une expression de $F(\mu + s\nu)$ en appliquant le TF. Nous le ferons un peu plus loin.

Exercice 1. Soient μ_0 et μ_1 deux chemins dans G et $\sigma : I \times I \longrightarrow G$ une homotopie de μ_0 à μ_1 ; on note $F(s)$ l'intégrale de la fonction $f(z)$ le long du chemin μ_s. En supposant σ de classe C^2, trouver pour $F'(s)$ une formule analogue à (5).

(iii) *Effet d'une homotopie linéaire sur une intégrale.* Nous pouvons maintenant revenir au comportement d'une intégrale lorsque l'on " déforme " un chemin d'intégration μ_0 en un chemin μ_1 sans sortir du domaine G où la fonction f à intégrer est définie et holomorphe. La difficulté provient du fait que, pour $0 < s < 1$, les chemins intermédiaires μ_s sont continus mais non nécessairement admissibles. On la tourne en modifiant l'homotopie de telle sorte que les μ_s soient admissibles ou, ce qui revient au même, en montrant que l'on peut passer de μ_0 à μ_1 par une succession d'homotopies *linéaires* entre chemins admissibles, i.e. de la forme

(3.6) $$\sigma(s,t) = (1-s)\mu_0(t) + s\mu_1(t) = \mu_s(t)$$

où $s, t \in I = [0,1]$. Une telle homotopie existe toujours si μ_1 est suffisamment voisin de μ_0 au sens de la convergence uniforme : si $R > 0$ est la distance de $\mu_0(I)$ à la frontière de G, on a $\sigma(s,t) \in G$ quels que soient $s, t \in I$ pourvu que l'on ait $\|\mu_1 - \mu_0\|_I < R$.

Or le chemin (6) est de la forme $\mu_0 + s\nu$ avec

$$\nu(t) = \mu_1(t) - \mu_0(t).$$

On peut donc appliquer (5) à la fonction $F(\mu_s)$, d'où

(3.7) $$\frac{d}{ds}\int_{\mu_s} f(\zeta)d\zeta = f\left[\mu_s(t)\right]\left[\mu_1(t) - \mu_0(t)\right]\Big|_{t=0}^{t=1}.$$

Supposons tout d'abord qu'il s'agisse d'une homotopie à extrémités fixes. On a alors $\mu_1(t) - \mu_0(t) = 0$ pour $t = 0$ ou 1, la dérivée est nulle quel que soit s et l'intégrale est donc indépendante de $s \in [0,1]$. Autrement dit, on trouve dans ce cas que

$$(3.8) \qquad \int_{\mu_0} f(\zeta)d\zeta = \int_{\mu_1} f(\zeta)d\zeta.$$

Supposons maintenant que tous les chemins μ_s soient fermés, i.e. que $\mu_s(1) = \mu_s(0)$ pour tout s. Un petit calcul montre que le second membre de (7) est encore nul quel que soit s, d'où à nouveau (8).

Sans utiliser ces hypothèses, le TF appliqué à la relation (7) montre, en intégrant sur $[0,1]$, que

$$(3.9) \qquad \int_{\mu_1} f(\zeta)d\zeta - \int_{\mu_0} f(\zeta)d\zeta = \int_0^1 f[\mu_s(1)][\mu_1(1) - \mu_0(1)]\,ds -$$
$$- \int_0^1 f[\mu_s(0)][\mu_1(0) - \mu_0(0)]\,ds.$$

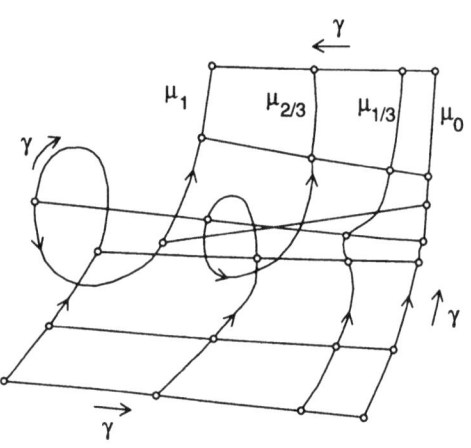

fig. 2.

Comme $\mu_1(1) - \mu_0(1)$ est la dérivée de $\mu_s(1)$ par rapport à s, le premier terme n'est autre que l'intégrale de f le long du chemin $s \mapsto \mu_s(1)$, le second étant de même l'intégrale de f le long du chemin $s \mapsto \mu_s(0)$. La relation obtenue signifie donc que, si l'on intègre f le long du chemin fermé γ représenté ci-dessus, orienté de façon cohérente, on trouve zéro. Ce serait évident si f possédait une primitive dans G, mais c'est ce qu'on ne suppose pas. On s'abstiendra de généraliser à n'importe quel chemin fermé : en tant que chemin fermé, γ est homotope au chemin consistant à parcourir μ_0 deux fois en sens inverse, donc est homotope à un point, et le fait que l'intégrale de f le long de γ est nulle s'explique par le Théorème 3 que l'on démontrera bientôt.

§ 1. Intégrales de fonctions holomorphes   25

(iv) *Le théorème d'invariance par homotopie.* Les chemins μ_0 et μ_1 étant toujours admissibles, supposons seulement que l'homotopie σ qui déforme μ_0 en μ_1 soit C^0; on ne peut plus dériver les intégrales ni même les écrire. Mais on peut approcher l'homotopie donnée par des homotopies linéaires et utiliser le point précédent, ce qui, on va le voir, fournit à nouveau les mêmes résultats.

L'image $\sigma(I \times I) \subset G$ étant compacte, sa distance R à la frontière de G est > 0 comme on l'a déjà dit; choisissons un $r < R$. Comme σ est uniformément continue sur le compact $I \times I$, il existe un $r' > 0$ tel que

(3.10) $\quad |s - s'| \leq r' \quad \& \quad |t - t'| \leq r' \Longrightarrow |\sigma(s,t) - \sigma(s',t')| \leq r$,

ce qui, pour $t = t'$, montre en particulier que

(3.10') $\qquad\qquad |s - s'| \leq r' \Longrightarrow \|\mu_s - \mu_{s'}\|_I \leq r$;

voir les remarques terminant le point (i).

Cela dit, choisissons un entier n, donnons à s des valeurs de la forme $s_p = p/n$ avec $0 < p < n$ et soit ν_p le chemin μ_s pour $s = p/n$. Il n'est peut-être pas admissible, mais on peut l'approcher par un chemin γ_p linéaire par morceaux, donc admissible, en choisissant pour sommets successifs de γ_p les points de paramètre $t_q = q/n$ de ν_p, i.e. les points $a_{pq} = \sigma(p/n, q/n)$.

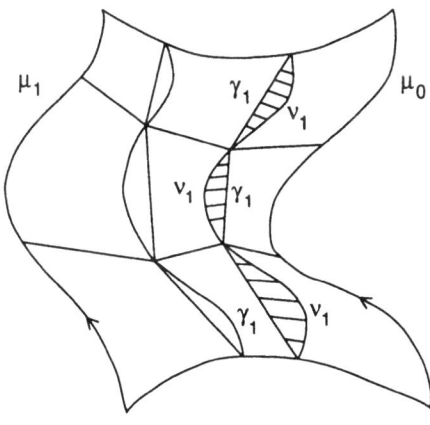

fig. 3.

Si n est assez grand, le carré K_{pq} de sommets (s_p, t_q), (s_{p+1}, t_q), (s_{p+1}, t_{q+1}), (s_{p+1}, t_{q+1}) dans $I \times I$ est de diamètre $< r'$; son image par σ est donc, d'après (10), contenue dans le disque D_{pq} de centre a_{pq} et de rayon r. Or celui-ci est convexe et contenu dans G puisque $r < R$. Il en résulte que:

(a) le segment de droite joignant a_{pq} à $a_{p,q+1}$ est contenu dans G quel que soit q, de sorte qu'il en est de même du chemin γ_p obtenu en juxtaposant ces segments pour les différentes valeurs de q ;

(b) pour tout $t \in [t_q, t_{q+1}]$, le segment de droite joignant $\sigma(s_p, t)$ à $\sigma(s_{p+1}, t)$ est contenu dans G puisque ses extrémités sont dans D_{pq}. On peut donc passer de γ_p à γ_{p+1} par une déformation *linéaire* ne faisant pas sortir de G.

On montrerait par le même raisonnement que l'on peut passer par des déformations linéaires de μ_0 à γ_1 et de γ_{n-1} à μ_1.

Si donc l'on complète la définition des γ_p, donnée pour $0 < p < n$, en posant $\gamma_0 = \mu_0$ et $\gamma_n = \mu_1$, on obtient dans G une séquence de chemins admissibles (et même, mis à part le premier et le dernier, linéaires par morceaux)

$$\gamma_0 = \mu_0, \quad \gamma_1, \ldots, \quad \gamma_n = \mu_1$$

tels que l'on passe de chacun au suivant par une déformation linéaire dans G. Il est clair que si la déformation σ dont nous sommes partis est une homotopie à extrémités fixes, les chemins intermédiaires γ_p ont eux aussi les mêmes extrémités que les deux chemins donnés. Comme on a vu au point (iii) qu'une homotopie linéaire à extrémités fixes ne modifie pas l'intégrale, les intégrales le long de γ_p et γ_{p+1} sont égales quel que soit p. Si, de même, μ_0 et μ_1 sont fermés et le restent au cours de la déformation σ donnée, γ_p est fermé quel que soit p et le reste pendant la déformation linéaire qui l'amène sur γ_{p+1}, d'où à nouveau des intégrales égales.

En conclusion :

Théorème 3. *Soient G un domaine dans $\mathbb{C}$, f une fonction holomorphe dans G et μ_0, μ_1 deux chemins admissibles dans G. Pour que les intégrales de f le long de μ_0 et μ_1 soient égales, il suffit que l'une des deux conditions suivantes soit vérifiée :*

(a) *Il existe dans G une homotopie à extrémités fixes de μ_0 à μ_1,*

(b) *μ_0 et μ_1 sont fermés et homotopes dans G en tant que chemins fermés.*

Exercice 2 (démonstration directe du Théorème 3). On reprend la construction et les notations ci-dessus en supposant par exemple que σ est une homotopie à extrémités fixes ; tout revient à montrer que les intégrales le long de γ_p et γ_{p+1} sont égales quel que soit p. On considère pour cela le chemin fermé γ_{pq} constitué des segments de droite joignant a_{pq}, $a_{p,q+1}$, $a_{p+1,q+1}$, $a_{p+1,q}$ et a_{pq} dans l'ordre indiqué ; en utilisant l'existence d'une primitive de f dans D_{pq}, montrer que l'intégrale de f le long de ce chemin est nulle. Montrer que la différence entre les intégrales de f le long de γ_p et γ_{p+1} est égale à la somme, étendue à q, des intégrales le long des γ_{pq} et conclure[19].

---

[19] Pour des démonstrations voisines, voir Dieudonné, *Éléments d'analyse*, vol. 1, (9.6.3) ou Remmert, *Funktionentheorie 2*, Chap. 8, § 1, n° 5 et 6.

Le théorème 3 fournit un nouveau théorème d'existence des primitives. Il suffit pour cela de supposer la condition (b) vérifiée quels que soient μ_0 et μ_1; dans ce cas, tout chemin fermé μ est en effet homotope en tant que chemin fermé à un chemin "constant" $t \mapsto a$, où $a \in G$ est choisi au hasard, de sorte que l'intégrale de f le long de μ est nulle. Le théorème 1, ou son équivalent en termes de chemins fermés, montre alors que f possède une primitive dans G.

On montrera au chapitre suivant dans un cadre plus général que les conditions (a) et (b) sont équivalentes. Les domaines dans lesquels elles sont vérifiées quels que soient les chemins continus fermés μ_0 et μ_1 sont dits *simplement connexes*.

Corollaire 1. *Toute fonction holomorphe dans un domaine simplement connexe G de $\mathbb{C}$ possède dans G une primitive globale.*

Corollaire 2. *Soit f une fonction holomorphe dans un domaine simplement connexe G; supposons que f ne s'annule pas dans G. Il existe alors une fonction g holomorphe dans G telle que $e^{g(z)} = f(z)$ pour tout $z \in G$; elle est unique à l'addition près d'un multiple de $2\pi i$.*

Puisque f ne s'annule pas dans G, la fonction f'/f est définie et holomorphe dans G, donc admet une primitive g; on a alors $(e^g)' = g'e^g = e^g f'/f$, i.e. $(e^g)' f - e^g f' = 0$, donc $(e^g/f)' = 0$, de sorte que la fonction e^g est proportionnelle à f; en ajoutant à g une constante, on peut supposer que $e^g = f$. Toute autre solution holomorphe g_1 doit vérifier la condition $g_1(z) - g(z) \in 2\pi i \mathbb{Z}$ quel que soit z, ce qui exige évidemment que le premier membre soit constant, cqfd.

La relation $e^g = f$ signifie que l'on a $g(z) \in \mathcal{L}og\, f(z)$ pour tout $z \in G$, en notant d'une manière générale $\mathcal{L}og\, w$ l'ensemble des $z \in \mathbb{C}$ tels que $\exp(z) = w$ (Chapitre IV, §4). Une telle fonction g s'appelle une *branche uniforme* de la pseudo-fonction $\mathcal{L}og\, f(z)$. On a

$$g(z) = \log |f(z)| + i.\operatorname{Arg} f(z),$$

où l'argument de $f(z)$ doit, en chaque point, être choisi de telle sorte qu'il soit fonction continue de z.

A partir d'une telle branche g, on peut définir des branches uniformes des non moins pseudo-fonctions $f(z)^s$, où $s \in \mathbb{C}$ est donné et non entier : ce sont les fonctions $e^{s.g(z)}$. Pour $s = 1/p$ avec p entier, on obtient ainsi des solutions holomorphes de l'équation $h(z)^p = f(z)$; elles se déduisent de l'une quelconque d'entre elles en la multipliant par une racine p^e de l'unité.

Tout cela suppose G simplement connexe. Le cas de la fonction $f(z) = 1/z$ dans $G = \mathbb{C} - \{0\}$ montre que cette hypothèse est essentielle. En fait, on peut montrer que le Corollaire 1 *caractérise* les domaines simplement connexes, mais ce résultat est rarement utilisé.

Corollaire 3. *Soit f une fonction holomorphe dans un domaine G. L'intégrale de f le long de tout chemin fermé homotope à un point dans G est nulle.*

Ce résultat explique le Théorème 2 que nous avions démontré en utilisant, hypothèse maintenant inutile, une homotopie de classe C^2.

Tout domaine G *contractile* est simplement connexe ; si en effet σ est une contraction sur un point $a \in G$ et si μ est un chemin fermé dans G, l'application $(s,t) \mapsto \sigma[1-s, \mu(t)]$ est une homotopie de μ sur le chemin constant $t \mapsto a$ au cours de laquelle μ reste fermé.

Ce résultat trivial admet une réciproque qui l'est beaucoup moins : dans $\mathbb{C}$, tout domaine simplement connexe G est non seulement contractile mais homéomorphe au disque unité $|z| < 1$; sauf si $G = \mathbb{C}$, cas exclu par le théorème de Liouville sur les fonctions entières, il existe même dans G une fonction *holomorphe* qui applique bijectivement G sur le disque unité $D : |z| < 1$ et dont l'application réciproque est holomorphe (Riemann). Toute bijection $f : U \longrightarrow V$ d'un ouvert sur un autre qui est holomorphe ainsi que l'application réciproque $g : V \longrightarrow U$ s'appelle une *représentation conforme* de U sur V ; l'existence d'une telle représentation signifie que U et V sont "isomorphes" du point de vue de la théorie des fonctions analytiques : tout ce que l'on peut dire des fonctions holomorphes ou harmoniques dans U se traduit immédiatement en termes de fonctions holomorphes ou harmoniques dans V. Comme la relation $g[f(z)] = z$ montre que les dérivées de f et g sont inverses l'une de l'autre en des points qui se correspondent, on a nécessairement $f'(z) \neq 0$ pour tout $z \in G$. Si inversement cette condition est vérifiée, alors f, à défaut d'être un homéomorphisme global (il faudrait supposer f injective), transforme tout ouvert de U, et en particulier U lui-même, en un ouvert de $\mathbb{C}$. On l'a établi au Chapitre III, §5, n° 24 à l'aide du Théorème d'inversion locale : en posant $f = p + iq$, l'application qui transforme le point $(x,y) \in \mathbb{R}^2$ en le point (ξ, η) tel que $\xi + i\eta = f(x+iy)$ s'écrit encore

$$\xi = p(x,y), \quad \eta = q(x,y),$$

de sorte que son jacobien

$$J_f(x,y) = D_1 p(x,y) D_2 q(x,y) - D_2 p(x,y) D_1 q(x,y)$$

est, d'après les équations de Cauchy, égal à

$$D_1 p(x,y)^2 + D_1 q(x,y)^2 = |f'(z)|^2,$$

donc est non nul, d'où le résultat. Si l'on suppose en outre que $f : U \longrightarrow V = f(U)$ est injective, f est un homéomorphisme [car l'image réciproque d'un ouvert $U' \subset U$ par f^{-1} est alors $f(U')$, donc est ouverte] et le théorème d'inversion locale montre que l'application réciproque $g : V \longrightarrow U$ est, comme f, de classe C^1 en tant que fonction de deux variables réelles. Elle est *holomorphe*, car de la relation $g[f(z)] = z$ résulte que la matrice jacobienne de g en $\zeta = f(z)$ est inverse de celle de f en z ; or les fonctions holomorphes sont caractérisées par le fait que leur matrice jacobienne en n'importe quel point est de la forme

$$\begin{pmatrix} a & b \\ -b & a \end{pmatrix}$$

il suffit donc de vérifier que l'inverse d'une telle matrice est encore du même type. Plus simple : l'inverse de toute application $\mathbb{C}$-linéaire est $\mathbb{C}$-linéaire. On a établi tout cela au Chapitre III, § 5, mais il n'est pas inutile de le rappeler ici. On verra au n° 5 (Théorème 7) que la relation $f'(z) \neq 0$ est en fait une conséquence de l'injectivité de f, autrement dit que les représentations conformes ne sont autres que les applications holomorphes bijectives.

Le fait qu'un domaine simplement connexe G autre que $\mathbb{C}$ soit isomorphe au disque unité est l'un des résultats les plus célèbres de Riemann ; sa démonstration laissait passablement à désirer tout en étant fondée sur une méthode dépassant de beaucoup le cadre de la théorie des fonctions holomorphes (le "principe de Dirichlet" des spécialistes des EDP) ; on a trouvé depuis des démonstrations plus simples[20] et abondamment étudié le comportement d'une représentation conforme f de G sur le disque unité au voisinage de la frontière de G ; si par exemple G est borné et si sa frontière se compose d'un nombre fini d'arcs de courbe simples, ou si G est borné et convexe, f se prolonge en un homéomorphisme de l'adhérence $\bar{G}$ de G sur le disque fermé $|z| \leq 1$.

Si f est une représentation conforme de G sur le disque unité D, il est clair que toute autre représentation conforme g de G sur D est de la forme $h \circ f$, où $h = g \circ f^{-1}$ est une représentation conforme de D sur lui-même, et inversement. On est ainsi conduit à déterminer les *représentations conformes de D sur D*, exercice beaucoup plus facile que de démontrer le théorème de Riemann : ce sont exactement les applications donnés par

(3.11) $\qquad h(z) = (az + b)/(\bar{b}z + \bar{a}) = \zeta \quad$ où $\quad a\bar{a} - b\bar{b} = 1$.

Exercice 3. (i) Montrer que (11) est définie pour $|z| < 1$. (ii) Montrer que $\zeta\bar{\zeta} - 1 = (z\bar{z} - 1)/|\bar{b}z + \bar{a}|^2$ et en déduire que $h(D) \subset D$. (iii) En observant que h^{-1} est encore de la forme (11), montrer que $h(D) = D$. (iv) Soit f une représentation conforme de D sur D telle que $f(0) = 0$; montrer qu'on a $f'(0) \neq 0$ et $f(z) = zg(z)$ où g est holomorphe et vérifie $|g(z)| \leq |z|^{-1}$ dans D. (vi) En utilisant le principe du maximum, montrer qu'on a $|g(z)| \leq 1/r$ pour $|z| \leq r < 1$ et en déduire que $|g(z)| < 1$ dans D (cas particulier du

---

[20] Voir par exemple le Chap. 14 de Rudin et, pour des exemples, le Chap. X de Dieudonné, *Analyse infinitésimale*.

lemme de Schwarz: Chap. VII, § 4, n° 15, cor. 3 du théorème 11). (vii) Montrer que, si $f(0) = 0$, on a $|f(z)| \leq |z|$ et $|f^{-1}(z)| \leq |z|$. En déduire que $f(z) = az$ où $|a| = 1$. (viii) Montrer que, pour toute représentation conforme f de D sur D, il existe une fonction (11) telle que $h \circ f$ laisse fixe le point 0. En déduire que f est de la forme (11).

Exercice 4. Soit P le demi-plan $\text{Im}(z) > 0$. (i) Montrer que l'application $z \mapsto (z-i)/(z+i)$ est une représentation conforme de P sur D. (ii) En déduire que les représentations conformes de P sur P sont les transformations

(3.12) $\quad z \longmapsto (az+b)/(cz+d) \quad$ avec $\quad a, b, c, d \in \mathbb{R}, \quad ad - bc = 1$.

Pour Riemann, un domaine était simplement connexe lorsque toute "coupure" – tout arc de courbe simple joignant deux points de sa frontière – le décompose en deux domaines disjoints ; ce n'est visiblement pas le cas d'une couronne circulaire par exemple. L'équivalence entre ces deux définitions est intuitivement évidente, mais la démontrer est une autre affaire ...

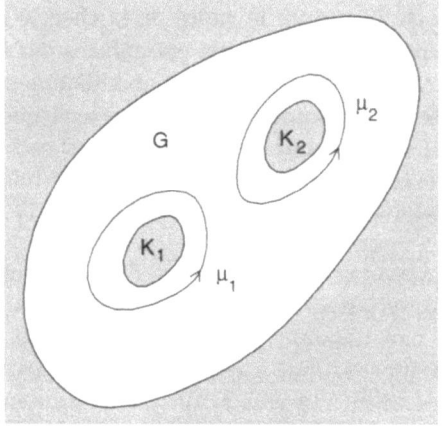

fig. 4.

On peut justifier une autre idée " évidente", à savoir qu'un domaine est simplement connexe si son complémentaire ne possède aucune composante connexe *compacte*, autrement dit si G ne possède pas de "trous". On peut même aller beaucoup plus loin[21] et examiner les domaines dont le complémentaire possède un nombre fini de composantes connexes compactes $K_i (1 \leq i \leq n)$. Un premier résultat, que la figure 4 rend lui aussi "évident",

---

[21] Voir les chapitres 8 et 14 de Remmert, *Funktionentheorie 2*, notamment les indications historiques sur le théorème de Riemann au chapitre 8, et surtout le vol. 2 de Conway, qui démontre tout.

est qu'il existe alors dans G des chemins fermés μ_i tels que K_i soit "intérieur" à μ_i et K_j "extérieur" à μ_i pour tout $j \neq i$; on expliquera plus précisément ce que signifient ces termes un peu plus loin (n° 4, (i)).

Un second résultat, sensiblement moins "évident" mais qui implique trivialement le premier, est qu'un domaine borné à n trous possède une représentation conforme sur un domaine obtenu en ôtant d'un disque ouvert, éventuellement $\mathbb{C}$ tout entier, n disques compacts deux à deux disjoints convenablement choisis et éventuellement réduits à un point. Cette généralisation du théorème de Riemann, démontrée au début du siècle par Paul Koebe, est suffisamment difficile pour que même Remmert se borne à la mentionner à la fin de ses quelque 700 pages de théorèmes généraux sur les fonctions analytiques. On peut aussi montrer que le nombre de trous est le même pour deux domaines homéomorphes, mais c'est là un cas très particulier de théorèmes beaucoup plus généraux de topologie algébrique. En fait, tout ce sujet est caractérisé par un mélange de méthodes de théorie des fonctions analytiques et de topologie qu'il est parfois difficile à séparer les unes des autres ; leur généralisation aux fonctions de plusieurs variables complexes a donné lieu à de remarquables découvertes franco-allemandes après la guerre ; elles sont, en un sens, plus facilement compréhensibles que celles de la théorie à une variable parce que plus générales et n'utilisant pas de raisonnements "élémentaires" ad hoc qui masquent les vraies raisons des phénomènes.

Il existe aussi des liens étroits entre ces théories et le problème qui consiste à approcher les fonctions holomorphes dans un domaine donné G par des fonctions simples, des polynômes ou, quand ce n'est pas possible, des fonctions rationnelles n'ayant pas de pôles dans G. Si par exemple G est simplement connexe, et seulement dans ce cas, toute fonction f holomorphe dans G est limite d'une suite de polynômes en z qui converge vers f uniformément sur tout compact de G ; ce résultat, et d'autres plus généraux, est dû à Carl Runge[22] (1885).

---

[22] A dire vrai, Runge n'a pas vu que l'approximation par des fonctions rationnelles conduisait au résultat en question dans le cas d'un domaine simplement connexe. Notons que, dans un autre ordre d'idées, Runge s'est intéressé aux spectres atomiques dans l'espoir de découvrir des formules simples permettant d'en calculer les fréquences, comme Balmer l'avait déjà fait pour l'atome d'hydrogène ; comme on le sait maintenant, cela reviendrait à calculer les valeurs propres de l'opérateur de Schrödinger correspondant ; ce problème est encore trop difficile pour notre époque, l'atome d'hélium, et a fortiori les suivants, continuant à résister à toute résolution *exacte*. Après 1900, lorsque Felix Klein crée à Göttingen la première équipe de mathématiques appliquées, l'une de ses recrues sera Runge, le premier grand spécialiste de l'analyse numérique. Il recrute aussi Ludwig Prandtl, qui sera jusqu'en 1945 le plus grand spécialiste allemand, voire mondial, de l'aérodynamique, cependant que le premier brillant élève de Prandtl, le Hongrois Theodor von Kármán qui émigre au CalTech à la fin des années 1920, jouera le même rôle aux USA jusqu'à la fin des années 1950. Voir Paul A. Hanle, *Bringing Aerodynamics to America* (MIT Press, 1982).

§ 2. Les formules intégrales de Cauchy

4 – Formule intégrale pour un cercle

(i) *Intégrales en* $1/z$. Des intégrales portant sur les fonctions $1/(z-a)$ interviennent partout dans la théorie des fonctions holomorphes et il importe de savoir les calculer ; on suppose évidemment que le chemin d'intégration $\mu : I \longrightarrow G$ ne passe pas par a. Supposant $a = 0$ pour simplifier, la définition de $\int dz/z$ se réduit à l'intégrale de $\mu'(t)/\mu(t)$ sur l'intervalle I ; cette fonction étant réglée comme μ', elle admet une primitive $L(t)$ et le résultat cherché sera, selon le TF, la variation de $L(t)$ entre les extrémités de I. Mais si l'on pose $h(t) = \exp[L(t)]$, on a $h'(t) = L'(t)h(t)$; comme $L'(t) = \mu'(t)/\mu(t)$, on voit que la fonction continue $h(t)/\mu(t)$ a une dérivée identiquement nulle en dehors d'un ensemble dénombrable de valeurs de t, donc est constante. En ajoutant à L une constante convenable, on peut donc supposer que

(4.1) $$\exp[L(t)] = \mu(t)$$

pour tout $t \in I$. Comme $L(t)$ est continue, cela signifie, par définition, que $L(t)$ est une branche uniforme de la pseudo fonction $\mathcal{L}og\, z$ le long de μ au sens du Chap. IV, § 4, (vii) et (viii). Rappelons à nouveau que, pour nous, la notation $\mathcal{L}og\, z$ désigne non pas un nombre complexe déterminé sans ambiguïté, mais, bien au contraire, l'*ensemble* des $\zeta \in \mathbb{C}$ tels que $\exp(\zeta) = z$.

Rappelons aussi en passant (Chap. VII, fin du n° 16) qu'une branche uniforme de $\mathcal{L}og\, z$ dans un domaine $G \subset \mathbb{C}^*$ est, de même, une (vraie) fonction holomorphe L – la continuité suffirait – définie dans G et vérifiant $L(z) \in \mathcal{L}og\, z$, i.e.

(4.2) $$\exp[L(z)] = z,$$

pour tout $z \in G$. Contrairement à ce qui se passe dans le cas d'un chemin, une telle branche n'existe pas toujours, notamment si $G = \mathbb{C}^*$; pour qu'elle existe, il faut et il suffit que, pour tout chemin μ dans G, la variation d'une branche uniforme de $\mathcal{L}og\, z$ le long de μ, ou, ce qui revient au même, de l'argument de z, ne dépende que des extrémités du chemin considéré. Vérifié par les moyens du bord au Chap. IV, § 4, (ix), ce résultat n'est autre que le théorème 1 du § 1 appliqué à $1/z$.

Si, au lieu d'intégrer $1/z$, on intégrait $1/(z-a)$ pour un point a non situé sur μ, le résultat serait évidemment le même. En conclusion :

Théorème 4. *L'intégrale de $1/(z-a)$ le long d'un chemin admissible μ dans $\mathbb{C} - \{a\}$ est égale à la variation d'une branche uniforme de $Log(z - a)$ le long de μ.*

Une telle branche est de la forme

(4.3) $$L(t) = \log|\mu(t) - a| + i.A(t)$$

où le log est la fonction élémentaire définie dans $\mathbb{R}_+^*$ et où $t \mapsto A(t)$ est, à son tour, une branche uniforme le long de μ de la non-moins-pseudo fonction $\mathcal{A}rg(z-a)$, i.e. une fonction *continue* telle que l'on ait

(4.4) $$\mu(t) - a = |\mu(t) - a| . \exp[i.A(t)]$$

quel que soit t. Si l'on suppose μ *fermé*, le terme $\log|\mu(t) - a|$ de (3) a les mêmes valeurs en $t = 0$ et $t = 1$ puisqu'il ne dépend que de $\mu(t)$; sa variation le long de μ est donc nulle, de sorte qu'au facteur i près, celle de $L(1) - L(0)$ est égale à la variation $A(1) - A(0)$ de l'argument de $\mu(t) - a$. Mais comme les diverses valeurs possibles de l'argument d'un nombre complexe diffèrent entre elles de multiples de 2π, on a

(4.5) $$A(1) - A(0) = 2\pi . \mathrm{Ind}_\mu(a)$$

avec un nombre *entier* $\mathrm{Ind}_\mu(a)$ qu'on appelle l'*indice de a par rapport à μ*, à moins que ce ne soit l'indice de μ par rapport à a. Comme on l'a expliqué à la fin du Chap. IV, §4, c'est, physiquement, le nombre de rotations qu'effectue la demi-droite d'origine a passant par $\mu(t)$ lorsque t varie de 0 à 1, nombre positif ou négatif calculé en tenant compte des sens des rotations effectuées; on justifiera ce point au Chap. X, n° 3, (iii). Il est clair que $\mathrm{Ind}_\mu(a)$ *ne dépend que de la classe d'homotopie de μ dans $\mathbb{C} - \{a\}$*. Par suite, et en posant

$$\mathrm{Supp}(\mu) = \mu(I),$$

support du chemin μ, on obtient l'énoncé suivant:

Corollaire. *Pour tout chemin fermé μ dans $\mathbb{C}$ et tout $a \in \mathbb{C} - \mathrm{Supp}(\mu)$, on a*

(4.6) $$\int_\mu \frac{dz}{z-a} = \int_0^1 \frac{\mu'(t)}{\mu(t) - a} dt = 2\pi i . \mathrm{Ind}_\mu(a) .$$

On notera qu'en dehors du compact $\mu(I) = \mathrm{Supp}(\mu)$, image de I par μ, le premier membre de (6) – et donc le dernier – est une fonction continue de a puisque la fonction du couple (t, a) que l'on intègre sur $[0, 1]$ est continue (Chap. V, n° 9, Théorème 9). Comme $a \mapsto \mathrm{Ind}_\mu(a)$ est à valeurs dans $\mathbb{Z}$, on en déduit que *l'indice d'un point a relativement à un chemin fermé μ ne dépend que de la composante connexe de a dans l'ouvert $\mathbb{C} - \mathrm{Supp}(\mu)$*. D'après (6), il tend visiblement vers 0 lorsque $|a|$ augmente indéfiniment; on en déduit qu'il est nul dans la composante connexe non bornée de $\mathbb{C} - \mathrm{Supp}(\mu)$; celle-ci est unique car elle contient au minimum l'extérieur de tout disque D contenant $\mathrm{Supp}(\mu)$, de sorte que les autres composantes sont contenues dans D, donc bornées.

On note parfois $\mathrm{Ext}(\mu)$, *extérieur* de μ, l'ensemble des $z \in \mathbb{C} - \mathrm{Supp}(\mu)$ où l'on a $\mathrm{Ind}_\mu(z) = 0$, et $\mathrm{Int}(\mu)$, *intérieur* de μ, l'ensemble des z où

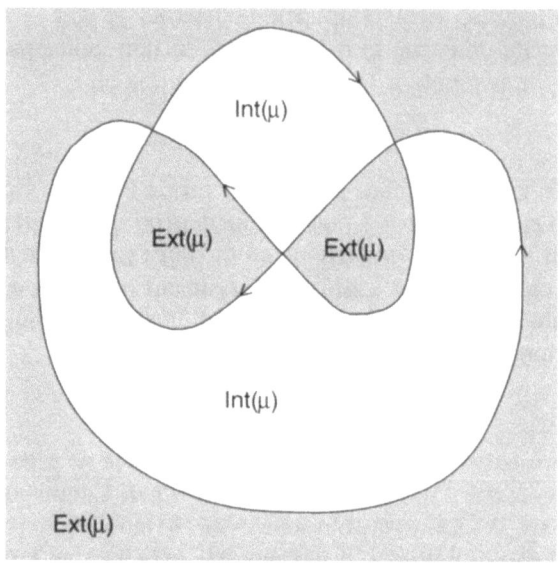

fig. 5. Freitag-Busam, p. 240

$\mathrm{Ind}_\mu(z) \neq 0$; l'extérieur de μ contient la composante connexe non compacte de $\mathbb{C} - \mathrm{Supp}(\mu)$, mais peut être strictement plus grand. Ces notions n'ont aucun rapport avec celles qu'on a définies au Chap. III, n° 1 relativement à une partie quelconque de $\mathbb{C}$ et se réfèrent plutôt à ce qu'on a dit à la fin du Chap. III, §4 (théorème de Jordan) dans le cas d'une courbe " simple ", i.e. homéomorphe au cercle unité $\mathbb{T}$. Ce cas prétendûment simple étant déjà fort subtil, on aurait tort de croire que le cas général le soit moins même si, dans la pratique, tout est toujours à peu près évident.

(ii) *Longueur d'un chemin.* On a souvent besoin de majorer une intégrale

$$\int f(\zeta)d\zeta = \int_I f[\mu(t)]\, \mu'(t) dt\,.$$

En posant

(4.7) $$\|f\|_\mu = \sup_{t \in I} |f[\mu(t)]|\,,$$

norme uniforme de f le long de μ, i.e. norme uniforme, au sens du Chap. III, n° 7, de f sur l'ensemble $\mathrm{Supp}(\mu) = \mu(I)$ des points de la " courbe " que décrit $\mu(t)$, on trouve évidemment que

$$\left|\int f(\zeta)d\zeta\right| \leq \|f\|_\mu \cdot \int |\mu'(t)|\, dt\,.$$

L'intégrale figurant au second membre s'interprète géométriquement. Si en effet l'on choisit une subdivision assez fine $u = t_0 < t_1 < \ldots < t_n = v$ de $I = [u, v]$ pour que μ' soit constante à $r > 0$ près[23] dans chaque intervalle partiel, on a

$$\int |\mu'(t)| \, dt = \sum |\mu'(t_i)| (t_{i+1} - t_i) \quad \text{à } m(I)r \text{ près},$$

où $m(I)$ est la longueur usuelle de I. Mais en posant $\zeta_i = \mu(t_i)$, on a (TF)

$$\zeta_{i+1} - \zeta_i = \int_{t_i}^{t_{i+1}} \mu'(t) \, dt$$

et le second membre de cette relation est, à $r(t_{i+1} - t_i)$ près, égal à $\mu'(t_i)(t_{i+1} - t_i)$. Si donc on écrit que

$$\int |\mu'(t)| \, dt = \sum |\zeta_{i+1} - \zeta_i|,$$

on commet une erreur majorée par $m(I)r + \sum(t_{i+1} - t_i)r = 2m(I)r$. Or le second membre de la relation précédente n'est autre que la longueur usuelle du chemin linéaire par morceaux joignant les ζ_i ; ce chemin est d'autant plus voisin de μ que la subdivision considérée est plus fine. Il est donc raisonnable de définir la *longueur d'un chemin* μ par la formule

(4.8) $$m(\mu) = \int |\mu'(t)| \, dt,$$

où l'on intègre sur I : on intègre par rapport au temps la vitesse scalaire (et non pas vectorielle) du mobile le long du chemin. La lettre m suggère une analogie avec la longueur ou mesure usuelle d'un intervalle dans $\mathbb{R}$.

La conclusion de ces raisonnements est l'inégalité

(4.9) $$\left| \int_\mu f(\zeta) \, d\zeta \right| \leq m(\mu). \|f\|_\mu.$$

Ce résultat remplace l'inégalité quasi triviale rencontrée en variables réelles et est constamment utilisé.

On notera que si l'on remplace $\mu(t)$ par $\nu(t) = \mu[\varphi(t)]$ où φ est une application C^1 d'un intervalle $J \subset \mathbb{R}$ sur l'intervalle I où est définie μ, ce qui ne modifie pas $\text{Supp}(\mu)$, on trouve

$$m(\nu) = \int |\mu'[\varphi(t)] \, \varphi'(t)| \, dt = \int |\mu'[\varphi(t)]| \cdot |\varphi'(t)| \, dt ;$$

---

[23] Rappelons nos conventions de langage (Chapitre III, n° 2). Une fonction numérique f est *constante à r près* sur un ensemble E si l'on a $|f(x) - f(y)| \leq r$ quels que soient $x, y \in E$. Une égalité $a = b$ est *vraie à r près* si $|a - b| \leq r$.

la formule du changement de variable dans une intégrale (Chap. V, § 6, n° 19), dans laquelle figure la fonction $\varphi'(t)$ elle-même et non pas sa valeur absolue, ne fournit donc l'égalité $m(\mu) = m(\nu)$ que si φ' est de signe constant, i.e. si φ est monotone : il est généralement reconnu que si l'on va de Paris à Marseille en suivant l'itinéraire Paris-Lyon-Dijon-Lyon-Marseille, on parcourt davantage de kilomètres que par la voie directe. La longueur d'un chemin est donc, en dépit de la terminologie, une notion cinématique et non pas une notion géométrique applicable à l'ensemble $\mathrm{Supp}(\mu) = \mu(I)$. En fait, il vaudrait mieux appeler " trajet " ce que tout le monde appelle " chemin ", mais il est trop tard[24].

(iii) *La formule intégrale de Cauchy pour un cercle.* Les calculs du n° 3, (iii) expliquent la formule intégrale de Cauchy pour un cercle (Chap. V, n° 5), à savoir

$$(4.10) \qquad 2\pi i f(a) = \int_\mu \frac{f(\zeta)}{\zeta - a} d\zeta$$

où a est intérieur au cercle $\mu : t \mapsto R.\exp(2\pi i t)$ de centre 0 le long duquel on intègre et où f est holomorphe dans un disque ouvert D de rayon $> R$. L'application

$$(s, \zeta) \longmapsto a + (1-s)(\zeta - a)$$

est en effet une contraction de D sur le point a ; pour s donné, c'est l'homothétie de centre a et de rapport $1 - s$, laquelle transforme μ en un cercle μ_s entourant a et dont le rayon tend vers 0 lorsque s tend vers 1 : exemple de déformation linéaire. Le second membre de (10), où l'on intègre une fonction holomorphe dans l'ouvert $D - \{a\}$, ne change donc pas si l'on y remplace μ par μ_s avec $s < 1$, inégalité stricte. Mais pour tout $r > 0$, il y a un $r' > 0$ tel que

$$|\zeta - a| < r' \Longrightarrow |f(\zeta) - f(a) - f'(a)(\zeta - a)| < r|\zeta - a|$$

puisque f est dérivable au point a. Si donc s est suffisamment voisin de 1 pour que μ_s soit contenu dans le disque $|\zeta - a| < r'$, et si l'on remplace $f(\zeta)$ par $f(a) + f'(a)(\zeta - a)$ dans l'intégrale le long de μ_s, on commet sur la fonction $f(\zeta)/(\zeta - a)$ à intégrer une erreur majorée par r quel que soit ζ ; compte-tenu de la majoration standard (9), l'erreur sur le second membre de (10) est donc majorée par $m(\mu_s)r$, où $m(\mu_s)$ est la longueur de μ_s. Si l'on admet que, pour une circonférence parcourue une seule fois, notre savante définition de la longueur coïncide avec celle d'Archimède – c'était du reste la sienne puisqu'il approchait un cercle par des polygônes inscrits, sans toutefois aller jusqu'au

---

[24] *Chemin* : toute voie qu'on peut parcourir pour aller d'un lieu à un autre. *Trajet* : action de traverser l'espace d'un lieu à un autre. (Littré).

bout ... -, il est clair que $s \mapsto m(\mu_s)$ est bornée dans I ; en fait, $m(\mu_s)$ est le produit de la longueur du cercle initial par le rapport d'homothétie $1-s$. L'erreur commise sur le second membre de (10) est donc, à un facteur constant près, majorée par r. Autrement dit, on a

$$(4.11) \quad \int_\mu \frac{f(\zeta)}{\zeta - a} d\zeta = \lim_{s=1-0} \int_{\mu_s} \left[\frac{f(a)}{\zeta - a} + f'(a) \right] d\zeta = $$
$$= \lim f(a) \int_{\mu_s} \frac{d\zeta}{\zeta - a} + \int_{\mu_s} f'(a) d\zeta .$$

Au second membre, la contribution de $f'(a)$ est nulle puisque l'on intègre le long d'un chemin fermé une fonction constante. Il reste à évaluer l'intégrale de $1/(\zeta - a)$ le long de μ_s ; on peut, pour ce faire, remplacer μ_s par un contour fermé qui lui soit homotope en tant que chemin fermé dans l'ouvert $\mathbb{C} - \{a\}$ où la fonction $1/(\zeta - a)$ est holomorphe ; par exemple, par un cercle de centre a. D'après le corollaire au Théorème 4, c'est le produit de $2\pi i$ par l'indice de a par rapport à un tel cercle, évidemment égal à 1. Compte tenu du facteur $f(a)$, le résultat final est donc bien $2\pi i f(a)$. C'est l'une des démonstrations de Cauchy lui-même.

(iv) *Modes de convergence des fonctions holomorphes.* Rappelons que la formule (10), conséquence immédiate de la théorie élémentaire des séries de Fourier, est l'outil essentiel dans la démonstration du théorème de Weierstrass sur les limites de fonctions holomorphes (Chap. VII, § 4, n° 19). Si en effet f est holomorphe dans un ouvert G, si K est un compact de G et si $r > 0$ est *strictement* inférieur à la distance de K à la frontière de G, on peut, pour tout $w \in K$, appliquer (9) en prenant pour μ le cercle $|\zeta - w| = r$; posant $\zeta = w + r\mathbf{e}(t)$, d'où $d\zeta = 2\pi i r \mathbf{e}(t) dt$ et

$$f(\zeta) = \sum_{n \geq 0} f^{(n)}(w) r^n \mathbf{e}(t)^n / n!,$$

on a alors

$$(4.12) \quad f^{(n)}(w)/n! = \int f(w + r\mathbf{e}(t)) \, r^{-n} \mathbf{e}(t)^{-n} dt$$

où l'on intègre sur $[0,1]$. Si donc on désigne par $K(r)$ l'ensemble, compact et contenu dans G, des points dont la distance à K est $\leq r$ et si l'on passe au maximum du premier membre sur K, on trouve que

$$(4.13) \quad \left\| f^{(n)} \right\|_K \leq n! r^{-n} \| f \|_{K(r)},$$

ce qui prouve que, *dans l'espace vectoriel des fonctions holomorphes dans G, l'application $f \mapsto f^{(n)}$ est continue pour la topologie de la convergence com-*

pacte[25] ; si en effet une suite (f_p) converge uniformément sur tout compact de G vers une limite f, les dérivées successives de f au sens réel, identiques à des facteurs constants près à ses dérivées au sens complexe, sont dans le même cas ; la fonction limite est donc C^∞, elle vérifie la condition de Cauchy par passage à la limite, sa limite est donc holomorphe et comme les dérivées au sens réel convergent uniformément sur tout compact vers celles de f, le résultat annoncé s'ensuit (Chap. VII, n° 19, théorème de Weierstrass).

En fait, on peut parvenir à la même conclusion que Weierstrass en faisant sur la convergence de la suite (f_n) des hypothèses en apparence beaucoup plus faibles que la convergence compacte. Considérons en particulier le cas de la convergence $L^p (1 \leq p < +\infty)$ de la théorie de l'intégration, définie par la norme

$$(4.14) \qquad \|f\|_p = \left(\iint_G |f(z)|^p \, dm(z) \right)^{1/p}$$

où l'on intègre sur l'ouvert G donné[26] par rapport à la mesure usuelle $dm(z) = dxdy$. Il s'agit de montrer que, *pour des fonctions holomorphes dans G, la relation*

$$(4.15) \qquad \lim \|f - f_n\|_p = 0 \quad \textit{implique} \quad \lim f_n(z) = f(z)$$

uniformément sur tout compact K de G, i.e. qu'on a une majoration

$$(4.16) \qquad \|f\|_K \leq M_K \|f\|_p$$

valable pour tout compact $K \subset G$ et toute fonction f holomorphe dans G. Comme du reste on a aussi, dans ces conditions, $\lim f_n^{(r)}(z) = f^{(r)}(z)$ uniformément sur tout compact quel que soit r, on trouvera aussi bien des majorations

$$(4.16') \qquad \left\| f^{(r)} \right\|_K \leq M_{K,r} \|f\|_p$$

pour tout $r \in \mathbb{N}$.

---

[25] Rappelons (Chapitre III, Appendice, n° 8) que celle-ci est définie par les semi-normes $f \mapsto \|f\|_K$, où $K \subset G$ est un compact quelconque. L'inégalité obtenue montre que si f converge uniformément sur $K(r)$, alors $f^{(n)}$ converge uniformément sur K.

[26] Pour définir l'intégrale (14), qui porte sur une fonction continue positive, on doit utiliser la méthode valable pour les fonctions semi-continues inférieurement (Chap. V, § 9, n° 33, théorème 31) : on considère dans $\mathbb{R}^2$ les fonctions continues positives partout $\leq |f(z)|^p$ dans G et nulles en dehors de compacts contenus dans G ; l'intégrale de $|f(z)|^p$ est alors la borne supérieure des intégrales de ces fonctions. Il reviendrait au même de considérer la borne supérieure des intégrales de $|f(z)|^p$ étendues aux compacts $K \subset G$, ce qui supposerait que l'on sache intégrer sur un compact quelconque (même référence).

§ 2. Les formules intégrales de Cauchy   39

Pour prouver (16), considérons à nouveau le compact $K(r) \subset G$. Pour tout $a \in K$, le disque $D(a, r)$ est contenu dans $K(r)$ et l'on a

$$f(a) = \int_0^1 f\left[a + r\mathbf{e}(t)\right] dt.$$

Si l'on admet qu'en coordonnées polaires $x = \rho \cos 2\pi t$, $y = \rho \sin 2\pi t$, la mesure $dm(z) = dxdy$ est donnée par $dxdy = 2\pi \rho d\rho dt$, on voit que

$$\iint_{D(a,r)} f(z) dxdy = 2\pi \int_0^r \rho d\rho \int_0^1 f\left[a + \rho \mathbf{e}(t)\right] dt = \pi r^2 f(a);$$

puisque πr^2 est l'aire du disque $D(a, r)$, cela signifie que *la valeur d'une fonction holomorphe au centre d'un disque est égale à sa valeur moyenne dans le disque*. Comme $D(a, r) \subset K(r)$ pour tout $a \in K$, on a donc

(4.17) $\quad \pi r^2 \|f\|_K \leq \iint_{K(r)} |f(z)| dm(z) \leq \iint_G = \|f\|_1,$

ce qui, **si $p = 1$**, démontre (16). Si $1 < p < +\infty$, on applique l'inégalité de Hölder (**Cauchy**-Schwarz pour $p = 2$) aux fonctions f et 1 sur $K(r)$, d'où

$$\pi r^2 \|f\|_K \leq \left(\iint_{K(r)} |f(z)|^p dm(z) \right)^{1/p} \left(\iint_{K(r)} dm(z) \right)^{1/q}$$

où $1/p + 1/q = 1$ (Chap. V, § 3, n° 14); la première intégrale est inférieure à $\|f\|_p$ et la seconde ne dépend pas de f, d'où (16). On obtiendrait (16') de façon analogue à partir de (12).

Le lecteur vérifiera facilement que la relation (16) subsisterait si, au lieu de définir $\|f\|_p$ à l'aide de la mesure usuelle $dxdy$, on utilisait une mesure $d\mu(z) = \rho(z) dm(z)$, i.e. la formule

(4.18) $\quad \|f\|_p = \left(\iint_G |f(z)|^p \rho(z) dxdy \right)^{1/p}$

où la "densité" donnée ρ est continue et à valeurs *strictement* positives; il suffit de remarquer que, sur $K(r)$, le minimum m de ρ est > 0, d'où

$$\iint_{K(r)} |f(z)|^p dm(z) \leq \frac{1}{m} \iint_{K(r)} |f(z)|^p \rho(z) dm(z)$$

quelle que soit la fonction f.

On déduit de ce résultat que, pour toute mesure $d\mu(z)$ de la forme (18), l'espace vectoriel normé $\mathcal{H}^p(G, \mu)$ des fonctions holomorphes telles que

$$\iint |f(z)|^p d\mu(z) < +\infty$$

est *complet*[27] : l'inégalité (16) transforme en effet toute suite de Cauchy pour la norme L^p en une suite de Cauchy pour la convergence compacte, d'où une limite holomorphe qui, on le présume aisément, est aussi la limite L^p des f_n. C'est évident *si* l'on dispose des résultats les plus simples de la théorie de Lebesgue[28].

En particulier $\mathcal{H}^2(G,\mu)$, muni du produit scalaire

$$(f|g) = \iint f(z)\overline{g(z)}d\mu(z),$$

est un *espace de Hilbert* qui joue un rôle important dans certaines questions, notamment la transformation de Fourier complexe, la théorie des fonctions modulaires, la représentation conforme, etc.

On peut en fait démontrer beaucoup plus comme Laurent Schwartz l'a observé il y a un demi-siècle. Soient G un ouvert de $\mathbb{C}$ et $\mathcal{D}(G)$ l'espace vectoriel des fonctions C^∞ et à support compact dans G. Comme dans $\mathbb{R}$ (Chapitre V, §10), on peut l'utiliser pour définir des *distributions* dans G. Pour tout $r \in \mathbb{N}$, on définit dans $\mathcal{D}(G)$ une semi-norme (Appendice au Chap. III, fin du n° 8)

$$N_r(\varphi) = \sum_{p,q \leq r} \sup_{z \in G} |D_1^p D_2^q \varphi(z)| = \sum \|D_1^p D_2^q \varphi\|_G$$

où D_1 et D_2 sont les opérateurs de dérivation par rapport aux coordonnées réelles x, y de z. Notant $\mathcal{D}(G,K)$ le sous-espace des $\varphi \in \mathcal{D}(G)$ nulles en dehors d'un compact donné $K \subset G$, une distribution dans G est alors une forme linéaire $\varphi \mapsto T(\varphi)$ sur $\mathcal{D}(G)$ qui est continue au sens suivant : pour tout compact $K \subset G$, il existe un $r \in \mathbb{N}$ et une constante $M_K(T) \geq 0$ tels que l'on ait

$$|T(\varphi)| \leq M_K(T) N_r(\varphi) \quad \text{pour toute} \quad \varphi \in \mathcal{D}(G,K).$$

Comme dans $\mathbb{R}$, on peut définir les dérivées succesives des distributions en itérant les formules qui définissent les dérivées premières

$$D_1 T : \varphi \longmapsto -T(D_1 \varphi), \quad D_2 T : \varphi \longmapsto -T(D_2 \varphi)$$

---

[27] Comme on le verra au n° 12, il peut être réduit à zéro si l'ouvert G n'est pas borné, notamment, cas trivial, si $G = \mathbb{C}$ car, dans ce cas, (17) s'applique pour tout $r > 0$.

[28] Si l'on a une suite de Cauchy (f_n) dans un espace L^p et si $\lim f_n(x) = f(x)$ existe presque partout, alors $f \in L^p$ et $\lim \|f - f_n\|_p = 0$ (Chap. XI). Dans le cas qui nous occupe, les f_n et f sont continues et la suite converge uniformément sur tout compact ; il s'agit donc en réalité d'un théorème sur les intégrales de Riemann. Mais le démontrer élémentairement demande beaucoup plus d'ingéniosité que le recours aux marteaux-pilons de Lebesgue.

de T. Si T est définie par une fonction f de classe C^∞ dans G, i.e. si

$$T(\varphi) = \iint \varphi(z)f(z)dm(z),$$

il est immédiat de vérifier que D_iT est définie par la fonction D_if : on intègre par parties[29] par rapport à x ou y comme dans $\mathbb{R}$. On peut alors généraliser la notion de fonction holomorphe en disant qu'une distribution T dans G est holomorphe si elle vérifie la condition de Cauchy

$$D_2T = iD_1T$$

ou, ce qui revient au même, si T s'annule sur toutes les fonctions de la forme $\partial \varphi / \partial \bar{z}$.

Cela posé, (i) *toute distribution holomorphe est définie par une fonction holomorphe*, autrement dit cette généralisation n'en est pas une ; (ii) si une suite T_n de distributions holomorphes converge vers une distribution T, i.e. si

$$\lim T_n(\varphi) = T(\varphi) \quad \text{pour toute} \quad \varphi \in \mathcal{D}(G),$$

alors T est holomorphe (évident sur la définition) ; (iii) si f_n et f sont les fonctions holomorphes définissant T_n et T, alors $f_n(z)$ converge vers $f(z)$ uniformément sur tout compact de G.

Lorsqu'il s'agit de fonctions *holomorphes*, toute définition de la convergence plus restrictive que la convergence au sens des distributions implique donc la convergence compacte ; ce résultat couvre tous les types de convergence que l'on rencontre en pratique, en particulier la convergence L^p examinée plus haut.

(v) *Analyticité des fonctions holomorphes.* La formule de Cauchy pour un cercle suppose seulement f holomorphe au sens initialement défini au Chap. II, n° 19. Nous avons montré directement au Chap. VII, n° 14, grâce à la théorie des séries de Fourier, qu'en fait toute fonction holomorphe est analytique, i.e. développable en séries entières, et en avons déduit (10). La formule de Cauchy fournit une autre démonstration de l'analyticité, celle de Cauchy que tout le monde recopie et qui procède en sens inverse. Il suffit, dans (10), de remplacer a par une variable z et d'écrire que

$$1/(\zeta - z) = \zeta^{-1}/(1 - z/\zeta) = \sum_{n \geq 0} z^n \zeta^{-n-1},$$

développement en série géométrique justifié dès que $|z| < |\zeta| = R$. Pour z donné, cette série de fonctions de ζ converge normalement (Chap. III,

---

[29] Comme φ est nulle en dehors d'un compact $K \subset G$, la fonction sous le signe $\int$ est la restriction à G d'une fonction C^∞ dans $\mathbb{R}^2$ et nulle en dehors de K, donc en dehors d'un carré $I \times I$ où I est un intervalle compact dans $\mathbb{R}$.

n° 8) sur le cercle $|\zeta| = R$ puisqu'elle y est dominée par la série $\sum q^n/R$, avec $q = |z|/R < 1$; comme la fonction f est continue sur le cercle, on peut intégrer terme à terme, d'où

(4.19) $\qquad 2\pi i f(z) = \sum c_n z^n \quad \text{avec} \quad c_n = \int f(\zeta)\zeta^{-n-1} d\zeta$

où l'on intègre le long du cercle de rayon R, cqfd.

Cette démonstration montre, comme celle du Chap. VII, que le développement (19) est valable dans le plus grand disque D de centre 0 contenu dans le domaine G où f est holomorphe. Comme en effet tous les cercles de centre 0 sont homotopes entre eux en tant que chemins fermés dans le domaine $G - \{0\}$ où la fonction $f(\zeta)\zeta^{-n-1}$ que l'on intègre est holomorphe, l'intégrale représentant les c_n est indépendante de R aussi longtemps que le disque fermé $|z| \leq R$ est contenu dans G ; comme la série entière converge alors pour $|z| \leq R$, le résultat s'ensuit. Ce raisonnement montre aussi que la formule intégrale de Cauchy pour un disque caractérise les fonctions holomorphes dans ce disque puisqu'elle implique un développement en série entière, ou bien parce que l'on intègre sur un compact une fonction qui dépend holomorphiquement du paramètre z, ce qui permet d'appliquer les théorèmes de dérivation sous le signe $\int$.

(vi) *Série de Laurent*. Considérons une fonction f holomorphe dans une couronne circulaire $G : r < |z| < R$ et soit z un point de G. Choisissons des nombres r' et R' tels que $r < r' < |z| < R' < R$ et une demi-droite D d'origine 0 ne passant pas par z ; soient A et B les points où elle rencontre les cercles de rayons r' et R'. Considérons le chemin fermé μ obtenu en parcourant AB, puis la circonférence $|\zeta| = R'$ dans le sens positif, puis BA,

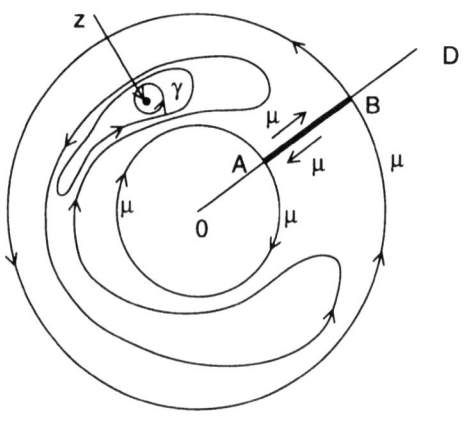

fig. 6.

puis le cercle $|\zeta| = r'$ dans le sens négatif. Il est évidemment homotope dans $G - \{z\}$ à une circonférence γ de centre z contenue dans G. Les intégrales de $f(\zeta)/(\zeta - z)$ le long de ces deux chemins étant égales, la formule de Cauchy pour un cercle montre que

$$(4.20) \qquad f(z) = \frac{1}{2\pi i} \int_\mu \frac{f(\zeta)}{\zeta - z} d\zeta .$$

Il est clair que la contribution du segment de droite AB au calcul est nulle puisqu'on le décrit deux fois en sens inverses. Il reste donc la différence entre les intégrales étendues aux circonférences $|\zeta| = R'$ et $|\zeta| = r'$ parcourues dans le sens positif.

Pour $|\zeta| = R'$, on a $|z/\zeta| < 1$ et donc

$$1/(\zeta - z) = 1/\zeta(1 - z/\zeta) = \sum_\mathbb{N} z^n \zeta^{-n-1} ;$$

la contribution de la circonférence $|\zeta| = R'$ à l'intégrale (13) est donc, comme au point (v), la série entière

$$\sum_{n \geq 0} c_n z^n \quad \text{avec} \quad 2\pi i c_n = \int_{|\zeta|=R'} f(\zeta) \zeta^{-n-1} d\zeta .$$

Pour $|\zeta| = r'$, on a $|\zeta/z| < 1$, ce qui permet d'écrire que

$$1/(\zeta - z) = -1/z(1 - \zeta/z) = -\sum_{n \geq 0} \zeta^n z^{-n-1} ;$$

le produit par $f(\zeta)$ s'intègre à nouveau terme à terme : il s'agit manifestement de séries normalement convergentes. En remplaçant n par $-n - 1$ où, cette fois, $n < 0$, on obtient une contribution égale à

$$\sum_{n < 0} c_n z^n \quad \text{avec} \quad 2\pi i c_n = \int_{|\zeta|=r'} f(\zeta) \zeta^{-n-1} d\zeta$$

comme on le voit facilement. La formule (13) fournit donc, dans la couronne $r' < |z| < R'$, un développement en série

$$(4.21) \qquad f(z) = \sum_\mathbb{Z} c_n z^n$$

dont les coefficients s'obtiennent en intégrant $f(\zeta)\zeta^{-n-1}$ soit sur $|\zeta| = R'$, soit sur $|\zeta| = r'$. En fait, le choix du cercle n'a aucune importance pourvu qu'il soit intérieur à la couronne $G : r < |z| < R$, car tous ces cercles sont évidemment homotopes dans G en tant que chemins fermés. Et comme le développement est valable pour $r' < |z| < R'$ pourvu que $r < r' < R' < R$, cela signifie qu'il est valable dans tout G. C'est le théorème de Laurent, avec le calcul des coefficients par une intégrale.

5 – La formule des résidus

(i) *La formule des résidus.* Dans un domaine simplement connexe, on peut démontrer une formule (4.10) valable pour tout chemin fermé μ dans G, toute fonction f holomorphe dans G et tout $z \in G$, ainsi qu'un résultat plus général et archi-classique : la formule des résidus de Cauchy, source inépuisable d'exercices et de sujets d'examens depuis longtemps tous éventés, quoique parfois subtils. On peut en fait tout démontrer à la fois et même se dispenser de supposer G simplement connexe à condition d'imposer à μ d'être homotope à un point dans G.

Faisons d'abord quelques remarques sur la série de Laurent d'une fonction f holomorphe pour $0 < |z - a| < R$, a étant donc un point singulier isolé de f (Chapitre VII, § 4, n° 16). On vient de voir qu'elle est donnée par

$$(5.1) \quad f(z) = \sum c_n (z-a)^n \quad \text{avec} \quad 2\pi i c_n = \int f(\zeta)(\zeta - a)^{-n-1} d\zeta$$

où l'on intègre sur n'importe quel cercle $t \mapsto a + r.\exp(2\pi i t)$ de centre a et de rayon $r < R$. La somme des termes de degré $n < 0$, la *partie polaire* ou *singulière* de la série de Laurent, est une série entière en $w = 1/(z-a)$; elle converge pour $0 < |z - a| < R$, i.e. pour $|w| > 1/R$; or le domaine de convergence d'une série entière est l'intérieur d'un disque ; si elle converge à l'extérieur d'un disque, elle converge donc partout. La série des termes de degré négatif dans (1) converge donc quel que soit $z \neq a$, de sorte que *f est, au voisinage de a, somme d'une série entière et d'une fonction holomorphe dans $\mathbb{C} - \{a\}$*.

Ceci dit, considérons dans un domaine G une fonction f qui, au lieu d'être holomorphe partout dans G, le soit dans $G - S = G'$, où S est un ensemble provisoirement fini. Soit $\rho_a = \text{Res}(f, a)$ le *résidu* de f en $a \in S$, i.e. le coefficient de $1/(z-a)$ dans sa série de Laurent en a. Désignons par $g_a(z)$ la somme des termes de degré ≤ -2 de celle-ci – elle est en fait définie et holomorphe dans $\mathbb{C} - \{a\}$ comme on vient de le voir – et considérons la fonction

$$(5.2) \qquad g(z) = f(z) - \sum [g_a(z) + \rho_a/(z-a)] \; ;$$

chaque g_a étant holomorphe dans $\mathbb{C} - \{a\}$, g est définie au minimum dans G'. Ses seuls points singuliers dans G sont tout au plus les $a \in S$, mais comme, dans (2), les termes d'indice $b \neq a$ sont holomorphes en a, la partie polaire de la série de Laurent de g en a s'obtient en retranchant de celle de f celle de $g_a(z) + \rho_a/(z-a)$, i.e. la somme des termes de degré < 0 de la série de Laurent de f. La série de Laurent de g en a est donc en réalité une série *entière*, et en convenant de désigner par $g(a)$ le terme constant de celle-ci, i.e. de la série de Laurent de f en a, on transforme g en une fonction définie et holomorphe dans G tout entier.

§ 2. Les formules intégrales de Cauchy   45

Pour calculer l'intégrale de f le long d'un chemin fermé μ dans G', il suffit alors de calculer celles des g_a, des fonctions $1/(z-a)$ et de g.

Par définition de l'indice, on a tout d'abord

$$(5.3) \qquad \int_\mu \frac{d\zeta}{\zeta - a} = 2\pi i . \operatorname{Ind}_\mu(a) .$$

Comme d'autre part g est holomorphe dans tout G et comme μ est, par hypothèse, homotope à un point, son intégrale le long de μ est nulle (Corollaire 3 du Théorème 3). Quant à la fonction g_a, elle est représentée pour tout $\zeta \neq a$ par une série

$$g_a(\zeta) = \sum_{n \leq -2} c_n (\zeta - a)^n$$

qui converge dans $\mathbb{C} - \{a\}$ et ne possède pas de terme de degré -1; elle admet donc une primitive

$$\sum_{n \leq -2} c_n (\zeta - a)^{n+1} / (n+1)$$

dans $\mathbb{C} - \{a\}$ (Chap. VII, n° 16 : possibilité de dériver terme à terme une série de Laurent). Que μ soit ou non homotope à un point, l'intégrale de g_a le long de μ est donc nulle.

Les seuls termes de la somme (2) qui contribuent effectivement au calcul de l'intégrale sont donc les fractions $\rho_a / (\zeta - a)$, d'où, compte tenu de (3), la relation

$$(5.4) \qquad \int_\mu f(\zeta) d\zeta = 2\pi i \sum_{a \in S} \operatorname{Ind}_\mu(a) \operatorname{Res}(f, a)$$

Ce résultat suppose que les points singuliers de f dans G sont en nombre fini. En fait, il reste valable lorsque S est une partie à la fois *fermée* et *discrète*, éventuellement infinie, de l'espace topologique G ou, ce qui revient au même, telle que tout $z \in G$ possède un voisinage V tel que $V \cap S$ soit fini, ou encore, telle que $K \cap S$ soit *fini* pour tout compact[30] $K \subset G$. Pour le voir, établissons d'abord le résultat suivant, qui s'étend à des espaces beaucoup plus généraux :

Lemme. *Pour tout ouvert G de $\mathbb{C}$, il existe une suite de compacts K_n et d'ouverts G_n tels que*

---

[30] " fermé dans G" signifie que tout point de G (et non pas de $\mathbb{C}$) qui est limite de points de S est dans S; " discrète dans G" signifie que tout $z \in S$ possède un voisinage V tel que $V \cap S = \{z\}$. Si $K \subset G$ est compact et si $K \cap S$ était infini, il existerait (utiliser BL) un $a \in K$ tel que $V \cap S$ soit infini pour tout voisinage V de a, d'où une suite de points de S deux à deux distincts convergeant vers a; puisque S est fermé dans G, on aurait $a \in S$, ce qui contredit l'hypothèse que S est discret.

$$G = \bigcup K_n, \quad K_n \subset G_n \subset K_{n+1}.$$

Tout compact contenu dans G est alors contenu dans un K_n.

Pour tout $z \in \mathbb{C}$, posons $d(z) = d(z, \mathbb{C} - G)$. Comme $\mathbb{C} - G$ est fermé, la relation $d(z) = 0$ équivaut à $z \in \mathbb{C} - G$, de sorte que G est l'ensemble des $z \in \mathbb{C}$ tels que $d(z) > 0$. Par ailleurs, on a évidemment

(*)
$$|d(z') - d(z'')| \leq d(z', z'') = |z' - z''|$$

quels que soient z' et z'', de sorte que la fonction d est continue. Définissons alors K_n par

$$z \in K_n \iff d(z) \geq 1/n \quad \& \quad |z| \leq n.$$

Les K_n sont fermés et bornés, donc compacts ; ils forment une suite croissante et il est clair que G est leur réunion. Par ailleurs, tout $a \in K_n$ est intérieur à K_{n+1} car, d'après (*),

$$d(a, z) \leq 1/n - 1/(n+1) \implies d(z) \geq d(a) - d(a,z) \geq 1/(n+1),$$

de sorte que K_{n+1} contient un disque de centre a. L'ensemble G_n des points intérieurs à K_{n+1} convient donc. Enfin, si K est un compact de G, il est recouvert par les ouverts G_n, donc par un nombre fini d'entre eux, d'où $K \subset K_n$ pour n grand, cqfd.

Ceci fait, revenons à la formule (4) pour une fonction holomorphe dans $G - S$ et un chemin fermé μ dans $G - S$, homotope à un point dans G. Lors d'une homotopie qui réduit μ à un point, le chemin μ décrit un compact $K \subset G$, lequel est contenu dans l'un des ouverts G_n du lemme. Comme $G_n \cap S = S_n$ est fini et comme μ est homotope à un point dans G_n, (18) s'applique à G_n à condition de n'y faire figurer que les $a \in S_n$. Mais comme le résultat vaut pour tout n assez grand, on peut trivialement passer à la limite (en fait, les résidus non nuls sont en nombre fini), cqfd. En conclusion :

Théorème 5 (Formule des résidus de Cauchy). *Soient G un domaine dans $\mathbb{C}$, S une partie fermée et discrète de G et f une fonction holomorphe dans $G' = G - S$. On a alors*

(5.5)
$$\int_\mu f(\zeta) d\zeta = 2\pi i \sum_{a \in S} \mathrm{Ind}_\mu(a) \, \mathrm{Res}(f, a)$$

pour tout chemin admissible fermé μ dans G' homotope à un point dans G.

Si G est simplement connexe, la formule est applicable à tout chemin fermé dans $G - S$. Si donc les résidus de f sont tous nuls, l'intégrale de f le long de tout chemin fermé dans G' est nulle ; par suite :

Corollaire. *Pour qu'une fonction f holomorphe dans $G - S$, où G est simplement connexe, possède une primitive dans $G - S$, il faut et il suffit que l'on ait* $\mathrm{Res}(f, a) = 0$ *pour tout* $a \in S$.

Dans la théorie classique où $S = \{a_1, \ldots, a_n\}$ est fini, on contemple la figure ci-dessous où figurent le chemin μ et un chemin ν se composant, d'une

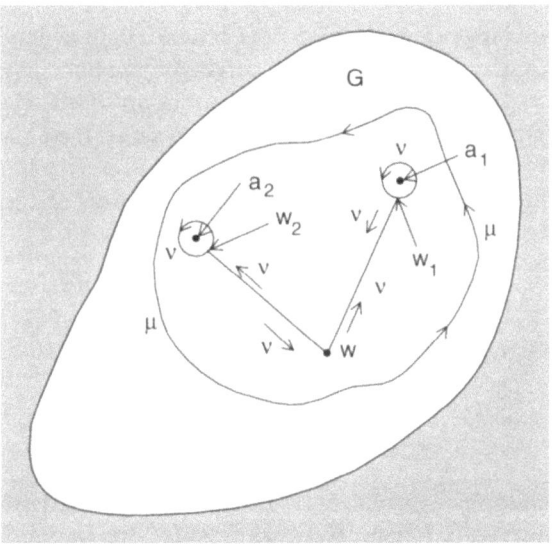

fig. 7.

part de chemins joignant dans $G - S$ un point w choisi au hasard à des points w_p voisins des a_p, d'autre part de chemins circulaires μ_p ayant pour centres les a_p; le chemin ν consiste à aller de w à w_1, à suivre μ_1 depuis w_1 jusqu'à w_1, à revenir à w en suivant le premier chemin en sens inverse, puis à faire suivre ce *lacet* autour de a_1, comme on apelle cela, par des lacets analogues autour de $a_2, \ldots, a_n$. Lorsqu'on intègre f le long de ν, les contributions des chemins joignant w aux w_p s'éliminent; il reste donc la somme des intégrales le long des petits cercles autour des points a_p. Mais si l'on intègre $f(\zeta) = \sum c_n (\zeta - a_p)^n$ le long d'un cercle μ_p assez petit de centre a_p, on trouve $2\pi i c_{-1}$ d'après la formule de calcul des coefficients pour $n = -1$. L'intégrale de f le long de ν est donc $2\pi i \sum \mathrm{Res}(f, a_p)$. D'autre part, il est "évident" que le chemin μ initialement donné et ν sont, dans G, homotopes en tant que chemins fermés. Les intégrales de f le long de μ et de ν sont donc égales, d'où la formule des résidus.

A un détail près : ce raisonnement oublie les facteurs $\text{Ind}_\mu(a_p)$. Pour les obtenir, il faudrait compliquer la figure lorsque μ tourne plusieurs fois, dans les deux sens possibles, autour des a_p.

Ce type de raisonnement, abondamment exploité par Riemann dans sa théorie des fonctions algébriques – à son époque, il n'avait pas le choix – et par ses centaines de successeurs, a néanmoins produit de nombreuses formules utiles comme on le verra à l'occasion par la suite.

(ii) *Formule intégrale de Cauchy : cas général.* Pour généraliser la formule intégrale de Cauchy (4.10) relative au cercle, on applique le théorème 5 à la fonction $g(\zeta) = f(\zeta)/(\zeta-w)$, où $w \in G-S$ est donné. Celle-ci est holomorphe dans $G-\{w\} \cup S$ et tout revient à calculer ses résidus. Il est clair tout d'abord que $\text{Res}(g,w) = f(w)$ puisque l'on a $f(\zeta) = f(w) + f'(w)(\zeta - w) + \ldots$ au voisinage de w (série de Taylor). Au voisinage d'un $a \in S$, on a

$$1/(\zeta - w) = -1/[(w-a) - (\zeta - a)] = -\sum_{m \in \mathbb{N}} (w-a)^{-m-1}(\zeta-a)^m$$

pour peu que $|\zeta - a| < |w - a|$; si donc on a

(5.6) $$f(\zeta) = \sum_{n \in \mathbb{Z}} c_n(\zeta - a)^n$$

au voisinage du point singulier a, le théorème d'associativité des séries absolument convergentes (Chap. II, n° 18) montre que

$$g(\zeta) = -\sum_{n \in \mathbb{Z}, m \geq 0} c_n(w-a)^{-m-1}(\zeta-a)^{m+n} ;$$

le résidu de g s'obtient en groupant les termes pour lesquels $m + n = -1$ (même référence), d'où

(5.7) $$\text{Res}(g,a) = -\sum_{m \in \mathbb{N}} c_{-m-1}(w-a)^{-m-1} = -\sum_{n<0} c_n(w-a)^n,$$

valeur au point w de la partie polaire[31] de la série de Laurent de f en a, au signe près.

Cette formule se simplifie si f possède en a un *pôle simple*, i.e. si sa série de Laurent en a se réduit à son terme de degré -1 ; il reste $\text{Res}(g,a) = -c_{-1}/(w-a) = -\text{Res}(f,a)/(w-a)$. La formule (5) appliquée à g produit donc le résultat suivant :

Théorème 6. *Soient G un domaine dans $\mathbb{C}$, S une partie fermée et discrète de G et f une fonction holomorphe dans $G - S$ ayant des pôles simples aux*

---
[31] On a montré plus haut que cette partie polaire converge dans $\mathbb{C} - \{a\}$.

points de S. Si $w \in G - S$ et si μ est un chemin fermé dans $G - S \cup \{w\}$ homotope à un point dans G, on a

(5.8) $$\frac{1}{2\pi i} \int_\mu \frac{f(\zeta)}{\zeta - w} d\zeta = \mathrm{Ind}_\mu(w) f(w) + \sum_{a \in S} \mathrm{Ind}_\mu(a) \frac{\mathrm{Res}(f, a)}{a - w}.$$

Ce type de raisonnement admet de nombreuses variantes.

Théorème 6 bis. *Soient G un domaine simplement connexe, f une fonction holomorphe dans G et μ un chemin fermé admissible dans G. On a alors*

(5.9) $$\frac{1}{2\pi i} \int_\mu \frac{f(\zeta)}{(\zeta - w)^{n+1}} d\zeta = \mathrm{Ind}_\mu(w) . f^{(n)}(w)/n!$$

pour tout $w \in G - \mathrm{Supp}(\mu)$ et pour tout $n \in \mathbb{N}$.

Ce résultat est le théorème des résidus appliqué à la fonction $f(\zeta)/(\zeta - w)^{n+1}$; celle-ci possède en effet dans G au plus un seul point singulier : un pôle en $z = w$, avec un résidu égal à $f^{(n)}(w)/n!$, car la formule de Taylor

$$f(z)/(z-w)^{n+1} = (z-w)^{-n-1} \sum (z-w)^p f^{(p)}(w)/p!,$$

montre que le coefficient de $1/(z-w)$ est égal à $f^{(n)}(w)/n!$.

(iii) *Nombre de zéros et de pôles d'une fonction*. La formule des résidus a beaucoup d'autres conséquences immédiates. Considérons par exemple une fonction f *méromorphe* dans un domaine G ; cela signifie qu'il existe une partie S discrète et fermée de G telle que les points de S soient des zéros ou des pôles, mais non des points singuliers essentiels, de f, la fonction étant holomorphe et jamais nulle dans $G - S$. La fonction $f'(z)/f(z)$ est alors holomorphe dans $G - S$ et ses seuls points singuliers sont les $a \in S$. Au voisinage de tout point $a \in G$, on a un développement en série

(5.10) $$f(z) = c_p(z-a)^p + c_{p+1}(z-a)^{p+1} + \ldots$$

avec $c_p \neq 0$; l'entier p est ≥ 0 si f est holomorphe en a, il est > 0 si $f(a) = 0$, et il est < 0 si a est un pôle de f ; notons-le $v_a(f)$, de sorte que, si S est fini, on a

$$f(z) = u(z) \prod (z-a)^{v_a(f)}$$

où la fonction u est partout holomorphe et partout $\neq 0$ dans G, donc inversible dans l'anneau des fonctions méromorphes dans G ; c'est l'analogue de la décomposition d'un entier en produit de facteurs premiers[32]. Ceci dit,

---

[32] Pour l'extension aux fonctions méromorphes de la théorie de de la divisibilité, voir Remmert, *Funktionentheorie 2*, Chap. 3 et 4, où l'on verra notamment que toute fonction méromorphe dans un domaine G est un quotient de deux fonctions holomorphes dans G n'ayant aucun zéro en commun.

appliquons la formule des résidus à la fonction $f'(z)/f(z)$, holomorphe en dehors de S. D'après (10), on a

$$f(z) = (z-a)^p g(z)$$

où g est holomorphe et non nulle en a, d'où

$$f'(z)/f(z) = p/(z-a) + g'(z)/g(z).$$

La fonction g'/g étant holomorphe en a, on a $\text{Res}(f'/f, a) = p = v_a(f)$ et la formule des résidus montre alors que

(5.11) $$\int_\mu \frac{f'(z)}{f(z)} dz = 2\pi i \sum \text{Ind}_\mu(a) v_a(f) = 2\pi i v_\mu(f),$$

où la somme, étendue à tous les $a \in G$, ne comporte en fait qu'un nombre fini de termes non nuls. Si par exemple f est holomorphe partout dans G et si μ est une courbe fermée simple dont l'intérieur est contenu dans G et sur laquelle f ne s'annule pas, l'intégrale (11) permet de calculer le nombre total de zéros de f à l'intérieur de μ ; ce nombre tient compte de l'ordre ou *multiplicité* $v_a(f)$ de chaque zéro.

Comme fonction de f, le premier membre de (11) possède une propriété de continuité remarquable, qui résulte de celle de l'application $f \mapsto f^{(n)}$ examinée plus haut. L'ouvert G et le chemin μ étant fixés, notons d'abord que si f ne s'annule pas sur $\text{Supp}(\mu)$, il en est de même de toute fonction g définie dans G et suffisamment voisine de f au sens de la convergence compacte. Choisissons alors un nombre $r > 0$ strictement inférieur à la distance de $\text{Supp}(\mu)$ à la frontière de G et soit $K \subset G$ l'ensemble, compact, des points dont la distance à $\text{Supp}(\mu)$ est $\leq r$. Puisque f ne s'annule pas sur $\text{Supp}(\mu)$, elle ne s'annule pas non plus dans K si r est suffisamment petit ; la borne inférieure d de $|f(z)|$ dans K est donc > 0 si r est assez petit et celle de $|g(z)|$ est $\geq d/2$ si $\|f - g\|_K < d/2$. Si g est holomorphe, les résultats du n° 4, (iv) montrent que $\|f' - g'\|_{\mu(I)} \leq Md$ où M ne dépend pas de g. Si $\|f - g\|_K$ est assez petit, l'intégrale

$$2\pi i v_\mu(g) - 2\pi i v_\mu(f) = \int_\mu \left[\frac{g'(z)}{g(z)} - \frac{f'(z)}{f(z)} \right] dz$$

a un sens et l'on voit en la majorant[33] que pour $\|f-g\|_K$ assez petit, on a $|v_\mu(g) - v_\mu(f)| < 1$, donc $= 0$. Par suite, *le nombre $v_\mu(f)$ de racines d'une fonction holomorphe f à l'intérieur d'un chemin fermé μ est une fonction continue de f pour la topologie de la convergence compacte*. En particulier,

---

[33] Tout revient à majorer une expression de la forme $|f/g - p/q|$ lorsqu'on connaît des minorations > 0 de g et q et des majorations de f, p, $|f-p|$ et $|g-q|$. Voir les règles du Chapitre III, § 2, n° 7 relatives aux opérations algébriques sur des suites uniformément convergentes.

pour toute fonction f holomorphe dans G et tout $a \in G$, il existe un $r > 0$, un $\rho > 0$ et un compact $K \subset G$ tels que toute fonction g holomorphe dans G et vérifiant $\|g - f\|_K < \rho$ possède dans le disque $|z - a| < r$ le même nombre de zéros que f.

Si l'on remplace f et g par $f - c$ et $f - c'$, où c et c' sont des constantes, de sorte que $\|g - f\|_K = |c' - c|$, on voit donc qu'à l'intérieur de μ, les équations $f(z) = c$ et $f(z) = c'$ ont, pour c donné, le même nombre de solutions pourvu que $|c' - c|$ soit assez petit. Raisonnement direct : si $f(z) - c$ ne s'annule pas sur $\mathrm{Supp}(\mu)$, il en est de même de $f(z) - c'$ pour c' suffisamment voisin de c ; quand c' tend vers c, il est clair que $f'/(f - c')$ converge vers $f'/(f - c)$ uniformément sur $\mathrm{Supp}(\mu)$, d'où le résultat. Cela signifie aussi que *le nombre $v_\mu(f - c)$ de solutions de $f(z) = c$ à l'intérieur de μ ne dépend que de la composante connexe de $\mathbb{C} - \mathrm{Supp}(\mu)$ à laquelle c appartient*.

Si par exemple f possède en un point a un zéro d'ordre p et ne s'annule pas ailleurs dans un disque $|z - a| < r$, alors, pour tout $c \in \mathbb{C}$ assez petit, l'équation $f(z) = c$ possède p solutions dans ce disque. Ceci montre que *l'image par f d'un disque de centre a contient un disque de centre $f(a)$* et, comme a est arbitraire, que f transforme tout ouvert de G en un ouvert de $\mathbb{C}$. Au surplus, les racines de $f(z) = c \neq 0$ dans $|z - a| < r$ sont *deux à deux distinctes* pour r assez petit, car même si $f'(a) = 0$, on a $f'(z) \neq 0$ pour $0 < |z - a| < r$ si r est assez petit, ce qui interdit à $f(z) = c$ d'avoir des racines multiples dans ce disque.

Pour $p = 1$, ce raisonnement montre que f est injective au voisinage de a si et seulement si $f'(a) \neq 0$. Si f est globalement injective dans G, on a donc $f'(z) \neq 0$ partout et f est une représentation conforme sur un ouvert comme on l'a noté plus haut (et, au Chapitre III, § 5, n° 24, grâce au théorème d'inversion locale en variables réelles). En conclusion :

Théorème 7. *Toute fonction f holomorphe et non constante dans un domaine G transforme tout ouvert contenu dans G en un ouvert de $\mathbb{C}$. Pour que f soit une représentation conforme de G sur $f(G)$, il faut et il suffit que f soit injective dans G.*

(iv) *Résidus à l'infini.* Les fonctions rationnelles $f(z) = p(z)/q(z)$, où p et q sont des polynômes sans racine commune, sont les plus simples auxquelles on peut appliquer la formule des résidus. Comme on le verra plus loin, la méthode permet de calculer l'intégrale sur $\mathbb{R}$ de toute fonction de ce type, tout au moins si elle converge. Mais on peut dès maintenant établir un résultat théorique important concernant les résidus d'une fonction rationnelle.

Intégrons en effet f le long d'un cercle $|z| = R$ parcouru une seule fois dans le sens positif. Si R est assez grand, on trouve, au facteur $2\pi i$ près, la somme des résidus de f en tous ses pôles, lesquels sont les racines de q. Or, pour z grand, on a une estimation asymptotique de la forme $f(z) \sim cz^n$, avec $c \neq 0$ et $n = d^\circ(p) - d^\circ(q)$, et en particulier $|f(z)| \leq M|z|^n$ où M est une constante. L'intégrale sur le cercle, égale à

$$(5.12) \qquad \int_0^1 2\pi i f\,[\mathbf{Re}(t)]\,\mathbf{Re}(t)dt$$

où $\mathbf{e}(t) = \exp(2\pi i t)$, est donc $O(R^{n+1})$. Il s'ensuit qu'elle tend vers 0 si $n \leq -2$, i.e. si

$$(5.13) \qquad d^\circ(q) \geq d^\circ(p) + 2\,.$$

L'hypothèse (13) implique donc la relation

$$(5.14) \qquad \sum \mathrm{Res}(f,a) = 0\,.$$

Le raisonnement s'effondre dans le cas contraire et, en fait, (14) n'est plus correcte dans ce cas. A l'extérieur d'un disque de rayon R très grand, la fonction f est développable en série de Laurent $\sum c_p z^p$ avec

$$2\pi i c_p = \int_{|\zeta|=R} f(\zeta)\zeta^{-p-1}d\zeta$$

comme on l'a vu au n° 4, (vi). Pour $p = -1$, on retrouve l'intégrale de f le long du cercle, qui est donc égale à $2\pi i c_{-1}$. Dans le cas général, on doit remplacer (14) par la relation

$$(5.15) \qquad \sum \mathrm{Res}(f,a) = c_{-1}\,.$$

Si en particulier on a $f(z) \sim c/z$ à l'infini (cas $n = -1$), on trouve

$$(5.16) \qquad \sum_{a \in \mathbb{C}} \mathrm{Res}(f,a) = c = \lim_{z\infty} zf(z)\,.$$

Si l'on pose (ne pas oublier le signe!)

$$\mathrm{Res}(f,\infty) = -c_{-1}\,,$$

résidu de f à l'infini, on trouve alors, au lieu de (14),

$$(5.14') \qquad \sum_{a \in \mathbb{C} \cup \{\infty\}} \mathrm{Res}(f,a) = 0\,.$$

Cette tautologie est justifiée par son extension à des situations beaucoup plus générales (surfaces de Riemann compactes) où elle est moins évidente.

On peut définir ce résidu à l'infini pour toute fonction f, rationnelle ou non, qui est définie et holomorphe pour $|z|$ grand. Il est tout d'abord utile de préciser ce qu'on entendra par le comportement de f "au voisinage de l'infini". Rationnelle ou non, une telle fonction possède un développement en série de Laurent $f(z) = \sum c_n z^n$ qui converge pour $|z|$ grand, avec éventuellement une infinité de termes de degré négatif ou positif ; il est alors naturel de dire que f est *holomorphe à l'infini* ou *au voisinage de l'infini* si $c_n = 0$ pour tout $n > 0$ – autrement dit, si $f(z) = O(1)$ pour $|z|$ grand – et de poser, par définition,

(5.17) $$f(\infty) = c_0 = \lim_{z\infty} f(z).$$

Si $f(\infty) = 0$, on dira que f possède un *zéro d'ordre p à l'infini* si

(5.18') $$f(z) = \ldots + c_{-p-1} z^{-p-1} + c_{-p} z^{-p} \quad \text{avec} \quad c_{-p} \neq 0,$$

autrement dit si $f(z) \asymp 1/z^p$ pour z grand.

Si f n'est pas holomorphe à l'infini, on dira que f possède un *pôle d'ordre p à l'infini* si

(5.18") $$f(z) = \ldots + c_{p-1} z^{p-1} + c_p z^p \quad \text{avec} \quad c_p \neq 0,$$

autrement dit, si $f(z) \asymp z^p$ pour z grand. Dans le cas contraire, on parle d'un *point singulier essentiel à l'infini*, cas de e^z par exemple. A partir du développement (18"), on pose alors

$$\mathrm{Res}(f, \infty) = -c_{-1}$$

comme plus haut et l'on voit que

(5.19) $$\int_{|z|=R} f(z) dz = -2\pi i \, \mathrm{Res}(f, \infty) \quad \text{pour } R \text{ grand}$$

où l'on fera attention au signe du second membre ...

Une fonction rationnelle ne possède, dans $\hat{\mathbb{C}} = \mathbb{C} \cup \{\infty\}$, que des singularités polaires, autrement dit est méromorphe dans $\hat{\mathbb{C}}$, et il n'existe pas d'autres fonctions jouissant de cette propriété. Tout d'abord, une telle fonction f ne peut avoir qu'un nombre fini de pôles car, même si elle a un pôle à l'infini, f est holomorphe en dehors d'un disque compact D ; or elle ne peut avoir qu'un nombre fini de pôles dans D. En multipliant f par un polynôme choisi de façon à éliminer les pôles de f dans D, on obtient donc une fonction qui, dans $\hat{\mathbb{C}}$, a pour seule singularité possible un pôle à l'infini ; dans $\mathbb{C}$, c'est donc une fonction entière qui, à l'infini, est de l'ordre de grandeur d'une puissance de z, donc un polynôme d'après le théorème de Liouville (Chapitre VII, § 4, n° 18, théorème 15), d'où le résultat.

(v) *Invariance du résidu par représentation conforme*. La définition du résidu de f à l'infini est à première vue étrange ; outre le signe choisi, le résidu est, dans le développement en série de $f(z)$, le coefficient d'une puissance

54   VIII – La Théorie de Cauchy

de z qui, lorsque z tend vers l'infini, tend vers 0, alors que la situation est exactement opposée pour les résidus en des points $\neq \infty$. Cela mérite une explication, que l'on trouve en remplaçant la variable z par $1/z$.

Si en effet on calcule à la Leibniz, le changement de variable $z = 1/\zeta$ transforme l'expression[34] $\omega = f(z)dz$ en $\varpi = f(1/\zeta)d(1/\zeta) = g(\zeta)d\zeta$, où

$$g(\zeta) = -f(1/\zeta)\zeta^{-2} = -(\ldots + c_{-1}\zeta + \ldots)\zeta^{-2} = \ldots - c_{-1}/\zeta + \ldots;$$

on a donc

$$\operatorname{Res}(f, \infty) = -c_{-1} = \operatorname{Res}(g, 0).$$

Ceci suggère que le résidu d'une fonction f en un point a fait en réalité intervenir la forme différentielle $\omega = f(z)dz$ plutôt que la fonction f elle-même; il vaudrait donc mieux le noter $\operatorname{Res}(\omega, a)$. Pour justifier ce point, généralisons la situation en considérant une fonction f holomorphe dans $U - S$, où S est fermé et discret dans un ouvert U de $\mathbb{C}$, et examinons ce qui se passe lorsqu'on transforme $\omega = f(z)dz$ par une représentation conforme $z \mapsto \varphi(z) = \zeta$ de U sur un ouvert V de $\mathbb{C}$. Si $\psi : V \longrightarrow U$ est l'application réciproque de φ et si l'on calcule formellement, ω se transforme en

$$\varpi = f[\psi(\zeta)]\psi'(\zeta)d\zeta.$$

La fonction $f[\psi(\zeta)]\psi'(\zeta)$ est holomorphe dans $V - \varphi(S)$, et le résultat plus général que nous avons en vue est la formule

(5.20) $$\operatorname{Res}(\omega, a) = \operatorname{Res}[\varpi, \varphi(a)],$$

valable pour tout $a \in S$ et qui exprime l'*invariance du résidu d'une forme différentielle holomorphe par représentation conforme*. Il est par contre trivialement faux que les résidus en a et $b = \varphi(a)$ des fonctions $f(z)$ et $f[\psi(\zeta)]$ soient égaux : pour $f(z) = 1/z$, $a = 0$, $\varphi(z) = 2z$, $\psi(\zeta) = \zeta/2$, on a $f[\psi(\zeta)] = 2/\zeta \neq 1/\zeta$, mais $\omega = dz/z$ et $\varpi = d\zeta/\zeta$.

Pour prouver (20), on peut supposer que $a = \varphi(a) = 0$ et que U est un disque ouvert de centre 0 ne contenant aucun autre point singulier de f que 0. Il existe alors – utiliser la série de Laurent de f – une fonction F holomorphe dans $U - \{a\}$ telle que l'on ait $f(z) = F'(z) + c/z$, où $c = \operatorname{Res}(f, a)$. On a alors

$$\omega = F'(z)dz + cdz/z = dF + cdz/z,$$

d'où

$$\varpi = F'[\psi(\zeta)]\psi'(\zeta)d\zeta + c\psi'(\zeta)d\zeta/\psi(\zeta).$$

---

[34] C'est une forme différentielle au sens du Chapitre IX ; la transformation qu'on lui fait subir ici consiste à calculer son " image réciproque" par $z \mapsto 1/z$.

Comme $F'\left[\psi(\zeta)\right]\psi'(\zeta)$ est la dérivée de $F\left[\psi(\zeta)\right]$, la contribution du premier terme au résidu de ϖ en $b=0$ est nulle ; $\mathrm{Res}(\varpi,b)$ est donc, au facteur c près, le coefficient de $1/\zeta$ dans la série de Laurent de

$$\psi'(\zeta)/\psi(\zeta) = [\psi'(0)+\ldots]/[\psi'(0)\zeta+\ldots]\,;$$

comme φ et ψ sont réciproques l'un de l'autre, on a $\psi'(0) \neq 0$, d'où $\mathrm{Res}(\psi'/\psi, b) = 1$ et $\mathrm{Res}(\varpi, b) = c = \mathrm{Res}(\omega, a)$, ce qui prouve (20).

Si une représentation conforme ne change pas les résidus d'une forme différentielle holomorphe $\omega = f(z)dz$, on peut présumer qu'elle ne change pas non plus les intégrales de ω. Pour le voir, considérons un chemin μ dans $U - S$ et son image $t \mapsto \nu(t) = \varphi\left[\mu(t)\right]$ par φ ; pour calculer l'intégrale

$$(5.21) \qquad \int_\nu \varpi = \int_\nu f\left[\psi(\zeta)\right]\psi'(\zeta)d\zeta\,,$$

il faut, par définition, remplacer ζ par $\nu(t)$ et $d\zeta$ par $\nu'(t)dt$; cela remplace $\psi(\zeta)$ par $\psi\{\varphi\left[\mu(t)\right]\} = \mu(t)$ puisque ψ et φ sont réciproques l'une de l'autre, $f\left[\psi(\zeta)\right]$ par $f\left[\mu(t)\right]$, et $\psi'(\zeta)d\zeta$ par $\psi'\left[\nu(t)\right]\nu'(t)dt$; mais puisque ψ est holomorphe, nous savons, et il est évident par recours aux définitions, que

$$\psi'\left[\nu(t)\right]\nu'(t) = \frac{d}{dt}\psi\left[\nu(t)\right] = \mu'(t)\,;$$

on a donc finalement

$$(5.22) \qquad \int_\nu \varpi = \int f\left[\mu(t)\right]\mu'(t)dt = \int_\mu \omega$$

comme prévu.

Ce résultat est indépendant de la théorie des résidus, mais supposons que μ soit un chemin fermé dans $U - S$ et homotope à un point dans U. Dans ce cas, ν est un chemin fermé dans $V - \varphi(S)$, évidemment homotope à un point dans V. La formule des résidus (Théorème 5) montre alors, grâce à (22), que l'on a

$$\sum \mathrm{Ind}_\nu(b)\,\mathrm{Res}(\varpi, b) = \sum \mathrm{Ind}_\mu(a)\,\mathrm{Res}(\omega, a)\,.$$

On peut appliquer ce résultat au cas où $S = \{a\}$, $\varphi(a) = b$, où a est un point quelconque de U, et où f est une fonction holomorphe dans $U - \{a\}$, par exemple $1/(z-a)$. Les résidus étant égaux, on en conclut que

$$(5.23) \qquad \mathrm{Ind}_\nu\left[\varphi(a)\right] = \mathrm{Ind}_\mu(a)\,.$$

Cela peut paraître évident géométriquement mais ne l'est pas, notamment parce qu'il se pourrait, a priori, que φ transforme un chemin μ qui tourne autour de a dans le sens positif en un chemin ν tournant autour de $b = \varphi(a)$ dans le sens négatif.

On voit donc qu'une représentation conforme φ ne change pas le "sens de rotation autour d'un point" d'un chemin fermé ; comme on le verra au chapitre suivant dans une situation beaucoup plus générale, cela tient au fait que le jacobien de $\varphi = p+iq$, considérée comme une application $\mathbb{R}^2$ dans $\mathbb{R}^2$, à savoir

$$J_\varphi(z) = D_1 p . D_2 q - D_2 p . D_1 q = |\varphi'(z)|^2 ,$$

est positif.

(vi) *Fonctions sur la sphère de Riemann*. On a introduit plus haut un nouvel ensemble

$$\hat{\mathbb{C}} = \mathbb{C} \cup \{\infty\} ,$$

obtenu en ajoutant à $\mathbb{C}$ un élément, noté ∞ – relisez Hardy au Chapitre II, fin du n° 2 –, dont le choix et la nature importent peu. Ceci fait, on définit une topologie sur $\hat{\mathbb{C}}$ en déclarant qu'un ensemble $U \subset \hat{\mathbb{C}}$ est ouvert si $U \cap \mathbb{C}$ est un ouvert de $\mathbb{C}$ au sens usuel et si en outre, dans l'hypothèse où $\infty \in U$, U contient l'extérieur d'un disque. Les ouverts contenant le point ∞ sont donc exactement les complémentaires dans $\hat{\mathbb{C}}$ des *compacts* de $\mathbb{C}$. Les axiomes relatifs aux réunions et intersections d'ouverts se vérifient immédiatement. Cette topologie dans $\hat{\mathbb{C}}$ permet d'y définir les notions de limite et de continuité ; dire par exemple qu'une suite de points $z_n \in \mathbb{C}$ tend vers ∞ dans la topologie de $\hat{\mathbb{C}}$ signifie que $|z_n|$ augmente indéfiniment car on doit exprimer que, pour tout compact $K \subset \mathbb{C}$, on a $z_n \in \mathbb{C} - K$ pour n grand. Dans cette topologie, $\hat{\mathbb{C}}$ est *compact*. Si en effet $\hat{\mathbb{C}}$ est la réunion d'une famille d'ouverts U_i, l'un d'eux, disons U_j, contient le point à l'infini, donc aussi l'extérieur d'un compact $K \subset \mathbb{C}$; comme on peut (BL) recouvrir K à l'aide d'un nombre fini d'ensembles $\mathbb{C} \cap U_i$, ces U_i, avec U_j, forment un recouvrement fini de $\hat{\mathbb{C}}$, cqfd. On pourrait aussi vérifier BW.

Pour comprendre "géométriquement" la topologie de $\hat{\mathbb{C}}$, on considère classiquement la sphère unité S^2 dans $R^3 = \mathbb{C} \times \mathbb{R}$ et, en notant $\nu = (0,0,1)$ son pôle Nord, on considère l'application p qui, à tout $\zeta \in S^2$ autre que ν, associe le point $z \in \mathbb{C} = \mathbb{R}^2$ où la droite passant par ν et ζ rencontre le plan équatorial $\mathbb{C}$; c'est la "projection stéréographique" depuis le pôle Nord, utilisée pour cartographier les régions pas trop proches de celui-ci. On obtient ainsi un homéomorphisme de $S^2 - \{\nu\}$ sur $\mathbb{C}$ qui transforme l'extérieur d'un disque de centre 0 et de rayon R dans $\mathbb{C}$ en l'ensemble des $\zeta \in S^2 - \{\nu\}$ dont la troisième coordonnée vérifie une relation $a < \zeta_3 < 1$. Si donc l'on convient d'étendre la définition de p en posant $p(\nu) = \infty$, on obtient une bijection continue de S^2 sur $\hat{\mathbb{C}}$, donc un homéomorphisme puisque la sphère est compacte. On appelle généralement $\hat{\mathbb{C}}$ la *sphère de Riemann* ; j'ignore s'il aurait apprécié cet hommage : c'est comme si vous félicitiez un champion olympique de cyclisme d'avoir remporté le Criterium amateur de son village natal.

$\hat{\mathbb{C}}$ est en effet le seul exemple trivial d'une " surface de Riemann " compacte ou, en langage contemporain, d'une " variété analytique complexe compacte de dimension 1 " (Chap. X) : on peut définir raisonnablement la notion de fonction holomorphe dans un ouvert U de S^2 en convenant qu'une telle fonction dépend holomorphiquement, y compris éventuellement à l'infini, du point $p(\zeta) \in p(U)$, où $p : S^2 \longrightarrow \hat{\mathbb{C}}$ est la projection stéréographique. Sans recourir à une cartographie peu susceptible de généralisations utiles dans ce type de contexte[35], une fonction f définie dans un ouvert U de $\hat{\mathbb{C}}$ et à valeurs dans $\mathbb{C}$ est dite holomorphe si elle l'est au sens usuel dans le cas où $U \subset \mathbb{C}$, et si, dans le cas où $\infty \in U$, elle est holomorphe au sens usuel dans $U \cap \mathbb{C}$ et, à l'infini, tend vers une limite $f(\infty)$ finie ; la valeur $f(\infty)$ étant définie par (17), cela revient à dire que $f(z) = g(1/z)$ où g est holomorphe au voisinage de 0. Les définitions classiques, complétées par celles du point (iv) en ce qui concerne le comportement au point ∞, permettent en outre de donner un sens à la notion de " pôle " d'une telle fonction lorsqu'elle est holomorphe au voisinage d'un point $a \in \hat{\mathbb{C}}$, sauf en a lui-même. En particulier, toute fonction rationnelle $f(z)$ peut, sur $\hat{\mathbb{C}}$, s'interpréter comme une fonction n'ayant d'autres singularités que des pôles, nécessairement en nombre fini puisque $\hat{\mathbb{C}}$ est compact ; et l'on a vu que cette propriété les caractérise : *les fonctions rationnelles sont identiques aux fonctions méromorphes dans $\hat{\mathbb{C}}$.*

Pour donner au lecteur un exemple un peu moins trivial et lié à la théorie des fonctions elliptiques, choisissons un réseau L dans $\mathbb{C}$ (Chapitre II, § 3, n° 23) et considérons l'ensemble $\mathbb{C}/L$ des classes d'équivalence mod L, obtenu en regardant comme identiques deux nombres z', $z'' \in \mathbb{C}$ tels que $z' - z'' \in L$. Si l'on note p l'application $\mathbb{C} \longrightarrow \mathbb{C}/L$ qui, à chaque $z \in \mathbb{C}$, associe sa classe mod L, on peut introduire dans $\mathbb{C}/L$ une topologie en déclarant qu'un $U \subset \mathbb{C}/L$ est ouvert si et seulement si $p^{-1}(U)$ est ouvert dans $\mathbb{C}$: on fait le strict nécessaire pour assurer la continuité de p. L'espace $\mathbb{C}/L$ est compact[36] puisque, si l'on choisit dans $\mathbb{C}$ un compact K qui rencontre

---

[35] La construction de $\hat{\mathbb{C}}$ peut se généraliser à tout espace localement compact X : on convient que les ouverts de $\hat{X} = X \cup \{\infty\}$ contenant le point ∞ sont les complémentaires des compacts de X. Cela fait apparaître X comme le complémentaire d'un point dans un espace *compact* $\hat{X}$, le *compactifié d'Alexandroff* de X. Pour $X = \mathbb{R}$, l'espace obtenu est homéomorphe au cercle unité $\mathbb{T}$ comme on le voit en utilisant l'application $t \mapsto (t-i)/(t+i)$ de $\mathbb{R}$ sur $\mathbb{T} - \{1\}$; elle se prolonge par continuité à $\hat{\mathbb{R}}$ si l'on convient de lui attribuer la valeur 1 pour $t = \infty$, et comme elle est alors bijective et continue, c'est nécessairement un homéomorphisme. Cette construction transforme les fonctions qui tendent vers une limite à l'infini en des fonctions sur $\hat{X}$ continues au point ∞. C'est de la topologie générale de niveau minimal, bien que parfois utile.

[36] Il faudrait encore montrer que $\mathbb{C}/L$ vérifie l'*axiome de Hausdorff* : deux points distincts possèdent des voisinages disjoints ; il revient au même de dire que si $a, a' \in \mathbb{C}$ ne sont pas dans la même classe mod L, il existe des disques D et D' de centres a et a' tels que $(D+L) \cap (D'+L) = \varnothing$, ce qui est immédiat. Je n'ai pas mentionné cet axiome dans l'Appendice au Chap. III afin de ne pas orienter

toutes les classes $\mod L$ (par exemple le parallélogramme fermé engendré par deux vecteurs de base[37] de L), on a $p(K) = \mathbb{C}/L$; comme p est continue, la validité de BW ou de BL pour K l'implique ipso facto pour $\mathbb{C}/L$ (voir le Théorème 11 du Chapitre III, § 3, n° 9, dont la démonstration se généralise immédiatement). Ceci dit, une fonction f définie dans un tel ouvert est, par définition, holomorphe si et seulement si la fonction $z \mapsto f[p(z)]$, définie dans l'ouvert $p^{-1}(U)$ de $\mathbb{C}$, est holomorphe au sens usuel (et doublement périodique puisque constante sur les classes $\mod L$). Il serait facile, dans ce cas aussi, d'expliquer ce qu'on doit entendre par un pôle d'une fonction définie au voisinage d'un point de $\mathbb{C}/L$, mais non en ce point lui-même ; il suffirait de transposer ce que l'on fait dans $\mathbb{C}$. En particulier, une fonction f méromorphe dans $\mathbb{C}/L$ n'a qu'un nombre fini de pôles puisque $\mathbb{C}/L$ est compact ; en la composant avec p, on obtient dans $\mathbb{C}$ une fonction méromorphe et doublement périodique : c'est exactement ce qu'on appelle une *fonction elliptique* du réseau L comme on le verra au Chap. XII, et l'on montrera que, dans ce cas, les fonctions méromorphes sur $\mathbb{C}/L$ ne sont autres que les fonctions rationnelles en $\wp_L(z)$ et $\wp'_L(z)$, où $\wp_L$ est la fonction de Weierstrass de L (Chapitre II, § 3, n° 23).

Il ne s'agit donc dans tout cela que d'exercices de traduction, mais ce point de vue s'est révélé prodigieusement fructueux dans des cas beaucoup plus généraux où la construction n'est pas, à beaucoup près, aussi simple que dans les deux exemples précédents, à commencer par le cas des *fonctions algébriques* d'une variable étudié par Riemann, i.e. données, comme la "fonction" $\zeta = z^{1/3}$, par une équation $P(z,\zeta) = 0$ où P est un polynôme, voir le chap. X.

6 – Le théorème de Dixon

On peut se demander dans quel cas la formule intégrale de Cauchy est encore valable lorsque μ n'est pas homotope à un point dans G. Il a fallu attendre 1971 pour le savoir autrement qu'à l'aide de considérations heuristiques et alors que la démonstration[38] tient en deux pages de raisonnements ingénieux mais parfaitement élémentaires. Pour l'énoncer, il faut à nouveau utiliser les notions définies à la fin du n° 4, (i), à savoir l'intérieur et l'extérieur d'un chemin fermé μ. On a donc

---

le lecteur vers des situations qu'on rencontre rarement dans les mathématiques usuelles, mais il n'en est pas moins fondamental. Il est évidemment vérifié dans tous les espaces métriques.

[37] Topologiquement, $\mathbb{C}/L$ peut donc s'obtenir en partant d'un parallélogramme P des périodes et en "recollant" ses côtés parallèles deux à deux ; en recollant deux côtés parallèles, on obtient un tube et, en recollant les cercles qui le terminent, un anneau. Autrement dit, $\mathbb{C}/L$ est homéomorphe à la surface d'un tore dans $\mathbb{R}^3$.

[38] J.D. Dixon, *A brief proof of Cauchy's integral theorem* (Proc. Amer. Math. Soc., **29**, 1971, pp. 625–626), reproduit dans Remmert, *Funktionentheorie 1*, Chap. 9, § 5, que je suis à des détails près.

$$\mathbb{C} = \mathrm{Ext}(\mu) \cup \mathrm{Int}(\mu) \cup \mathrm{Supp}(\mu),$$

ces ensembles étant deux à deux disjoints et, sauf le premier, bornés.

Théorème 8 (Dixon). *Soient G un domaine et μ un chemin fermé dans G. Les assertions suivantes sont équivalentes:*

(i)   *L'intégrale le long de μ de toute fonction holomorphe dans G est nulle.*
(ii) *L'intérieur de μ est contenu dans G.*
(iii) *On a*

(6.1) $$\int_\mu \frac{f(z)}{z-a} dz = 2\pi i \,\mathrm{Ind}_\mu(a) f(a)$$

pour toute fonction holomorphe dans G et tout $a \in G - \mathrm{Supp}(\mu)$.

La démonstration consiste à établir des implications logiques toutes faciles sauf la seconde, que nous détaillerons davantage que son inventeur.

(i) $\Longrightarrow$ (ii). Considérons, pour un $a \notin G$, la fonction $f(z) = 1/(z-a)$; son intégrale le long de μ est nulle d'après (i), mais c'est aussi, au facteur $2\pi i$ près, l'indice de a par rapport à μ; celui-ci est donc nul, d'où (ii).

(ii) $\Longrightarrow$ (iii). C'est la contribution de Dixon. Définissons une fonction g dans $G \times G$ en posant

(6.2) $$\begin{aligned} g(\zeta, z) &= [f(\zeta) - f(z)]/(\zeta - z) \quad \text{si} \quad \zeta \neq z, \\ &= f'(z) \quad \text{si} \quad \zeta = z. \end{aligned}$$

Par définition de l'indice, (1) équivaut à

(6.1') $$\int_\mu g(\zeta, a) d\zeta = 0.$$

Pour prouver (1') pour un chemin μ donné, on procède par étapes en montrant que

(a) $g(\zeta, z)$ est une fonction continue de $(\zeta, z) \in G \times G$,
(b) $h(z) = \int_\mu g(\zeta, z) d\zeta$ est une fonction holomorphe dans G,
(c) on peut la prolonger analytiquement à tout $\mathbb{C}$,
(d) la fonction entière ainsi obtenue tend vers 0 à l'infini.

Le théorème de Liouville (Chap. VII, §4, n° 18) montrera alors que $h(z) = 0$ partout, d'où (1') et l'implication (ii) $\Longrightarrow$ (iii).

(a) Il est clair que g est fonction continue du couple (ζ, z) dans la partie de $G \times G$ définie par la relation $\zeta \neq z$. La continuité en tout point (a, a) de la "diagonale" du produit cartésien $G \times G$ est moins évidente.

Supposons, pour simplifier les notations, que $a = 0$. La série de Taylor $f(z) = \sum c_n z^n$ de f au point $a = 0$ converge et représente f dans un disque de rayon $R > 0$. Soit D un disque $|z| < r$ avec $r < R$; dans $D \times D$, on a donc

$$f(\zeta) - f(z) = \sum c_n \left(\zeta^n - z^n\right) = (\zeta - z) \sum_{n \geq 1} c_n \left(\zeta^{n-1} + \zeta^{n-2} z + \ldots + z^{n-1}\right);$$

comme $g(0,0) = f'(0) = c_1$, il vient

$$|g(\zeta, z) - g(0,0)| = \left|\sum_{n \geq 2} c_n \left(\zeta^{n-1} + \zeta^{n-2} z + \ldots + z^{n-1}\right)\right| \leq$$
$$\leq \sum_{n \geq 2} n |c_n| r^{n-1},$$

série entière convergente en r, sans terme constant, dont la somme tend donc vers 0 avec r; d'où la continuité de g.

(b) Ceci permet de définir

(6.3) $$h(z) = \int g(\zeta, z) d\zeta = \int g[\mu(t), z] \mu'(t) dt$$

où l'on intègre le long du chemin $\mu : I \longrightarrow G$ donné. Comme $g[\mu(t), z]$ est fonction continue de (t, z) dans $I \times I$ d'après le point (a) et, pour t donné, holomorphe en z, le résultat est holomorphe en z d'après le Théorème 9 que l'on trouvera plus bas.

(c) Comme $\mathrm{Ext}(\mu)$ contient l'extérieur d'un disque, son complémentaire

$$K = \mathrm{Int}(\mu) \cup \mathrm{Supp}(\mu)$$

est compact et, en vertu de l'hypothèse (ii), contenu dans G. Puisque G est ouvert, donc distinct de K, l'ouvert $U = G \cap \mathrm{Ext}(\mu)$ est non vide. Pour $z \in U$, donc $z \notin \mathrm{Supp}(\mu)$, il est légitime d'écrire que

(6.4) $$h(z) = \int_\mu \frac{f(\zeta)}{\zeta - z} d\zeta - f(z) \int_\mu \frac{d(\zeta)}{\zeta - z} =$$
$$= \int_\mu \frac{f(\zeta)}{\zeta - z} d\zeta - 2\pi i f(z) \mathrm{Ind}_\mu(z) = \int_\mu \frac{f(\zeta)}{\zeta - z} d\zeta$$

puisque $\mathrm{Ind}_\mu(z) = 0$. Or la dernière intégrale obtenue a un sens pour tout $z \notin \mathrm{Supp}(\mu)$, en particulier dans $\mathrm{Ext}(\mu)$, et est évidemment une fonction holomorphe de z. Comme elle coïncide avec $h(z)$ dans l'ouvert non vide $G \cap \mathrm{Ext}(\mu)$, on obtient donc une fonction holomorphe dans l'ouvert $G \cup \mathrm{Ext}(\mu)$ en lui imposant d'être égale à h dans G et à l'intégrale en question dans $\mathrm{Ext}(\mu)$. Mais comme G contient $\mathbb{C} - \mathrm{Ext}(\mu)$, on a $G \cup \mathrm{Ext}(\mu) = \mathbb{C}$. La nouvelle fonction h est donc définie et holomorphe dans $\mathbb{C}$ tout entier.

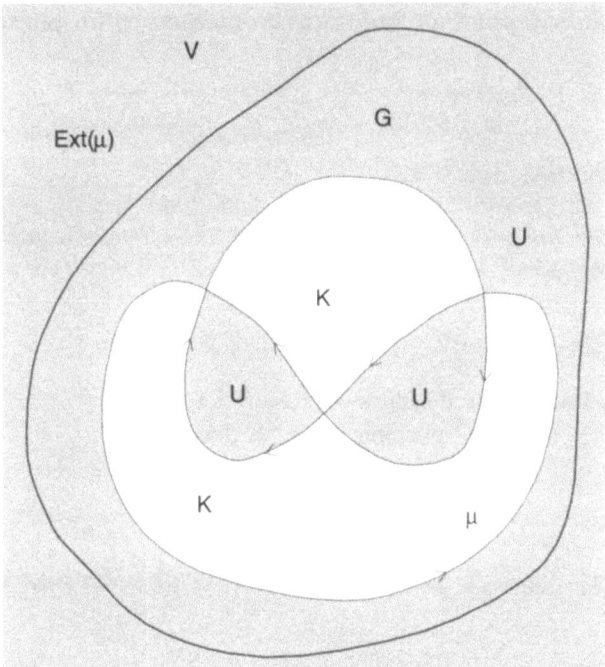

fig. 8.

(d) Le fait que cette fonction entière tende vers 0 à l'infini est évident : si le compact $\mathrm{Supp}(\mu)$ est contenu dans le disque $|\zeta| \leq R$, avec R fini, et si z est extérieur à celui-ci, on a $|\zeta - z| > |z| - R$ pour tout $\zeta \in \mathrm{Supp}(\mu)$, d'où

$$|h(z)| \leq m(\mu)/(|z| - R) ,$$

ce qui fournit le résultat. Le théorème de Liouville montre alors que $h(z) = 0$ pour tout $z \in \mathbb{C}$, d'où (ii) $\Longrightarrow$ (iii).

(iii) $\Longrightarrow$ (i). Si (1) est vérifiée quelle que soit f, elle l'est aussi par $g(z) = f(z)(z-a)$; comme $g(z)/(z-a) = f(z)$ et comme $g(a) = 0$, on trouve $\int f(z)dz = 0$. Ceci termine la démonstration.

Il nous faut encore justifier complètement le point (b) de la démonstration précédente, but du théorème suivant, fort utile en beaucoup d'autres circonstances. Dans la pratique élémentaire, on l'applique presque toujours à une mesure de la forme $d\mu(t) = \mu'(t)dt$ où la fonction $\mu'(t)$ est réglée, mais le cas général n'est pas plus difficile étant donné que, dans toute question de ce genre, les seules propriétés des mesures que l'on utilise vraiment sont leur définition – linéarité de $f \mapsto \mu(f)$ et majoration en fonction de la norme uniforme de f – et les théorèmes élémentaires de passage à la limite sous le signe $\int$, qui résultent directement de la définition.

7 – Intégrales dépendant holomorphiquement d'un paramètre

Théorème 9. *Soient I un intervalle, μ une mesure sur I, U un ouvert de $\mathbb{C}$ et $f : I \times U \longrightarrow \mathbb{C}$ une fonction vérifiant les conditions suivantes :*

(a) *f est continue dans $I \times U$,*
(b) *$f(t, z)$ est fonction holomorphe de z pour tout $t \in I$,*
(c) *pour tout compact $H \subset U$, il existe sur I une fonction $p_H(t)$ positive, intégrable pour[39] μ et telle que*

(7.1) $\qquad |f(t,z)| \leq p_H(t)$ *quels que soient $t \in I$ et $z \in H$.*

Soit $f^{(r)}(t, z)$ la dérivée d'ordre r de $z \mapsto f(t, z)$. Alors $f^{(r)}(t, z)$ vérifie les conditions (a), (b) et (c) quel que soit r, la fonction

(7.2) $$g(z) = \int f(t,z) d\mu(t)$$

est holomorphe dans U, les fonctions $f^{(r)}(t, z)$ sont intégrables pour μ et l'on a

(7.3) $\qquad g^{(r)}(z) = \int f^{(r)}(t,z) d\mu(t)$ *pour tout $r \in \mathbb{N}$.*

On peut se borner à prouver les assertions relatives à $r = 1$: le cas général s'en déduira en appliquant le résultat à répétition.

Première démonstration. Il y a au Chap. V, § 7 un théorème 24 bis analogue au résultat à établir, mais reposant sur des hypothèses différentes : on supposait alors que f' (et non pas f) vérifie les conditions (a) et (c). A cet endroit du texte, le seul outil disponible était en effet la formule de dérivation d'une intégrale par rapport à un paramètre *réel* ; celle-ci suppose la continuité de la dérivée que l'on intègre et la convergence normale sur tout compact de son intégrale. On avait alors obtenu l'holomorphie de (1) et la formule (2) en dérivant l'intégrale (1) par rapport aux coordonnées x et y de z et en vérifiant la condition de Cauchy $D_2 g = i D_1 g$. Pour établir le théorème 9, il suffira donc de montrer que f' vérifie (a) et (c).

Pour établir la continuité de f', plaçons-nous en un point a de G ; soit R la distance de a à la frontière de G. En supposant $a = 0$ pour simplifier les

---

[39] Si $d\mu(t) = \mu'(t)dt$ avec $\mu'(t)$ réglée, cela signifie que $\int p_H(t)|\mu'(t)|dt < +\infty$. Dans le cas d'une mesure positive quelconque, on peut supposer que $p_H(t)$ est sci (et même, en pratique, continue) car une fonction intégrable (Lebesgue) positive est toujours dominée par une fonction sci intégrable. On notera par ailleurs que la condition (c) est toujours vérifiée si I est compact car f est bornée sur le compact $I \times H$, de sorte qu'il suffit de choisir la fonction constante $p_H(t) = \sup |f(s, z)|$, le sup étant étendu aux $(s, z) \in I \times H$.

formules, le disque ouvert $D : |z| < r$ est contenu dans G pour $r < R$ et la formule intégrale de Cauchy montre que l'on a

$$(7.4) \qquad f'(t,z) = \int f\left[t, \mathbf{re}(u)\right] \left[\mathbf{re}(u) - z\right]^{-2} \mathbf{re}(u) du$$

pour $|z| < r$, où l'on intègre sur $J = [0,1]$. La fonction sous le signe $\int$ dépend des variables $u \in J$, $z \in D$ et $t \in I$ et, compte tenu des résultats les plus simples sur les intégrales dépendant de paramètres [Chap. V, n° 9, Théorème 9, (i)], tout revient à montrer que cette fonction de (u, z, t) est continue dans $J \times D \times I$, ce qui est clair.

Pour montrer que f' vérifie (c) pour tout compact $H \subset U$, il suffit (Borel-Lebesgue) de le montrer au voisinage de tout $a \in U$, par exemple de $a = 0$. Comme les points $\mathbf{re}(u)$ restent dans un compact de U, il y a d'après (c) une fonction p positive et intégrable pour μ telle que l'on ait

$$|f(t, \mathbf{re}(u))| \leq p(t) \text{ pour tout } t \in I \text{ et tout } u.$$

Si z reste dans le disque $D' : |z| \leq r/2$, on a $|\mathbf{re}(u) - z| \geq r/2$, d'où $|\mathbf{re}(u) - z|^{-2} \leq 4r^{-2}$ et donc $|f'(t,z)| \leq Mp(t)$ quels que soient $t \in I$ et $z \in D'$, avec une constante M indépendante de t et z; d'où (c) pour f'.

Il reste à appliquer le Théorème 24 bis du Chap. V, dont nous allons rappeler la démonstration pour la commodité du lecteur en supposant μ positive, cas auquel on peut se ramener. Pour tout intervalle compact $K \subset I$, posons

$$g_K(z) = \int_K f(t,z) d\mu(t).$$

Considérée comme fonction de t, $x = \mathrm{Re}(z)$ et $y = \mathrm{Im}(z)$, la fonction f possède des dérivées $D_1 f(t,z) = f'(t,z)$ et $D_2 f(t,z) = if'(t,z)$ par rapport à x et y, et celles-ci sont des fonctions continues dans $K \times U$ comme f'. Puisque l'on intègre sur un compact, on peut dériver sous le signe $\int$ par rapport à x ou à y (Chap. V, § 2, n° 9, Théorème 24); les dérivées sont évidemment

$$D_1 g_K(z) = \int_K f'(t,z) d\mu(t), \quad D_2 g_K(z) = i \int_K f'(t,z) d\mu(t);$$

comme f' est continue et K compact, elles sont continues et vérifient la condition de Cauchy. Les fonctions g_K sont donc holomorphes, avec

$$g'_K(z) = \int_K f'(t,z) d\mu(t).$$

Pour achever la démonstration, on se place dans un compact H de U et on utilise une majoration $|f'(t,z)| \leq p_H(t)$ valable pour $t \in I$ et $z \in H$, avec une fonction positive p_H intégrable pour μ. Pour tout compact $K \subset I$, on a alors

$$\left| \int_I f'(t,z) d\mu(t) - g'_K(z) \right| \leq \int_{I-K} p_H(t) d\mu(t)$$

pour tout $z \in H$, et comme le second membre tend vers 0 lorsque K "tend vers" I, on en conclut que $g'_K(z)$, donc aussi les dérivées partielles de g_K par rapport à x et y, convergent uniformément sur H vers $\int f'(t,z)d\mu(t)$ au facteur i près. La fonction $g = \lim g_K$ possède donc par rapport à x et y des dérivées partielles qu'on obtient en passant à la limite sur celles des g_K (Chap. III, §4, Théorème 19); elles sont continues et vérifient la condition de Cauchy comme celles des g_K, de sorte que g est holomorphe[40], avec $g'(z) = \lim g'_K(z) = \int f'(t,z)d\mu(t)$, cqfd.

Seconde démonstration. On peut aussi démontrer le théorème 9 à l'aide du théorème de Weierstrass sur les limites uniformes de fonctions holomorphes (Chap. VII, §4, n° 19, Théorème 17).

Considérons d'abord le cas où I est compact, supposons dans ce qui suit que z reste dans un compact H de U et posons $f_t(z) = f(t,z)$. Comme $I \times H$ est compact, f est uniformément continue dans celui-ci. En particulier, il existe pour tout $r > 0$ un $r' > 0$ tel que

(7.5) $\qquad |s-t| < r' \Longrightarrow \|f_s - f_t\|_H < r$.

Ceci dit, effectuons une partition de I en un nombre fini d'intervalles I_k non vides de longueurs $< r'$, choisissons des points $t_k \in I_k$ et comparons l'intégrale (1) à la somme de Riemann $\sum f(t_k, z)\mu(I_k)$. Comme, d'après (5), on a $|f(t,z) - f(t_k, z)| < r$ pour tout $t \in I_k$ et tout $z \in H$, il vient

$$\left| g(z) - \sum f(t_k, z)\mu(I_k) \right| \leq \|\mu\| r \text{ pour tout } z \in H,$$

où $\|\mu\|$ est la norme de μ. Cela signifie que, sur tout compact $H \subset U$, la fonction g est limite *uniforme* de fonctions holomorphes; elle est donc holomorphe. Comme en outre on peut dériver terme à terme une limite de fonctions holomorphes d'après le même théorème, on voit que $g^{(p)}(z)$ est limite des expressions $\sum f^{(p)}(t_k, z)\mu(I_k)$, lesquelles ne sont autres que les sommes de Riemann relatives à l'intégrale (2), d'où le théorème si I est compact.

Dans le cas général, on remplace I par un intervalle compact $K \subset I$ et on passe à la limite comme dans la démonstration précédente.

Troisième démonstration. Montrons directement que $g(z)$ est développable en série entière à l'intérieur de tout disque compact $D \subset U$. On

---
[40] C'est le résultat "inutile" que nous avons mentionné au Chap. III, §5, à la fin du n° 22.

§ 2. Les formules intégrales de Cauchy   65

peut se ramener au cas où D est le disque $|z| \leq R$. Comme $z \mapsto f(t,z)$ est holomorphe et donc analytique, on a dans D un développement de Taylor

(7.6) $$f(t,z) = \sum f^{(n)}(t,0) z^{[n]}$$

avec $z^{[n]} = z^n/n!$ et

(7.7) $$f^{(n)}(t,0) R^{[n]} = \int f(t, \mathrm{Re}(u)) \, \mathbf{e}(-nu) du$$

pour $t \in I$ (série de Fourier ...). Comme, d'après l'hypothèse (c), on a $|f(t,z)| \leq p_D(t)$ pour $t \in I$ et $z \in D$, il vient

(7.8) $$\left| f^{(n)}(t,0) \right| \leq p_D(t)/R^{[n]}$$

pour tout n et tout $t \in I$. Pour $|z| = qR$ avec $q < 1$ et tout $r \in \mathbb{N}$, la série de Taylor

(7.9) $$\sum f^{(n+r)}(t,0) z^{[n]} = f^{(r)}(t,z)$$

est donc dominée quels que soient $t \in I$, $z \in D$ et $p \in \mathbb{N}$ par la série

(7.10) $$\sum p_D(t) q^{[n]} R^n / R^{[n+r]} = p_D(t) R^{-r} \sum q^n (n+r)!/n!,$$

laquelle converge puisque l'on a $(n+r)!/n! \asymp n^r$ pour n grand. Si $K \subset I$ est compact, la fonction continue $f(t,z)$ est bornée sur $K \times D$ et l'on peut, dans (10), remplacer $p_D(t)$ par une constante indépendante de $(t,z) \in K \times D$, de sorte que la série de Taylor (9) converge normalement sur $K \times D$. On en conclut que la fonction $f^{(r)}(t,z)$ est continue dans $K \times D$ quel que soit K, donc dans $I \times D$, donc dans $I \times U$ puisque le raisonnement s'applique à tout disque compact $D \subset U$.

Comme de plus $p_D(t)$ est en facteur dans (10), on a

(7.12) $$\sum_{n \geq 0} \left| f^{(n+r)}(t,0) z^{[n]} \right| \leq M_r p_D(t)$$

où M_r est une constante. On peut donc (Chap. V, § 7, Théorème 20 étendu à une mesure quelconque) intégrer terme à terme sur I la série (9), d'où

$$\int f^{(r)}(t,z) d\mu(t) = \sum a_{n+r} z^{[n]} \quad \text{où} \quad a_n = \int f^{(n)}(t,0) d\mu(t).$$

Pour $r = 0$, ceci montre que $g(z) = \sum a_n z^{[n]}$, donc que g est développable en série entière et, en outre, que

$$\int f^{(r)}(t,z) d\mu(t) = \sum a_{n+r} z^{[n]} = g^{(r)}(z),$$

ce qui est la relation (2). Le fait que $f^{(r)}(t,z)$ vérifie la condition (c), laquelle est en fait de nature locale, résulte immédiatement de (12).

§ 3. Quelques applications de la méthode de Cauchy

Dans ce § destiné à montrer qu'une connaissance même limitée de la théorie de Cauchy permet de faire des Mathématiques ne se réduisant pas à des exercices sans intérêt, on utilisera systématiquement les notations suivantes :

$L^1(\mathbb{R})$ désignera l'ensemble des fonctions définies et absolument intégrables sur $\mathbb{R}$ relativement à la mesure dx usuelle ; le lecteur est libre d'interpréter cette notation au sens de la théorie de Lebesgue ; en fait, et comme on le fait en théorie de Lebesgue, on dira souvent "intégrable" au lieu de "absolument intégrable", quitte à avertir le lecteur lorsque l'on rencontrera des intégrales semi-convergentes (Chapitre V, § 7) ;

$F^1(\mathbb{R})$ désignera l'ensemble des fonctions f continues[41] sur $\mathbb{R}$ telles que l'on ait à la fois $f \in L^1(\mathbb{R})$ et $\hat{f} \in L^1(\mathbb{R})$; la formule d'inversion de Fourier s'applique à ces fonctions (Chapitre VII, § 6, n° 30, Théorème 26).

Rappelons que, pour nous, la transformation de Fourier est définie par la formule

$$\hat{f}(y) = \int f(x)\mathbf{e}(-xy)dx$$

où l'on intègre sur $\mathbb{R}$ et où, pour tout $z \in \mathbb{C}$, on pose comme au Chapitre VII

$$\mathbf{e}(z) = \exp(2\pi i z),$$

d'où $\mathbf{e}(-x) = \overline{\mathbf{e}(x)}$ pour $x \in \mathbb{R}$ et

$$|\mathbf{e}(z)| = \exp(-2\pi y), \quad y = \operatorname{Im}(z)$$

pour tout $z \in \mathbb{C}$.

On utilisera fréquemment des expressions telles que

$$f(z) = O\left(g(z)\right) \quad \text{à l'infini dans } U,$$

où U est une partie de $\mathbb{C}$; cela signifie (Chapitre II, n° 3) qu'il existe un $M > 0$ et un $R > 0$ tels que

$$z \in U \quad \& \quad |z| \geq R \Longrightarrow |f(z)| \leq M\,|g(z)|\,.$$

Des conventions analogues s'appliquent aux relations o, $\asymp$ et $\sim$. On écrira aussi

$$f(z) \asymp g(z) \quad \text{dans } U$$

s'il existe des constantes $m, M \geq 0$ telles que l'on ait

---

[41] Condition quelque peu superflue : en théorie de Lebesgue, on montre que toute $f \in L^1(\mathbb{R})$ dont la transformée de Fourier est intégrable est, en fait, égale "presque partout" à une fonction continue, donnée par la formule d'inversion.

§ 3. Quelques applications de la méthode de Cauchy   67

$$m\,|g(z)| \leq |f(z)| \leq M\,|g(z)| \quad \text{pour } tout\ z \in U$$

et non pas seulement pour z grand ou voisin d'un point donné. Le résultat suivant sert fréquemment, par exemple si $U = \mathbb{C} - \mathbb{R}_-$:

Lemme. *Soit $U \subset \mathbb{C}^*$ un domaine dans lequel existe une branche uniforme bornée*[42] *de* $\mathrm{Arg}(z)$. *On a*

$$z^s \asymp |z|^{\mathrm{Re}(s)} \quad \text{dans } U$$

pour toute branche uniforme de z^s dans U.

On a en effet $z^s = \exp(s\,\mathrm{Log}\,z)$ où $\mathrm{Log}\,z = \log|z| + i\,\mathrm{Arg}\,z$ pour une branche uniforme de l'argument dans U. Puisque

$$\mathrm{Re}\,[s\,\mathrm{Log}\,z] = \mathrm{Re}(s)\log|z| - \mathrm{Im}(s)\,\mathrm{Arg}\,z,$$

on a

$$|z^s| = |z|^{\mathrm{Re}(s)} e^{-\mathrm{Im}(s)\,\mathrm{Arg}\,z}.$$

Comme $\mathrm{Arg}(z)$ reste par hypothèse dans un compact de $\mathbb{R}$, l'exponentielle est comprise quel que soit $z \in U$ entre des limites m et $M > 0$, cqfd.

On écrira le plus souvent

$$\int f(x)dx \quad \text{ou} \quad \int_{\mathbb{R}} f(x)dx \quad \text{au lieu de} \quad \int_{-\infty}^{+\infty} f(x)dx\,;$$

comme nous n'utiliserons jamais l'absurde notation $\int f(x)dx$ pour désigner une primitive d'une fonction f, aucune confusion ne s'ensuivra. D'autre part, on désignera par d^*x la mesure positive sur $\mathbb{R}_+^*$ ou parfois sur $\mathbb{R}^*$, et non pas[43] sur $\mathbb{R}$, définie par la formule

$$\int_{\mathbb{R}^*} f(x)d^*x = \int_{-\infty}^{+\infty} f(x)|x|^{-1}dx$$

---

[42] Ce n'est pas toujours le cas, même si U est simplement connexe. Contre-exemple : prendre pour U le complémentaire dans $\mathbb{C}$ d'une spirale issue de l'origine et s'éloignant à l'infini, par exemple la courbe $t \mapsto te(t)$, $t \geq 0$.

[43] Rappelons (Chap. V, § 9) que si $X \subset \mathbb{C}$ est localement compact (i.e. intersection d'un ouvert et d'un fermé), une mesure positive μ sur X est une forme linéaire $f \mapsto \mu(f)$ sur l'espace vectoriel $L(X)$ des fonctions continues sur X nulles en dehors d'une partie compacte de X, vérifiant $\mu(f) \geq 0$ pour $f \geq 0$. Une mesure générale est une forme linéaire sur $L(X)$ telle que, pour tout compact $K \subset X$, on ait une majoration

$$|\mu(f)| \leq M_K \|f\|_K$$

pour toute $f \in L(X)$ nulle en dehors de K. La mesure d^*x n'est pas une mesure sur $\mathbb{R}$ car, pour $f \in L(\mathbb{R})$, l'intégrale $\int f(x)|x|^{-1}dx$ n'a pas de sens si l'on n'impose pas au minimum à f d'être nulle en 0.

pour f continue nulle au voisinage de 0 et de l'infini, et plus généralement pour toute fonction qui rend l'intégrale absolument convergente ; l'intérêt d'introduire cette mesure tient à son invariance par les " translations multiplicatives " $x \mapsto ax (a \neq 0)$ et par $x \mapsto 1/x$:

$$\int f(ax)d^*x = \int f(x)d^*x, \int f(1/x)d^*x = \int f(x)d^*x.$$

Autrement dit, d^*x joue pour le groupe multiplicatif $\mathbb{R}^*$ le même rôle que la mesure de Lebesgue dx pour le groupe additif $\mathbb{R}$.

8 – Transformée de Fourier d'une fraction rationnelle

(i) *Intégrales absolument convergentes de fonctions rationnelles.* Un exemple qui peut paraître trivial, mais illustre l'une des techniques les plus utilisées dans la pratique, consiste à calculer l'intégrale sur $\mathbb{R}$ de $f(x) = 1/(1+x^2)$; la fonction donnée ayant pour primitive arctg x, le résultat est évidemment égal à π.

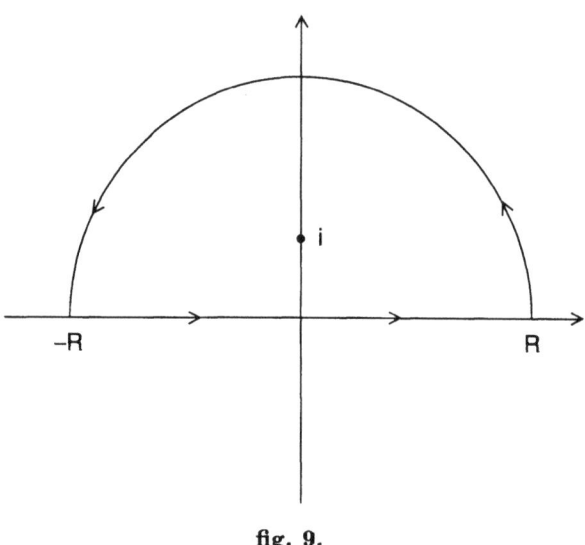

fig. 9.

Considérons dans $\mathbb{C}$ le chemin μ ci-dessus. La fonction f est holomorphe dans $\mathbb{C}$ sauf en $z = i$ ou $-i$; la formule

$$2i/(1+z^2) = 1/(z-i) - 1/(z+i)$$

montre que le résidu en i est égal à $1/2i$. L'intégrale le long de μ vaut donc $2\pi i/2i = \pi$.

Ceci fait, considérons la contribution du demi-cercle au calcul. La longueur de celui-ci est πR. Comme on a $1/(1+z^2) = O(1/|z|^2)$ pour $|z|$ grand, la majoration générale (4.9) montre que cette contribution est $O(1/R)$, d'où

$$\pi = \int_\mu f(\zeta)d\zeta = \int_{-R}^R \frac{dx}{1+x^2} + O(1/R)\,.$$

Comme l'intégrale sur $[-R, R]$ tend vers l'intégrale cherchée, celle-ci est égale à π comme prévu.

On peut se demander pourquoi l'on choisit d'intégrer sur un demi-cercle plutôt que sur d'autres courbes. La raison la plus probable en est que, depuis deux mille cinq cents ans, pour ne pas remonter aux pithécanthropes fascinés par la Lune et le Soleil, le cercle est à juste titre un objet d'adoration de la part des mathématiciens. Mais on pourrait aussi bien intégrer le long de la partie supérieure ou inférieure du carré limité par les droites Re$(z) = R$ ou $-R$ et Im$(z) = 0$ ou R. L'essentiel est que, si l'on désigne par R la distance minimum de l'origine aux points du contour choisi, la longueur de celui-ci soit $O(R)$ lorsque R augmente indéfiniment; on pourrait même aller jusqu'à une longueur de l'ordre de $o(R^2)$.

La méthode s'étend aux intégrales de fractions rationnelles $f(x) = p(x)/q(x)$, où l'on suppose q sans racines réelles et, pour commencer, $d^\circ(q) - d^\circ(p) = n \geq 2$ afin de garantir que $f \in L^1(\mathbb{R})$. On intègre f le long du même contour μ que ci-dessus; en choisissant R assez grand pour que toutes les racines de q situées dans le demi-plan supérieur soient intérieures à μ, on trouve

$$(8.1) \qquad 2\pi i \sum_{\mathrm{Im}(a) > 0} \mathrm{Res}(f, a)\,,$$

somme étendue aux racines de q situées dans le demi-plan supérieur. Par ailleurs, l'intégrale sur μ est la somme de l'intégrale de f sur $[-R, R]$ et de l'intégrale le long du demi-cercle de rayon R. Si $d^\circ(q) - d^\circ(p) = n$, on a

$$(8.2) \qquad p(z)/q(z) \sim c/z^n \quad \text{pour } |z| \text{ grand}$$

avec une constante $c \neq 0$; pour R grand, l'intégrale le long du demi-cercle est donc $\pi R.O(R^{-n}) = O(R^{1-n})$ et tend vers 0 puisque $n \geq 2$. D'où le résultat final:

$$(8.3') \qquad \int f(x)dx = 2\pi i \sum_{\mathrm{Im}(a) > 0} \mathrm{Res}(f, a)\,.$$

Au lieu d'intégrer le long du contour utilisé plus haut, on pourrait aussi bien utiliser son symétrique par rapport à l'axe réel; comme on le parcourt dans le sens négatif, on trouve

70 VIII – La Théorie de Cauchy

(8.3")
$$\int f(x)dx = -2\pi i \sum_{\mathrm{Im}(a)<0} \mathrm{Res}(f,a).$$

La comparaison des résultats montre que l'on a

(8.4)
$$\sum_{a\in\mathbb{C}} \mathrm{Res}(p/q,a) = 0 \quad \text{si } d^\circ(q) - d^\circ(p) \geq 2,$$

ce que nous avons déjà montré en (5.14).

Si toutes les racines de q sont simples, on a, au voisinage d'une telle racine a,

$$p(z)/q(z) = [p(a) + p'(a)(z-a) + \ldots]/[q'(a)(z-a) + \ldots]$$
$$= \frac{p(a)}{q'(a)(z-a)}[1+?(z-a)+\ldots]$$

puisque le quotient de deux séries entières commençant par 1 est une série entière du même type. D'où la formule

$$\mathrm{Res}(p/q,a) = p(a)/q'(a)$$

qui permet de calculer l'intégrale.

Choisissons par exemple la fonction $f(z) = p(z)/(1+z^{2n})$, où p est un polynôme de degré $\leq 2n-2$; ses pôles sont (au plus) les racines de l'équation $z^{2n} = -1 = \exp(\pi i)$, i.e. les $2n$ points

$$\omega_k = \omega^{2k+1} \quad \text{où } \omega = \exp(\pi i/2n),\ 0 \leq k \leq 2n-1.$$

Les racines de partie imaginaire positive s'obtenant pour $0 < k < n-1$ et le résidu en ω_k étant égal à

$$p(\omega_k)/2n\omega_k^{2n-1} = -p(\omega_k)\omega_k/2n,$$

on trouve

$$\int \frac{p(x)}{1+x^{2n}}dx = -\frac{\pi i}{n}\sum_0^{n-1} \omega_k p(\omega_k).$$

Pour $p(x) = x^{m-1}$, on doit calculer la somme

$$\sum \omega_k^m = \sum_{0\leq k\leq n-1} \omega^{(2k+1)m} = \omega^m \sum \omega^{2mk} = \omega^m \frac{1-\omega^{2mn}}{1-\omega^{2m}} = \frac{(-1)^m - 1}{\omega^m - \omega^{-m}},$$

de sorte que l'intégrale cherchée est égale à 0 si m est pair (évident !) et à $\pi/n\sin(m\pi/2n)$ si m est impair.

§ 3. Quelques applications de la méthode de Cauchy 71

(ii) *Intégrales semi-convergentes de fonctions rationnelles.* La méthode précédente peut encore s'appliquer si $d°(q) = d°(p) + 1$, moyennant quelques précautions puisque l'intégrale étendue à $\mathbb{R}$ n'est plus absolument convergente. On peut toutefois convenir que

$$(8.5) \quad \int_\mathbb{R} f(x)dx = \lim \int_{-R}^{+R} f(x)dx = \lim \int_0^R [f(x) + f(-x)]\,dx\,;$$

cette limite existe puisque l'on a

$$f(z) = c/z + O(1/z^2) \quad \text{à l'infini}$$

et donc $f(z) + f(-z) = O(1/z^2)$. Dans la décomposition de f en éléments simples, les intégrales des termes de la forme $A/(z-a)^r$ avec $r \geq 2$ se calculent par la méthode précédente ; on peut même se dispenser de les calculer car elles sont nulles, soit parce que les résidus correspondants le sont, soit pour la raison plus triviale que, la fonction $1/(x-a)^r$ admettant pour $r \geq 2$ une primitive qui tend vers 0 à l'infini, le TF règle la question sans qu'il soit nécessaire d'invoquer Cauchy.

Reste donc à calculer l'intégrale ci-dessus pour $f(z) = 1/(z-a)$, $a \notin \mathbb{R}$. Une première méthode consiste à observer (Chapitre V, § 6, n° 20) que, dans l'ouvert simplement connexe $G = \mathbb{C} - \mathbb{R}_-$, la fonction $1/z$ admet pour primitive n'importe quelle branche uniforme $L(z)$ de la pseudo-fonction $\mathcal{L}og\,z$, par exemple celle qu'on obtient en posant

$$L(z) = \log|z| + i.\operatorname{Arg} z \quad \text{avec} \quad |\operatorname{Arg} z| < \pi\,.$$

Comme a n'est pas réel, les points $x - a$ sont dans G pour $x \in \mathbb{R}$, de sorte qu'on peut, sur $\mathbb{R}$, choisir $L(x-a)$ pour primitive de $1/(x-a)$. On a donc

$$\int_{-R}^R \frac{dx}{x-a} = L(x-a)\Big|_{-R}^R\,.$$

La variation sur $[-R, R]$ de la partie réelle de

$$L(x-a) = \log|x-a| + i.\operatorname{Arg}(x-a)$$

est égale à $\log(|R-a|/|R+a|)$ et tend vers 0 puisque $|R-a|/|R+a|$ tend vers 1 quand R augmente ; l'argument de $R-a$ tend vers 0 puisque la demi-droite d'origine 0 et d'extrémité $R-a$ tend vers la demi-droite $\mathbb{R}_+$; enfin, la demi-droite d'origine 0 et d'extrémité $-R-a$ tend vers $\mathbb{R}_-$, mais est située dans le demi-plan $\operatorname{Im}(z) < 0$ si $\operatorname{Im}(a) > 0$ et dans le demi-plan $\operatorname{Im}(z) > 0$ si $\operatorname{Im}(a) < 0$; l'argument de $-R-a$ tend donc vers $-\pi$ si $\operatorname{Im}(a) > 0$ et vers $+\pi$ si $\operatorname{Im}(a) < 0$. On trouve donc

$$(8.6) \quad \int_\mathbb{R} dx/(x-a) = \begin{array}{ll} \pi i & \text{si } \operatorname{Im}(a) > 0 \\ -\pi i & \text{si } \operatorname{Im}(a) < 0 \end{array}.$$

Dans le cas général, il vient finalement

$$(8.7) \qquad \int_{\mathbb{R}} f(x)dx = \pi i \sum_{\operatorname{Im}(a) > 0} \operatorname{Res}(f,a) - \pi i \sum_{\operatorname{Im}(a) < 0} \operatorname{Res}(f,a).$$

Lorsque $d°(q) \geq d°(p) + 2$, la somme de tous les résidus de f dans $\mathbb{C}$ est nulle et (7) se réduit à (3') ou (3"), au choix. Si par contre $d°(q) = d°(p) + 1$, c'est la somme des résidus dans $\mathbb{C}$ et à l'infini qui est nulle d'après (5.14') ; on trouve alors par exemple

$$(8.8) \qquad \int_{\mathbb{R}} f(x)dx = 2\pi i \sum_{\operatorname{Im}(a) > 0} \operatorname{Res}(f,a) + \pi i \operatorname{Res}(f,\infty).$$

Une seconde méthode, plus expéditive, consiste à intégrer sur les mêmes contours fermés que dans le cas de convergence absolue. On part de la relation $f(z) = c/z + O(1/z^2)$ où $c = -\operatorname{Res}(f,\infty)$ – attention au signe ! – et l'on observe que l'intégrale de $O(1/z^2)$ sur le demi-cercle tend vers 0. L'intégrale de f le long de celui-ci tend donc vers la même limite que celle de c/z ; on la calcule en posant $z = Re^{it}$, d'où $dz/z = idt$, et comme on intègre sur $(0,\pi)$, le résultat est égal à $\pi i c = -\pi i \operatorname{Res}(f,\infty)$. En tenant compte des pôles intérieurs au contour d'intégration, on obtient donc

$$\int_{\mathbb{R}} f(x)dx - \pi i \operatorname{Res}(f,\infty) = 2\pi i \sum_{\operatorname{Im}(a) > 0} \operatorname{Res}(f,a),$$

ce qui conduit à nouveau à (8).

(iii) *Transformées de Fourier absolument convergentes*. Pour t réel, considérons maintenant l'intégrale de Fourier

$$(8.9) \qquad \hat{f}(t) = \int f(x)\mathbf{e}(-tx)dx = \int f(x)\exp(-2\pi i t x)dx$$

où $f = p/q$ est, à nouveau, une fraction rationnelle n'ayant pas de racine réelle ; ici encore, l'intégrale est absolument convergente si $n = d°(q) - d°(p) \geq 2$.

Supposons d'abord $t > 0$. La fonction

$$g(z) = f(z)\mathbf{e}(-tz)$$

est holomorphe dans $\mathbb{C}$ privé des racines de q ; pour $|z|$ grand, on a $f(z) \sim c/z^n$, cependant que $|\mathbf{e}(-tz)| = \exp(2\pi t y)$ est ≤ 1 dans le demi-plan $\operatorname{Im}(z) \leq 0$. Si donc l'on intègre g sur le contour formé de l'intervalle $[-R, R]$ suivi du demi-cercle inférieur de rayon R, la contribution de celui-ci est, pour R grand, $O(1/R^{n-1})$, donc tend vers 0. Comme le contour d'intégration est parcouru dans le sens négatif, l'indice d'un point intérieur à celui-ci est -1 et le théorème des résidus montre que

(8.10')
$$\hat{f}(t) = -2\pi i \sum_{\text{Im}(a)<0} \underset{z=a}{\text{Res}}\left[f(z)\mathbf{e}(-tz)\right] \quad (t \geq 0),$$

la notation utilisée pour le résidu se comprenant d'elle même. Pour $t \leq 0$, on utilise le demi-cercle supérieur sur lequel $\mathbf{e}(-tz)$ est borné, d'où

(8.10'')
$$\hat{f}(t) = +2\pi i \sum_{\text{Im}(a)>0} \underset{z=a}{\text{Res}}\left[f(z)\mathbf{e}(-tz)\right] \quad (t \leq 0).$$

Pour $t = 0$, on retrouve les résultats de la section (i).

Supposons par exemple que

(8.11)
$$f(x) = \left(x^2 + w^2\right)^{-1} = \frac{1}{2iw}\left(\frac{1}{x-iw} - \frac{1}{x+iw}\right)$$

avec $\text{Re}(w) > 0$. La fonction $g(z) = \exp(-2\pi itz)f(z)$ a des pôles simples en iw et $-iw$, avec visiblement[44]

$$\text{Res}(g, iw) = e^{2\pi tw}/2iw, \quad \text{Res}(g, -iw) = -e^{-2\pi tw}/2iw.$$

Comme $\text{Im}(iw) > 0$ et $\text{Im}(-iw) < 0$, on a donc, en multipliant par $2\pi i$,

$$\int \frac{\mathbf{e}(-tx)}{x^2+w^2}dx = \begin{cases} \pi e^{-2\pi tw}/w & \text{si } t \geq 0 \\ \pi e^{2\pi tw}/w & \text{si } t \leq 0, \end{cases} \quad \text{si } \text{Re}(w) > 0;$$

autrement dit

(8.12)
$$\int \frac{\mathbf{e}(-tx)}{x^2+w^2}dx = \pi e^{-2\pi w|t|}/w \quad \text{si } \text{Re}(w) > 0.$$

On remarque que $|e^{-2\pi w|t|}| = e^{-2\pi |t|\text{Re}(w)}$ tend vers 0 à vitesse exponentielle quand $|t|$ augmente indéfiniment puisque $\text{Re}(w) > 0$, de sorte que $\hat{f} \in L^1(\mathbb{R})$; autrement dit, $f \in F^1(\mathbb{R})$. On peut donc appliquer la formule d'inversion de Fourier, d'où

$$\int e^{-2\pi w|t|+2\pi itx}dt = w/\pi\left(x^2+w^2\right), \quad \text{Re}(w) > 0,$$

formule facile à vérifier directement : intégrer sur $t > 0$ et $t < 0$ en tenant compte du fait que e^{ct} a pour primitive e^{ct}/c quel que soit $c \in \mathbb{C}^*$.

Pour obtenir une forme explicite de $\hat{f}(t)$ dans le cas général, on observe que toute fraction rationnelle est la somme d'un polynôme et d'une combinaison linéaire de fonctions de la forme

---

[44] Si φ a un pôle simple en a et si ψ est holomorphe et non nulle en a, on a

$$\varphi(z)\psi(z) = \left[c(z-a)^{-1} + \ldots\right]\left[\psi(a) + \ldots\right],$$

d'où $\text{Res}(\varphi\psi, a) = \psi(a)\text{Res}(\varphi, a)$.

74   VIII – La Théorie de Cauchy

(8.13) $$f(x) = (x-a)^{-n},$$

où n est un entier ≥ 1 et a une constante; sa transformée de Fourier n'a de sens que si sa décomposition ne comporte pas de terme polynomial et si ses pôles sont non réels. Si donc l'on trouve une formule explicite pour la transformée de Fourier de (13) pour $a \notin \mathbb{R}$, la décomposition en éléments simples fournira le résultat dans le cas général. On supposera, dans cette section, que $n \geq 2$ et que $\text{Im}(a) > 0$, le cas où $\text{Im}(a) < 0$ étant similaire.

Le seul pôle de la fonction

$$g(z) = (z-a)^{-n}\mathbf{e}(-tz)$$

étant a, on en conclut déjà que $\hat{f}(t) = 0$ pour $t \geq 0$. Pour $t < 0$, il faut calculer le résidu en a de

$$g(z) = \mathbf{e}(-tz)(z-a)^{-n} = (z-a)^{-n}\mathbf{e}(-ta)\mathbf{e}\left[-t(z-a)\right] =$$
$$= \mathbf{e}(-at)(z-a)^{-n}\sum_{\mathbb{N}}[-2\pi it(z-a)]^{[p]}$$

où l'on utilise la notation des puissances divisées $x^{[n]} = x^n/n!$. Comme on cherche le coefficient de $(z-a)^{-1}$, il vient

$$\text{Res}(g,a) = \mathbf{e}(-at)(-2\pi it)^{[n-1]}.$$

Les formules (10') et (10") montrent alors que

(8.14) $$\int (x-a)^{-n}\mathbf{e}(-tx)dx = \begin{matrix}2\pi i(-2\pi it)^{[n-1]}\mathbf{e}(-at) & \text{si } t \leq 0 \\ 0 & \text{si } t \geq 0\end{matrix} \quad \text{si Im}(a) > 0.$$

Il n'est pas inutile, pour éviter des erreurs grossières, de vérifier que $\hat{f}(t)$ tend vers 0 à l'infini[45].

Aux notations près, on avait annoncé la formule (14) au Chapitre VII, §6, n° 27, exemple 1 sans pouvoir la prouver; il nous manquait, pour la justifier, la théorie de Cauchy. En remplaçant t par $-t$ et en notant t_+ la fonction égale à t pour $t > 0$ et à 0 sinon, on peut encore écrire (14) sous la forme

(8.15) $$\int (x-a)^{-n}\mathbf{e}(tx)dx = (2\pi i)^n t_+^{[n-1]}\mathbf{e}(at), \quad \text{Im}(a) > 0, \quad n \geq 2.$$

La formule (15) s'écrit encore

$$\int (x-a)^{-n}\mathbf{e}\left[t(x-a)\right]dx = (2\pi i)^n t_+^{[n-1]};$$

---

[45] La transformée de Fourier d'une fonction f absolument intégrable est continue et *tend vers 0 à l'infini*: Chap. VII, n° 27, théorème 23.

en posant $x - a = z$, on transforme l'intégrale sur $\mathbb{R}$ en une intégrale à la Cauchy prise le long du chemin (illimité) $\mathrm{Im}(z) = -\mathrm{Im}(a) = c < 0$:

$$(8.15') \qquad \int_{\mathrm{Im}(z)=c<0} z^{-n}\mathbf{e}(tz)dz = (2\pi i)^n t_+^{[n-1]} ;$$

le changement de variable $tz = \zeta$ transforme l'horizontale $\mathrm{Im}(z) = c$ en l'horizontale $\mathrm{Im}(\zeta) = tc = -t\,\mathrm{Im}(a) = b$; comme $\zeta^{-n}d\zeta = t^{1-n}z^{-n}dz$ et comme b est de signe opposé à t, la relation (14) équivaut à

$$\int_{\mathrm{Im}(\zeta)=b} \zeta^{-n}\mathbf{e}(\zeta)d\zeta = \begin{cases} (2\pi i)^n/(n-1)! & \text{si } b < 0, \\ 0 & \text{si } b > 0. \end{cases}$$

La fonction que l'on intègre est holomorphe dans $\mathbb{C}$ sauf en $\zeta = 0$; il n'est

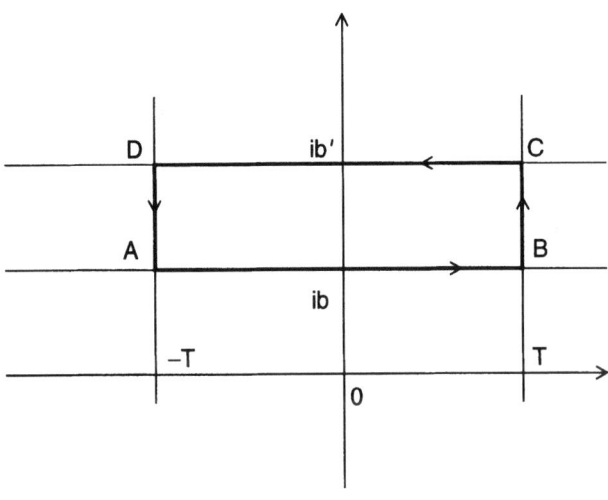

fig. 10.

donc pas étonnant que l'intégrale ne dépende que du signe de b. Pour le justifier directement, on intègre le long du contour du rectangle $ABCD$ de la figure ci-dessus ; le résultat est nul d'après les théorèmes de Cauchy, et tout revient à montrer que, lorsque T tend vers $+\infty$, les contributions des côtés verticaux tendent vers 0. Or, sur ces côtés, on a

$$|\zeta^{-n}\mathbf{e}(\zeta)| = (T^2 + \eta^2)^{-n/2} \exp(-2\pi\eta)$$

où $\eta = \mathrm{Im}(\zeta)$ varie entre b et b', d'où $0 < m \leq |\mathbf{e}(\zeta)| \leq M < +\infty$ avec des constantes m et M indépendantes de T ; d'autre part, $(T^2 + \eta^2)^{-n/2}$ reste compris entre ses valeurs pour $\eta = b$ et $\eta = b'$; par suite, $|\zeta^{-n}\mathbf{e}(\zeta)|$ est $\asymp T^{-n}$ sur les côtés verticaux. Leur contribution est donc $O(T^{-n})$, cqfd.

Ce raisonnement explique aussi pourquoi l'intégrale n'a pas la même valeur sur les horizontales positives que sur les horizontales négatives : en pareil cas, il y a à l'intérieur du rectangle $ABCD$ un pôle en $\zeta = 0$, de sorte que l'intégrale est, au facteur $2\pi i$ près, égale au résidu de $\zeta^{-n}\mathbf{e}(\zeta)$ en 0.

Exercice 1. Traduire (15') en utilisant le changement de variable $2\pi i t z = \zeta$.

Exercice 2. En appliquant à la fonction $x \mapsto (x-z)^{-k}$ la formule sommatoire de Poisson, montrer qu'on a

$$(8.16) \quad \sum_{\mathbb{Z}} \frac{1}{(z+n)^k} = \frac{(-2\pi i)^k}{(k-1)!} \sum_{n \geq 1} n^{k-1} e^{2\pi i n z} \quad \text{pour } k \geq 2, \ \text{Im}(z) > 0.$$

Retrouver (16) en dérivant le développement de $\cot g\, \pi z$ en série de fractions rationnelles.

Exercice 3. Vérifier que la formule de Plancherel est valable pour la transformée de Fourier (14).

(iv) *Transformées de Fourier semi-convergentes.* Le calcul de la transformée de Fourier d'une fonction rationnelle $f = p/q$ suppose que l'on a $d^\circ(q) - d^\circ(p) = n \geq 2$. Comme au point (ii), on peut traiter le cas plus délicat où $n = 1$; l'intégrale définissant $\hat{f}(t)$ est alors, comme on va le voir, semi-convergente quel que soit t, ce que nous savons déjà pour $t = 0$.

Notons d'abord que l'on a

$$f(z) = c/z + O\left(1/z^2\right) \quad \text{à l'infini}$$

comme on l'a déjà remarqué plus haut. C'est donc seulement le terme en $1/z$ qui pose un problème dans les calculs et estimations qui nous ont réussi pour $n \geq 2$.

D'autre part, si la fonction f est réelle sur $\mathbb{R}$, ce que l'on peut supposer, sa dérivée n'a qu'un nombre fini de racines réelles et garde donc un signe constant pour $|x|$ grand ; $f(x)$ tend donc vers 0 de façon monotone lorsque $x \in \mathbb{R}$ tend vers $+\infty$ ou $-\infty$, de sorte que l'intégrale de Fourier, si on la définit par la formule

$$(8.17) \qquad \hat{f}(t) = \lim \int_{-R}^{R} f(x)\mathbf{e}(-tx)dx,$$

a encore un sens pour $t \neq 0$ (Chapitre V, n° 24, Théorème 23, intégrales de fonctions "oscillantes"), donc aussi pour f complexe en séparant les parties réelle et imaginaire. En fait, (17) a aussi un sens pour $t = 0$, mais pour d'autres raisons comme on l'a montré plus haut au point (ii).

Ceci dit, supposons d'abord $t > 0$ et intégrons le long du chemin déjà utilisé pour les intégrales absolument convergentes. En posant $g(z) = f(z)\mathbf{e}(-tz)$, la contribution du demi-cercle inférieur s'obtient en intégrant la fonction $g(\mathrm{Re}^{iu})i\,\mathrm{Re}^{iu}$ de $u=0$ à $u=-\pi$. Comme $|f(z)| \leq M/|z|$ où M est une constante, on a

$$\left|g\left(\mathrm{Re}^{iu}\right)i\,\mathrm{Re}^{iu}\right| = R\left|f\left(\mathrm{Re}^{iu}\right)\right|.\left|\mathrm{e}\left(-Rte^{iu}\right)\right| \leq M.\exp\left(2\pi Rt\sin u\right).$$

La contribution du demi-cercle inférieur est donc, en module, majorée par

$$M \int_{-\pi}^{0} \exp(2\pi Rt \sin u)du = M \int_{0}^{\pi} \exp\left(-\rho \sin u\right)du$$

où $\rho = 2\pi Rt$ tend vers $+\infty$ puisque l'on suppose t strictement positif. Pour montrer que cette intégrale tend vers 0, on note d'abord que la fonction intégrée est partout ≤ 1 et, sauf pour $u=0$ ou π, tend vers 0 puisque $-\rho \sin u$ tend vers $-\infty$; le (vrai) théorème de convergence dominée de Lebesgue règle alors la question puisque l'ensemble réduit aux points 0 et π est de mesure nulle. Si l'on refuse de l'utiliser, on peut remarquer d'abord que, pour $t>0$ et $\delta > 0$ donnés, la fonction continue que l'on intègre tend en décroissant vers une fonction limite continue dans $[\delta, \pi - \delta]$, à savoir 0; la convergence est donc uniforme dans un tel intervalle (Chapitre V, § 2, n° 10, théorème de Dini), de sorte que sa contribution à l'intégrale tend vers 0, donc est $\leq \delta$ pour ρ grand; comme celles des deux intervalles oubliés sont $\leq \delta$ quel que soit ρ, on trouve un total $\leq 3\delta$ pour ρ grand, d'où à nouveau le résultat. Si, enfin, vous refusez le théorème de Dini, vous pouvez le vérifier par un calcul explicite. On observe pour cela que, dans $[\delta, \pi - \delta]$, on a

$$\sin u \geq \sin \delta = \alpha,$$

constante strictement positive, d'où

$$\exp(-\rho \sin u) \leq \exp(-\alpha \rho)$$

et, à nouveau, convergence uniforme dans l'intervalle considéré puisque $\exp(-\alpha\rho)$, qui ne dépend pas de u, tend vers 0 quand ρ augmente indéfiniment.

On peut en fait obtenir un résultat un peu plus précis qu'on appelle parfois le lemme de Jordan d'après l'auteur d'un célèbre *Cours d'analyse* et professeur à l'École polytechnique de 1876 à 1911; à deux cents environ par promotion, cela dut faire beaucoup d'artilleurs parmi ses anciens élèves. Il suffit d'examiner l'intégrale

$$I(R) = \int_0^{\pi} \exp(-R\sin u)du = 2\int_0^{\pi/2}$$

et de remarquer qu'entre 0 et $\pi/2$, on a $u/2 \leq \sin u \leq u$; on en déduit immédiatement que

$$I(R) \asymp \int_0^{\pi/2} \exp(-Ru)\,du \asymp 1/R.$$

Les raisonnements précédents supposent $t \neq 0$ et s'effondrent si $t = 0$. Mais dans ce cas, on est ramené aux calculs de la section (i) et par exemple à la formule (8), laquelle montre que l'on a, au choix,

$$(8.18) \qquad \hat{f}(0) = \begin{matrix} 2\pi i \sum_{\mathrm{Im}(a)>0} \mathrm{Res}(f,a) + \pi i\, \mathrm{Res}(f,\infty), \\ -2\pi i \sum_{\mathrm{Im}(a)<0} \mathrm{Res}(f,a) - \pi i\, \mathrm{Res}(f,\infty) \end{matrix}$$

où le résidu à l'infini est donné par la relation

$$\mathrm{Res}(f,\infty) = -\lim zf(z) = -c.$$

En conclusion, (10') et (10") restent valables pour $t \neq 0$, le cas où $t = 0$ étant donné par (18). On a par exemple

$$(8.19) \qquad \int_{\mathbb{R}} \frac{\mathbf{e}(-tx)}{x-a} dx = \begin{matrix} 0 & \text{si } t > 0, \\ \pi i & \text{si } t = 0, \\ 2\pi i \mathbf{e}(-ta) & \text{si } t < 0. \end{matrix} \qquad (\mathrm{Im}(a) > 0)$$

En remplaçant t par $-t$, on obtient

$$(8.20) \qquad \int (x-a)^{-1}\mathbf{e}(tx)dx = 2\pi i t_+^0 \mathbf{e}(at)$$

en convenant, comme Fejér, que

$$t_+^0 = 1 \text{ si } t > 0, \quad = 1/2 \text{ si } t = 0, \quad = 0 \text{ si } t < 0.$$

On aurait pu – mais on ne voulait pas – s'épargner tous ces calculs en invoquant le Théorème 27 du Chapitre VII, § 6, n° 30 : si f est une fonction réglée et absolument intégrable sur $\mathbb{R}$, on a

$$\lim \int_{-R}^{R} \hat{f}(y)\mathbf{e}(xy)dy = \frac{1}{2}[f(x+) + f(x-)]$$

en tout point où f possède des dérivées à droite et à gauche. Dans le cas présent, on peut l'appliquer à la fonction f définie par les seconds membres de (19) : elle est évidemment réglée, partout dérivable à droite et à gauche, intégrable puisque $\mathrm{Im}(a) > 0$, enfin, sa transformée de Fourier est $1/(x-a)$ comme le montre un calcul direct des plus simples. Il reste alors à vérifier que $\frac{1}{2}[f(0+) + f(0-)] = \pi i$.

9 – Formules sommatoires

La méthode des résidus permet d'établir de nombreuses formules sommatoires. Montrons par exemple que *si $f(z)$ est une fonction entière vérifiant une inégalité de la forme*

(9.1) $$|f(z)| \leq M.e^{\pi a|y|} \quad \text{avec} \quad 0 < a < 1,$$

on a

(9.2) $$\pi \frac{f(z)}{\sin \pi z} = \sum_{\mathbb{Z}} (-1)^n \frac{f(n)}{z-n} = \lim_{p\infty} \sum_{|n|<p} .$$

Considérons pour cela la fonction méromorphe[46] $g(w) = \pi f(w)/\sin \pi w$. Ses seules singularités sont, tout au plus, des pôles simples aux points $n \in \mathbb{Z}$, avec $\text{Res}(g, n) = (-1)^n f(n)$. Pour $z \notin \mathbb{Z}$ donné, la fonction

$$h(w) = g(w)/(w-z) = \pi f(w)/(w-z)\sin \pi w$$

a des pôles simples aux points $w \in \mathbb{Z}$, avec

(9.3) $$\text{Res}(h, n) = (-1)^n f(n)/(n-z) = -(-1)^n f(n)/(z-n),$$

et en outre un pôle simple en z où l'on a

(9.4) $$\text{Res}(h, z) = g(z).$$

Si, pour $p \in \mathbb{N}$ donné, on intègre $h(w)$ le long du rectangle de la figure 11, idée déjà utilisée au n° précédent, le résultat est donc, au facteur $2\pi i$ près, égal à la différence entre $g(z)$ et la somme partielle $|n| < p$ de la série (2). Tout revient donc à établir que l'intégrale de h tend vers 0 lorsque p augmente indéfiniment. Pour cela, on majore les contributions de chacun des côtés du rectangle.

Sur le côté BC, on a

$$\left|e^{\pi iw}\right| = e^{-\pi p}, \quad \left|e^{-\pi iw}\right| = e^{\pi p}$$

et par suite $\left|e^{\pi iw} - e^{-\pi iw}\right| \geq e^{\pi p} - e^{-\pi p} \geq e^{\pi p}/2$ pour p grand, d'où, en utilisant (1), une majoration

(9.5) $$|f(w)/\sin \pi w| \leq c_1 e^{\pi(a-1)p}$$

où c_1 ne dépend pas de p; comme on a aussi

---

[46] Rappelons que, dans un domaine G (ici, $\mathbb{C}$), une fonction méromorphe n'admet pas d'autres singularités que des pôles, nécessairement isolés. Si $f = p/q$, si q possède un zéro simple en a et si p est holomorphe en a, on a $\text{Res}(f, a) = p(a)/q'(a)$.

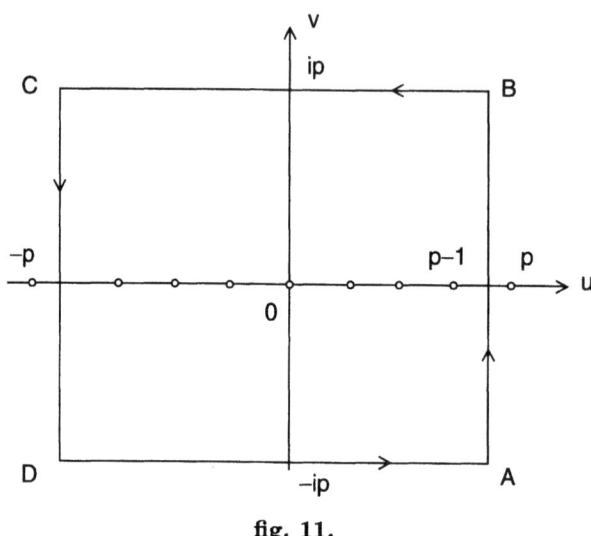

fig. 11.

$$|w - z| \geq |\text{Im}(w - z)| = |p - \text{Im}(z)| \geq p/2 \text{ pour } p \text{ grand},$$

on voit que, sur BC, on a

(9.6) $$|h(w)| \leq c_2 p e^{\pi(a-1)p} \text{ pour } p \text{ grand};$$

l'intégrale le long de BC est donc, à un facteur constant près, majorée par $(2p + 1)pe^{\pi(a-1)p}$ et tend vers 0 puisque $a < 1$. Le raisonnement serait le même pour la contribution du côté DA.

Examinons maintenant la contribution de AB. On a $w = p - 1/2 + iv$ et donc

$$\sin \pi w = \pm \cosh \pi v,$$

d'où $|\sin \pi w| \geq 1/2 e^{-\pi|v|}$ et

$$|h(w)| \leq 2e^{-\pi|v|} |f(p - 1/2 + iv)| / |p - 1/2 + iv - z| \leq$$
$$\leq c_3 e^{\pi(a-1)|v|} / |p - 1/2 - \text{Re}(z)|$$

quel que soit v. En intégrant de $v = -p$ à $v = p$, on obtient une majoration par

$$c_4 |p - 1/2 - \text{Re}(z)|^{-1} \int_{-p}^{p} e^{\pi(a-1)|v|} dv,$$

résultat qui tend vers 0 comme le premier facteur puisque l'intégrale étendue à $\mathbb{R}$ converge pour $a < 1$.

§ 3. Quelques applications de la méthode de Cauchy   81

La contribution de AB tend donc vers 0, de même évidemment que celle de CD, d'où la formule (2). Il est nécessaire d'interpréter la série étendue à $\mathbb{Z}$ comme la limite de ses sommes partielles symétriques car elle peut fort bien ne pas converger en vrac, notamment dans le cas de la fonction $f(z) = 1$.

Dans ce cas, on trouve le développement de la fonction $1/\sin z$ en série de fractions rationnelles :

$$(9.7') \qquad \frac{\pi}{\sin \pi z} = \sum_{\mathbb{Z}} \frac{(-1)^n}{z-n} = \frac{1}{z} + 2z \sum_{n \geq 1} \frac{(-1)^n}{z^2 - n^2} ;$$

la plupart des auteurs rejettent la première série ou l'interprètent comme limite de ses sommes symétriques, mais en fait ses parties "positive" et "négative", prises séparément, sont convergentes, quoique non absolument. On a en effet

$$1/(z-n) = -1/n + z/n(z-n) = -1/n + O(1/n^2)$$

pour $|n|$ grand, de sorte que la somme étendue aux $n > 0$ est la somme d'une série absolument convergente et de la série alternée $\sum (-1)^{n+1}/n$, d'où sa convergence. On peut aussi écrire (7') sous la forme

$$\frac{\pi}{\sin \pi z} = \frac{1}{z} + \sum_{n \neq 0} (-1)^n \left[\frac{1}{z-n} + \frac{1}{n} \right]$$

avec, cette fois, une série absolument convergente.

En remplaçant z par $\frac{1}{2}(1-z)$, on trouverait

$$(9.7'') \qquad \frac{\pi}{2 \cos \pi z/2} = \sum_{\mathbb{Z}} \frac{(-1)^n}{z + 2n + 1},$$

formule que nous utiliserons au n° 15.

Exercice. Déduire de (2) les formules

$$\pi \frac{\sin az}{\sin \pi z} = 2 \sum_{n \geq 1} (-1)^n \frac{n . \sin na}{z^2 - n^2} \quad (-\pi < a < \pi),$$

$$\pi \frac{\cosh az}{\sinh \pi z} = 1/z + 2z \sum_{n \geq 1} (-1)^n \frac{\cos na}{z^2 + n^2}, \quad (-\pi < a < \pi).$$

Montrer que la convergence de la première revient à celle de la série $\sum (-1)^n \sin(na)/n$. Peut-on obtenir ces formules à l'aide de la théorie des séries de Fourier ?

10 – La fonction gamma, la transformée de Fourier de $e^{-x}x_+^{s-1}$ et l'intégrale de Hankel

Nous avons démontré plus haut une formule (8.15) qui peut s'écrire

$$\int (y-a)^{-n}\mathbf{e}(xy)dy = (2\pi i)^n x_+^{n-1}\mathbf{e}(ax)/(n-1)!\,;$$

elle suppose n entier ≥ 2, $x \in \mathbb{R}$ et $\mathrm{Im}(a) > 0$. On se propose de montrer que l'on a plus généralement

(10.1) $$\int (y-a)^{-s}\mathbf{e}(xy)dy = (2\pi i)^s x_+^{s-1}\mathbf{e}(ax)/\Gamma(s)$$

pour $x \in \mathbb{R}$, $\mathrm{Re}(s) > 1$ et $\mathrm{Im}(a) > 0$, où

$$\Gamma(s) = \int_0^{+\infty} e^{-t}t^s d^*t, \quad \mathrm{Re}(s) > 0,$$

est la fonction d'Euler (Chapitre V, §7, n° 22) et où $d^*t = dt/|t|$. Puisque, dans (1), la fonction $(y-a)^{-s}$ et celle du second membre sont continues et intégrables pour $\mathrm{Re}(s) > 1$, cela revient (formule d'inversion) à montrer que $(y-a)^{-s}$ est la transformée de Fourier de la fonction

(10.2) $$\varphi(x) = \mathbf{e}(ax)x_+^{s-1} = \exp(2\pi i a x)x_+^{s-1}$$

où $\mathrm{Im}(a) = c > 0$. Comme on a $|\exp(2\pi i a x)| = \exp(-2\pi c x)$, il suffit que $\mathrm{Re}(s) > 0$ pour que $\varphi \in L^1(\mathbb{R})$. On a alors

(10.3) $$\hat{\varphi}(y) = \int x_+^{s-1}\mathbf{e}(ax - xy)dx = \int_0^{+\infty} \exp(-wx)x^s d^*x$$

où l'on a posé $w = 2\pi i(y-a)$, d'où $\mathrm{Re}(w) = 2\pi\,\mathrm{Im}(a) > 0$. Si w était réel > 0, on pourrait utiliser le changement de variable $x \mapsto x/w$ et obtenir la formule

(10.4) $$\hat{\varphi}(y) = w^{-s}\int_0^{+\infty} e^{-x}x^s d^*x = \Gamma(s)w^{-s}$$

d'où (1) résulterait. Reste à prouver l'analyticité par rapport à w.

(i) *La fonction gamma.* Nous connaissons déjà quelques-unes des innombrables propriétés[47] de cette fonction, à commencer par les formules

---

[47] Voir par exemple Dieudonné, *Calcul infinitésimal* (Hermann, 1968), IV.3, IX-4 à IX-8, Remmert, *Funktionentheorie 2*, Chap. 2, §2, qui définit la fonction à l'aide de son produit infini, Freitag et Busam, *Funktionentheorie*, chap. IV, §1 et notamment les exercices, sans parler d'auteurs plus anciens. On a écrit des livres entiers à son sujet, notamment N. Nielsen, *Handbuch der Theorie der Gammafunktion* (Leipzig, 1906, rééd. Chelsea, 1965).

§ 3. Quelques applications de la méthode de Cauchy   83

(10.5.1) $\Gamma(s+1) = s\Gamma(s), \quad \Gamma(n) = (n-1)!$ pour $n \geq 1$.

Cette relation montre immédiatement que $\Gamma(s)$ se prolonge analytiquement à tout $\mathbb{C}$, exception faite de pôles simples en $s = 0, -1, \ldots$, avec

(10.5.2) $\mathrm{Res}(\Gamma, -n) = (-1)^n/n!$

(Chapitre V, § 7, n° 25, *Exemple* 5) ; en fait, on a

(10.5.3) $$\Gamma(s) = \int_0^1 e^{-x} x^s d^*x + \int_1^{+\infty} e^{-x} x^s d^*x =$$
$$= \sum_{\mathbb{N}} (-1)^n/n!(s+n) + \Gamma^+(s).$$

$\Gamma^+(s)$, l'intégrale sur $(1, +\infty)$, converge quel que soit s et est une fonction entière. La série, obtenue en intégrant terme à terme la série exponentielle, converge elle aussi quel que soit s contrairement à l'intégrale sur $(0,1)$.

En posant
$$f_n(x) = \begin{cases} (1-x/n)^n x^s & \text{pour } x \leq n, \\ 0 & \text{pour } x > n, \end{cases}$$

on obtient une suite de fonctions qui convergent vers $e^{-x} x^s$ en restant dominées par $e^{-x} x^s$ (exercice !) ; on a donc

(10.5.4) $\Gamma(s) = \lim \int f_n(x) d^*x = \lim n! n^s / s(s+1)\ldots(s+n)$

(Chapitre V, § 7, n° 23, *Exemple* 1), a priori pour $\mathrm{Re}(s) > 0$. On en déduit le développement

(10.5.5) $1/\Gamma(s) = s e^{Cs} \prod (1 + s/n) e^{-s/n}$

de la fonction $\Gamma(s)$ en produit infini partout convergent, donc valable partout par prolongement analytique ;

$$C = \lim(1 + \ldots + 1/n - \log n) = 0,577215664\ldots$$

est la constante d'Euler (Chapitre VI, § 2, n° 18). La formule des compléments (même référence)

(10.5.6) $\Gamma(s)\Gamma(1-s) = \pi/\sin \pi s$

s'obtient par exemple en comparant les développements en produits infinis des deux membres avec celui de

$$\sin \pi s = \pi s \prod_{n \geq 1} \left(1 - s^2/n^2\right)$$

(Chap. IV, n° 18). On en déduit que

(10.5.7) $$\Gamma(1/2) = \pi^{1/2},$$

résultat qui se ramène à l'intégrale de $\exp(-\pi x^2)$, et que

(10.5.8) $\quad |\Gamma(1/2 + it)|^2 = \pi/\cosh \pi t \quad$ pour $t \in \mathbb{R}$.

Nous aurons besoin de la *formule de duplication*

(10.5.9) $$\Gamma(2s) = \pi^{-1/2} 2^{2s-1} \Gamma(s) \Gamma(s + 1/2)$$

qui intervient fréquemment en théorie analytique des nombres. Une méthode fort (trop ?) ingénieuse[48] pour l'obtenir consiste à utiliser une caractérisation due à Helmut Wielandt (1939) de la fonction gamma par les deux propriétés suivantes :

(a) f est holomorphe dans un domaine G contenant la bande $1 \leq \mathrm{Re}(z) \leq 2$ et bornée dans celle-ci ;
(b) on a $f(s+1) = sf(s)$ dès que $s, s+1 \in G$.

La propriété (b) permet tout d'abord, comme dans le cas de la fonction d'Euler, de prolonger analytiquement f à tout $\mathbb{C}$ avec, tout au plus, des pôles simples aux entiers ≤ 0 et

$$\mathrm{Res}(f, -n) = (-1)^n f(1)/n!.$$

Il en résulte que $g(s) = f(s) - f(1)\Gamma(s)$ est une fonction entière, vérifiant elle aussi $g(s+1) = sg(s)$. La fonction entière $h(s) = g(s)g(1-s)$ vérifie alors $h(s+1) = -h(s)$.

Comme $f(s)$ et $\Gamma(s)$ sont bornées dans $1 \leq \mathrm{Re}(s) \leq 2$, elles sont, en raison de leur équation fonctionnelle, bornées à l'infini dans toute bande $a \leq \mathrm{Re}(s) \leq a + 1 \leq 2$; il en est donc de même de g, et comme g n'a pas de pôles elle est bornée globalement dans une telle bande. Par suite, $h(s)$ est bornée dans la bande $0 \leq \mathrm{Re}(s) \leq 1$.

La pseudo périodicité de h montre alors que h est bornée dans $\mathbb{C}$, donc est constante, donc est nulle puisque $g(1) = f(1) - f(1)\Gamma(1) = 0$. Puisque $g(s)g(1-s) = 0$ pour tout s, on a $g(s) = 0$, donc

$$f(s) = f(1)\Gamma(s),$$

cqfd.

---

[48] Je la trouve dans Freitag-Busam, Chap. IV, §1 et dans Remmert 2, Chap. 2, §2. Une formule plus générale, mais beaucoup moins utile, peut se trouver dans Dieudonné, *Calcul infinitésimal*, IX.4.

Ceci fait, on peut revenir à (10.5.9), qui s'écrit aussi

(10.5.10) $\qquad \Gamma(s) = \pi^{-1/2} 2^{s-1} \Gamma(s/2) \Gamma\left[(s+1)/2\right],$

et constater que la fonction $f(s) = 2^s \Gamma(s/2) \Gamma\left[(s+1)/2\right]$ vérifie les hypothèses de Wielandt, ce qui est immédiat. On a donc $f(s) = f(1)\Gamma(s) = 2\pi^{1/2}\Gamma(s)$, d'où la formule. Voir aussi le Chap. XII, n° 1.

(ii) *Transformée de Fourier de* $e^{-x}x_+^{s-1}$. Pour montrer que (10.4) reste valable pour $\mathrm{Re}(w) > 0$, il suffit – prolongement analytique – de vérifier que les deux membres sont des fonctions holomorphes de w dans ce demi-plan. C'est le cas du second membre si l'on pose

(10.6) $\qquad w^{-s} = \exp\left[-sL(w)\right] = |w|^{-s} e^{-is\,\mathrm{Arg}(w)}$

où $L(w) = \log|w| + i\,\mathrm{Arg}(w)$ est une branche uniforme de la pseudo-fonction $\mathcal{L}og(w)$ dans $\mathrm{Re}(w) > 0$ (§ 2, n° 4, (i)) ; comme on désire retrouver la fonction usuelle pour w réel > 0, il faut choisir

$$|\mathrm{Arg}(w)| < \pi/2.$$

Quant à la fonction (3), on peut lui appliquer le théorème 9 relatif aux intégrales dépendant holomorphiquement d'un paramètre ; la seule condition non évidente est l'existence pour tout compact $H \subset \{\mathrm{Re}(w) > 0\}$ d'une fonction $p_H(t) \in L^1(\mathbb{R}_+)$ telle que l'on ait

$$\left|\exp(-wt)t^{s-1}\right| \leq |p_H(t)|$$

quels que soient $w \in H$ et $t > 0$. Mais dans un ouvert U, la distance d'un compact à la frontière de U est > 0. H est donc contenu dans un demi-plan $\mathrm{Re}(w) \geq a$ avec $a > 0$; on a alors

$$\left|\exp(-wt)t^{s-1}\right| \leq \exp(-at)t^{\mathrm{Re}(s)-1} = p_H(t),$$

fonction intégrable puisque $a > 0$ et $\mathrm{Re}(s) > 0$, cqfd.

On peut maintenant justifier (1). Puisque l'on a, d'après (3) et (4),

$$\hat{\varphi}(y) = \Gamma(s)w^{-s} = \Gamma(s)\left[2\pi i(y-a)\right]^{-s} \quad \text{pour } \mathrm{Re}(s) > 0,$$

cette fonction est, à l'infini, de l'ordre de grandeur de y^{-s} ; elle est donc intégrable sur $\mathbb{R}$ si $\mathrm{Re}(s) > 1$, et comme c'est aussi le cas de

$$\varphi(x) = \mathbf{e}(ax)x_+^{s-1}$$

qui, au surplus, est alors continue partout y compris en $x = 0$, la formule d'inversion de Fourier montre que l'on a

86   VIII – La Théorie de Cauchy

(10.7) $\qquad \Gamma(s) \int [2\pi i(y-a)]^{-s} \mathbf{e}(xy)dy = x_+^{s-1}\mathbf{e}(ax)$

pour $\mathrm{Re}(s) > 1$ et $\mathrm{Im}(a) > 0$, à condition de convenir que $|\mathrm{Arg}(w)| < \pi/2$; en choisissant

$$-\pi < \mathrm{Arg}(y-a) < 0 \quad \text{et} \quad \mathrm{Arg}(2\pi i) = \pi/2,$$

on a $\mathrm{Arg}(w) = \mathrm{Arg}[2\pi i(y-a)] = \mathrm{Arg}(2\pi i) + \mathrm{Arg}(y-a)$, d'où

$$[2\pi i(y-a)]^{-s} = (2\pi i)^{-s}(y-a)^{-s} = (y-a)^{-s}/(2\pi i)^{s}$$

et (7) s'écrit

(10.8) $\qquad \displaystyle\int (y-a)^{-s}\mathbf{e}(xy)dy = \frac{(2\pi i)^s}{\Gamma(s)} x_+^{s-1}\mathbf{e}(ax)$ pour $\mathrm{Im}(a) > 0$, $\mathrm{Re}(s) > 1$;

c'est la formule qui généralise (8.15). On trouverait de même

(10.8') $\qquad \displaystyle\int (y+a)^{-s}\mathbf{e}(-xy)dy = \frac{(-2\pi i)^s}{\Gamma(s)} x_+^{s-1}\mathbf{e}(ax)$ pour $\mathrm{Im}(a) > 0$

où l'on doit prendre $0 < \mathrm{Arg}(y+a) < \pi$ et $\mathrm{Arg}(-2\pi i) = -\pi/2$.

En remplaçant a par z et en appliquant la formule sommatoire de Poisson (Chap. VII, n° 23), on trouve

(10.9) $\displaystyle\sum \frac{1}{(z+n)^s} = \frac{(-2\pi i)^s}{\Gamma(s)} \sum_{n \geq 1} n^{s-1} \exp(2\pi i n z)$ pour $\mathrm{Im}(z) > 0$

et $\mathrm{Re}(s) > 1$, résultat qui généralise (8.16) Le lecteur n'oubliera pas de vérifier les hypothèses dans lesquelles la formule de Poisson s'applique à une fonction f : celle-ci est continue et les séries $\sum f(x+n)$ et $\sum \hat{f}(y+n)$ convergent normalement sur tout compact.

(iii) *L'intégrale de Hankel.* Pour $x > 0$ et $a = i$, on peut encore écrire (8) sous la forme

$$2\pi i/\Gamma(s) = \int \frac{e^{2\pi i x(y-i)}}{[2\pi i x(y-i)]^s} 2\pi i x dy, \quad \mathrm{Re}(s) > 1 \,.$$

Si l'on pose $2\pi i x(y-i) = z$, on obtient une intégrale prise le long de la verticale $\mathrm{Re}(z) = 2\pi x = a > 0$; comme $dz = 2\pi i x dy$, on trouve finalement que

(10.10) $\qquad 2\pi i/\Gamma(s) = \displaystyle\int_{\mathrm{Re}(z)=a>0} e^z z^{-s} dz\,, \quad \mathrm{Re}(s) > 1\,.$

Cela dit, et la fonction z^{-s} étant définie dans $U = \mathbb{C} - \mathbb{R}_-$ par

(10.11) $\qquad z^{-s} = |z|^{-s} \exp\left[-is\,\mathrm{Arg}(z)\right]$ avec $|\mathrm{Arg}(z)| < \pi$,

l'intégrale (10) porte sur une fonction holomorphe dans U. Nous allons montrer qu'en déformant le contour d'intégration, on peut obtenir une formule valable pour tout $s \in \mathbb{C}$, ce qui n'est pas le cas de (10) puisque l'intégrale diverge pour $\mathrm{Re}(s) \leq 1$. On utilise le chemin ci-dessous, le long duquel l'in-

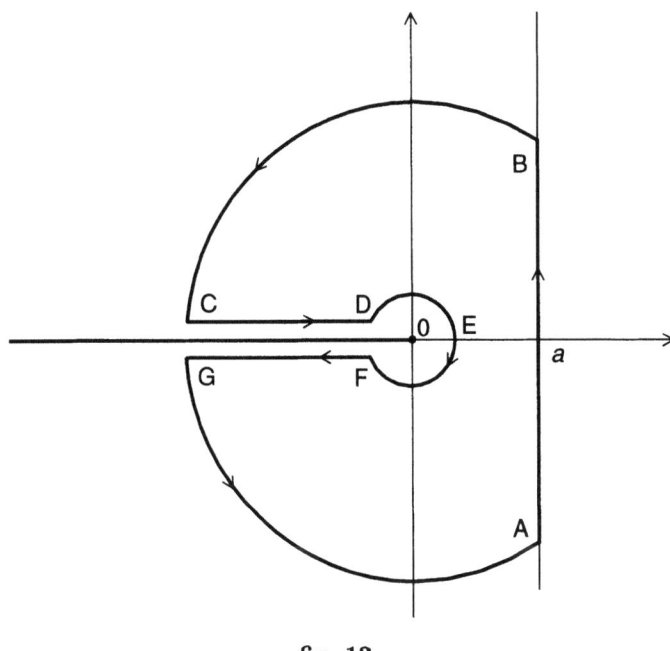

fig. 12.

tégrale est nulle, et l'on note r et R les rayons des deux arcs de cercle. D'après (11), on a $|z^{-s}| \asymp |z|^{-\mathrm{Re}(s)}$ dans $U = \mathbb{C} - \mathbb{R}_-$ et en particulier pour $|z|$ petit ou grand. Comme, au surplus,

$$|e^z| = e^{\mathrm{Re}(z)} \leq e^a$$

sur le contour d'intégration, la contribution des grands arcs à l'intégrale est $O(R^{1-\mathrm{Re}(s)})$, donc tend vers 0 puisque $\mathrm{Re}(s) > 1$. La contribution du petit arc de cercle est $O(r^{1-\mathrm{Re}(s)})$ pour la même raison, mais cela ne permet pas de montrer qu'elle tend vers 0 avec r ; comme toujours, on est obligé de choisir entre la convergence à l'infini et la convergence en 0 ...

Lorsque R augmente indéfiniment, l'intégrale le long de AB tend vers l'intégrale (10) de départ et les intégrales sur les grands arcs de cercle tendent vers 0. Compte-tenu des sens d'intégration, on trouve donc

(10.12) $\quad 2\pi i / \Gamma(s) = \int_{-\infty}^{(0+)} e^z z^{-s} dz \qquad$ (Formule de Hankel)

où la notation, traditionnelle chez les spécialistes de fonctions spéciales[49], désigne le chemin $GFEDC$ prolongé à l'infini sur les deux bords de la *coupure* du plan le long de l'axe réel négatif. L'emploi de ce terme, lui aussi traditionnel, suggère que si des points situés au-dessus et au-dessous de $\mathbb{R}_-$ sont "infiniment voisins" dans $\mathbb{C}$, ils n'ont, du point de vue des valeurs de z^{-s}, aucun rapport de voisinage en raison du fait que, lorsqu'on passe du demi-plan inférieur au demi-plan supérieur en franchissant $\mathbb{R}_-$, l'argument de z^{-s} passe de $-\pi i s$ à $+\pi i s$. De toute façon, si l'on munit $U = \mathbb{C} - \mathbb{R}_-$ de la topologie de $\mathbb{C}$, une suite de points telle que $a_n = -1 + i/n$, qui converge dans $\mathbb{C}$, ne converge pas *dans* U, non plus que la suite $b_n = -1 - i/n$; en dépit des apparences, celle-ci n'est, dans la topologie de U, en aucune façon "voisine" de la précédente.

Si l'on voulait expliquer tout cela en termes modérément plus "modernes" que W&W, on pourrait considérer dans $\mathbb{C}^2$ le graphe S de la correspondance $\zeta = \mathcal{L}og\, z = \log|z| + i\,\mathcal{A}rg(z)$, i.e. l'ensemble des couples $(z,\zeta) \in \mathbb{C}^2$ tels que $\exp(\zeta) = z$. C'est, et pour cause, une surface hélicoïdale analogue à celle que nous avons décrite au Chapitre IV, §4 à propos de la pseudo-fonction $\mathcal{A}rg(z)$ et sur laquelle on peut définir sans ambiguïté une vraie fonction z^{-s}, à savoir $(z,\zeta) \mapsto \exp(-s\zeta)$. Ce graphe est connexe, mais cesse de l'être si l'on en supprime les points pour lesquels $z \in \mathbb{R}_-$, le choix d'une branche uniforme de z^{-s} dans $\mathbb{C} - \mathbb{R}_-$ revenant à choisir l'une des composantes connexes de S privé de ces points. Une telle composante est homéomorphe à $\mathbb{C} - \mathbb{R}_-$ par la projection $(z,\zeta) \mapsto z$, mais il est clair que ses deux "bords", qui se projettent sur $\mathbb{R}_-$, ne sont aucunement voisins l'un de l'autre dans la topologie de $\mathbb{C}^2$ puisqu'ils se déduisent l'un de l'autre par la translation $(z,\zeta) \mapsto (z, \zeta + 2\pi i)$. Ce genre de difficulté intervient dans le calcul d'innombrables intégrales où figurent des fonctions qui, prolongées analytiquement, sont "multiformes" dans $\mathbb{C}$, par exemple l'intégrale de $(4x^3 - g_2 x - g_3)^{1/2}$ qui intervient en théorie des fonctions elliptiques, cas le plus simple d'une intégrale de fonction algébrique, ou bien des intégrales impliquant la fonction $\log x$, etc.

Pour en revenir à la formule de Hankel, la forme exacte du contour d'intégration n'a aucune importance, et il suffirait d'intégrer sur n'importe quel chemin qui soit homotope dans $\mathbb{C} - \mathbb{R}_-$, et non pas seulement dans $\mathbb{C}$, à la verticale $\mathrm{Re}(z) = a > 0$, par exemple la courbe qu'un métallo obtiendrait en pliant un fil de fer rectiligne de longueur infinie autour d'une infranchissable barrière érigée le long de $\mathbb{R}_-$. L'intérêt de l'intégrale (12) est qu'*elle a un sens quel que soit* $s \in \mathbb{C}$, car lorsque $\mathrm{Re}(z)$ tend vers $-\infty$, la fonction e^z tend vers 0 assez rapidement pour neutraliser toutes les fonctions puissances par

---

[49] Voir notamment Whittaker et Watson, *A Course of Modern Analysis*, Cambridge UP, 1902.

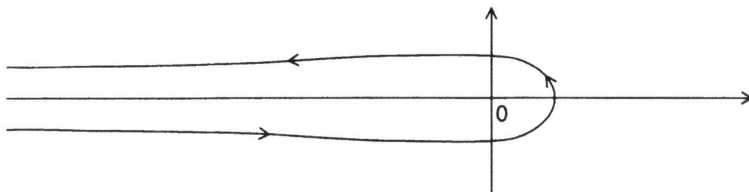

fig. 13.

lesquelles on la multiplie. Il n'est pas difficile de vérifier, à l'aide du théorème 8, que le second membre de (12) est une fonction holomorphe de s et représente donc bien le premier membre dans $\mathbb{C}$ tout entier.

On pourrait remplacer $\mathbb{R}_-$ par n'importe quelle demi-droite d'origine 0 située dans le demi-plan $\operatorname{Re}(z) < 0$, à condition de définir en conséquence la branche uniforme choisie de z^{-s}; lorsqu'on s'éloigne à l'infini le long d'une telle coupure (et non pas au hasard dans $\mathbb{C}$), on a $|e^z| = e^{\operatorname{Re}(z)}$ avec $\operatorname{Re}(z) \asymp -|z|$, de sorte que le facteur e^z tend vers 0 suffisamment vite pour rendre l'intégrale convergente quel que soit s.

Tant qu'à exposer des mathématiques ex-modernes, montrons comment, en intégrant le long du chemin $GFEDC$ prolongé à l'infini, on peut retrouver la relation $\Gamma(s)\Gamma(1-s) = \pi/\sin \pi s$. Si les ordonnées des droites GF et DC sont $-\varepsilon$ et $+\varepsilon$, d'où $z = -t \pm i\varepsilon$ avec $t > 0$, on a approximativement $z^{-s} = t^{-s}\exp(-i\pi s)$ sur GF et $z^{-s} = t^{-s}\exp(i\pi s)$ sur DC; compte-tenu des sens de parcours, on a donc

$$\int_{GF} + \int_{DC} = -e^{-\pi i s}\int_r^{+\infty} t^{-s}e^{-t}dt + e^{\pi i s}\int_r^{+\infty} t^{-s}e^{-t}dt.$$

La relation (10) utilisée plus haut pour montrer que la contribution des grands arcs de cercle tend vers 0 si $\operatorname{Re}(s) > 1$ montre aussi bien que celle du petit arc FED tend vers 0 si $\operatorname{Re}(s) < 1$; dans ce cas, on peut faire tendre r vers 0. A la limite, l'intégrale de Hankel devient

$$2\pi i/\Gamma(s) = 2i\sin \pi s \int_0^{+\infty} e^{-t}t^{-s}dt = 2i\sin \pi s . \Gamma(1-s),$$

d'où la formule des compléments pour $\operatorname{Re}(s) < 1$ et donc dans tout $\mathbb{C}$ par prolongement analytique.

11 – Le problème de Dirichlet pour le demi-plan

A partir des calculs du n° précédent, on peut transposer aux fonctions définies sur $\mathbb{R}$ la méthode de résolution du problème de Dirichlet[50] exposée

---
[50] Rappelons que, d'une manière générale, celui-ci consiste à construire dans un ouvert une fonction harmonique dont les valeurs à la frontière sont données.

au Chapitre VII, §5 pour les fonctions sur le cercle $\mathbb{T}$. On pourrait se passer de la transformation de Fourier et introduire d'emblée la transformée de Poisson (11.3), mais comme je l'ai expliqué dans la Préface au vol. I, mon but n'est pas nécessairement de fournir au lecteur les voies les plus directes vers les résultats intéressants. En fait, introduire la transformation de Fourier dans cette situation très particulière n'est ni plus ni moins artificiel que d'utiliser les séries de Fourier dans le cas du disque unité; on exploite la présence d'un groupe : le groupe des rotations autour de 0 dans le cas du disque, le groupe des translations horizontales dans le cas du demi-plan. On pourrait du reste étendre la méthode aux équations de propagation de la chaleur ou des ondes

$$du/dt = \Delta u, \quad d^2u/dt^2 = \Delta u$$

où $u(t,x)$ est une fonction dans $\mathbb{R}_+ \times \mathbb{R}^n$ prenant (ainsi que sa dérivée partielle du/dt dans le second cas) des valeurs données pour $t = 0$. Le lecteur pourra déjà s'exercer sur le cas où $n = 1$, l'idée de base étant celle que Fourier a utilisée pour passer de l'équation de la chaleur sur le cercle unité à ses séries : déterminer les solutions " simples " de la forme $f(t)g(x)$, puis tenter d'exprimer la solution générale comme une " somme continue " de telles solutions; le calcul, facile pour la première équation, l'est moins pour la seconde.

Aux notations près, on a montré au n° précédent que la transformée de Fourier de la fonction

$$\varphi(t) = t_+^{s-1}\mathbf{e}(zt), \quad \mathrm{Im}(z) > 0, \mathrm{Re}(s) > 0,$$

est

$$\hat{\varphi}(u) = \Gamma(s)\left[2\pi i(u-z)\right]^{-s}.$$

On sait d'autre part (Chap. VII, §6, n° 30) que si $f, g \in L^1(\mathbb{R})$, on a

(*) $$\int f(t)\hat{g}(t)dt = \int \hat{f}(u)g(u)du;$$

cette formule s'obtient en calculant de deux façons l'intégrale double

$$\iint f(t)g(u)\mathbf{e}(-tu)dtdu,$$

la démonstration la plus facile consistant à appliquer le (vrai) théorème de Lebesgue-Fubini; on pourrait aussi, grâce à quelques acrobaties, se borner

---

Les cas du disque unité ou du demi-plan ne peuvent donner une idée de la difficulté du problème général dans $\mathbb{C}$, encore moins dans $\mathbb{R}^n$ – sans parler des généralisations aux EDP elliptiques.

§ 3. Quelques applications de la méthode de Cauchy

à la version démontrée au Chapitre V, n° 33 pour les fonctions sci (séparer les parties réelles et imaginaires des fonctions en cause), mais cela n'en vaut pas la peine.

En choisissant[51] $g = \varphi$, on voit donc que, pour toute $f \in L^1(\mathbb{R})$, on a

$$(11.1) \quad \int_0^{+\infty} \hat{f}(u) u^{s-1} \mathbf{e}(zu) du = \Gamma(s) \int_{\mathbb{R}} f(t) \left[2\pi i (t-z)\right]^{-s} dt$$

pour $\mathrm{Re}(s) > 0$ et $\mathrm{Im}(z) > 0$ puisque ces conditions impliquent $g \in L^1(\mathbb{R})$. Quoi qu'il en soit, le cas $s = 1$ montre que pour toute $f \in L^1(\mathbb{R})$, on a[52]

$$(11.2') \quad \int_0^{+\infty} \hat{f}(u) \mathbf{e}(zu) du = \frac{1}{2\pi i} \int_{\mathbb{R}} \frac{f(t)}{t-z} dt = F^+(z) \quad \text{pour} \quad \mathrm{Im}(z) > 0,$$

où F^+ est définie et holomorphe pour $\mathrm{Im}(z) > 0$; l'analogie de ce résultat avec la formule intégrale de Cauchy n'échappera à personne, mais elle est trompeuse : $F^+(z)$ n'est pas une fonction holomorphe se réduisant à f sur $\mathbb{R}$. Si l'on applique cette formule à $f(-t)$, fonction dont la transformée de Fourier est $\hat{f}(-u)$, et si l'on remplace z par $-z$, on trouve de même

$$(11.2'') \quad \int_{-\infty}^{0} \hat{f}(u) \mathbf{e}(zu) du = -\frac{1}{2\pi i} \int \frac{f(t)}{t-z} dt = -F^-(z) \quad \text{pour} \quad \mathrm{Im}(z) < 0$$

où F^- est définie et holomorphe pour $\mathrm{Im}(z) < 0$. On est ainsi conduit à associer à toute fonction f *intégrable sur* $\mathbb{R}$ la fonction[53]

$$(11.3) \quad F(z) = \frac{1}{2\pi i} \int \frac{f(t) dt}{t-z} = \begin{cases} \int_0^{+\infty} \hat{f}(u) \mathbf{e}(zu) du & \text{si } \mathrm{Im}(z) > 0 \\ -\int_{-\infty}^{0} \hat{f}(u) \mathbf{e}(zu) du & \text{si } \mathrm{Im}(z) < 0 \end{cases}$$

---

[51] Le lecteur observera sans doute que φ n'est une fonction réglée sur $\mathbb{R}$ que si $\mathrm{Re}(s) > 1$ ou $s = 1$ puisque le facteur x_+^{s-1} est non borné au voisinage de 0 pour $\mathrm{Re}(s) < 1$ ou, pour $\mathrm{Re}(s) = 1$, $s \neq 1$, ne tend vers aucune limite lorsque $x \longrightarrow +0$. Toutes ces difficultés disparaissent en théorie de Lebesgue.

[52] On pourrait obtenir directement (2') en calculant la transformée de Fourier de la fonction égale à $\mathbf{e}(\zeta y)$ pour $y > 0$ et à 0 sinon, et en appliquant la formule générale (*).

[53] On pourrait remplacer $f(t) dt$ par une mesure $d\mu(t)$ de masse totale finie, et c'est précisément en étudiant ce genre de fonctions que Stieltjes a été conduit à définir ses intégrales. Exemple : on écrit l'ensemble des nombres rationnels sous la forme d'une suite (u_n) et on choisit la mesure μ donnée par $\int f(t) d\mu(t) = \sum f(u_n)/n^2$ pour f continue à support compact. Le comportement au voisinage de l'axe réel de la fonction

$$F(z) = \sum 1/n^2(u_n - z)$$

correspondante n'est pas évident.

analogue à la transformée de Poisson P_f introduite au Chapitre VII, § 5 dans le cas du disque unité [voir en particulier la formule (21.7)]. Elle est holomorphe en dehors de l'axe réel et se décompose en les deux fonctions F^+ et F^- dans les demi-plans supérieur et inférieur H^+ et H^-. Ces fonctions étant données par les intégrales de Fourier qui figurent dans (3), elles se prolongent par continuité aux demi-plans fermés $\text{Im}(z) \geq 0$ et $\text{Im}(z) \leq 0$ à condition que les intégrales convergent pour z réel, ce qui suppose $f \in F^1(\mathbb{R})$ puisqu'on a déjà supposé f intégrable. Il est en général impossible de passer de l'une à l'autre par prolongement analytique car, on va le voir, leurs valeurs limites sur l'axe réel ne coïncident pas. Il faut toutefois observer que, si z n'appartient pas au support S de f, le premier membre de (3) garde un sens au voisinage de z, de sorte que si l'ouvert $\mathbb{R} - S$ de $\mathbb{R}$ est non vide, (3) définit une fonction holomorphe dans l'ouvert *connexe* $H^+ \cup H^- \cup (\mathbb{R} - S)$ de $\mathbb{C}$; dans cette hypothèse, le prolongement analytique est possible à travers $\mathbb{R} - S$, ce qui n'empêche pas la fonction obtenue de subir une discontinuité à travers S.

Posons

$$(11.4) \quad u_f(x,y) = F^+(z) - F^-(\bar{z}) = \frac{1}{2\pi i} \int \left(\frac{1}{t-z} - \frac{1}{t-\bar{z}} \right) f(t) dt =$$
$$= \frac{1}{\pi} \int \frac{y}{|t-z|^2} f(t) dt$$

où l'on intègre sur $\mathbb{R}$, comme toujours lorsqu'on ne précise pas. (2') et (2'') montrent que[54]

$$(11.5) \quad u_f(x,y) = \int_0^{+\infty} \hat{f}(u) \exp(-2\pi u y) \mathbf{e}(ux) du +$$
$$+ \int_{-\infty}^0 \hat{f}(u) \exp(+2\pi u y) \mathbf{e}(ux) du =$$
$$= \int \mathbf{e}(xu) \exp(-2\pi y|u|) \hat{f}(u) du ;$$

lorsque y tend vers $+0$, la fonction $\exp(-2\pi y|u|)$ converge vers 1 uniformément sur tout compact en restant ≤ 1 ; la version la plus élémentaire du théorème de convergence dominée montre donc que

$$(11.6) \quad \lim_{y \to +0} \left[F^+(x+iy) - F^-(x-iy) \right] =$$
$$= \lim_{y \to +0} u_f = \int \mathbf{e}(xu) \hat{f}(u) du = f(x)$$

si $f \in F^1(\mathbb{R})$, ce qui explique l'impossibilité de "recoller" F^+ et F^- en une seule fonction holomorphe dans $\mathbb{C}$.

---

[54] Ces calculs ont déjà été utilisés au Chapitre VII, § 6, n° 30 pour établir la formule d'inversion de Fourier (Théorème 26).

§ 3. Quelques applications de la méthode de Cauchy   93

Contrairement à (3), la définition

(11.7) $$u_f(x,y) = \frac{1}{\pi} \int \frac{y}{(t-x)^2 + y^2} f(t) dt$$

conserve un sens pour $y > 0$ pour peu que f soit *bornée sur* $\mathbb{R}$; à défaut de pouvoir définir la transformée de Poisson $F = P_f$, on peut donc dans ce cas définir u_f dans le demi-plan supérieur ; cette fonction est harmonique, car la relation

$$u_f(x,y) = \lim_{n=+\infty} \frac{1}{2\pi i} \int_{-n}^{n} \left(\frac{1}{t-z} - \frac{1}{t-\bar{z}}\right) f(t) dt = \lim_{n=+\infty} (F_n(z) + F_n(\bar{z}))$$

montre que, dans le demi-plan supérieur H^+, u_f est limite uniforme sur tout compact (exercice) de fonctions harmoniques, donc est harmonique[55] (Chapitre VII, § 5, n° 25, Théorème 21). La relation (6), i.e.

(11.6') $$\lim u_f(x,y) = f(x),$$

obtenue en supposant $f \in F^1(\mathbb{R})$, s'applique en fait à toute fonction f *continue et bornée* sur $\mathbb{R}$. Posons en effet

(11.8) $$P_y(t) = \frac{y}{\pi(t^2 + y^2)} = y^{-1} P(t/y) \text{ où } P(t) = \frac{1}{\pi(t^2 + 1)}$$

pour $t \in \mathbb{R}$ et $y > 0$. Lorsque $y \longrightarrow +0$ et à la non dénombrabilité près, ces fonctions forment une suite de Dirac sur $\mathbb{R}$ au sens du Chapitre V, § 8, n° 27 : elles sont continues, positives, d'intégrale totale 1 et, pour tout $r > 0$, l'intégrale

$$\int_{|t|>r} P_y(t) dt = 2 \int_r^{+\infty} y^{-1} P(t/y) dt = \frac{2}{\pi} \int_{r/y}^{+\infty} \frac{dt}{t^2 + 1}$$

tend vers 0 avec y. En raisonnant comme au Chapitre V, on en déduit immédiatement (6') pour f continue et bornée et même

(11.6'') $$\lim u_f(x,y) = \frac{1}{2}[f(x+0) + f(x-0)]$$

pour f réglée et bornée sur $\mathbb{R}$.

La fonction u_f est elle-même continue et bornée dans le demi-plan fermé $\text{Im}(z) > 0$ si f est continue et bornée sur $\mathbb{R}$. Puisque $P_y(t)$ est une fonction paire de t, on a en effet

(11.9) $$u_f(x,y) = \int P(x-t,y) f(t) dt = \int P_y(u) f(x-u) du,$$

---

[55] On peut aussi observer que $1/(t-z) - 1/(t-\bar{z})$ est, au facteur i près, la partie imaginaire de la fonction holomorphe $1/(t-z)$, donc est harmonique quel que soit $t \in \mathbb{R}$, et calculer le laplacien de u_f en dérivant sous le signe $\int$.

produit de convolution sur $\mathbb{R}$, ce qui, puisque $\int P_y(u)du = 1$, prouve que

(11.10) $$|u_f(x,y)| \leq \|f\|,$$

norme uniforme sur $\mathbb{R}$. Pour tout $a \in \mathbb{R}$, on a d'autre part

$$|u_f(x,y) - f(a)| \leq \int P_y(u) |f(x-u) - f(a)|\, du\,;$$

pour tout $r > 0$, l'intégrale étendue à $\{|u| \geq r\}$ est, au facteur $2\|f\|$ près, majorée par celle de P_y étendue au même ensemble, donc est $\leq \varepsilon$ quel que soit x pour y assez petit comme on l'a vu plus haut. Dans l'intervalle $|u| \leq r$, on a $|x - u - a| \leq |x - a| + r$, d'où $|f(x-u) - f(a)| \leq \varepsilon$ quel que soit u dans cet intervalle pourvu que $|x - a|$ et r soient assez petits; cette intégrale est donc $\leq \varepsilon$ puisque l'intégrale totale de P_y vaut 1. Finalement, on a $|u_f(x,y) - f(a)| \leq 2\varepsilon$ pour y et $|x-a|$ assez petits, cqfd.

Exercice. Si $f(x)$ est uniformément continue sur $\mathbb{R}$, la fonction $x \mapsto u_f(x,y)$ converge uniformément sur $\mathbb{R}$ vers $f(x)$ quand $y \longrightarrow +0$.

Pour le demi-plan et les fonctions continues et bornées sur $\mathbb{R}$, la fonction u_f résoud donc le problème de Dirichlet : trouver, dans un ouvert G, une fonction harmonique dont les valeurs à la frontière sont données. Plus exactement, c'en est l'une des solutions possibles, car toute fonction de la forme $u_f(x,y) + ay$, où a est une constante, est encore une solution du problème. Il y a unicité dans le cas du disque unité D traité au Chapitre VII, § 5 (Théorème 22) parce que, si une fonction continue dans le disque *fermé* et harmonique à l'intérieur est nulle sur la frontière, un argument de compacité et le principe du maximum montrent qu'elle est identiquement nulle. Mais le demi-plan n'est pas compact. En fait, l'application

$$z \longmapsto \zeta = (z-i)/(z+i),$$

est une représentation conforme du demi-plan $\operatorname{Im}(z) > 0$ sur le disque unité $D : |\zeta| < 1$; elle transforme donc toute fonction holomorphe (resp. harmonique) dans le premier en une fonction holomorphe (resp. harmonique) dans le second. L'axe réel $y = 0$ est appliqué homéomorphiquement sur la frontière $|\zeta| = 1$ *privée du point* 1, lequel s'obtiendrait en faisant tendre z vers l'infini. Pour les fonctions $f(x)$ continues sur $\mathbb{R}$, le problème de Dirichlet pour le demi-plan, traduit dans le langage du disque unité, revient donc à trouver une fonction continue dans $\overline{D} - \{1\}$, harmonique dans D et dont les valeurs sont données sur $\mathbb{T} - \{1\}$, ce qui autorise tous les comportements au voisinage du point 1. On calcule du reste facilement que

$$y = \operatorname{Im}(z) = (1 - |\zeta|^2)/|1 - \zeta|^2$$

est la fonction de Poisson du disque; elle est harmonique dans D, continue dans $\overline{D} - \{1\}$ et nulle sur $\mathbb{T} - \{1\}$, mais prend toutes les valeurs positives dans tout voisinage du point 1, de sorte qu'elle ne contredit pas le principe de Dirichlet pour le disque unité ...

Pour f intégrable, on peut introduire, outre la fonction
$$u_f(x,y) = F^+(z) - F^-(\bar{z}),$$
la fonction
(11.11) $$v_f(x,y) = -i\left[F^+(z) + F^-(\bar{z})\right];$$

si f est réelle, on a visiblement $F^-(\bar{z}) = -\overline{F^+(z)}$, de sorte que u_f et v_f sont, au facteur 2 près, les parties réelle et imaginaire de $F^+(z)$ dans le demi-plan supérieur. En modifiant les calculs conduisant à (4) et (5), on voit que

(11.12) $$v_f(x,y) = \frac{1}{\pi}\int \frac{t-x}{(t-x)^2+y^2}f(t)dt = \frac{1}{\pi}\int \frac{t}{t^2+y^2}f(x+t)dt$$
$$= -i\int \mathbf{e}(xu)\mathrm{sgn}(u)\exp(-2\pi y|u|)\hat{f}(u)du,$$

Examinons le comportement limite de cette fonction quand $y > 0$ tend vers 0, mais en supposant maintenant $f \in F^1(\mathbb{R})$. On peut alors passer à la limite sous le signe $\int$ dans l'intégrale de Fourier comme on l'a fait plus haut pour u_f, d'où

(11.13) $$\lim_{y=0+} v_f(x,y) = -i\int \mathbf{e}(xu)\mathrm{sgn}(u)\hat{f}(u)du.$$

Considérons maintenant la première intégrale (12), qui pour $x = 0$ s'écrit encore
$$\pi v_f(0,y) = \int \frac{t}{t^2+y^2}f(t)dt = \int_0^{+\infty} \frac{t^2}{t^2+y^2}g(t)dt/t$$

où $g(t) = f(t) - f(-t)$. Si f est dérivable à l'origine, on a
$$f(t) = f(0) + f'(0)t + o(t), \quad f(-t) = f(0) - f'(0)t + o(t)$$

et donc $g(t) = 2f'(0)t + o(t)$; la fonction $g(t)/t$ est donc intégrable au voisinage de 0, de même qu'à l'infini comme f. Lorsque y tend vers 0, la fonction $t^2/(t^2+y^2)$ tend vers 1 en restant toujours ≤ 1. On peut donc, à nouveau, appliquer la version élémentaire du théorème de convergence dominée, ce qui montre que
$$\lim \pi v_f(0,y) = \int_{t>0} g(t)dt/t = \lim_{r=0}\int_{|t|>r} f(t)dt/t.$$

On pose traditionnellement

(11.14) $$\text{v.p.} \int_{-\infty}^{+\infty} f(t)dt/t = \lim_{r=0} \int_{|t|>r} f(t)dt/t,$$

valeur principale de Cauchy, pour toute fonction intégrable sur $\mathbb{R}$ et, condition essentielle, dérivable à l'origine. On obtient donc finalement la formule

(11.15) $$\text{v.p.} \int f(t)dt/t = -\pi i \int \text{sgn}(u)\hat{f}(u)du,$$

valable au minimum dans les conditions suivantes : f est dérivable à l'origine et appartient à $F^1(\mathbb{R})$.

C'est notamment le cas si $f \in \mathcal{S}(\mathbb{R})$, l'espace de Schwartz ; il est immédiat de vérifier que, comme fonction de f, le premier membre $T(f)$ est une distribution tempérée (Chapitre VII, § 6, n° 32), que d'aucuns notent v.p.$1/t$; on a en effet

$$|T(f)| \leq \pi \int \left|\hat{f}(u)\right| du = \pi \int \left|\hat{f}(u)\left(1 + 4\pi^2 u^2\right)\right| . \left(1 + 4\pi^2 u^2\right)^{-1} du \leq$$
$$\leq \sup \left|\hat{f}(u)\left(1 + 4\pi^2 u^2\right)\right| ;$$

or $(1 + 4\pi^2 u^2)\hat{f}(u)$ est la transformée de Fourier de $f(t) - f''(t)$, donc est majorée quel que soit u par l'intégrale

$$\int |f(t) - f''(t)|\, dt = \int \left(1 + t^2\right) |f(t) - f''(t)| . \left(1 + t^2\right)^{-1} dt \leq$$
$$\leq \pi . \sup \left(1 + t^2\right) |f(t) - f''(t)| \leq$$
$$\leq \pi . \sup \left(1 + t^2\right) |f(t)| + \pi . \sup \left(1 + t^2\right) |f''(t)| \leq N_2(f)$$

à un facteur constant près et où, comme au Chapitre VII, § 6, eq. (32.3), on définit la topologie de $\mathcal{S}(\mathbb{R})$ par les semi-normes

$$N_r(f) = \sum_{p,q \leq r} \sup \left|t^p f^{(q)}(t)\right|.$$

Ceci prouve la continuité de $f \mapsto T(f)$ dans la topologie de $\mathcal{S}(\mathbb{R})$.

La transformée de Fourier de la distribution tempérée T est, par définition, la distibution $\hat{T}(f) = T(\hat{f})$; la formule obtenue signifie donc que *la transformée de Fourier de la distribution* v.p.$1/t$ *est la distribution* $-\pi i.\text{sgn}(u)$, qui est en fait une fonction car, en théorie des distributions, on identifie toujours une fonction $\varphi(u)$ et la distribution $f \mapsto \int f(u)\varphi(u)du$. Inversement, la transformée de Fourier de la fonction $-\pi i.\text{sgn}(u)$, transformée de Fourier qui n'a aucun sens dans la théorie classique puisque la fonction $\text{sgn}(u)$ n'est pas intégrable, est *v.p.*$1/t$. Cette théorie a donné lieu à des généralisations à plusieurs dimensions qui jouent un rôle important dans certains aspects de la théorie des équations aux dérivées partielles.

§ 3. Quelques applications de la méthode de Cauchy   97

Lorsque f est bornée sur $\mathbb{R}$ sans être intégrable, la fonction
$$F(z) = \frac{1}{2\pi i} \int \frac{f(t)dt}{t-z} = \lim F_n(z)$$
n'a en général aucun sens ; on peut certes définir $u_f(x,y)$ qui, si f est réelle, est au facteur 2 près la partie réelle de l'inexistante fonction $F(z)$; mais sa partie imaginaire est définie par une intégrale (12) divergente. Or si l'on dérive formellement par rapport à z l'intégrale qui devrait définir F, on obtient une fonction

(11.16) $\quad G(z) = \dfrac{1}{2\pi i} \int \dfrac{f(t)dt}{(t-z)^2} = \dfrac{1}{2\pi i} \int \dfrac{d}{dz}\left(\dfrac{1}{t-z}\right) f(t)dt, \quad \mathrm{Im}(z) \neq 0$

qui, elle, est définie et holomorphe pour $\mathrm{Im}(z) \neq 0$ et vérifie $G(z) = F'(z)$ lorsque F existe ; à défaut de pouvoir utiliser (3') pour définir la fonction F que nous cherchons, une primitive de G dans $\mathrm{Im}(z) > 0$ pourrait peut-être en tenir lieu. Pour simplifier, on supposera f réelle dans la suite de ce n°.

Établissons d'abord un résultat important qui aurait pu constituer un autre corollaire du Théorème 3 du n° 3 relatif à l'existence des primitives de fonctions holomorphes :

Théorème 10. *Dans un domaine simplement connexe, toute fonction harmonique réelle est la partie réelle d'une fonction holomorphe, unique à l'addition près d'une constante imaginaire pure.*

L'unicité est évidente. Soit u une fonction harmonique ; supposons qu'il existe une fonction holomorphe $f = u + iv$ telle que $u = \mathrm{Re}\, f$. On a
$$f' = D_1 u + i D_1 v \quad \text{et} \quad D_1 v = -D_2 u,$$
d'où $f' = D_1 u - i D_2 u$. Si inversement on part d'une fonction harmonique u, l'équation de Laplace exprime exactement que $D_1 u - i D_2 u$ est holomorphe ; or, dans un domaine simplement connexe G, cette fonction a une primitive

(**) $\quad\quad f(z) = \displaystyle\int_a^z [D_1 u(\zeta) - i D_2 u(\zeta)]\, d\zeta,$

où l'on intègre le long d'un chemin quelconque joignant un point fixe a au point z dans G. Si l'on pose $f = p + iq$, on a
$$f' = D_1 p - i D_2 p = D_1 u - i D_2 u,$$
de sorte que les dérivées de u et p sont identiques. On a donc $u = p + c$ où c est une constante réelle et la fonction $f(z) + c$ résoud le problème, cqfd.

Revenant à la construction d'une primitive de G, on voit qu'il existe une fonction F_1 holomorphe dans le demi-plan $H^+ : \mathrm{Im}(z) > 0$ telle que

(11.17) $$u_f(x,y) = F_1(z) + \overline{F_1(z)}.$$

Dérivons (17) par rapport à x; puisque, pour des fonctions holomorphes, dériver par rapport à x revient à dériver par rapport à z, on trouve

(11.18) $$F_1'(z) + \overline{F_1'(z)} = \frac{d}{dx}u_f(x,y) = \frac{1}{2\pi i}\frac{d}{dx}\int\left(\frac{1}{t-z} - \frac{1}{t-\bar{z}}\right)f(t)dt$$
$$= \frac{1}{2\pi i}\int\left(\frac{1}{(t-z)^2} - \frac{1}{\overline{(t-z)^2}}\right)f(t)dt = G(z) + \overline{G(z)}$$

à condition – application facile du Théorème 9 du n° 7 – de justifier la dérivation sous le signe $\int$ par rapport à x dans (7). Les fonctions holomorphes F_1' et G ayant les mêmes parties réelles, on a

$$G(z) = F_1'(z) + ia$$

où a est une constante réelle; la fonction

$$F^+(z) = F_1(z) + iaz$$

est donc une primitive de G dans $\operatorname{Im}(z) > 0$. Puisque a est réel, on a alors

$$F^+(z) + \overline{F^+(z)} = u_f(x,y) - 2ay.$$

En notant $F(z)$ la fonction égale à $F^+(z)$ pour $\operatorname{Im}(z) > 0$ et à $-\overline{F^+(z)}$ pour $\operatorname{Im}(z) < 0$, on obtient donc finalement le résultat suivant:

Théorème 11. *Pour toute fonction f continue et bornée sur $\mathbb{R}$, il existe une fonction F définie et holomorphe dans $\mathbb{C} - \mathbb{R}$ telle que l'on ait*

$$\lim_{y=0+}[F(x+iy) - F(x-iy)] = f(x) \quad \text{pour tout } x \in \mathbb{R}.$$

12 – La transformation de Fourier complexe

(i) *Généralités.* Si l'on a sur $\mathbb{R}$ une fonction que nous noterons $\hat{f}(t)$ pour des raisons qui apparaîtront plus loin, la fonction

(12.1) $$f(z) = \int \mathbf{e}(tz)\hat{f}(t)dt = \int \mathbf{e}(tx)\exp(-2\pi ty)\hat{f}(t)dt$$

est appelée la *transformée de Fourier complexe* (inverse ...) de $\hat{f}$; cela suppose que l'intégrale converge absolument pour un ensemble non vide de valeurs de z, ce qui exclut par exemple la fonction $\exp(\pi t^2)$. Cela exclut aussi les fonctions pour lesquelles (1) ne converge que pour z réel, par exemple les fonctions rationnelles, car dans ce contexte on espère que $f(z)$ est définie et holomorphe dans un ouvert de $\mathbb{C}$.

§ 3. Quelques applications de la méthode de Cauchy   99

Exercice 1. Montrer que, pour $\hat{f}(t) = \exp(-\pi t^2)$, l'intégrale converge quel que soit z et est égale à $\exp(-\pi z^2)$.

La formule

$$\int_0^{+\infty} t^{s-1} \mathbf{e}(zt) dt = \Gamma(s)(-2\pi i z)^{-s}, \quad \operatorname{Re}(s) > 0, \ \operatorname{Im}(z) > 0,$$

qui traduit dans des notations différentes les relations (10.2) à (10.4), en est un autre exemple ; la fonction $\hat{f}$ est ici t_+^{s-1}.

Comme on a $|\mathbf{e}(tz)| = \exp(-2\pi t y)$ et

$$\exp(y) \leq \exp(a') + \exp(b') \quad \text{si } a' \leq y \leq b',$$

on voit que si (1) converge absolument pour $y = a'$ et $y = b' > a'$, elle converge pour $a' \leq y \leq b'$. L'ensemble des valeurs de y telles que

(12.2) $$\int \left|\hat{f}(t)\right| \exp(-2\pi t y) dt < +\infty$$

est donc un intervalle $I = (a,b)$ de nature a priori quelconque ; $f(z)$ est définie dans la bande horizontale $B: y \in I$. Pour tout intervalle *compact* $I' = [a', b'] \subset I$, la fonction que l'on intègre est dominée dans la bande fermée $\operatorname{Im}(z) \in I'$ par la fonction intégrable[56] $|f(t)|(e^{-2\pi a' t} + e^{-2\pi b' t})$ puisque $a', b' \in I$. Autrement dit, l'intégrale (1) converge *normalement*[57] dans la bande fermée $B' : y \in I'$, d'où résulte (théorème 9 du n° 7) que

(1) f est continue et bornée dans B', donc continue mais non nécessairement bornée dans B puisque I est la réunion des I',
(2) f est holomorphe dans la bande *ouverte* $y \in]a', b'[$, donc dans l'intérieur $a < y < b$ de la bande B réunion de ces bandes ouvertes,
(3) on peut calculer les dérivées de f en dérivant sous le signe $\int$.

Pour assurer que la condition (2) est vérifiée dans un intervalle *ouvert* $I =]a, b[$ donné, il *suffit* de supposer que

(12.3) $$a < y < b \Longrightarrow \sup_{t \in \mathbb{R}} \left|\hat{f}(t)\right| \exp(-2\pi t y) < +\infty.$$

Si en effet cette condition est réalisée, on peut, pour y donné, choisir a' et b' de telle sorte que $a < a' < y < b' < b$. Comme (3) est vérifié pour $y = a'$ et $y = b'$, on a, pour $|t|$ grand,

---

[56] Rappelons que, sauf très rares indications contraires, "intégrable" signifie "absolument intégrable".
[57] Une intégrale $\int f(x,y) d\mu(x)$, définie pour $y \in E$, converge normalement dans $A \subset E$ s'il existe une fonction positive $p_A(x)$ intégrable pour μ telle que l'on ait $|f(x,y)| \leq p_A(x)$ pour tout $y \in A$ et tout x. Analogie évidente avec la convergence normale d'une série de fonctions.

$$\hat{f}(t) = O\left[\exp(2\pi a't)\right], \quad \hat{f}(t) = O\left[\exp(2\pi b't)\right],$$

d'où

$$\left|\hat{f}(t)\right|\exp(-2\pi ty) \leq M\exp\left[2\pi\left(a'-y\right)t\right],$$
$$\left|\hat{f}(t)\right|\exp(-2\pi ty) \leq M\exp\left[2\pi\left(b'-y\right)t\right];$$

comme $a' - y < 0$, la première relation montre que $\hat{f}(t)\exp(-2\pi ty)$ tend vers 0 à vitesse exponentielle lorsque t tend vers $+\infty$; comme $b' - y > 0$, la seconde montre qu'il en est de même lorsque t tend vers $-\infty$; c'est plus qu'il n'en faut pour assurer (2). Ce raisonnement montre en même temps que, si $\hat{f}$ vérifie (3), il en est de même de $t^n\hat{f}(t)$ pour tout $n \in \mathbb{N}$.

Si l'on pose $z = x + iy$, la fonction $x \mapsto f(x + iy)$ est la transformée de Fourier inverse usuelle de $\hat{f}(t)\mathbf{e}(ity)$. Si

(12.4) $$\int |f(x+iy)|\,dx < +\infty \quad \text{pour tout } y \in I$$

et si $\hat{f}$ est continue[58], la formule d'inversion de Fourier s'applique (Chap. VII, n° 30, théorème 26) et l'on a

$$\hat{f}(t)\mathbf{e}(ity) = \int f(x+iy)\mathbf{e}(-tx)dx,$$

autrement dit

(12.5) $$\hat{f}(t) = \int_{\mathrm{Re}(z)=y} f(z)\mathbf{e}(-tz)dz \quad \text{pour tout } y \in I,$$

intégrale à la Cauchy prise le long du chemin illimité $t \mapsto t + iy$.

Il est facile de trouver des conditions assurant (4) et donc (5). On sait en effet que, sur $\mathbb{R}$, si les dérivées d'ordre $\leq p$ d'une fonction φ de classe C^p sont intégrables, on a $\hat{\varphi}(v) = o(|v|^{-p})$ à l'infini (Chap. VII, n° 31, lemme 2); $\hat{\varphi}$ est donc intégrable si $p \geq 2$. La méthode utilisée alors (intégration par parties) s'applique ici : comme $2\pi i z\mathbf{e}(tz)$ est la dérivée de $\mathbf{e}(tz)$, on a

$$2\pi i z f(z) = \hat{f}(t)\mathbf{e}(tz)\Big|_{-\infty}^{+\infty} - \int \hat{f}'(t)\mathbf{e}(tz)dt = \int \hat{f}'(t)\mathbf{e}(tz)dt$$

si la fonction $\hat{f}'(t)\mathbf{e}(tz)$ est intégrable. En itérant le calcul, on en conclut que si $\hat{f}^{(r)}$ existe et si $\hat{f}^{(r)}(t)\mathbf{e}(tz)$ est intégrable pour $y \in I$ et tout $r \leq p$ – autrement dit si les $\hat{f}^{(r)}$ vérifient la même hypothèse que $\hat{f}$ –, la fonction

---

[58] Quand on dispose de la théorie de Lebesgue, cette hypothèse est superflue : si la transformée de Fourier d'une fonction intégrable est intégrable, alors la fonction donnée est presque partout égale à une fonction continue pour laquelle la formule d'inversion est valable partout.

$z^p f(z)$ est, comme $f(z)$, bornée dans toute bande de largeur finie contenue dans B ; pour $p \geq 2$, cela suffit à impliquer (4) puisqu'on a alors $f(x+iy) = 0(x^{-2})$ à l'infini.

Exercice 3. En supposant que $\hat{f}$ vérifie les conditions que l'on vient de trouver, montrer directement que l'intégrale (5) est indépendante de $y \in B$. (Intégrer le long d'un rectangle horizontal dans B).

On pourrait aussi utiliser le théorème de Dirichlet (Chap. VII, n° 30, théorème 27) et montrer que, pour tout $y \in I$, on a

$$\lim \int_{-N}^{N} f(z)\mathbf{e}(-tz)dz = \frac{1}{2}\left[\hat{f}(t+0) + \hat{f}(t-0)\right]$$

si $\hat{f}$ est partout dérivable à droite et à gauche ; l'intégrale est étendue à l'intervalle $|x| \leq N$ de l'horizontale $\mathrm{Im}(z) = y$.

(ii) *Un théorème de Paley-Wiener.* L'un des problèmes de la théorie est de caractériser les transformées de Fourier complexes des fonctions $\hat{f}$ d'une catégorie donnée. Le résultat le plus simple concerne l'espace $\mathcal{D}(\mathbb{R})$ des fonctions C^∞ à support compact sur $\mathbb{R}$. Dans ce cas, f est définie pour tout $z \in \mathbb{C}$, donc est une fonction entière, et si $\hat{f}$ est nulle en dehors de l'intervalle compact $[a, -a]$, on a

$$|f(z)| \leq \int_{-a}^{a} \left|\hat{f}(t)\right| \exp(-2\pi ty) dt\,;$$

sur l'intervalle d'intégration, l'exponentielle est majorée quel que soit t par $\exp(2\pi a|y|)$, d'où

$$f(z) = O\left(e^{2\pi a|y|}\right) \quad \text{dans } \mathbb{C}.$$

Si l'on remplace $\hat{f}$ par sa dérivée d'ordre n, la fonction $f(z)$ est remplacée par $(-2\pi i z)^n f(z)$ comme on l'a vu, d'où

(PW) $$\qquad z^n f(z) = O\left(e^{2\pi a|y|}\right) \quad \text{dans } \mathbb{C}$$

pour tout $n \in \mathbb{N}$. Inversement :

Théorème 12 (Paley-Wiener). *Soit φ une fonction entière. Les deux conditions suivantes sont équivalentes :*

(i) *Il existe un nombre $a > 0$ tel que φ vérifie (PW) pour tout n ;*
(ii) *φ est la transformée de Fourier complexe d'une fonction C^∞ nulle en dehors de $[-a, a]$.*

Il suffit de prouver que (i)$\Longrightarrow$(ii). La fonction $z^n f(z)$ étant bornée sur toute horizontale et en particulier sur $\mathbb{R}$, la transformée de Fourier

$$\hat{f}(t) = \int f(x)\mathbf{e}(-tx)dx$$

de f sur $\mathbb{R}$ a un sens et est C^∞ comme on le voit en dérivant sous le signe $\int$. Pour montrer qu'elle est nulle pour $t \geq a$, on intègre $f(z)\mathbf{e}(tz)$ le long du chemin constitué de l'intervalle $(-R,R)$ et du demi-cercle supérieur; le résultat est nul puisque l'on intègre une fonction partout holomorphe. Sur le demi-cercle, on a, pour tout n, une majoration

$$|f(z)\mathbf{e}(tz)| = |f(z)|\exp(-2\pi ty) \leq c_n R^{-n} \exp\left[2\pi(a-t)y\right]$$

d'après (PW) pour $y > 0$. Pour $t \geq a$, l'exponentielle est ≤ 1; l'intégrale le long du demi-cercle est alors $O(R^{1-n})$ pour tout n et tend vers 0. Pour $t \leq -a$, on remplace le demi-cercle supérieur par le demi-cercle inférieur. D'où $\hat{f}(t) = 0$ pour $|t| \geq a$.

Il reste à vérifier que $f(z) = \int \hat{f}(t)\mathbf{e}(-tz)dt$. Comme la transformée de Fourier de $f(x)$ est dans $\mathcal{D}(\mathbb{R})$, la formule d'inversion montre que, sur $\mathbb{R}$, f est la transformée de Fourier inverse de $\hat{f}$. La transformée de Fourier complexe de $\hat{f}$ étant partout holomorphe et égale à f sur $\mathbb{R}$, le principe du prolongement analytique (Chap. II, n° 20) montre qu'elles sont identiques dans $\mathbb{C}$, cqfd.

Exercice 4. Soit $\mathcal{S}$ l'espace de Schwartz, ensemble des fonctions $\varphi(t)$, $t \in \mathbb{R}$, qui sont C^∞ et telles que toutes les fonctions $t^p \varphi^{(q)}(t)$ soient bornées sur $\mathbb{R}$ (Chap. VII, §6, n° 31). Soit $\mathcal{S}_+$ l'ensemble des $\varphi \in \mathcal{S}$ qui sont nulles pour $t \leq 0$, de sorte que l'on a $\varphi^{(n)}(0) = 0$ pour tout n. (i) Montrer que la transformée de Fourier complexe f de toute $\varphi \in \mathcal{S}_+$ est définie et holomorphe pour $y > 0$ et que, quels que soient $p, p \in \mathbb{N}$, la fonction $z^p f^{(q)}(z)$ est bornée dans le demi-plan $\mathrm{Im}(z) \geq 0$. (ii) Soit inversement f une fonction holomorphe dans $y > 0$ et vérifiant cette condition. Montrer que, pour tout $y > 0$, la fonction $x \mapsto f(x + iy)$ est dans l'espace $\mathcal{S}$ et que l'intégrale de $f(z)\mathbf{e}(-tz)$ le long de l'horizontale $\mathrm{Im}(z) = y$ ne dépend pas de y. En notant $\varphi(t)$ cette intégrale, montrer que $\varphi \in \mathcal{S}_+$ et que f en est la transformée de Fourier complexe.

(iii) *Fonctions holomorphes intégrables dans une bande.* Soient

$$I =]a,b[\subset \mathbb{R}$$

un intervalle *ouvert*, $\rho(y)$ une fonction continue et à valeurs > 0 sur I et B la bande ouverte horizontale $\mathrm{Im}(z) \in I$. Soit f une fonction holomorphe dans B; supposons que l'on ait

(12.6) $$\iint_{B'} |f(z)|\rho(y)dm(z) < +\infty$$

pour toute bande horizontale $B' \subset B$ *fermée et de largeur finie*[59]. Nous allons montrer que, dans ces conditions, f est une transformée de Fourier complexe. La démonstration utilisera la relation qu'on a établie au n° 4, (iv) entre convergence compacte et convergence en moyenne, i.e. au sens de la norme L^1. On utilisera la notation

$$\rho(y)dm(z) = d\mu(z)$$

dans ce qui suit.

Lemme. *Pour que la condition (6) soit verifiée pour toute bande horizontale $B' \subset B$ fermée et de largeur finie, il faut et il suffit que la série $\sum f(z+n)$ converge normalement sur tout compact de B.*

Supposons (6) verifiée et soit $K \subset B$ un compact ; la convergence normale sur tout compact étant une propriété locale (BL), on peut supposer K contenu dans l'intérieur G d'un rectangle compact $K' \subset B$ défini par

$$K' : m \leq x \leq m+1, \quad a' \leq y \leq b'$$

où $[a', b'] \subset I$ est compact et où $m \in \mathbb{R}$. On peut alors appliquer (4.16) à K et G, d'où une majoration

$$(12.7) \qquad |f(z)| \leq M \iint_{K'} |f(w)|\, d\mu(w) \quad \text{pour tout } z \in K,$$

avec une constante M indépendante de f. En remplaçant $z \mapsto f(z)$ par $z \mapsto f(z+n)$, on trouve

$$(12.8) \qquad |f(z+n)| \leq M \iint_{K'} |f(w+n)|\, d\mu(w)$$
$$= M \iint_{K'+n} |f(w)|\, d\mu(w)$$

où $K' + n$ est l'image de K' par la translation $w \mapsto w + n$, translation qui ne change pas la mesure μ. Pour tout $z \in K$, la série $\sum f(z+n)$ est donc dominée, au facteur M près, par la série numérique

$$(12.9) \qquad \sum_{\mathbb{Z}} \iint_{K'+n} |f(w)|\, d\mu(w) = \iint_{B'} |f(w)|\, d\mu(w) \leq +\infty,$$

d'où la convergence normale sur K de la série $\sum f(z+n)$ si l'intégrale (6) est finie. Inversement, cette condition implique (6), car s'il existe une série

---

[59] Comme on a une inégalité $0 < m \leq \rho(y) \leq M < +\infty$ sur tout compact contenu dans I, la condition (6) ne fait pas réellement intervenir ρ. Il n'en est plus de même si, dans (6), on remplace B' par la bande B comme on le verra dans la section suivante. C'est la raison pour laquelle j'introduis ici une fonction $\rho(y)$ apparemment superflue.

numérique u_n convergente telle que l'on ait $|f(z+n)| \leq u_n$ pour tout $z \in K'$ et tout n, on a

$$\iint_{B'} |f(z)|\,d\mu(z) = \sum \iint_{K'+n}$$
$$= \sum \iint_{K'} |f(z+n)|\,d\mu(z) \leq \mu(K') \sum u_n,$$

cqfd.

Exercice 5. Pour un nombre réel $p > 1$ donné, on remplace $|f(z)|$ par $|f(z)|^p$ dans la condition (6). En utilisant (4.16) pour l'exposant p, montrer que les séries

$$\sum \left|f^{(r)}(z+n)\right|^p$$

convergent normalement sur tout compact et que

$$\iint \left|f^{(r)}(x+iy)\right|^p dx < +\infty$$

pour tout $y \in]a,b[$ et tout $r \in \mathbb{N}$. Réciproque?

Revenant au cas où $p = 1$, ce résultat nous renvoie au Chap. VII, n° 29 où l'on a montré comment déduire la formule d'inversion de Fourier de la formule sommatoire de Poisson. Considérons la fonction $x \mapsto f(x+iy)$ pour $y \in I$ donné. Comme la série $\sum f(z+n)$ converge normalement sur tout compact, on a[60]

(12.10) $$\int |f(x+iy)|\,dx < +\infty$$

pour tout $y \in]a,b[$, ce qui permet de définir la transformée de Fourier

(12.11) $$\int f(x+iy)\mathbf{e}(-tx)dx = F(t,y);$$

c'est une fonction continue de t.

Montrons qu'il existe sur $\mathbb{R}$ une fonction $\hat{f}(t)$ telle que l'on ait

(12.12) $$F(t,y) = \hat{f}(t)\mathbf{e}(ity).$$

---

[60] Appliqué à l'intégrale double (6), le théorème de Lebesgue-Fubini, dans sa version pour les fonctions sci positives (Chap. V, n° 33, théorème 31), affirme seulement que la fonction $y \mapsto \int |f(x+iy)|dx$, à valeurs $\leq +\infty$ (inégalité large), est intégrable en tant que fonction sci, donc est " presque partout " finie ; mais elle pourrait fort bien être infinie pour certaines valeurs de y. Le fait qu'elle soit finie partout, sans exception de mesure nulle, est l'un des innombrables miracles de la théorie des fonctions holomorphes : tous les phénomènes apparemment pathologiques de la théorie de l'intégration disparaissent. Ce métathéorème, utile pour conjecturer ce qui se passe, ne dispense pas des démonstrations en règle.

La formule (11), multipliée par $\mathbf{e}(-ity) = \exp(2\pi ty)$, s'écrit encore
$$F(t,y)\mathbf{e}(-ity) = \int f(z)\mathbf{e}(-tz)dz,$$
intégrale de Cauchy le long de l'horizontale $\operatorname{Im}(z) = y$, et tout revient à montrer que celle-ci est indépendante de y. Pour comparer ses valeurs en y' et y'', intégrons le long du rectangle $ABCD$ limité par les horizontales $AB : \operatorname{Im}(z) = y'$ et $DC : \operatorname{Im}(z) = y''$ et les verticales $DA : \operatorname{Re}(z) = -n$ et $BC : \operatorname{Re}(z) = n$; le résultat est nul d'après Cauchy. Sur BC, on a $|f(z)\mathbf{e}(-tz)| = |f(n+iy)|\exp(2\pi ty)$; comme la série $\sum f(z+n)$ converge normalement sur l'intervalle compact $[y', y'']$ de l'axe imaginaire, la fonction $y \mapsto f(n+iy)$ converge uniformément vers 0 sur $[y', y'']$ quand n augmente. A la limite, les contributions des côtés verticaux sont donc nulles, d'où le résultat cherché. On a donc une relation

(12.13) $$\int f(x+iy)\mathbf{e}(-tx)dx = \hat{f}(t)\mathbf{e}(ity)$$

avec une fonction

(12.14) $$\hat{f}(t) = \int f(z)\mathbf{e}(-tz)dx$$

indépendante de y et tenant lieu de transformée de Fourier de f.

Montrons que l'on peut appliquer la formule d'inversion de Fourier à (11). Puisque les séries $\sum f^{(r)}(z+n)$ convergent, $f^{(r)}(x+iy)$ est intégrable en x et tend vers 0 lorsque $|x|$ augmente indéfiniment; on peut donc calculer (11) en intégrant par parties. f étant holomorphe, on a $D_1 f = f'$ et le calcul habituel montre que

(12.15) $$\int f^{(r)}(x+iy)\mathbf{e}(-tx)dx = (-2\pi it)^r F(t,y).$$

On déduit de là que, pour tout $y \in I$ et tout r, on a

(12.16) $$F(t,y) = O\left(|t|^{-r}\right) \quad \text{quand } |t| \longrightarrow +\infty,$$

condition plus que suffisante pour justifier l'emploi de la formule d'inversion. Compte-tenu de (12), celle-ci s'écrit

$$f(z) = \int \hat{f}(t)\mathbf{e}(tz)dt$$

et prouve que f est la transformée de Fourier complexe de $\hat{f}$.

(16) montre en outre que $\sum |F(n,y)| < +\infty$ pour tout y, ce qui permet (Chap. V, n° 27, théorème 24) d'appliquer à $x \mapsto f(x+iy)$ la formule sommatoire de Poisson; compte-tenu de (12), elle s'écrit

$$\sum f(z+n) = \sum \hat{f}(n)\mathbf{e}(nz).$$

En définitive, on a obtenu les formules suivantes:

(12.17) $$\hat{f}(t) = \int_{\mathrm{Re}(z)=y} f(z)\mathbf{e}(-tz)dz,$$

(12.18) $$f(z) = \int \hat{f}(t)\mathbf{e}(tz)dt,$$

(12.19) $$\sum f(z+n) = \sum \hat{f}(n)\mathbf{e}(nz).$$

Elles supposent évidemment $a < y < b$, condition qui rend les intégrales absolument convergentes comme on l'a vu.

(iv) *Fonctions holomorphes intégrables dans un demi-plan.* Soit P le demi-plan $\mathrm{Im}(z) > 0$. Prenons $I =]0, +\infty[$ et $B = P$ dans ce qui précède et, au lieu de (6), imposons aux fonctions $f(z)$ la condition plus forte

(12.20) $$\iint_P |f(z)|\rho(y)dxdy < +\infty.$$

Les résultats de la section (iii) s'appliquent. D'autre part, (13) et (16) montrent que, pour tout $y \in I$ et pour tout $r \in \mathbb{N}$, on a

(12.21) $$\hat{f}(t) = O\left[|t|^{-r}\exp(2\pi ty)\right] \quad \text{quand } |t| \longrightarrow +\infty;$$

cette relation en apparence meilleure que (3) suffit à garantir la convergence de (18) pour $y > 0$. La relation (15) montre aussi que l'on a

$$\left|\hat{f}(t)\right|\exp(-2\pi ty) \leq \int |f(x+iy)|\,dx$$

et donc

$$\int_0^{+\infty} \left|\hat{f}(t)\right|\exp(-2\pi ty)\rho(y)dy \leq \iint_P |f(x+iy)|\rho(y)dxdy < +\infty$$

quel que soit t; la fonction $\hat{f}$ est donc nulle pour les valeurs de t qui rendent divergente l'intégrale $\int \exp(-2\pi ty)\rho(y)dy$. Si par exemple, cas important pour la théorie des fonctions automorphes, on a

$$\rho(y) = y^{k-2}$$

avec k réel non nécessairement entier comme on le supposera maintenant, on voit que

(12.22) $$\hat{f}(t) \neq 0 \Longrightarrow \int_0^{+\infty} \exp(-2\pi ty)y^{k-2}dy < +\infty.$$

La convergence de l'intégrale exige $k > 1$ et $t > 0$, ce qui montre entre autres que, pour $k \leq 1$, la seule solution holomorphe de (20) est $f(z) = 0$.

Il faudrait encore montrer que, pour $k > 1$, il existe effectivement des solutions non nulles de (20). Essayons

$$(12.23) \qquad g(z) = (z - \bar{w})^{-p}$$

avec $\operatorname{Im}(w) > 0$ pour obtenir une fonction holomorphe dans P. Posant $w = u + iv$, le changement de variable $x = u + \xi(y + v)$ montre que

$$\int |g(x+iy)|\, dx = \int \left[(x-u)^2 + (y+v)^2\right]^{-p/2} dx =$$
$$= \int (y+v)^{1-p} \left(\xi^2 + 1\right)^{-p/2} d\xi,$$

résultat fini si $p > 1$. Il reste à vérifier que l'intégrale

$$\int_0^{+\infty} (y+v)^{1-p} y^{k-2} dy, \quad v > 0,$$

converge. En $y = 0$, cela suppose $k > 1$ et, à l'infini, $p > k$, ce qui implique la condition $p > 1$ déjà trouvée. Il y a donc des solutions non nulles de (20) pour $k > 1$, et aucune pour $k \leq 1$. En résumé :

Théorème 13. *Soit k un nombre réel. Pour que l'espace $\mathcal{H}_k^1(P)$ des fonctions holomorphes telles que*

$$(12.24) \qquad \iint_{\operatorname{Im}(z)>0} |f(z)|\, y^{k-2} dx dy < +\infty$$

ne se réduise pas à $\{0\}$, il faut et il suffit que $k > 1$. Toute solution holomorphe de (24) est la transformée de Fourier complexe d'une fonction continue $\hat{f}(t)$ nulle pour $t < 0$. Les formules (17), (18) et (19) s'appliquent.

Exercice 6. Calculer la fonction $\hat{f}(t)$ correspondant à (23). On n'est pas obligé de supposer p entier ni même réel puisque la fonction (24) possède des branches uniformes dans $y > 0$.

Pour conclure cette section, on notera que tout en ayant obtenu des propriétés importantes des fonctions $\hat{f}$, nous ne les avons pas *caractérisées* comme on l'a fait dans le théorème de Paley-Wiener ; pour autant que je le sache – avec les déluges de publications auxquels on a assisté depuis cinquante ans, il faut être prudent –, on ne connaît pas la réponse à cette question. On la connaît complètement par contre si l'on demande aux fonctions $f(z)$ d'être *de carré* intégrable dans le demi-plan : ce sont les transformées de Fourier complexe des fonctions $\hat{f}(t)$ nulles pour $t \leq 0$ et pour lesquelles

$$\int_0^{+\infty} \left|\hat{f}(t)\right|^2 t^{1-k} dt < +\infty\,;$$

mais il s'agit maintenant de fonctions dans l'espace L^2 de Lebesgue, et l'on ne peut obtenir le résultat sans utiliser la théorie complète de la transformation de Fourier dans L^2. Le Chap. XI exposera le sujet.

13 – La transformation de Mellin

(i) *Questions de convergence.* Pour obtenir des théorèmes de type Paley-Wiener applicables à des fonctions *méromorphes* et non plus holomorphes comme au n° précédent – problème important en théorie analytique des nombres par exemple –, il est utile de formuler autrement la transformation de Fourier complexe. Si l'on effectue dans l'intégrale (12.1) qui la définit le changement de variable $\exp(2\pi t) = u$, d'où $u > 0$ et

$$2\pi dt = du/u = d^*u\,,$$

si l'on pose $iz = s$, d'où $\mathbf{e}(tz) = u^s$, et $\hat{f}(t) = F(e^{2\pi t})$, on trouve

$$2\pi f(z) = \int_0^{+\infty} F(u) u^s d^*u\,.$$

On rencontre fréquemment des intégrales de ce genre ; elles rentrent dans le cadre général de la transformation de Mellin, laquelle associe à " toute " fonction[61] $f(x)$ définie pour $x > 0$ la fonction

(13.1) $$\Gamma_f(s) = \int_0^{+\infty} f(x) x^s d^*x$$

où $x^s = \exp(s \log x)$ est la fonction du Chap. IV, réelle et positive pour s réel. La notation rappelle le fait que

(13.2) $$\Gamma_f(s) = \Gamma(s) \quad \text{si} \quad f(x) = e^{-x}\,.$$

Comme $\Gamma_f(is)$ est la transformée de Fourier complexe de $t \mapsto 2\pi f(e^{2\pi t})$, les généralités du n° 12, (i) se traduisent facilement.

Si, conformément à une longue tradition, on pose

$$s = \sigma + it\,,$$

la convergence absolue de (1) dépend uniquement de $\mathrm{Re}(s) = \sigma$; il est clair que Γ_f est définie dans une bande de plan de la forme $\mathrm{Re}(s) \in I$, où I est un intervalle à priori quelconque ; elle est holomorphe à l'intérieur de cette

---

[61] En pratique, $f(x)$ est réglée et presque toujours continue pour $x > 0$.

§ 3. Quelques applications de la méthode de Cauchy 109

bande et bornée dans toute bande verticale *fermée et de largeur finie* où elle est définie. Le Théorème 9 du n° 7 montre que ses dérivées sont données par

$$(13.3) \qquad \Gamma_f^{(n)}(s) = \int_0^{+\infty} f(x) \log^n x . x^s d^*x$$

pour tout $n \in \mathbb{N}$. Le facteur logarithmique ne détruit pas la convergence : puisqu'on se place à l'intérieur de la bande de convergence, l'intégrale $\int f(x) x^s d^*x$ converge en effet pour des valeurs a et b de s telles que $a < \mathrm{Re}(s) < b$, et il suffit alors d'observer que l'on a

$$(\log x)^n x^s = o(x^a) \quad \text{quand } x \text{ tend vers } 0,$$
$$(\log x)^n x^s = o(x^b) \quad \text{quand } x \text{ tend vers } +\infty$$

pour justifier le résultat, que le théorème 9 du n° 7 garantit de toute façon.

La convergence au voisinage de 0 de l'intégrale de Mellin est assurée pour $\mathrm{Re}(s) > 0$ si f est bornée au voisinage de 0, cependant qu'elle converge à l'infini si f est intégrable à l'infini pour dx et si la fonction x^{s-1} est bornée à l'infini, i.e. pour $\mathrm{Re}(s) < 1$; la bande de définition de la fonction Γ_f est donc au minimum $0 < \mathrm{Re}(s) < 1$ si f est *bornée et intégrable* pour dx sur $\mathbb{R}_+$.

Comme $\Gamma_f(is)$ est la valeur pour $z = is$ de la transformée de Fourier complexe $g(z)$ de $2\pi f(e^{2\pi u}) = \hat{g}(u)$, et comme on a parfois, dans la bande horizontale où g est définie, une formule d'inversion

$$\hat{g}(u) = \int_{\mathrm{Re}(z)=y} g(z) \mathbf{e}(-uz) dz,$$

il est à présumer que, moyennant des hypothèses convenables, on aura un résultat analogue en transformation de Mellin ; il suffit pour l'obtenir d'effectuer comme plus haut les changements de variables $z = is$ (d'où $dz = ids$) et $e^{2\pi u} = x$. La formule correspondante s'écrit

$$(13.4) \qquad 2\pi i f(x) = \int_{\mathrm{Re}(s)=\sigma} \Gamma_f(s) x^{-s} ds$$

où l'on intègre sur une verticale $t \mapsto \sigma + it$ *située dans la bande de convergence de l'intégrale définissant* Γ_f. C'est la formule d'inversion de Mellin. Comme la formule d'inversion de Fourier à laquelle elle est équivalente, elle est valable dans les hypothèses suivantes qui traduisent simplement le théorème 26 du Chap. VII, n° 30 :

(a) la fonction f est continue pour $x > 0$,
(b) on a $\int |f(x) x^s| d^*x < +\infty$ pour $\mathrm{Re}(s) = \sigma$,
(c) l'intégrale (4) est absolument convergente.

On a aussi besoin, version Mellin de Paley-Wiener, de montrer qu'une fonction $\varphi(s)$ donnée est une transformée de Mellin. Le problème est le même :

on suppose φ holomorphe dans une bande $a < \mathrm{Re}(s) < b$ et l'on définit une fonction f par (4) où Γ_f est remplacée par φ et où $a < \sigma < b$; si les conditions (a), (b) et (c) sont vérifiées par f et φ pour un σ donné, alors on a inversement $\varphi(s) = \int f(x) x^s d^*x$ pour $\mathrm{Re}(s) = \sigma$; ce n'est, ici encore, qu'une traduction de la formule d'inversion de Fourier. En pratique, la fonction donnée φ est à décroissance suffisamment rapide à l'infini pour que l'intégrale (4) soit indépendante de $\sigma \in]a, b[$.

On a le plus souvent tendance à déplacer la verticale d'intégration vers des régions où, comme la fonction d'Euler, Γ_f n'est définie que par prolongement analytique ; la condition (b) n'est plus satisfaite, et la formule (4) devient généralement fausse. On la rectifie en tenant compte des résidus de Γ_f aux pôles que l'on rencontre en déplaçant la verticale d'intégration, initialement située dans la région où la condition (b) est vérifiée, vers une verticale où elle ne l'est plus. La section (iv) de ce n° et, beaucoup plus encore, le chapitre XII éclaireront ce point fondamental.

(ii) *Prolongement analytique d'une transformée de Mellin.* Dans la pratique, on cherche souvent à montrer que la fonction Γ_f peut, comme la fonction Γ d'Euler, être prolongée analytiquement au delà du domaine de convergence de l'intégrale. C'est le comportement de f pour x voisin de 0 ou très grand qui gouverne la question, car les fonctions auxquelles on applique la transformation sont, dans la pratique et comme on le supposera, au minimum continues pour $x > 0$. On peut obtenir des résultats fort utiles à partir d'hypothèses simples sur le comportement asymptotique de f aux environs de 0 et de l'infini.

Considérons d'abord l'intégrale

(13.5') $$\Gamma_f^-(s) = \int_0^1 f(x) x^s d^*x$$

(le choix de la limite 1 est commode mais non essentiel) et supposons qu'au voisinage de 0 la fonction f possède un développement limité

(13.6') $$f(x) = a_1 x^{u_1} + \ldots + a_n x^{u_n} + O\left(x^{u_{n+1}}\right)$$

avec des exposants réels $u_1 < \ldots < u_n < u_{n+1}$. Comme on a

$$\int_0^1 x^s d^*x = 1/s \quad \text{si} \quad \mathrm{Re}(s) > 0,$$

l'intégrale (5') converge pour $\mathrm{Re}(s) > -u_1$ et, dans cette bande, est égale à

(13.7) $$\sum_{1 \leq k \leq n} \frac{a_k}{s + u_k} + \int_0^1 O\left(x^{u_{n+1}}\right) x^s d^*x.$$

Le $\sum$ est une fonction rationnelle dont les pôles et les résidus sont en évidence, cependant que l'intégrale du dernier terme converge et est holomorphe

§ 3. Quelques applications de la méthode de Cauchy   111

pour $\operatorname{Re}(s) > -u_{n+1}$. On peut donc définir (5') dans ce demi-plan par prolongement analytique. Si f admet un développement asymptotique illimité[62] de la forme

(13.8') $\quad f(x) \approx \sum a_n x^{u_n}$, $\quad x \longrightarrow 0 \quad$ avec $u_n < u_{n+1}$ et $\lim u_n = +\infty$,

la fonction (5') se prolonge analytiquement à tout $\mathbb{C}$, avec aux points $-u_n$ des pôles simples et des résidus égaux aux a_n. Si par exemple $f(x)$ est C^∞ dans $\mathbb{R}_+$, origine inclusivement, on a, d'après la formule de MacLaurin [Chap. V, n° 18, equ. (18.11)], un développement asymptotique illimité

$$f(x) \approx \sum f^{(n)}(0) x^n / n! \, ;$$

la fonction (5'), définie à priori pour $\operatorname{Re}(s) > 0$, se prolonge donc à $\mathbb{C}$ privé des points $0, -1, -2, \ldots$, où elle a des pôles simples et des résidus égaux aux nombres $f^{(n)}(0)/n!$ correspondants. C'est ce qu'on avait déjà vu pour $f(x) = e^{-x}$ à propos de la fonction Γ d'Euler ; dans ce cas, on peut même intégrer terme à terme sur $]0,1]$ la *série* de MacLaurin et obtenir un développement

$$\Gamma_f^-(s) = \sum f^{(n)}(0)/n!(s+n)$$

avec une série convergeant quel que soit s. Il en va de même pour toute fonction f *analytique* au voisinage de 0 à condition que le rayon de convergence R de sa série de MacLaurin soit > 1. Si $R \leq 1$, on décompose $\mathbb{R}_+^*$ en $(0, a)$ et $(a, +\infty)$ avec $a < R$ afin de pouvoir intégrer la série entière terme à terme sur $(0, a)$; la contribution de $]0, a]$ est alors égale à $\sum f^{(n)}(0) a^{n+s}/n!(s+n)$, série qui converge encore mieux que la série entière de f pour $x = a$ puisque $|s+n|$ augmente indéfiniment. Le résidu de la fonction en $s = -n$ se calcule immédiatement puisque $a^{n+s} = 1$ en ce point ; on trouve donc à nouveau $f^{(n)}(0)/n!$, résultat indépendant du choix de a comme il se doit.

L'intégrale

(13.5") $\quad\quad\quad \Gamma_f^+(s) = \displaystyle\int_1^{+\infty} f(x) x^s d^* x$

se ramène au cas précédent par le changement de variable $x \mapsto 1/x$, qui ne change pas la mesure $d^* x$. Or on a

$$\int_1^{+\infty} x^s d^* x = -1/s \quad \text{si} \quad \operatorname{Re}(s) < 0 \, .$$

---

[62] D'une manière générale, la formule $f(x) \approx \sum u_n(x)$ signifie que (i) $u_{n+1}(x) = o\left[u_n(x)\right]$ au voisinage du point considéré, (ii) $f(x) = u_1(x) + \ldots + u_n(x) + O\left[u_{n+1}(x)\right]$ quel que soit n. Cela n'implique en aucune façon que la série $\sum u_n(x)$ converge vers $f(x)$; elle peut en fait être divergente, et l'est souvent dans la pratique, notamment lorsqu'on écrit la série de Taylor d'une fonction C^∞ non analytique. Voir Chap. VI, n° 10.

Si donc l'on a, à l'infini, un développement limité

(13.6") $$f(x) = b_1 x^{-v_1} + \ldots + b_n x^{-v_n} + O\left(x^{-v_{n+1}}\right)$$

avec $v_1 < \ldots < v_n < v_{n+1}$, l'intégrale (5"), a priori définie et holomorphe pour $\text{Re}(s) < v_1$, se prolonge analytiquement au demi-plan $\text{Re}(s) < \text{Re}(v_{n+1})$, avec des pôles simples aux points v_k et des résidus égaux aux coefficients b_k. En particulier, elle se prolonge à tout $\mathbb{C}$, mis à part des pôles simples, si l'on a un développement asymptotique illimité

(13.8") $$f(x) \approx \sum b_n x^{-u_n}, \quad x \longrightarrow +\infty, \quad \text{avec } \lim v_n = +\infty.$$

Choisissons par exemple la fonction $f(x) = x/(1+x^2) = f(x^{-1})$; on a $f(x) \sim x$ au voisinage de 0, d'où la condition de convergence $\text{Re}(s) + 1 > 0$, et $f(x) \sim 1/x$ à l'infini, d'où la condition de convergence $\text{Re}(s) - 1 < 0$; l'intégrale de Mellin converge donc dans la bande $|\text{Re}(s)| < 1$. Pour $x \leq a < 1$, on a $f(x) = \sum (-1)^n x^{2n+1}$, ce qui est beaucoup mieux qu'un développement asymptotique; $\Gamma_f^-(s)$, définie a priori pour $\text{Re}(s) > -1$, se prolonge donc analytiquement à tout $\mathbb{C}$, avec des pôles simples aux points $-2n - 1$ et des résidus égaux à $(-1)^n$. A l'infini, on a de même

$$f(x) = \sum (-1)^n x^{-2n-1};$$

$\Gamma_f^+(s)$, définie à priori pour $\text{Re}(s) < 1$, se prolonge donc à $\mathbb{C}$, avec des pôles simples aux points $2n + 1$. Or on a $\Gamma_f(s) = \Gamma_f^-(s) + \Gamma_f^+(s)$ dans la bande $|\text{Re}(s)| < 1$ où ces trois fonctions sont définies et holomorphes. Puisque le second membre est méromorphe dans $\mathbb{C}$, on en conclut que Γ_f se prolonge analytiquement à tout $\mathbb{C}$, ses singularités étant des pôles simples aux points $2n+1$, $n \in \mathbb{Z}$, avec des résidus égaux à $(-1)^n$. En fait, on montrera au n° 15 que

$$\Gamma_f(s) = \pi/2 \cos(\pi s/2),$$

ce qui est sensiblement plus précis, mais on a rarement la chance de pouvoir tout calculer explicitement.

Si f est à décroissance rapide à l'infini, i.e. si $f(x) = O(x^{-N})$ pour tout N, il est inutile de réfléchir : l'intégrale (5") converge dans tout $\mathbb{C}$ et est une fonction entière de s.

Comme dans l'exemple précédent, ces deux types de résultats s'appliquent si f admet, au voisinage de 0 et pour x grand, des développements asymptotiques illimités, à condition bien sûr que, pour commencer, l'intégrale définissant Γ_f converge dans une bande de largeur non nulle, faute de quoi il serait impossible de "recoller" les fonctions méromorphes définies par (5') et (5") : la fonction 1 a le plus beau comportement asymptotique du monde, mais sa transformée de Mellin n'a aucun sens ; dans ce cas, on a

§ 3. Quelques applications de la méthode de Cauchy   113

$\Gamma_f^-(s) = 1/s$ et $\Gamma_f^+(s) = -1/s$, d'où $\Gamma_f(s) = 0$ si Γ_f avait un sens : avec des hypothèses absurdes, on aboutit à des conclusions absurdes.

Le fait que la transformée de Mellin ne possède que des pôles simples tient à la nature des développements asymptotiques que nous avons admis. Dans des cas plus compliqués, des pôles multiples peuvent apparaître. Supposons par exemple que f soit, au voisinage de 0, la somme d'une fonction du type (6') et d'un nombre fini de termes $x^p \log^q x$, avec $p > 0$. La contribution de ces termes à (5') converge pour $\operatorname{Re}(s) > -p$ puisque $\log x = O(x^{-r})$ pour tout $r > 0$; elle est égale à $c_q(s+p)$ où

(13.9) $$c_q(s) = \int_0^1 \log^q x . x^{s-1} dx, \quad \operatorname{Re}(s) > 0.$$

En intégrant par parties, on trouve que

$$sc_q(s) = [1 - qc_{q-1}(s)] ;$$

comme $c_0(s) = 1/s$, il vient $c_1(s) = 1/s - 1/s^2$, $c_2(s) = 1/s - 2/s^2 + 2s^3$ et plus généralement

(13.10) $c_q(s) = 1/s - q/s^2 + q(q-1)/s^3 - \ldots + (-1)^q q!/s^{q+1}$.

En remplaçant s par $s+p$, on voit que la présence dans le développement asymptotique d'un terme en $x^p \log^q x$ introduit un pôle d'ordre $q+1$ au point $-p$.

(iii) *Exemple : la fonction zêta de Riemann.* La fonction $\exp(-\pi u^2)$ étant égale à sa transformée de Fourier, celle de $u \mapsto \exp(-\pi x u^2)$, où $x > 0$, est $v \mapsto x^{-1/2} \exp(-\pi v^2/x)$; ces fonctions tendent vers 0 à l'infini assez rapidement pour qu'on puisse écrire la formule de Poisson

$$\sum \exp(-\pi n^2 x) = x^{-1/2} \sum \exp(-\pi n^2/x),$$

où l'on somme sur $\mathbb{Z}$ (Chap. VII, n° 28). Les résultats de la section (ii) s'appliquent à la fonction

$$\theta(x) = \sum \exp(-\pi n^2 x) \quad (x > 0)$$

de Jacobi comme on va le voir.

Tout d'abord, elle est C^∞ ; en dérivant la série terme à terme p fois, on trouve en effet, à un facteur constant près, $\sum n^{2p} \exp(-\pi n^2 x)$; comme $t^N e^{-t}$ est, pour $t > 0$, bornée par une constante M_N quel que soit $N > 0$, on a pour tout $p \neq 0$ une majoration de la forme $n^{2p} \exp(-\pi n^2 x) \leq M_N n^{2p}/(n^2 x)^N$; en choisissant $N \geq 2p+2$, on en déduit que les séries dérivées sont toutes normalement convergentes dans $x \geq c$ quel que soit $c > 0$, inégalité stricte, d'où le résultat. Ce calcul montre en outre que

114   VIII – La Théorie de Cauchy

$$\theta(x) = 1 + O\left(x^{-N}\right) \qquad \text{à l'infini}$$

quel que soit N, le terme 1 provenant du terme $n = 0$ de la série, tandis que les dérivées vérifient

$$\theta^{(p)}(x) = O\left(x^{-N}\right) \qquad \text{à l'infini}.$$

L'équation fonctionnelle montre alors qu'on a

$$\theta(x) = x^{-1/2}\left[1 + O\left(x^N\right)\right] \quad \text{pour } x \longrightarrow 0.$$

On peut donc appliquer les résultats de la section (ii) à

$$f(x) = \theta\left(x^2\right) - 1,$$

fonction pour laquelle on a

$$f(x) = O\left(x^{-N}\right) \text{ à l'infini}, \quad f(x) = 1/x - 1 + O\left(x^N\right) \text{ en } 0.$$

La convergence à l'infini de l'intégrale définissant $\Gamma_f(s)$ n'exige aucune condition, mais la convergence en 0 suppose $\mathrm{Re}(s) > 1$. En calculant formellement, $\Gamma_f(s)$ est égale à

$$\int_0^{+\infty} dx \sum_{n \neq 0} \exp\left(-\pi n^2 x^2\right) x^{s-1} = \sum_{n \neq 0} \int_0^{+\infty} \exp\left(-\pi n^2 x^2\right) x^s d^*x$$

$$= \sum_{n \neq 0} \frac{1}{2} \left(\pi n^2\right)^{-s/2} \int_0^{+\infty} \exp(-y)\, y^{s/2} d^*y = \pi^{-s/2} \Gamma(s/2) \zeta(s)$$

où $\zeta(s) = \sum_{n>0} 1/n^s$ est la série de Riemann, convergente pour $\mathrm{Re}(s) > 1$. Pour justifier la permutation des signes $\int$ et $\sum$, il suffit (Chap. V, n° 23, théorème 21) de montrer que (1) la série qu'on intègre converge normalement sur tout compact $K \subset]0, +\infty[$, ce qui est clair puisque c'est le cas de la série thêta et que x^{s-1} est borné sur K, (2) la série

$$\sum_{n \neq 0} \int \left|\exp\left(-\pi n^2 x^2\right) x^s\right| d^*x$$

converge, ce que notre calcul formel rend évident puisqu'elle est proportionnelle à celle de Riemann.

On voit donc que la fonction

$$\Gamma_f(s) = \pi^{-s/2} \Gamma(s/2) \zeta(s) = \xi(s)$$

se prolonge analytiquement à tout $\mathbb{C}$, avec des pôles simples en $s = 0$ et $s = 1$ provenant des deux premiers termes du développement asymptotique de f en 0 ; les résidus sont égaux à 1 en $s = 1$ et à -1 en $s = 0$. Comme la fonction $1/\Gamma(s/2)$ est entière et possède des zéros simples aux points $0, -2, -4, \ldots$, la fonction $\zeta(s) = \pi^{s/2}\Gamma_f(s)/\Gamma(s/2)$ est méromorphe dans $\mathbb{C}$. Comme $\Gamma(1/2) = \pi^{1/2} \neq 0$, le pôle simple en $s = 1$ de Γ_f se propage à $\zeta(s)$, avec un résidu égal à $\pi^{-1/2}\pi^{1/2} = 1$. Comme $1/\Gamma(s/2)$ s'annule en $s = 0$, le pôle de Γ_f en ce point est neutralisé par le zéro de la fonction $1/\Gamma$. La fonction $\zeta(s)$ possède donc une seule singularité dans $\mathbb{C}$: un pôle simple en $s = 1$. Elle s'annule pour $s = -2, -4, \ldots$, ainsi qu'en divers autres points moins immédiatement visibles.

Elle vérifie aussi une équation fonctionnelle qui se déduit de celle de la fonction de Jacobi. On a en effet

$$f(1/x) = \theta\left(1/x^2\right) - 1 = x\theta\left(x^2\right) - 1 = x\left[f(x) + 1\right] - 1,$$

i.e.

$$f(1/x) = xf(x) + x - 1.$$

Pour $\mathrm{Re}(s) > 1$, on a donc

$$\Gamma_f^-(s) = \int_0^1 f(x)x^s d^*x = \int_1^{+\infty} f(1/x)x^{-s} d^*x$$
$$= \int_1^{+\infty} \left[f(x)x^{1-s} + x^{1-s} - x^{-s}\right] d^*x.$$

Chacune des trois fonctions figurant dans la dernière intégrale est intégrable pour d^*x dans $[1, +\infty[$ pour $\mathrm{Re}(s) > 0$: c'est clair pour les deux dernières, et la première est intégrable quel que soit s puisqu'à décroissance rapide à l'infini. On en conclut qu'on a

$$\Gamma_f^-(s) = \Gamma_f^+(1-s) + 1/(s-1) - 1/s$$

pour $\mathrm{Re}(s) > 1$, donc quel que soit $s \in \mathbb{C}$ par prolongement analytique. Comme $\Gamma_f = \Gamma_f^+ + \Gamma_f^-$, on a donc

$$\Gamma_f(s) = \Gamma_f^+(s) + \Gamma_f^+(1-s) + 1/(s-1) - 1/s,$$

ce qui prouve que

$$\xi(s) = \xi(1-s).$$

Comme on a couvert et continue à couvrir des kilomètres carrés de papier à propos de la fonction de Riemann, nous ne poursuivrons pas ici ces investigations; la suite au Chap. XII.

(iv) *Un théorème de type Paley-Wiener*. Il y a pour la transformation de Mellin des résultats du type Paley-Wiener, par exemple le suivant, assez long exercice d'application de la théorie de Cauchy ; la méthode et même le résultat servent à étudier les relations entre séries de Dirichlet et fonctions modulaires.

Théorème 14. *Soit $\mathcal{S}_+ = \mathcal{S}(\mathbb{R}_+)$ l'ensemble des fonctions qui sont définies et indéfiniment dérivables pour $x \geq 0$ et qui, à l'infini, sont à décroissance rapide ainsi que toutes leurs dérivées. Pour toute $f \in \mathcal{S}(\mathbb{R}_+)$, la transformée de Mellin*

$$\Gamma_f(s) = \int_0^{+\infty} f(s) x^s d^*x = \varphi(s)$$

possède les propriétés suivantes :

(i) *Γ_f est définie et holomorphe pour $\mathrm{Re}(s) > 0$ et se prolonge analytiquement en une fonction méromorphe dans tout le plan, ayant pour seules singularités tout au plus des pôles simples aux points $s = 0, -1, -2, \ldots$;*

(ii) *pour tout $n \in \mathbb{N}$, la fonction $s^n \Gamma_f(s)$ est bornée à l'infini dans toute bande verticale de largeur finie[63].*

On a de plus

(13.11) $$2\pi i f(x) = \int_{\mathrm{Re}(s)=\sigma} \Gamma_f(s) x^{-s} ds \quad \text{si } \sigma > 0$$

et, pour tout $p \in \mathbb{N}$,

(13.12) $$2\pi i f(x) = \int_{\mathrm{Re}(s)=\sigma} \Gamma_f(s) x^{-s} ds + \sum_{0 \leq k < p} a_k x^k \quad \text{si } -p-1 < \sigma < -p$$

où $a_k = \mathrm{Res}(\Gamma_f, -k) = f^{(k)}(0)/k!$.

Inversement, toute fonction φ vérifiant les conditions (i) et (ii) est la transformée de Mellin d'une $f \in \mathcal{S}_+$ unique, donnée par (11) ; les fonctions $s^m \varphi^{(n)}(s)$ sont alors, quels que soient $m, n \in \mathbb{N}$, à décroissance rapide à l'infini dans toute bande verticale de largeur finie.

On peut décomposer la démonstration en plusieurs parties.

(a) *Les assertions (i) et (ii) pour $\varphi = \Gamma_f$, où $f \in \mathcal{S}$.* L'assertion (i) a été établie avant le théorème, ainsi que la formule

(13.13) $$\mathrm{Res}(\varphi, -k) = a_k = f^{(k)}(0)/k!.$$

Pour établir (ii), on remarque d'abord que $\Gamma_f(s)$ est bornée dans toute bande $0 < a \leq \mathrm{Re}(s) \leq b < +\infty$ grâce au simple fait que l'intégrale converge

---

[63] en fait, est bornée dans toute partie de $\mathbb{C}$ définie par des inégalités de la forme $a \leq \sigma \leq b$, $|t| \geq c$ où $a, b, c \in \mathbb{R}$ et $c > 0$ (on pose $s = \sigma + it$). Il faut évidemment éviter de s'approcher des pôles de la fonction.

pour $s = a$ et $s = b$. Ceci dit, effectuons une intégration par parties pour $\text{Re}(s) > 0$:

$$s\Gamma_f(s) = \int_0^{+\infty} f(x)sx^{s-1}dx = f(x)x^s\Big|_0^{+\infty} - \int_0^{+\infty} f'(x)x^{s+1}d^*x =$$
$$= -\Gamma'_f(s+1);$$

la partie tout intégrée est nulle parce que (1) f est continue pour $x \geq 0$, inégalité large, et x^s tend vers 0 avec x, (2) f est à décroissance rapide à l'infini. La relation précédente, qui généralise la formule $s\Gamma(s) = \Gamma(s+1)$, peut s'itérer puisque $f \in \mathcal{S}_+$ implique $f' \in \mathcal{S}_+$ et conduit à

(13.14) $\qquad s(s+1)\ldots(s+n-1)\Gamma_f(s) = (-1)^n \Gamma_{f^{(n)}}(s+n)$,

résultat valable pour tout s par prolongement analytique. Si s reste dans une bande verticale de largeur finie et si l'on choisit n assez grand, $s+n$ reste dans une bande $0 < a \leq \text{Re}(s) \leq b < +\infty$, bande dans laquelle le second membre est borné. Comme on a

$$s(s+1)\ldots(s+n-1) \sim s^n \qquad \text{pour } |s| \text{ grand}$$

et n donné, l'assertion (ii) s'ensuit.

(b) *Formule d'inversion.* Pour la prouver, il suffit de vérifier les conditions (a), (b) et (c) de la section (i). La continuité de f et la convergence de $\int f(x)x^s d^*x$ pour $\text{Re}(s) > 0$ sont évidentes puisque $f \in \mathcal{S}(\mathbb{R}_+)$; l'intégrale (4) figurant dans la formule d'inversion converge pour tout σ non entier négatif en raison de l'assertion (ii) du théorème.

(c) *La fonction f associée à une fonction φ vérifiant (i) et (ii).* D'après (ii), la fonction $t \mapsto \varphi(\sigma + it)$ est à décroissance rapide à l'infini quel que soit $\sigma \in \mathbb{R}$; on peut donc l'intégrer le long de toute verticale $\text{Re}(s) = \sigma \neq 0, -1, \ldots$ et calculer l'intégrale (4). Montrons qu'elle est indépendante de σ dans tout intervalle $[a, b]$ ne contenant aucun entier ≤ 0.

Intégrons $\varphi(s)x^{-s}$ le long d'un rectangle limité par des verticales $\text{Re}(s) = a$ et $\text{Re}(s) = b > a$ et par les horizontales $\text{Im}(s) = \pm T$. Sur les côtés horizontaux, on a

$$|x^{-s}| \leq x^{-a} + x^{-b},$$

constante indépendante de T; le facteur $\varphi(s)$, quant à lui, est $O(T^{-n})$ quel que soit n puisque la fonction $s^n\varphi(s)$ est bornée à l'infini dans la bande verticale $a \leq \text{Re}(s) \leq b$. Il est donc clair que les contributions de ces côtés tendent vers 0 lorsque $T \longrightarrow +\infty$. A la limite et en posant $\psi(s) = \varphi(s)x^{-s}$, on trouve donc que

$$(13.15) \quad \int_{\mathrm{Re}(s)=b} \psi(s)ds - \int_{\mathrm{Re}(s)=a} \psi(s)ds = 2\pi i \sum_{a<-k<b} \mathrm{Res}(\psi,-k).$$

Les intégrales sur les verticales a et b sont donc bien égales s'il n'y a aucun pôle de ψ, i.e. de φ, entre a et b.

Calculons les résidus de ψ. Au voisinage du pôle simple $s = -k$, on a par hypothèse

$$\varphi(s) = a_k/(s+k) + \ldots$$

où les termes non écrits représentent une série entière en $s+k$. Par ailleurs,

$$x^{-s} = x^k x^{-(s+k)} = x^k \exp\left[-(s+k)\log x\right] = x^k\left[1 - (s+k)\log x + \ldots\right]$$

est une série entière en $s+k$ dont le premier terme est x^k. On a donc

$$(13.16) \quad\quad\quad \mathrm{Res}(\psi,-k) = a_k x^k.$$

Ceci fait, (15) pour $0 < a < b$ montre que, si l'on pose

$$(13.17)\ 2\pi i f(x) = \int_{\mathrm{Re}(s)=\sigma>0} \varphi(s) x^{-s} ds = ix^{-\sigma} \int \varphi(\sigma + it) x^{-it} dt$$

pour $x > 0$, inégalité stricte, on définit sans ambiguïté une fonction sur $\mathbb{R}_+^*$. Comme $|x^{-it}| = 1$, on a

$$2\pi x^\sigma |f(x)| \leq \int |\varphi(\sigma + it)| dt$$

pour tout $\sigma > 0$; le second membre étant indépendant de x, on voit que f est à décroissance rapide à l'infini.

(d) *Dérivabilité de f pour $x > 0$.* Pour montrer que f est C^∞ pour x *strictement* positif, il faut tout d'abord montrer que l'on peut dériver (17) par rapport à x. Grâce au Théorème 24 du Chapitre V, §7, n° 25, tout revient à vérifier que :

(a) la fonction sous le signe $\int$ possède par rapport à x une dérivée fonction continue du couple (x,t), ce qui est clair,

(b) cette dérivée, à savoir $-s\varphi(s)x^{-s-1}$, est, pour tout compact $H \subset \mathbb{R}_+^*$, dominée par une fonction $p_H(t)$ intégrable sur $\mathbb{R}$ et ne dépendant pas du paramètre $x \in H$ (convergence normale).

Mais si x reste dans un intervalle $H = [a,b]$ avec $0 < a < b < +\infty$, on a

$$|s\varphi(s)x^{-s-1}| \leq |s\varphi(s)| \left(a^{-\sigma-1} + b^{-\sigma-1}\right) = p_H(t);$$

$s\varphi(s)$ étant à décroissance rapide comme fonction de t, la fonction p_H est intégrable, d'où (b).

§ 3. Quelques applications de la méthode de Cauchy   119

Ceci permet d'écrire que

$$(13.18) \qquad 2\pi i f'(x) = -\int_{\mathrm{Re}(s)=\sigma>0} s\varphi(s)x^{-s-1}ds\,.$$

Or la fonction $s\varphi(s)$, plus généralement le produit de $\varphi(s)$ par un polynôme en s, vérifie manifestement les conditions (i) et (ii). Les raisonnements utilisés pour f montrent donc que f' est à décroissance rapide à l'infini et possède une dérivée donnée par

$$2\pi i f''(x) = +\int s(s+1)\varphi(s)x^{-s-2}ds\,,$$

où l'on intègre toujours sur une verticale $\mathrm{Re}(s) = \sigma > 0$. En itérant le processus, on voit donc que f est indéfiniment dérivable pour $x \geq 0$, inégalité stricte, et que toutes ses dérivées

$$(13.19)\quad 2\pi i f^{(n)}(x) = (-1)^n \int s(s+1)\ldots(s+n-1)\varphi(s)x^{-s-n}ds$$

sont, comme f elle-même et pour la même raison, à décroissance rapide à l'infini. On intègre évidemment sur une verticale $\mathrm{Re}(s) = \sigma > 0$.

(e) *Comportement de f au voisinage de 0*. Il s'agit de montrer que f, pour le moment définie pour $x > 0$, se prolonge en une fonction C^∞ pour $x \geq 0$.

L'intégrale (17) est étendue à une verticale $\mathrm{Re}(s) = \sigma > 0$, mais on peut la déplacer vers la gauche à condition de tenir compte des pôles de φ : le raisonnement nous ayant conduit à (15) repose en effet uniquement sur la décroissance à l'infini de φ. Compte-tenu du calcul (16) de ces résidus, on a donc

$$(13.20)\ 2\pi i f(x) = 2\pi i(a_0 + a_1 x + \ldots + a_n x^n) + \int_{\mathrm{Re}(s)=-n-1/2} \varphi(s)x^{-s}ds$$

quel que soit $n \in \mathbb{N}$; le point $-n-1/2$ n'a d'autre mérite que d'être situé entre $-n-1$ et $-n$. Pour $\mathrm{Re}(s) = -n-1/2$, on a

$$\int \left|\varphi(s)x^{-s}\right| dt = x^{n+1/2}\int |\varphi(s)|\, dt\,;$$

l'intégrale additionnelle dans (20) est donc $O(x^{n+1/2})$, de sorte que (20) est un développement limité de f au voisinage de 0. Puisque $n \in \mathbb{N}$ est arbitraire, on obtient ainsi un développement asymptotique

$$(13.20')\qquad\qquad f(x) \approx \sum a_k x^k\,,\quad x \longrightarrow 0\,.$$

Montrons qu'on peut le dériver terme à terme, i.e. que l'on a

(13.20'')
$$f'(x) \approx \sum k a_k x^{k-1}, \quad x \longrightarrow 0.$$

La formule (18) s'écrit en effet encore

$$2\pi i x f'(x) = -\int s\varphi(s) x^{-s} ds\,;$$

on passe donc de $f(x)$ à $xf'(x)$ en remplaçant $\varphi(s)$ par $-s\varphi(s)$, fonction vérifiant encore les conditions (i) et (ii) de l'énoncé. On peut donc encore appliquer (20') dans ce cas à condition de remplacer le résidu a_k de $\varphi(s)$ en $s = -k$ par celui de $-s\varphi(s)$, à savoir ka_k puisque le point $s = -k$ est un pôle *simple* de φ; on a donc

$$xf'(x) \approx \sum k a_k x^k,$$

d'où (20'').

En itérant le raisonnement, on voit donc que, quel que soit n, la dérivée $f^{(n)}(x)$ possède au voisinage de 0 un développement asymptotique qu'on obtient en dérivant n fois terme à terme celui de f. Pour en déduire que f se prolonge en une fonction C^∞ dans $x \geq 0$, inégalité large, il reste à prouver un résultat général bien facile :

Lemme 1. *Soit f une fonction définie et indéfiniment dérivable dans un intervalle ouvert $0 < x < b$. Pour que f puisse se prolonger en une fonction indéfiniment dérivable dans l'intervalle $0 \leq x < b$, il faut et il suffit que les conditions suivantes soient remplies :*

(a) *f possède un développement asymptotique*

$$f(x) \approx \sum_{k \in \mathbb{N}} a_k x^k, \quad x \longrightarrow 0\,;$$

(b) *pour tout $n \in \mathbb{N}$, la dérivée $f^{(n)}(x)$ possède un développement asymptotique obtenu en dérivant n fois terme à terme celui de f.*

Tout d'abord, la relation $f(x) = a_0 + a_1 x + o(x)$ montre à la fois que, lorsque x tend vers 0, $f(x)$ tend vers a_0 et que, si l'on *définit* $f(0) = a_0$, la fonction f ainsi prolongée possède à l'origine une dérivée égale à a_1. Comme on a, d'après (ii), $f'(x) \approx a_1 + 2a_2 x + \ldots$ et donc $\lim f'(x) = a_1$, on voit que le prolongement de f à $0 \leq x < b$ est C^1. En raisonnant sur f' au lieu de f, on voit que f' se prolonge en une fonction C^1, de sorte que f est C^2, etc.

Variante du lemme 2 : supposer que

$$\lim_{x=0+} f^{(n)}(x) = f^{(n)}(0+)$$

existe pour tout n. Pour $0 < x < x + h$, on a en effet

$$|f(x+h) - f(x) - f'(x)h| \leq h. \sup |f'(x+k) - f'(x)|$$

où le sup est étendu aux $k \in [0, h]$; puisque $f'(0+)$ existe, ce sup est $\leq r$ pour h assez petit, d'où, quand x tend vers 0,

$$|f(h) - f(0+) - f'(0+)h| \leq rh;$$

la fonction f, prolongée en $x = 0$, possède donc une dérivée $f'(0) = f'(0+)$. Il reste à raisonner par récurrence pour étendre le résultat aux dérivées successives.

Comme on a montré plus haut que f et ses dérivées successives sont à décroissance rapide à l'infini, on a $f \in \mathcal{S}(\mathbb{R}_+)$.

(f) *La formule d'inversion de Mellin pour φ.* Montrons maintenant que φ est bien la transformée de Mellin de la fonction f, i.e. que l'on peut inverser la formule (17) définissant f. Puisque celle-ci n'est qu'une transformation de Fourier déguisée, tout revient à vérifier les conditions moyennant lesquelles, dans la section (i), nous avons montré que la formule d'inversion s'applique *dans les deux sens* :

(a) la fonction φ est continue sur la verticale $\mathrm{Re}(s) = \sigma > 0$,
(b) l'intégrale (17) est (absolument) convergente,
(c) on a $\int |f(x)x^s| d^*x < +\infty$ pour $\mathrm{Re}(s) > 0$;

l'ordre des conditions à vérifier est modifié car il s'agit ici de calculer φ en fonction de f et non f en fonction de φ.

La vérification de (a) est triviale (φ est holomorphe), nous n'aurions pas eu l'idée d'écrire (17) si la condition (b) n'avait pas été vérifiée, enfin (c) est clair car f est continue en $x = 0$ comme on vient de le montrer, et à décroissance rapide à l'infini comme on l'a constaté à la fin de la partie (c) de la démonstration.

La dernière assertion de l'énoncé n'a aucun rapport avec la transformation de Mellin ; on applique le résultat suivant :

Lemme 2. *Soient φ une fonction définie et holomorphe dans un ouvert*

$$U : a < \mathrm{Re}(s) < b, \quad \mathrm{Im}(s) > c$$

et m un nombre réel. Si la fonction $s^m \varphi(s)$ est bornée à l'infini dans toute bande verticale fermée de largeur finie contenue dans U, il en est de même pour toutes les dérivées de φ.

Pour le voir, on raisonne comme au n° 4, (iv). Plaçons-nous dans une bande fermée

$$B : \mathrm{Im}(s) \geq c' > c, \quad a' \leq \mathrm{Re}(s) \leq b' \text{ avec } a < a' < b' < b$$

122   VIII – La Théorie de Cauchy

contenue dans U et choisissons un $r > 0$ tel que
$$c < c' - r, \quad a < a' - r, \quad b' + r < b.$$

La bande fermée
$$B' : \operatorname{Im}(s) \geq c' - r, \quad a - r \leq \operatorname{Re}(s) \leq b + r$$

est contenue dans U et, pour tout $s \in B$, le disque de centre s et de rayon r est contenu dans B'. Pour $s \in B$, la formule de Cauchy (un peu fausse, mais le facteur numérique oublié n'a aucune influence sur les ordres de grandeur)
$$r^n \varphi^{(n)}(s) = \varphi \oint [s + r\mathbf{e}(t)] \, \mathbf{e}\left[-(n+1)t\right] dt$$

montre que (même remarque)
$$\left| \varphi^{(n)}(s) \right| \leq r^{-n} \cdot \sup |\varphi(w)|$$

où le sup est étendu aux w du cercle $|w - s| = r$. Par hypothèse, il existe une constante c_m telle que l'on ait $|w^m f(w)| \leq c_m$ à l'infini dans B'. Sur le cercle, on a $|s| - r \leq |w| \leq |s| + r$, donc $|w| \asymp |s|$ pour $|s|$ grand, ainsi que
$$|\varphi(w)| = O\left(|w|^{-m}\right) = O\left(|s|^{-m}\right).$$

On a donc
$$\left| s^m \varphi^{(n)}(s) \right| \leq |s^m| r^{-n} O\left(|s|^{-m}\right) = O(1) \quad \text{dans } B,$$

d'où le lemme. Il relève de la même philosophie que le théorème de convergence de Weierstrass (Chap. VII, n° 19).

Le théorème 12 caractérise les transformées de Mellin des fonctions appartenant à $\mathcal{S}(\mathbb{R}_+)$, mais il est évident que la méthode peut s'appliquer à d'autres cas. Proposons-nous par exemple de caractériser les transformées de Mellin des fonctions f qui, sur $\mathbb{R}_+^*$, possèdent les propriétés suivantes :

(a) f est C^∞ et à décroissance rapide à l'infini ainsi que ses dérivées successives ;
(b) au voisinage de 0, f possède un développement asymptotique illimité
$$f(x) \approx \sum_{\mathbb{N}} a_n x^{u_n}$$
avec des exposants réels $u_0 < u_1 < \ldots$ tels que $\lim u_n = +\infty$;
(c) pour tout $k \in \mathbb{N}$, la dérivée $f^{(k)}(x)$ possède au voisinage de $x = 0$ un développement asymptotique illimité obtenu en dérivant formellement celui de f.

Comme on l'a vu au début de ce n°, la transformée de Mellin

$$\varphi(s) = \int f(x) x^s d^*x = \Gamma_f(s),$$

définie à priori pour $\mathrm{Re}(s) > -u_0$, se prolonge en une fonction méromorphe dans tout $\mathbb{C}$ dont les pôles, tous simples, sont les points $-u_n$. La formule $s\Gamma_f(s) = -\Gamma_{f'}(s+1)$ reste évidemment valable pour $\mathrm{Re}(s) > -u_0$ avec la même démonstration que plus haut. Comme il est clair, en vertu de (c), que les dérivées successives de f vérifient elles aussi les conditions (a) et (b) ci-dessus, on peut l'itérer et en déduire, comme dans la démonstration du théorème 14, que la fonction $s^n \varphi(s)$ est bornée à l'infini (donc aussi ses dérivées successives) dans toute bande verticale de largeur finie.

On laisse au lecteur le soin de montrer qu'inversement toute fonction $\varphi(s)$ méromorphe dans $\mathbb{C}$ possédant ces deux propriétés (ses seules singularités sont des pôles simples en des points $-u_0 > -u_1 > \ldots$ de l'axe réel et elle est à décroissance rapide à l'infini dans toute bande verticale de largeur finie) est la transformée de Mellin d'une fonction du type précédent.

14 – La formule de Stirling pour la fonction gamma

L'exemple le plus simple d'application de la formule d'inversion s'obtient en choisissant $f(x) = e^{-x}$, évidemment dans $\mathcal{S}(\mathbb{R}_+)$. Sa transformée de Mellin est, par définition, $\Gamma(s)$. On a donc

$$(14.1)\quad e^{-x} = \frac{1}{2\pi i} \int_{\mathrm{Re}(s)=\sigma} \Gamma(s) x^{-s} ds = \frac{1}{2\pi} \int \Gamma(\sigma+it) x^{-\sigma-it} dt, \quad \sigma > 0,$$

et une formule un peu moins simple pour $-p-1 < \sigma < -p$. Ce résultat est dû à Mellin lui-même (1910), mais on peut l'obtenir facilement sans invoquer le théorème général: il suffit d'en reconstruire la démonstration dans ce cas particulier ...

Le Théorème 14 montre aussi que, sur toute verticale ne passant pas par un pôle, la fonction $t \mapsto \Gamma(\sigma+it)$ est dans l'espace de Schwartz. C'est un pâle résultat: la formule (27) qu'on démontrera à la fin de cette section montre en effet que, sur toute verticale, la fonction Γ est à décroissance *exponentielle*.

Ce résultat repose sur une évaluation (Stieltjes) qui, pour $s \in \mathbb{N}$, se réduit à la formule de Stirling

$$(14.2)\qquad n! \sim (2\pi)^{1/2} n^{n+1/2} e^{-n} \quad \text{quand } n \longrightarrow +\infty$$

du Chapitre VI, n° 18, à savoir

$$(14.3)\qquad \Gamma(s) \sim (2\pi)^{1/2} s^{s-1/2} e^{-s}$$

quand s tend vers l'infini dans un angle $|\mathrm{Arg}(s)| \geq \pi - \delta$ avec $\delta > 0$; l'équivalence avec (2) pour s entier résulte de la relation

124   VIII – La Théorie de Cauchy

$$(n-1)! = n!/n \sim (2\pi)^{1/2} n^{n-1/2} e^{-n}.$$

Nous allons d'abord démontrer[64] la relation (3), puis montrer comment on peut en déduire le comportement de la fonction Γ sur les verticales. Ces résultats interviennent dans des domaines comme la théorie analytique des nombres et pour étudier le comportement asymptotique de fonctions spéciales importantes. Les démontrer constitue un exercice de calcul sur les logarithmes complexes où tous les pièges du sujet sont présents[65]. On posera dans ce qui suit

$$\mathbb{C} - \mathbb{R}_- = \mathbb{C}_+.$$

L'idée de la démonstration est simple. En calculant naïvement, (3) semble équivalent à

(14.4) $\qquad \log \Gamma(s) = \dfrac{1}{2} \log 2\pi + (s - 1/2) \log s - s + o(1).$

Or la formule

(14.5) $\qquad \Gamma(s) = \lim n! n^s / s(s+1) \ldots (s+n),$

valable quel que soit s non entier ≤ 0, semble montrer que

(14.6) $\qquad \log \Gamma(s) = \lim \left\{ \log(n!) + s \log n - \sum_{0}^{n} \log(s+p) \right\}$

et (2) montre que

(14.7) $\qquad \log(n!) = 1/2 \log(2\pi) + (n + 1/2) \log n - n + o(1).$

Le problème semble donc être d'évaluer la somme des $\log(s+p)$, ce que permet la formule sommatoire d'Euler-Maclaurin (Chapitre VI, §2, n° 16) comme on le verra. En combinant ces résultats, on peut espérer justifier (4) et donc (3). Mais les logarithmes complexes, et encore moins leurs limites, ne s'utilisent pas comme ceux de Neper; il faudra donc d'abord en préciser la signification.

Commençons par préciser le sens de l'expression $s^{s-1/2}$ figurant dans (3), à savoir

---

[64] La suite de ce n° consiste essentiellement à détailler l'exposé passablement concentré de Remmert 2, Chap. 2, §4. Dieudonné, *Calcul infinitésimal*, IX.7.6, donne un vrai développement asymptotique en utilisant la formule d'Euler-MacLaurin complète. On peut aussi consulter N. Bourbaki, *Fonctions d'une variable réelle*.

[65] Pour un exemple de démonstration où l'on utilise les log complexes sans précaution, voir Serge Lang, *Complex Analysis* (Springer-New York, 4th. ed., 1999), pp. 422–428.

§ 3. Quelques applications de la méthode de Cauchy 125

(14.8) $\quad s^{s-1/2} = \exp\left[(s-1/2)\operatorname{Log} s\right] \quad$ pour $s \in \mathbb{C}_+$,

où, dans $\mathbb{C}_+$, la fonction Log est la branche uniforme qui, sur l'axe réel positif, se réduit à la fonction de Neper :

(14.9) $\quad \operatorname{Log} z = \log|z| + i\operatorname{Arg}(z) \quad$ avec $\quad |\mathcal{A}rg(z)| < \pi$.

Cette fonction permet définir plus généralement

$$z^w = \exp(w \operatorname{Log} z) \quad \text{pour} \quad z \in \mathbb{C}_+, \ w \in \mathbb{C}.$$

Pour des raisons techniques, il est utile de prolonger la fonction Log à tout $\mathbb{C}^*$ en posant

(14.9') $\quad L(z) = \log|z| + i\operatorname{Arg}(z) \quad$ avec $\quad -\pi < \operatorname{Arg}(z) \leq +\pi$

dans $\mathbb{C}^*$, d'où $z = \exp[L(z)]$ quel que soit $z \in \mathbb{C}^*$. La fonction L n'est pas holomorphe dans tout $\mathbb{C}^*$; elle est discontinue en tout point de $\mathbb{R}_-^*$. De façon précise, considérons une suite de points $z_n \in \mathbb{C}^*$ qui converge vers un $z \in \mathbb{C}^*$. Si $z \in \mathbb{C}_+$, il est clair que $\operatorname{Arg}(z) = \lim \operatorname{Arg}(z_n)$ et par suite que $L(z) = \lim L(z_n)$. Mais si $z \in \mathbb{R}_-$, on a $\operatorname{Arg}(z) = +\pi$ par convention alors que les arguments des z_n sont, pour n grand, voisins de $+\pi$ ou de $-\pi$ selon les valeurs de n ; il y a donc des entiers $k_n \in \{-1, 0\}$ tels que l'on ait

$$\operatorname{Arg}(z) = \lim\left[\operatorname{Arg}(z_n) + 2k_n\pi i\right].$$

On en conclut que, dans tous les cas, il existe des k_n tels que

(14.10) $\quad L(\lim z_n) = \lim\left[L(z_n) + 2k_n\pi i\right]$.

Dans un cas de ce genre, il peut arriver que $L(z_n)$ tende vers une limite. Il en est alors de même de $2k_n\pi i$, qui est donc constant pour n grand ; par suite,

(14.10') $\quad L(\lim z_n) = \lim L(z_n) \mod 2\pi i \quad$ si $\quad \lim L(z_n)$ existe.

L'équation fonctionnelle du logarithme se généralise avec précaution à la fonction $L(s)$. Avec la définition (9') de l'argument, il est clair que[66]

$$z = z_1 \ldots z_n \Longrightarrow \operatorname{Arg}(z) = \sum \operatorname{Arg}(z_p) \mod 2\pi,$$

de sorte que l'on a

(14.11) $\quad L(z_1 \ldots z_n) = \sum L(z_p) \mod 2\pi i$,

---

[66] Dans ce qui suit, on écrit $a = b \mod 2\pi$ ou $\mod 2\pi i$ pour exprimer que $a - b$ est un multiple de 2π ou de $2\pi i$ selon les cas. La notation traditionnelle est le signe $\equiv$, inutile si on le fait suivre d'une indication telle que " $\mod 25$ ".

et que

(14.12) $\quad L(z_1 \ldots z_n) = \sum L(z_p) \iff -\pi < \sum \operatorname{Arg}(z_p) \leq +\pi$.

Pour x réel > 0 et $s = \sigma + it \in \mathbb{C}$, on a $x^s = x^\sigma \exp(it \log x)$; puisque l'argument de $x \in \mathbb{R}_+^*$ est nul, (12) montre que

$$L(x^s) = L(x^\sigma) + L[\exp(it \log x)]$$

et comme l'argument de $\exp(it \log x)$ est, mod 2π, égal à $t \log x$, on voit que

(14.13) $\quad L(x^s) = sL(x) \mod 2\pi i \quad \text{pour } x \in \mathbb{R}_+^*, \ s \in \mathbb{C}$;

la formule $L(x^s) = sL(x)$ est valable si $s \in \mathbb{R}$ puisqu'alors on calcule dans $\mathbb{R}_+^*$.

Nous aurons aussi besoin de la relation

(14.14) $\quad L(1+z) = z - z^2/2 + z^3/3 \ldots \quad \text{pour } |z| < 1$;

elle est vraie pour z réel puisqu'alors $L(1+z) = \log(1+z)$, donc aussi dans le disque unité par prolongement analytique; (14) ne concerne d'ailleurs réellement que la fonction Log.

Précisons maintenant ce qu'il faut entendre par $\operatorname{Log} \Gamma(s)$. Dans le domaine simplement connexe $\mathbb{C}_+$, la fonction Γ est holomorphe et jamais nulle (développement en produit infini). Il existe donc dans $\mathbb{C}_+$ des solutions holomorphes de l'équation $\exp[f(s)] = \Gamma(s)$, à savoir (§ 1, n° 3, Corollaire 2 du Théorème 3) certaines primitives de $\Gamma'(s)/\Gamma(s)$. On choisira la fonction

(14.15) $\quad \displaystyle \operatorname{Log} \Gamma(s) = \int_1^s \frac{\Gamma'(z)}{\Gamma(z)} dz$

où l'on intègre le long d'un chemin joignant 1 à s dans $\mathbb{C}_+$, le plus simple étant le segment de droite. Avec cette définition, on a

(14.16) $\quad \operatorname{Log} \Gamma(s) = \log \Gamma(s) \quad \text{pour } s \in \mathbb{R}_+^*$

puisqu'alors on intègre la fonction réelle $\Gamma'(x)/\Gamma(x)$ sur l'intervalle $(1, s)$.

On pourrait croire que $\operatorname{Log} \Gamma(s) = L[\Gamma(s)]$. Ce serait le cas si l'on savait que $s \in \mathbb{C}_+ \implies \Gamma(s) \in \mathbb{C}_+$, car alors le second membre, composé de deux fonctions holomorphes dans $\mathbb{C}_+$, le serait aussi comme le premier; évidemment exacte sur $\mathbb{R}_+^*$, la formule serait alors valable dans tout $\mathbb{C}_+$. Mais l'hypothèse sur laquelle repose ce raisonnement ne semble pas exacte[67]. Comme on a, par définition,

$$\exp[\operatorname{Log} \Gamma(s)] = \Gamma(s) = \exp\{L[\Gamma(s)]\}$$

---

[67] Remmert 2 y fait discrètement allusion p. 42 mais, hélas, ne le démontre pas, et je ne vois pas comment le faire.

la relation

(14.17) $\quad\quad\quad\quad \operatorname{Log} \Gamma(s) = L\left[\Gamma(s)\right] \mod 2\pi i$

est exacte et nous suffira.

Exercice. En utilisant le produit infini, montrer que

(14.18) $\quad -\Gamma'(s)/\Gamma(s) = C + 1/s + \sum_{n\geq 1}\left(\dfrac{1}{s+n} - \dfrac{1}{n}\right)$

si s n'est pas un entier ≤ 0, puis que

(14.19) $\operatorname{Log} \Gamma(s) = -Cs - \operatorname{Log} s + \sum \left[s/n - \operatorname{Log}(1 + s/n)\right]$ pour $s \in \mathbb{C}_+$.

Ces explications préliminaires nous permettent de revenir à

$$\Gamma(s) = \lim \left[n! n^s / s(s+1)\dots(s+n)\right].$$

Tout d'abord, et d'après (10), (11) et (17), on a

(14.20) $\operatorname{Log} \Gamma(s) = \lim \left\{\log(n!) + s\log n - \sum_{0}^{n} L(s+p) + 2k_n \pi i\right\}$

pour des $k_n \in \mathbb{Z}$ bien choisis, et, d'après Stirling,

(14.21) $\quad \log(n!) = \dfrac{1}{2}\log(2\pi) + (n + 1/2)\log n - n + o(1)$.

Pour évaluer la somme des $L(s+p)$ pour $s \in \mathbb{C}_+$ donné, posons $f(x) = L(s+x) = \operatorname{Log}(s+x)$ pour $x > 0$; on obtient une fonction C^∞ telle que $f'(x) = (s+x)^{-1}$, $f''(x) = -(s+x)^{-2}$ car $\operatorname{Log} z$ est holomorphe dans $\mathbb{C}_+$ et a pour dérivée $1/z$. Au lieu de renvoyer le lecteur au Chapitre VI, §2, n° 16 pour la formule générale d'Euler-MacLaurin, introduisons les fonctions

(14.22) $\quad\quad P_1(x) = x - 1/2, \quad P_2(x) = \dfrac{1}{2}\left(x^2 - x\right),$

d'où $P_1' = 1$ et $P_2' = P_1$. Comme $P_2(0) = P_2(1) = 0$, deux intégrations par parties montrent immédiatement que

$$\int_p^{p+1} f(x)dx = \int_0^1 f(x+p)dx =$$
$$= \dfrac{1}{2}\left[f(x+p) + f(x+p+1)\right] + \int_0^1 f''(x+p) P_2(x) dx.$$

En posant

(14.23) $$P_2^*(x) = P_2(x - [x]),$$

fonction de période 1 égale à P_2 sur $(0,1)$, on transforme la dernière intégrale en celle de la fonction $f''(x)P_2^*(x)$ sur $(p, p+1)$. En sommant de $p = 0$ à $p = n-1$, on trouve donc

$$\int_0^n f(x)dx = -\frac{1}{2}[f(0) + f(n)] + \sum_0^n f(x+p) + \int_0^n f''(x)P_2^*(x)dx.$$

Pour $f(x) = \mathrm{Log}(s + x)$, une intégration par parties montre que

$$\int_0^n f(x)dx = (s+n)\mathrm{Log}(s+n) - s\,\mathrm{Log}\,s - n,$$

d'où

$$\sum_0^n \mathrm{Log}(s+p) = (s+n)\mathrm{Log}(s+n) -$$
$$- s\,\mathrm{Log}\,s - n + \frac{1}{2}[\mathrm{Log}\,s + \mathrm{Log}(s+n)] -$$
$$- \int_0^n (s+x)^{-2}P_2^*(x)dx.$$

La formule (20) montre alors, modulo de petits calculs, que $\mathrm{Log}\,\Gamma(s)$ est la limite d'une suite dont le terme général est, *à un multiple près de $2\pi i$*, égal à

$$z_n = \frac{1}{2}\log(2\pi) - (n + s + 1/2)[\mathrm{Log}(s+n) - \log n] + (s - 1/2)\mathrm{Log}\,s +$$
$$+ \int_0^n (s+x)^{-2}P_2^*(x)dx.$$

Si nous montrons que $\lim z_n = z$ existe, la relation (10') montrera que $\mathrm{Log}\,\Gamma(s) = 2k\pi i + z$, donc que $\Gamma(s) = e^z$.

Tout d'abord, la fonction $P_2^*(x)$ étant bornée, l'intégrale sur $(0,n)$ converge vers ce que Remmert note

(14.24) $$\mu(s) = \int_0^{+\infty} (s+x)^{-2}P_2^*(x)dx = -\int_0^{+\infty} (s+x)^{-1}P_1^*(x)dx.$$

D'autre part, on a $s + n = (1 + s/n)n$, et comme $\mathrm{Arg}(n) = 0$ on en déduit, par (12), que $\mathrm{Log}(s+n) = \mathrm{Log}(1 + s/n) + \log n$, d'où

$$\mathrm{Log}(s+n) - \log n = \mathrm{Log}(1 + s/n) = s/n + O(1/n^2)$$

d'après (14). Par suite, on a

$$\lim(n + s + 1/2)[\mathrm{Log}(s+n) - \log n] = s.$$

D'où l'existence de
$$\lim z_n = \frac{1}{2}\log(2\pi) - s + (s - 1/2)\operatorname{Log} s + \mu(s)$$

et la formule

(14.25) $\quad \Gamma(s) = (2\pi)^{1/2} s^{s-1/2} e^{-s} e^{\mu(s)} \quad$ pour tout $s \in \mathbb{C}_+$.

Il reste donc à montrer que, lorsque s tend vers l'infini d'une façon pas trop arbitraire dans $\mathbb{C}_+$, $e^{\mu(s)}$ tend vers 1, et pour cela que $\mu(s)$ tend vers 0. Posons $s = r.\exp(i\varphi)$. Pour $x > 0$, on a

$$|s + x|^2 = (x + r\cos\varphi)^2 + r^2 \sin^2\varphi = r^2 + 2xr\cos\varphi + x^2 =$$
$$= (r + x)^2 - 4xr\sin^2\varphi/2\,;$$

comme $4xr \leq (r + x)^2$ – calculez la différence –, on voit que

$$|s + x|^2 \geq (r + x)^2 \cos^2\varphi/2\,.$$

La fonction périodique $P_2(x)$ étant partout comprise entre 0 et $1/8$, on trouve donc

$$8|\mu(s)|\cos^2\varphi/2 \leq \int_0^{+\infty} (r + x)^{-2} dx = 1/r$$

ou (Remmert, p. 52)

(14.26) $\quad |\mu(s)| \leq 1/8|s|\cos^2\varphi/2 \quad$ dans $\mathbb{C}_+$.

On a donc $\lim \mu(s) = 0$ si s tend vers l'infini de telle sorte que le produit $|s|\cos^2\varphi/2$ fasse de même, par exemple si l'on se place dans la partie de $\mathbb{C}$ définie par

$$|\operatorname{Arg}(s)| \leq \pi - \delta \quad \text{avec } 0 < \delta < \pi\,.$$

La formule de Stieltjes est valable sous cette condition, par exemple si s reste dans un demi-plan $\operatorname{Re}(s) > c$ et à fortiori dans une bande verticale de largeur finie.

Remmert, quant à lui, se passe de tous les calculs de limites que nous avons détaillés. Il introduit a priori la fonction $\mu(s)$ et, à l'aide de la seconde intégrale, constate par un calcul élémentaire que

$$\mu(s) - \mu(s+1) = (s + 1/2)\operatorname{Log}(1 + 1/s) - 1\,,$$

puis que la fonction $f(s) = s^{s-1/2} e^{-s} e^{\mu(s)}$, holomorphe dans $\mathbb{C}_+$, vérifie les hypothèses de Wielandt [n° 10, (i)]. On a donc $f(s) = f(1)\Gamma(s)$, et en particulier $f(n) = f(1)(n-1)!$; comme il est évident que $\mu(n)$ tend vers 0, la comparaison avec la formule de Stirling montre que $f(1) = (2\pi)^{1/2}$. Bel exemple de *Blitzbeweis* !

Pour montrer que la fonction gamma est à décroissance exponentielle sur les verticales, il faut encore évaluer

$$\left|s^{s-1/2}\right| = e^{\operatorname{Re}[(s-1/2)\operatorname{Log} s]}.$$

Pour $s = \sigma + it$, on a

$$\operatorname{Re}\left[(s-1/2)\operatorname{Log} s\right] = (\sigma - 1/2)\log|s| - t\operatorname{Arg}(s).$$

Lorsque s tend vers l'infini dans une bande verticale B de largeur finie, l'argument de s tend vers $\pi/2$ si t tend vers $+\infty$, et vers $-\pi/2$ si t tend vers $-\infty$; dans le premier cas, on a, en utilisant la série entière de Arctg,

$$\pi/2 - \operatorname{Arg}(s) = \operatorname{Arctg}(\sigma/t) = \sigma/t + O(t^{-3})$$

puisque σ reste dans un compact, d'où

$$-t\operatorname{Arg}(s) = -\pi|t|/2 + \sigma + O(t^{-2}),$$

résultat valable aussi dans le second cas. Pour la même raison, on a

$$|s| = \left(\sigma^2 + t^2\right)^{1/2} = |t|\left(1 + O\left(t^{-2}\right)\right),$$
$$\log|s| = \log|t| + \log\left(1 + O\left(t^{-2}\right)\right) = \log|t| + O\left(t^{-2}\right).$$

On a donc finalement

$$\operatorname{Re}\left[(s-1/2)\operatorname{Log} s\right] = -\pi|t|/2 + (\sigma - 1/2)\log|t| + \sigma + O\left(t^{-2}\right),$$

d'où

$$\left|s^{s-1/2}\right| \sim e^{-\pi|t|/2}|t|^{\sigma-1/2}e^{\sigma} \quad \text{à l'infini dans } B$$

puisque le facteur $\exp\left[O(|t|^{-2})\right]$ tend vers $\exp(0) = 1$. Revenant à (29), on trouve finalement l'évaluation cherchée (due à l'Italien Salvatore Pincherle, 1889, nous dit Remmert), à savoir

(14.27) $$|\Gamma(\sigma + it)| \sim (2\pi)^{1/2}|t|^{\sigma-1/2}e^{-\pi|t|/2}.$$

Il est rassurant de constater que ce résultat est compatible avec la formule (10.5.8)

$$|\Gamma(1/2 + it)|^2 = \pi/\cosh \pi t.$$

15 – La transformée de Fourier de $1/\cosh \pi x$

Comme $\Gamma(1/2+it)$, la fonction $1/\cosh \pi x$ est dans l'espace $\mathcal{S}(\mathbb{R})$, ce qui peut se vérifier directement puisque sa dérivée d'ordre n s'obtient en divisant par $\cosh^{2n} \pi x$ un polynôme en $\sinh \pi x$ et $\cosh \pi x$ dont tous les monômes sont de degré total $< 2^n$; or on a $\cosh \pi x \sim \frac{1}{2} \exp(\pi|x|)$ à l'infini.

Nous allons montrer qu'elle est identique à sa transformée de Fourier, résultat qui donnera lieu plus tard à l'étrange identité (17) que l'on trouvera à la fin de ce n°.

La transformée de Fourier de $1/\cosh \pi x$ est l'intégrale

$$(15.1) \qquad 2\int \frac{\exp(-2\pi i y t)}{e^{\pi t} + e^{-\pi t}} dt = \frac{2}{\pi} \int_0^{+\infty} \frac{x^{2iy}}{1+x^2} dx$$

comme le montre le changement de variable $e^{-\pi t} = x$. Il reste donc à calculer plus généralement l'intégrale

$$(15.2) \qquad \varphi(s) = \int_0^{+\infty} \frac{x^s}{1+x^2} dx, \quad |\operatorname{Re}(s)| < 1,$$

transformée de Mellin de

$$f(x) = x/(1+x^2) = f(1/x);$$

si l'on on montre que

$$\varphi(s) = \pi/2 \cos(\pi s/2)$$

la transformée de Fourier cherchée sera alors égale à

$$2\varphi(2iy)/\pi = 1/\cosh \pi y$$

comme prévu. Nous allons donner trois méthodes pour faire ce calcul.

Première démonstration. C'est la plus courte. On part de la formule

$$\Gamma(s)\Gamma(1-s) = \pi/\sin \pi s$$

et, pour $0 < \operatorname{Re}(s) < 1$, on écrit que

$$\Gamma(s)\Gamma(1-s) = \int e^{-x} x^s d^*x \int e^{-y} y^{-s} dy = \iint e^{-x-y}(x/y)^s d^*x dy =$$
$$= \int dy \int e^{-x-y}(x/y)^s d^*x = \int dy \int e^{-xy-y} x^s d^*x =$$
$$= \int x^s d^*x \int e^{-(x+1)y} dy = \int \frac{x^s}{x+1} d^*x$$

où toutes les intégrables sont sur $]0, +\infty[$. Ces transformations sont justifiées par le théorème de Lebesgue-Fubini (le théorème 25 du Chap. V, n° 26 suffirait) puisque toutes les fonctions considérées sont intégrables sur $(0, +\infty)$ pour $0 < \mathrm{Re}(s) < 1$. Le changement de variable $x \mapsto x^2$ dans la dernière intégrale, qui transforme d^*x en $2d^*x$, montre alors que

$$\Gamma(s)\Gamma(1-s) = 2\varphi(2s-1),$$

d'où, en remplaçant s par $(s+1)/2$,

$$\varphi(s) = \pi/2 \cos(\pi s/2)$$

pour $|\mathrm{Re}(s)| < 1$, cqfd.

Seconde démonstration. On a

(15.3') $f(x) = x - x^3 + x^5 + \ldots$ pour $|x| < 1$,

(15.3'') $f(x) = x^{-1} - x^{-3} + \ldots$ pour $|x| > 1$.

Une idée simple consiste à multiplier les séries (3') et (3'') par x^s et à les intégrer terme à terme sur $(0,1)$ et $(1, +\infty)$ par rapport à d^*x en tenant compte du fait que l'intégrale $\int x^s d^*x$ étendue à $(0,1)$ ou à $(1, +\infty)$ est égale à $1/s$ ou $-1/s$ *lorsqu'elle converge*. En calculant formellement, on trouve ainsi que

$$\varphi(s) = [1/(s+1) - 1/(s+3) + \ldots] - [1/(s-1) - 1/(s-3) + \ldots]$$

pour $|\mathrm{Re}(s)| < 1$ puisqu'alors toutes les intégrales en cause sont convergentes. Mais les deux séries obtenues, quoique semi-convergentes (n° 9), ne sont pas absolument convergentes, ce qui rend a priori suspecte la permutation des signes $\sum$ et $\int$. Pour la justifier, on remplace (3') par l'identité

$$f(x) = x - x^3 + \ldots + (-1)^n x^{2n+1} + (-1)^{n+1} x^{2n+2} f(x)$$

qui, au facteur x près, n'est autre que la relation

$$1/(1-q) = 1 + q + \ldots + q^n + q^{n+1}/(1-q)$$

pour $q = -x^2$. On trouve alors que la contribution $\varphi^-(s)$ de l'intervalle $(0,1)$ est, quel que soit $n > 0$, égale à

$$\sum_{0 \leq p \leq n} \frac{(-1)^p}{s + 2p + 1} + (-1)^{n+1} \varphi^-(s + 2n + 2).$$

Ceci suppose a priori $\mathrm{Re}(s) > -1$ pour que l'intégrale en $p = 0$ et donc les suivantes soient convergentes, mais est en fait valable pour tout $s \in \mathbb{C}$ par prolongement analytique puisque $\varphi^-(s)$ est évidemment méromorphe dans tout le plan. Or, pour tout $s \in \mathbb{C}$, on a

$$\varphi^-(s+2n+2) = \int_0^1 \frac{x^{s+2n+2}}{1+x^2} d^*x \quad \text{pour} \quad \operatorname{Re}(s)+2n+2 > 0,$$

donc pour n grand. Lorsque n augmente, la fonction $x^{s+2n+2}/(1+x^2)$ converge partout vers 0 dans $]0,1[$ en restant ≤ 1 en module pour n grand ; l'intégrale tend donc vers 0 (convergence dominée pour la mesure d^*x), d'où à nouveau la convergence de la série et la relation

$$\varphi^-(s) = \sum_{p \geq 0} \frac{(-1)^p}{s+2p+1}$$

quel que soit s.

Pour traiter la contribution $\varphi^+(s)$ de l'intervalle $(1,+\infty)$ au calcul de $\varphi(s)$, on remarque que $\varphi^+(s) = \varphi^-(-s)$, d'où

$$\varphi^+(s) = \sum_{p \leq -1} \frac{(-1)^p}{s+2p+1}.$$

Pour $|\operatorname{Re}(s)| < 1$, on trouve ainsi à nouveau

$$\varphi(s) = \int_0^{+\infty} \frac{x^s}{1+x^2} dx = \sum_{\mathbb{Z}} \frac{(-1)^p}{s+2p+1} = \pi/2 \cos(\pi s/2)$$

grâce à (9.7").

Troisième démonstration. Le lecteur sera peut-être satisfait par ces démonstrations, mais ce § est censé exposer des utilisations de la formule de Cauchy. Voici donc une autre façon de calculer $\varphi(s)$, beaucoup moins simple et miraculeuse, mais généralisable à toutes les fractions rationnelles.

Elle consiste, pour $|\operatorname{Re}(s)| < 1$, à intégrer la fonction

$$g(z) = z^s/(1+z^2)$$

le long du contour μ ci-dessous en précisant que, dans $\mathbb{C} - \mathbb{R}_+$, on pose $z^s = \exp(s \operatorname{Log} z)$ où

(15.4) $\quad \operatorname{Log} z = \log|z| + i\operatorname{Arg} z, \quad 0 < \operatorname{Arg} z < 2\pi.$

On trouve $2\pi i(\rho_i + \rho_{-i})$ où figurent les résidus de la fonction aux pôles simples i et $-i$. On a

$$\rho_i = \lim_{z=i}(z-i)z^s/(1+z^2) = i^s/2i = e^{\pi i s/2}/2i$$

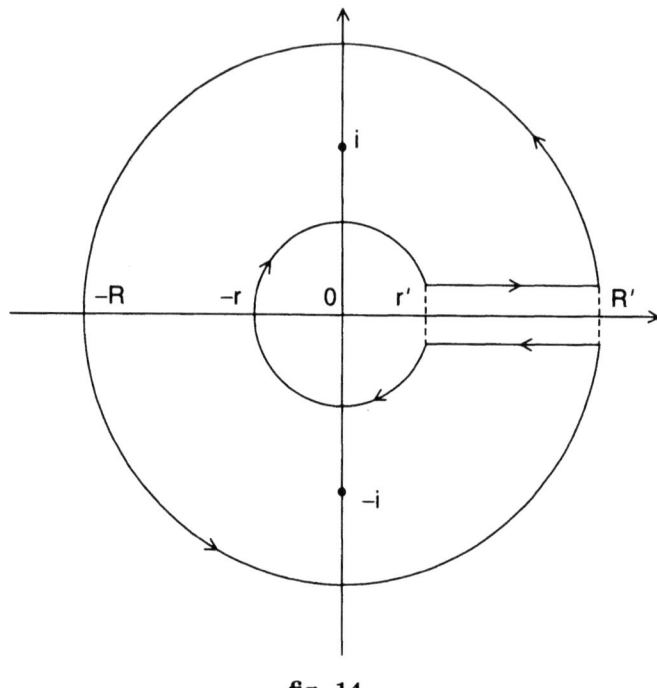

fig. 14.

d'après (4) et l'on trouverait de même que $\rho_{-i} = -e^{3\pi is/2}/2i$. Il vient donc

(15.5) $$\int_\mu z^s dz / (1+z^2) = \pi e^{\pi is/2} \left(1 - e^{\pi is}\right).$$

Reste à déduire de là l'intégrale $\varphi(s)$.

Soient r et R les rayons des deux cercles et $\pm \delta$ les ordonnées des deux segments de droite horizontaux qui composent μ. La contribution à l'intégrale du segment d'ordonnée $+\delta$ est

(15.6) $$\int_{r'}^{R'} (x+i\delta)^s dx / \left[1 + (x+i\delta)^2\right]$$

où les limites $r' < r$ et $R' < R$ tendent vers r et R lorsque δ tend vers 0. L'argument de $x + i\delta$ tendant vers 0 avec δ, la fonction

$$F(x, \delta) = (x+i\delta)^s / \left[1 + (x+i\delta)^2\right]$$

tend pour $x > 0$ vers $F(x, 0+) = x^s(1+x^2)^{-1}$, où $x^s = e^{s \log x}$ a sa valeur usuelle pour x réel > 0 (Chap. IV) ; on peut donc présumer que l'intégrale (6) aura pour limite l'intégrale de $F(x, 0+)$ étendue à l'intervalle $[r, R]$, mais ce

§ 3. Quelques applications de la méthode de Cauchy   135

point demande une justification que va nous fournir le théorème de convergence dominée.

Tout d'abord, il est clair que l'on a $r' > r/2$ pour δ assez petit. L'intégrale (6) est donc celle sur l'intervalle fixe $(r/2, R)$ de la fonction égale à $F(x, \delta)$ entre r' et R' et à 0 ailleurs. Dans l'intervalle $(r/2, R)$, cette nouvelle fonction tend vers $F(x, 0+)$ dans $]r, R[$ et vers 0 ailleurs. D'autre part, la formule qui définit $F(x, \delta)$ a encore un sens pour $x > 0$ et $\delta = 0$, le résultat étant évidemment une fonction continue dans le produit $\mathbb{R}_+^* \times \mathbb{R}_+$; il s'ensuit que f est bornée sur le compact $\{x \in [r/2, R] \ \& \ 0 \leq \delta \leq 1\}$. Lorsque δ tend vers 0, la fonction $F(x, \delta)$ modifiée que l'on intègre sur $[r/2, R]$ tend donc vers la fonction égale à $F(x, 0+)$ dans $]r, R[$ et à zéro ailleurs, tout en restant dominée par une constante fixe. Comme on intègre sur un compact, le passage à la limite est justifié, et on a bien finalement

$$(15.7) \quad \lim \int_{r'}^{R'} F(x, \delta) dx = \int_r^R F(x, 0+) dx = \int_r^R x^s dx/(1 + x^2).$$

L'intégrale le long du segment d'ordonnée $-\delta$ se traite de même ; il faut modifier le sens de parcours et tenir compte du fait que l'argument de $x - i\delta$ tend vers 2π, ce qui introduit un facteur $e^{2\pi i s} = \mathbf{e}(s)$ dans le calcul. La valeur limite est donc l'intégrale (7) multipliée par $-\mathbf{e}(s)$.

Pour r et R donnés et δ tendant vers 0, les contributions des segments de droite horizontaux sont donc égales, au total, à

$$(15.8) \quad (1 - \mathbf{e}(s)) \int_r^R x^s dx / (1 + x^2),$$

expression qui tend vers $(1 - \mathbf{e}(s))\varphi(s)$ d'après (2) lorsque r et R tendent vers 0 et $+\infty$.

Pour montrer que les contributions des arcs de cercle tendent vers 0, on utilise le lemme de l'introduction à ce § : dans $U = \mathbb{C} - \mathbb{R}_+$ et pour tout $s \in \mathbb{C}$, on a

$$(15.9) \quad |z^s| \asymp |z|^{\mathrm{Re}(s)} \quad \text{dans } U.$$

Comme $|1 + z^2|^{-1} = O(R^{-2})$ sur le grand cercle, l'intégrale est donc $O\left(R^{\mathrm{Re}(s)-1}\right)$ et tend vers 0 puisque $\mathrm{Re}(s) < 1$.

Sur le petit cercle, on a $|z^s| = O\left(r^{\mathrm{Re}(s)}\right)$ et $(1 + z^2)^{-1} \sim 1$; l'intégrale est donc $O\left(r^{1+\mathrm{Re}(s)}\right)$, d'où la même conclusion puisque $\mathrm{Re}(s) > -1$.

En définitive, et en tenant compte de (4), on trouve que

$$(1 - e^{2\pi i s})\varphi(s) = \int_\mu = \pi e^{\pi i s/2}(1 - e^{\pi i s})$$

pour $|\mathrm{Re}(s)| < 1$, d'où

(15.10) $$\varphi(s) = \pi/2 \cos(\pi s/2),$$

ce qui termine la troisième démonstration.

La méthode montre comment calculer la transformée de Mellin d'une fonction rationnelle $f(x) = p(x)/q(x)$ n'ayant pas de pôle sur $\mathbb{R}_+$. Comme f est finie en $x = 0$, l'intégrale au voisinage de 0 converge au minimum pour $\mathrm{Re}(s) > 0$. A l'infini, si $d^\circ(q) - d^\circ(p) = n$, on a $f(x) \asymp x^{-n}$ et donc $f(x)x^{s-1} \asymp x^{s-n-1}$, de sorte que l'intégrale converge pour $\mathrm{Re}(s) < n$. La transformée de Mellin est donc définie a priori dans la bande verticale $0 < \mathrm{Re}(s) < n$. Comme $\Gamma_f(s)$ s'obtient en intégrant $f(x)x^{s-1}$ par rapport à la mesure dx, on voit que

(15.11) $$[1 - \exp(2\pi i s)]\,\Gamma_f(s) = 2\pi i \sum \mathrm{Res}\left[z^{s-1}f(z), a\right],$$

la somme étant étendue à tous les pôles de f. Si

$$f(z) = \sum A_k/(z - a_k)$$

n'a que des pôles simples, on a $\mathrm{Res}\left[z^{s-1}f(z), a_k\right] = A_k a_k^{s-1}$.

Pour $f(z) = (1 + z)^{-1}$ par exemple, l'intégrale de Mellin converge pour $0 < \mathrm{Re}(s) < 1$ et l'on doit calculer

$$(-1)^{s-1} = \exp\left[\pi i(s - 1)\right] = -\exp(\pi i s),$$

d'où immédiatement

(15.12) $$\int_0^{+\infty} \frac{x^s}{1+x} d^*x = \pi/\sin \pi s \quad \text{pour } 0 < \mathrm{Re}(s) < 1.$$

Pour $f(z) = (z - a)^{-k}$ avec $a \notin \mathbb{R}_+$ et $k > 1$, le résidu de $z^s f(z)$ est le coefficient de $(z - a)^{k-1}$ dans la série de Taylor de z^s en a. Or, pour $|z - a| < |a|$, on a d'après Newton

$$z^s = [a + (z - a)]^s = a^s \left[1 + (z - a)/a\right]^s =$$
$$= a^s \sum s(s-1)\ldots(s-p+1)\left[(z-a)/a\right]^p / p!.$$

Le résidu en a est donc $\binom{s}{k-1} a^{s-k+1}$, d'où

$$\left(1 - e^{2\pi i s}\right) \int_0^{+\infty} \frac{x^s}{(x-a)^k} d^*x = 2\pi i \binom{s}{k-1} a^{s-k+1} \quad \text{pour } 0 < \mathrm{Re}(s) < k.$$

Le fait que la fonction $1/\cosh \pi x$ soit identique à sa transformée de Fourier peut, à première vue, passer pour une curiosité sans autre intérêt que de conduire à des exercices. La transformée de Fourier de la fonction $1/\cosh \pi tx$ est $t^{-1}/\cosh(\pi x/t)$ pour $t = 0$, et comme il s'agit de fonctions dans $\mathcal{S}(\mathbb{R})$, la formule sommatoire de Poisson s'applique :

(15.13) $$\sum 1/\cosh(\pi n/t) = t \sum 1/\cosh \pi nt.$$

Considérons alors la série analogue

(15.14) $$f(z) = \sum 1/\cos(\pi nz), \quad z \notin \mathbb{R},$$

et montrons d'abord qu'elle converge normalement dans tout demi-plan de la forme $\mathrm{Im}(z) \geq r > 0$. On a en effet, dans ce demi-plan,

$$2|\cos(\pi nz)| = \left|e^{\pi(ny-inx)} + e^{\pi(-ny+inx)}\right| \geq$$
$$\geq \left|e^{\pi|n|r} - e^{-\pi|n|r}\right| \geq e^{\pi|n|r} - 1;$$

la série convergente $\sum 1/(e^{\pi|n|r} - 1)$ domine donc la série (14) dans le demi-plan considéré.

Montrons maintenant que f vérifie deux équations fonctionnelles simples. On a tout d'abord

(15.15) $$f(z+2) = f(z).$$

D'autre part, la relation (13) signifie que l'on a

(15.16) $$f(-1/z) = (z/i).f(z)$$

pour $z = it$ imaginaire pur. Les deux membres étant analytiques dans le demi-plan $\mathrm{Im}(z) > 0$, (16) est valable dans celui-ci.

Les relations (15) et (16) ressemblent à celles que nous avons établies au Chap. VII, n° 28 pour la fonction

$$\theta(z) = \sum \exp\left(\pi in^2 z\right) = 1 + 2\left(q + q^4 + q^9 + q^{16} + \ldots\right)$$

de Jacobi, où $q = \exp(\pi iz)$; noter en passant que la série $\theta(x)$ utilisée pour obtenir l'équation fonctionelle de la fonction zêta est en réalité la valeur de $\theta(z)$ pour $z = ix$. La série converge, ici encore, pour $\mathrm{Im}(z) > 0$; grâce déjà à la formule sommatoire de Poisson et au fait que la fonction $x \mapsto \exp(-\pi x^2)$ est égale à sa transformée de Fourier, on avait montré que l'on a

$$\theta(-1/z) = (z/i)^{1/2}\theta(z),$$

raison pour laquelle Riemann l'a utilisée pour établir l'équation fonctionnelle de sa série $\zeta(s)$. On a aussi

138   VIII – La Théorie de Cauchy

$$\theta(z+2) = \theta(z).$$

La fonction $\theta(z)^2$ vérifie donc (15) et (16). On a en fait

(15.17) $$f(z) = \theta(z)^2.$$

Au Chap. XII, la démonstration de (17) nous conduira directement dans la théorie des fonctions modulaires et à la formule classique donnant le nombre de façons de représenter un entier comme somme de deux carrés.

IX – Différentielles et Intégrales à Plusieurs Variables

§ 1. *Calcul différentiel classique* – § 2. *Formes différentielles de degré 1* – § 3. *Intégrales de formes différentielles* – § 4. *Variétés différentielles*

§ 1. Calcul différentiel classique

Le but de ce § est d'exposer le calcul différentiel à plusieurs variables dans le cadre des espaces vectoriels réels de dimension finie ; le cas d'un espace de dimension 2 ayant été traité au Chap. III, § 5, on se bornera principalement à généraliser les résultats, les démonstrations étant les mêmes qu'en dimension 2. On trouvera néanmoins dans ce § des considérations sur les tenseurs qui ne figurent pas partout.

1 – Algèbre linéaire et tenseurs

(i) *Espaces vectoriels de dimension finie* [1]. Les éléments d'un tel espace E s'appellent, selon le contexte, des "points" ou des "vecteurs", les nombres – réels ou complexes pour les besoins de l'analyse – par lesquels on multiplie les vecteurs étant des "scalaires" ; dans ce qui suit, la lettre K désignera indifféremment $\mathbb{R}$, $\mathbb{C}$ ou tout autre corps dans lequel varient les scalaires. Une *base* d'un espace vectoriel E de dimension n est une famille (a_i) de n vecteurs linéairement indépendants, i.e. tels que tout $h \in E$ s'écrive d'une façon unique sous la forme $h = \sum h_i a_i$, les scalaires h_i étant les "composantes" ou "coordonnées" de h relativement à la base considérée[2].

---

[1] Pour les détails et les démonstrations, voir par exemple les §§ 10 à 24 du *Cours d'algèbre* (Hermann, 1966 ou 1997) de l'auteur, ou bien les treize pages quelque peu concentrées de l'Annexe aux *Eléments d'analyse*, vol. 1, de Dieudonné, ou Serge Lang, *Linear Algebra* (Springer, 1987), etc.

[2] L'emploi de la lettre h, plutôt que x, pour désigner les vecteurs s'explique par le fait qu'en analyse, les vecteurs interviennent le plus souvent comme accroissements d'une variable, comme dans la notion de différentielle définie plus loin.

Si E et F sont des espaces vectoriels sur le même corps K, on peut considérer leur produit cartésien $E \times F$ comme un espace vectoriel sur K en y définissant les opérations fondamentales par

$$(x', y') + (x'', y'') = (x' + x'', y' + y''), \quad t(x, y) = (tx, ty).$$

Dans les mêmes hypothèses, une application $u : E \longrightarrow F$ est dite *linéaire* si l'on a $u(x+y) = u(x)+u(y)$ et $u(tx) = tu(x)$ quels que soient les vecteurs x et y et le scalaire t; on a alors plus généralement

$$u\left(\sum t_i x_i\right) = \sum t_i u(x_i)$$

quels que soient les vecteurs x_i et les scalaires t_i. Si (a_i) est une base de l'espace de départ E, on a donc, pour tout vecteur $h = \sum h^i a_i$,

(1.1) $$u(h) = \sum h^i u_i \quad \text{où} \quad u_i = u(a_i) \in F.$$

Si (b_j) est une base de F et si l'on pose $u(a_i) = \sum u_i^j b_j$, le tableau des coefficients u_i^j est la *matrice* de u relativement aux bases choisies dans E et F.

Pour $F = K$, on parle de *formes linéaires* ou, parfois, de *covecteurs*. Les $u_i \in K$ sont les *coefficients* de u. L'ensemble de ces formes, muni des opérations algébriques évidentes (somme de deux formes, produit par un scalaire), est l'*espace dual* de E, noté E^* ; on utilise fréquemment la notation

$$\langle h, u \rangle = u(h) \quad \text{pour} \quad h \in E, \ u \in E^*,$$

analogue à un produit scalaire. On a aussi constamment besoin en analyse du cas où $K = \mathbb{R}$ et $F = \mathbb{C}$; on parle alors de *formes linéaires complexes*; elles sont données par (1) avec des coefficients $u_i \in \mathbb{C}$ et leur ensemble, le *dual complexe* $E_\mathbb{C}^*$, est un espace vectoriel complexe dont la dimension sur $\mathbb{C}$ est égale à celle de E sur $\mathbb{R}$. A toute base (a_i) de E est associée une *base duale* (a^i) de E^* sur $\mathbb{R}$, ou de $E_\mathbb{C}^*$ sur $\mathbb{C}$, dont les éléments sont les formes linéaires

(1.2) $$a^i : h \longmapsto h^i$$

sur E.

A toute application linéaire $A : E \longrightarrow F$ est associée sa *transposée* ^tA ou $A' : F^* \longrightarrow E^*$, donnée par la relation

$$\langle A(h), u \rangle = \langle h, {}^tA(u) \rangle ;$$

cette définition est justifiée par le fait que, pour u donné, le premier membre est une fonction linéaire de $h \in E$. On a $^t(BA) = {}^tA {}^tB$ quelles que soient les applications linéaires $A : E \longrightarrow F$ et $B : F \longrightarrow G$.

Nous aurons aussi besoin des résultats classiques sur les déterminants. Si $\dim(E) = n$, il existe une et, à un facteur constant près, une seule fonction $D(h_1, \ldots, h_n) \in K$ de n variables $h_i \in E$ possédant les deux propriétés suivantes : (i) elle est *multilinéaire*, i.e. est fonction linéaire de h_i lorsqu'on donne aux autres variables des valeurs fixées, (ii) elle est *alternée*, i.e. change de signe lorsqu'on y permute deux des variables h_i et h_j. Si l'on choisit une base (a_i) de E et si l'on suppose $D(a_1, \ldots, a_n) = 1$, ce qui détermine D, le nombre $D(h_1, \ldots, h_n)$ est le *déterminant des h_i par rapport à la base* donnée. Il est non nul si et seulement si les h_i sont linéairement indépendants, i.e. forment une base de E. On trouve partout la formule permettant le calcul explicite de $D(h_1, \ldots, h_n)$ à l'aide des coordonnées des h_i.

Si l'on a une application linéaire $u : E \longrightarrow E$, on appelle *déterminant de u* le déterminant des vecteurs $u(a_i)$, où (a_i) est une base quelconque de E ; il n'en dépend pas. Ses propriétés fondamentales sont que (i) on a

(1.3') $$D\left[u(h_1), \ldots, u(h_n)\right] = \det(u) D(h_1, \ldots, h_n)$$

quels que soient les $h_i \in E$, d'où

(1.3") $$\det(u \circ v) = \det(u) \det(v)$$

quelles que que soient $u, v : E \longrightarrow E$, (ii) u est injective (ou, ce qui revient au même en dimension finie, surjective, ou bijective) si et seulement si $\det(u) \neq 0$.

Plus généralement, considérons une application linéaire $u : E \longrightarrow F$ sans supposer E et F de même dimension, et soit r son *rang*, i.e. la dimension du sous-espace $u(E)$ de F. Soit $A = (u_i^j)$ la matrice de u relativement à deux bases quelconques de E et F. On peut extraire de celle-ci des matrices carrées d'ordre $\leq \min[\dim(E), \dim(F)]$ en choisissant arbitrairement des lignes et des colonnes de A en nombre égal. Cela dit, r est le plus grand entier tel que l'on puisse extraire de A une matrice carrée d'ordre r et de déterminant non nul.

Notons enfin qu'au lieu de dire "espace vectoriel de dimension finie", nous parlerons le plus souvent d'un *espace cartésien* réel ou complexe lorsque $K = \mathbb{R}$ ou $\mathbb{C}$, seuls cas intervenant en analyse classique.

(ii) *Les notations tensorielles.* Lorsqu'il s'est lancé dans la Relativité générale, Albert Einstein a appris à ses dépens, avec l'aide d'amis mathématiciens qui avaient lu les Italiens de la géométrie différentielle, à ne pas confondre les vecteurs et les formes linéaires (et, plus généralement, à distinguer ce qu'on appelle les tenseurs covariants des tenseurs contravariants – voir plus bas), en dépit du fait qu'un vecteur a autant de composantes qu'une forme linéaire a de coefficients. Si en effet l'on change de base, les coefficients d'une forme linéaire subissent d'après (1) la même transformation linéaire que les vecteurs de base, tandis que les coordonnées d'un vecteur subissent la transformation "contragrédiente" au sens où l'on emploie ce terme à propos de matrices carrées : l'inverse de la transposée ; si par exemple, cas le plus simple, on remplace la base $(a_1, \ldots, a_n)$ par la base $(t_1 a_1, \ldots, t_n a_n)$, avec des scalaires $t_i \neq 0$, les u_i sont multipliés, et les h^i divisés, par les t_i. Si donc, dans une base particulière, un vecteur et une forme linéaire semblent coïncider parce qu'ils ont les mêmes coordonnées, il n'en est plus de même dans les autres ; les identifier n'a aucun sens physique ou mathématique. De toute façon, ce ne sont pas des objets de même nature : une fonction définie sur un ensemble n'est pas un élément de celui-ci.

Les pratiquants du calcul tensoriel classique avaient adopté un système de notations qui, tombé en désuétude chez la plupart des mathématiciens (y compris dans mon *Cours d'algèbre*), comportait cependant quelques avantages ; il reposait sur l'utilisation d'indices inférieurs et supérieurs et sur la convention de sommation attribuée à Einstein.

Dans un espace E dont on désigne une base par (a_i), la première convention consiste, au niveau le plus simple, à écrire les vecteurs et les formes linéaires sous la forme

$$(1.4) \qquad h = \sum h^i a_i, \quad u(h) = \sum u_i h^i$$

où les h^i sont les composantes de h et les $u_i = u(a_i)$ les coefficients de u par rapport à la base considérée. En vertu de (2), la seconde relation (4) s'écrit encore $u(h) = \sum u_i a^i(h)$, i.e.

$$(1.5) \qquad u = \sum u_i a^i,$$

de sorte que les u_i sont les coordonnées de $u \in E^*$ relativement à la base (a^i) duale de (a_i), donnée par $a^i(h) = h^i$. Dans un calcul où interviennent à la fois des vecteurs et des formes linéaires, cette notation, avec ses indices inférieurs et supérieurs, permet de détecter immédiatement la nature des objets dont on parle[3] ; c'est son premier avantage.

On étend cette notation à des objets plus complexes, les *tenseurs*. Dans un espace vectoriel E de dimension finie, on appelle ainsi toute fonction T de plusieurs variables prenant leurs valeurs les unes dans E, les autres dans E^*, et possédant la même propriété de multilinéarité que les déterminants : si l'on donne des valeurs fixes à toutes les variables sauf une, on obtient une fonction linéaire de la variable non fixée ; cette propriété généralise des règles de calcul d'usage constant en algèbre élémentaire :

$$(x+y)z = xz + yz, \quad (tx)z = t(xz).$$

Les règles de calcul sur les tenseurs sont donc les mêmes que sur les produits, commutativité mise à part.

---

[3] Les puristes répondront qu'on peut se passer de coordonnées. Ce n'est apparemment pas l'avis des physiciens.

La fonction T est généralement à valeurs réelles ou complexes. On dit que T est *de type* (p,q), ou p fois *covariant* et q fois *contravariant*, s'il dépend de p variables dans E et de q variables dans E^*. Un scalaire est un tenseur de type $(0,0)$. Une forme linéaire est un tenseur de type $(1,0)$. Un vecteur $h \in E$, assimilé à la forme linéaire $u \mapsto u(h)$ sur E^*, devient un tenseur de type $(0,1)$. Un produit scalaire euclidien $(h|k)$ est un tenseur de type $(2,0)$. Une application linéaire $T : E \longrightarrow E$ devient un tenseur de type $(1,1)$ si on lui associe la fonction $T(h,u) = u[T(h)]$, et inversement. Si l'on a un tenseur $S(x,u)$ de type $(1,1)$ et un tenseur $T(x,y,u)$ de type $(2,1)$, la fonction

$$(x,y,z,u,v) \longmapsto S(x,u)T(y,z,v)$$

est un tenseur de type $(3,2)$, le *produit tensoriel* $S \otimes T$ de S et T; généralisation évidente aux autres types, à condition de séparer totalement les variables figurant dans les deux tenseurs; la fonction

$$(x,y,u) \longmapsto S(x,u)T(y,x,u)$$

n'est évidemment pas un tenseur: dans $\mathbb{R}$ ou tout autre corps, la fonction x^2 n'est pas linéaire.

Il est facile de déterminer la façon dont un tenseur dépend des coordonnées de ses variables dans une base donnée (a_i). Si par exemple on a un tenseur $T(h,k,u)$ de type $(2,1)$, on a, en omettant d'écrire les signes de sommation par rapport à i, j et p – c'est la *convention de sommation d'Einstein* que j'utiliserai le plus souvent –,

$$T(h,k,u) = T\left(h^i a_i, k, u\right) = h^i T\left(a_i, k, u\right) = h^i T\left(a_i, k^j a_j, u\right) =$$
$$= h^i k^j T\left(a_i, a_j, u\right) = h^i k^j T\left(a_i, a_j, u_p a^p\right) =$$
$$= h^i k^j u_p T\left(a_i, a_j, a^p\right),$$

d'où

(1.6) $$T(h,k,u) = T_{ij}^p h^i k^j u_p$$

où les

$$T_{ij}^p = T\left(a_i, a_j, a^p\right)$$

jouent le rôle de coefficients, composantes ou coordonnées – peu importe la terminologie – de T relativement à la base considérée. Il est clair qu'inversement toute fonction donnée par une formule du type (6) est trilinéaire en h, k, u.

La relation (6) fournit facilement la transformation que subissent les coefficients T_{ij}^k lorsqu'on passe d'une base (a_i) à une base (b_p) donnée par

(1.7) $$b_p = \rho_p^i a_i,$$

où (ρ_p^i) est la matrice de passage de la première base à la seconde ; il suffit de remarquer que, pour les bases duales correspondantes, on a

(1.8) $$b^q = \theta_j^q a^j \quad \text{avec} \quad \rho_p^j \theta_j^q = \delta_p^q,$$

le célèbre "indice de Kronecker", égal à 1 ou 0 selon que p et q sont égaux ou non ; par définition d'une base duale, on a en effet

$$\delta_p^q = b^q(b_p) = \theta_j^q a^j \left(\rho_p^i a_i\right) = \theta_j^q \rho_p^i \delta_i^j = \rho_p^j \theta_j^q.$$

La formule (6) montre alors que

(1.9) $$T(b_p, b_q, b^r) = \rho_p^i \rho_q^j \theta_k^r T\left(a_i, a_j, a^k\right),$$

où l'on somme sur i, j et k. Il est facile de voir réciproquement que, si l'on associe à chaque base (a_i) de E des nombres T_{ij}^k qui, par changement de base, se transforment conformément à (9), alors la forme trilinéaire définie par (6) est indépendante de la base (a_i).

La convention consistant à placer certains indices en position inférieure et d'autres en position supérieure s'explique alors de la façon suivante. Une base (a_i) étant donnée, choisssons deux formes linéaires $f = f_i a^i$ et $g = g_i a^i$, un vecteur $h = h^i a_i$ et considérons leur produit tensoriel $f \otimes g \otimes h$, i.e. le tenseur

$$S(x, y, u) = f(x)g(y)u(h) \quad (x, y \in E, u \in E^*)$$

de type $(2, 1)$ comme T. Ses coefficients dans la base donnée sont les nombres

$$S_{ij}^k = f(a_i) g(a_j) a^k(h) = f_i g_j h^k.$$

La formule (9) exprime donc que les coefficients de T se transforment comme ceux de $f \otimes g \otimes h$; il est d'ailleurs clair d'après (6) qu'un tenseur de type $(2, 1)$ est une combinaison linéaire de tels produits. La position des indices conduit donc immédiatement à la formule (9).

Il y a des formules plus compliquées, mais dans tous les cas relevant du calcul tensoriel, les deux membres sont des sommes de monômes affectés d'indices, par exemple

(*) $$A_{kh}^{ij} = B^{pqi} C_{pq}^j D_{kh} + M_{pkh} N^{ijp}.$$

Une formule de ce genre est une relation entre des tenseurs A, B, C, D, M et N possédant dans chaque base des coordonnées ou composantes notées A_{kh}^{ij}, etc. ; elle n'a d'intérêt que si elle est valable dans n'importe quelle base. Pour qu'il en soit ainsi et pour que la formule ait une chance d'être correcte, celle-ci doit satisfaire aux conditions suivantes :

(a) tout indice intervenant une seule fois dans un monôme est une variable libre dont le monôme considéré dépend ; il doit intervenir une fois et une seule, et dans la même position inférieure ou supérieure, dans tous les autres monômes de la relation considérée afin d'assurer que, relativement à cet indice, tous les monômes et donc leur somme se transforment de la même façon ;
(b) sauf indication explicite du contraire, tout indice intervenant deux fois dans un monôme est un indice de sommation, donc une variable liée ou fantôme dont le monôme ne dépend pas ; il doit intervenir une fois en position inférieure et une fois en position supérieure afin de garantir que, lors d'un changement de base, les transformations linéaires que subissent les monômes relativement à ces deux indices se neutralisent ;
(c) un indice de sommation ne doit pas intervenir plus de deux fois dans un monôme donné et ne doit pas figurer comme variable libre dans d'autres monômes puisqu'alors, d'après la règle (a), il devrait aussi figurer comme variable libre dans tous les monômes.

Exercice. En utilisant des formules telles que (9), montrer que les A^{ij}_{kh} donnés dans chaque base par (*) sont bien les composantes d'un tenseur.

Exercice. Soit T un tenseur de type $(5,3)$. Montrer que les nombres

$$T^{jqr}_{ijkpq} = S^r_{ikp}$$

sont les composantes d'un tenseur de type $(3,1)$.

Ces conventions sont respectées dans (*) ; p et q sont des indices de sommation dont les noms importent peu, ce qui permet d'utiliser le même indice de sommation p dans plusieurs monômes différents, mais interdit d'écrire le premier terme du second membre sous la forme $B^{ppi}C^j_{pp}D_{kh}$ puisqu'il s'agit d'une somme sur tous les couples (p,q), et non pas seulement sur les couples tels que $p=q$. De même, si l'on multiplie deux sommes l'une par l'autre, on s'expose à de sérieux ennuis si l'on écrit que

$$\sum a_i b^i . \sum c_i d^i = \sum a_i b^i c_i d^i,$$

variante de niveau supérieur de l'immortelle identité

$$(a+b)(c+d) = ac + bd.$$

L'écriture correcte, particulièrement si l'on omet les $\sum$, est

$$a_i b^i . c_j d^j = a_i b^i c_j d^j$$

conformément à la règle de distributivité de la multiplication par rapport à l'addition : on multiplie le i^e terme de la première somme par le j^e terme de la seconde et l'on somme sur tous les couples (i,j). Cela revient, précaution élémentaire, à désigner par des lettres différentes des variables libres ou liées ayant des significations différentes. On n'écrit pas non plus une intégrale double sous la forme $\iint f(x,x)dxdx$; on l'écrit $\iint f(x,y)dxdy$; si la fonction f dépend d'une variable supplémentaire z, de sorte que son intégrale par rapport à x et y dépend de z, on écrit celle-ci $\iint f(x,y,z)dxdy$; appeler z la variable d'intégration x conduirait à un résultat totalement différent, à savoir $\iint f(z,y,z)dydz$.

La convention d'Einstein a pour but de simplifier la typographie ; on écrit par exemple

$$c_i^j h^i u_j \text{ au lieu de } \sum_{i,j} c_i^j h^i u_j \text{ ou de } \sum_{i=1}^{i=p}\sum_{j=1}^{j=q} c_i^j h^i u_j$$

si les indices i et j varient dans les limites indiquées ; il n'y a du reste généralement pas d'ambiguïté à ce sujet. Comme on l'a dit plus haut, beaucoup de mathématiciens censurent maintenant cette écriture sous prétexte que « ses déluges d'indices me donnent le mal de mer », comme le disait Dieudonné qui y était sensible (vérification effectuée lors d'une tempête de trois jours sur l'Atlantique en septembre 1950) et que, de toute façon, il vaut mieux raisonner directement sur les objets mathématiques eux-mêmes que sur leurs coordonnées ou composantes. C'est incontestable, mais oblige à réfléchir et est souvent beaucoup moins rapide.

Les notations tensorielles, en fait, ne s'appliquent que dans des circonstances très particulières – l'algèbre multilinéaire et la géométrie différentielle – où elles peuvent être fort commodes. Je les utiliserai donc systématiquement dans ce chapitre toutes les fois qu'il s'agira de calculs théoriques généraux, tout en donnant à l'occasion les formules intrinsèques qui dispensent des calculs en coordonnées ; le lecteur pourra ainsi comparer les deux points de vue. Au surplus, si les déluges d'indices qui m'amusaient à dix huit ans ne me terrifient toujours pas soixante ans plus tard, je ne vois pas pourquoi priver mes lecteurs du plaisir de les maîtriser avant de les rejeter dans les ténèbres extérieures plutôt que de comparer les Γ^i_{jkh} à un " insecte déplaisant" comme Serge Lang, apparemment impressionné par Kafka, le fait dans la préface de ses *Fundamentals of Differential Geometry* ...

Comme je l'ai déjà dit à propos de Baire, la Bibliothèque municipale du Havre proposait avant la guerre à ses lecteurs tous les manuels et traités français usuels de l'époque. Elle possédait aussi la collection complète du *Mémorial des sciences mathématiques*, série de courtes monographies sur les sujets les plus variés, à l'exception presque totale des sujets "modernes" qui, à l'époque, se construisaient ailleurs qu'en France. C'était en général trop difficile ou trop peu intéressant pour moi et j'étais de toute façon suffisamment occupé à apprendre des mathématiques plus directement utiles. Néanmoins, je suis tombé un jour en arrêt devant le fascicule de *Calcul différentiel absolu* de René Lagrange, professeur à Dijon ; le mot "absolu", qui m'avait intrigué, avait été introduit par des Italiens qui avaient peut-être lu Balzac. On y exposait l'analyse tensorielle dans les espaces de Riemann, notion très vaguement définie : on comprenait plus ou moins qu'il s'agissait d'espaces courbes à n dimensions dans lesquels on utilisait des systèmes de coordonnées curvilignes dont on pouvait changer à volonté par des formules n'impliquant que des fonctions aussi différentiables que nécessaire ; on pouvait calculer le carré de la distance ds d'un point x de coordonnées (x^i) à un point " infiniment voisin " $(x^i + dx^i)$ par une formule du type

$$ds^2 = g_{ij}(x)dx^i dx^j \; ;$$

il y avait dans ces espaces d'étranges objets ayant une signification " absolue " – laquelle ? mystère –, les tenseurs, représentés dans chaque système de coordonnées par des fonctions d'un point variable x de l'espace affectées d'indices inférieurs et supérieurs ; celles-ci étaient censées se transformer, par tout changement de coordonnées, par des formules posées d'avance et faisant intervenir les dérivées premières des nouvelles coordonnées par rapport aux anciennes ; enfin, comble de la virtuosité, on omettait toujours les signes $\sum$. Tout cela était exposé sans faire la moindre allusion à ce que pouvaient bien être un espace courbe, un espace vectoriel, une forme linéaire ou multilinéaire, etc. ; les inventeurs et utilisateurs du calcul tensoriel étaient encore dans la situation d'un physicien qui ferait des calculs d'analyse vectorielle (gradient, rotationnel, divergence, etc.) sans savoir ce qu'est un vecteur. Comme on l'expliquera plus bas (n° 12 et 14), les " tenseurs " de l'époque ne sont autres que des *champs* de tenseurs, i.e. des fonctions T qui, indépendamment de tout système de coordonnées, associent à chaque point x de l'espace " courbe " X un tenseur $T(x)$ de type (p,q) dans un espace vectoriel $X'(x)$ dépendant de x et de même dimension que X – l'espace vectoriel " tangent " à X en x, dont la définition, passablement abstraite, sera donnée au n° 12 –, au sens purement algébrique que nous avons donné plus haut à cette notion ; c'est donc une généralisation des champs de vecteurs des physiciens et mathématiciens, qui ne sont autres que des fonctions à valeurs vectorielles, i.e. des champs de tenseurs de type $(0,1)$. Mais c'était merveilleux ; il n'y avait rien d'autre à savoir que la mécanique du calcul différentiel traditionnel – essentiellement, la formule de dérivation des fonctions composées –, il n'y avait aucune autre idée que celle de construire des formules valables dans tous les systèmes de coordonnées curvilignes, ce qui impliquait uniquement le respect des conventions d'Einstein, on calculait la " courbure " et les " géodésiques " de l'espace, enfin, les notations tensorielles exposées plus haut étaient systématiquement utilisées et permettaient de calculer de façon quasi automatique. En à peine un mois, je devins un expert du Calcul différentiel absolu sans rien y comprendre. Cela ne me servit à rien sur le moment, gymnastique mise à part, mais ce n'était pas pire que de passer deux heures par jour devant la Télé, *Flight Simulator* ou *Tomb Raider*, non encore inventés.

Il y avait aussi dans la même collection, autre exception, un fascicule déjà beaucoup plus moderne et beaucoup plus difficile à comprendre sur *La géométrie des espaces de Riemann*, par Élie Cartan. On y trouvait peu de calculs et d'indices, principalement des idées abstraites et un peu floues, par exemple la distinction entre espaces " clos " (i.e. compacts) et " ouverts " (i.e. non compacts) ; on n'avait pas encore, à l'époque, trouvé les formulations qu'on a inventées après 1945 grâce à la clarification de la notion d'espace topologique, à la cristallisation définitive, par Claude Chevalley notamment[4], de la théorie des variétés différentielles abstraites[5] et à l'invention des espaces fibrés par les gens de la topologie algébrique, partiellement inspirés par Élie Cartan qui, pendant la guerre, inventa une vaste généralisation des tenseurs liée à la théorie des groupes. C'est dans les années 1950 que la théorie acquiert la forme impeccable et abstraite que l'on trouve dans tous les exposés du sujet, à commencer par le *Fascicule de résultats* de N. Bourbaki. Tout cela ne concerne naturellement que les aspects les plus fondamentaux du sujet et ne l'a pas empêché de se développer dans des directions souvent fort imprévues et qu'il serait difficile d'exposer dans le style – abstraction et généralité maximum – de Bourbaki.

Dans le n° spécial (mai 2000) sur Bourbaki de la revue *Pour la Science*, version française mais non traduction de *Scientific American*, on fait dire à Benoît Mandelbrot, p. 82, que si, en 1944, il a délaissé l'École normale supérieure au profit de l'École polytechnique, c'est parce que, *grâce à mon oncle*[6], *je savais qu'ils étaient une bande militante, qu'ils avaient de fort préjugés contre la géométrie et contre chaque science, et qu'ils étaient enclins à mépriser voire à humilier ceux qui ne les suivaient pas* ; et ce serait à cause de l'*influence étouffante* qu'ils exerçaient que l'auteur de cette déclaration quitta la France en 1958 pour les États-Unis (et la maison IBM).

Je suis bien placé pour apprécier l'influence que Bourbaki exerçait à l'École normale en 1944. Entre 1940 et 1953, le seul et unique membre de la "bande militante" alors à Paris était Henri Cartan, les autres étant

---

[4] *Theory of Lie Groups*, Princeton UP, 1946.

[5] i.e. qui ne sont pas considérées, comme autrefois, comme des parties d'espaces cartésiens. L'exemple le plus populaire est l'espace de la Relativité générale ; la plupart des gens ont eu beaucoup de mal à le comprendre précisément pour cette raison et a fortiori lorsqu'il s'est avéré qu'il pourrait être " clos " ou " borné ", i.e. compact. Les mystiques, espèce qui n'est pas en voie de disparition, se sont demandé ce qu'il pouvait bien y avoir à l'extérieur : l'angoisse est le sentiment du néant (Heidegger).

[6] Szolem Mandelbrojt, professeur au Collège de France et spécialiste des fonctions quasi-analytiques d'une variable, sujet difficile n'ayant pas eu l'importance des grands domaines qui se sont développés après la guerre ; voir le chapitre 19 du livre de Rudin. Szolem Mandelbrojt avait fait partie du groupe Bourbaki initial, mais en est rapidement sorti en raison de sa conception fort différente des mathématiques. Ceci ne prouve rien contre Bourbaki ou contre Mandelbrojt. Tout le monde est libre.

en province ou aux États-Unis. Il était le seul à s'occuper des élèves qui, à cette époque, étaient censés suivre les cours de la Sorbonne et préparaient l'agrégation. Dans cette position stratégique, il a évidemment et inévitablement influencé les Normaliens pendant une vingtaine d'années à partir de 1940, année où je suis entré à l'École. Il avait, comme tout le monde, sa conception des mathématiques et la propageait, quoique d'une manière moins flamboyante que M. Mandelbrot.

De toute façon, il n'y avait à Paris avant les années 1950 pratiquement aucun autre mathématicien susceptible de susciter l'enthousiasme des Normaliens sérieusement attirés par les mathématiques, encore moins de leur expliquer qu'il existait autre chose que celles d'avant 1914[7]. Élie Cartan, trop âgé, n'enseignait plus. L'intégrale de Lebesgue était parfois enseignée par Arnaud Denjoy dans des cours incompréhensibles. Lebesgue, quant à lui, préférait enseigner la géométrie élémentaire au Collège de France, institution où, sauf erreur, on est censé exposer des sujets récents et susceptibles de grands développements futurs; c'était donc Cartan qui nous apprenait, fort succinctement, ce qu'étaient une mesure (de Radon) et une fonction intégrable. Il y avait bien Gaston Julia, spécialiste des fonctions analytiques d'une variable reconverti aux espaces de Hilbert; à condition de lire l'allemand, on aurait pu en apprendre beaucoup plus beaucoup plus rapidement en lisant une soixantaine de pages de von Neumann dans les *Mathematische Annalen* de 1928–29 qu'en suivant ses cours; même Henri Cartan, non spécialiste, nous en apprenait presque autant en quelques séances que Julia dont les cours ne menaient à aucun des aspects du sujet qui se sont développés par la suite. Jacques Dixmier en a fait l'expérience avant de se convertir, avec grand succès, aux anneaux d'opérateurs de von Neumann[8], une théorie datant des années 1930 et dont Julia semblait tout ignorer. J'ai aussi suivi un cours de Paul Montel; il nous exposait sa théorie des familles normales (i.e. compactes) de fonctions analytiques, modèle 1910. On pouvait aussi apprendre de la mécanique des fluides avec Henri Villat et Joseph Pérès, mais le sujet n'attirait que fort peu de Normaliens.

La seule grande exception fut, peu après 1945, Jean Leray, membre très transitoire du groupe initial de Bourbaki qu'il critiquait avec virulence sur le plan personnel comme j'en ai été témoin lors d'un entretien avec lui en tête à tête en 1950 à Cambridge, Mass. Spécialiste avant la guerre des équations aux dérivées partielles de la mécanique des fluides, il avait été fait prisonnier

---

[7] C'est même beaucoup dire puisque tout ce que l'école allemande, de Gauss à Hilbert, avait inventé dans les domaines algébrico-analytiques était, en France, tombé dans l'oubli depuis au moins cinquante ans. Voir, dans le n° de *Pour la Science* sur Bourbaki, le chapitre " Jeunes Turcs contre pontifes sclérosés ".

[8] Dixmier a prétendu qu'il me le devait. Il est de fait que je les avais découverts grâce à ma manie, acquise au Havre, d'ouvrir des livres au hasard, par exemple les volumes des *Annals of Mathematics*. Les papiers de von Neumann présentaient un grand avantage pour les jeunes ignorants comme nous: on pouvait les lire sans quasiment rien savoir.

en juin 1940 ; détenu pendant presque cinq ans dans un camp pour officiers en Autriche où il avait organisé une sorte d'université et ne voulant pas faire bénéficier les Allemands de ses compétences, il s'était converti à la topologie algébrique ; il avait inventé entre 1940 et 1945 les idées de base de la théorie des faisceaux que, peu après sa libération, il exposa à André Weil et à Cartan. Aussitôt adoptées et grandement améliorées tout d'abord par celui-ci, puis par de très jeunes gens – mon camarade de promotion Jean-Louis Koszul, Jean-Pierre Serre et le Suisse Armand Borel, tous bientôt membres de Bourbaki, désolé –, la théorie fit l'objet d'un célèbre séminaire Cartan en 1950-51 ; j'en ai fait un livre quelques années plus tard[9] à l'époque où Grothendieck, membre du groupe et converti par Serre, commençait à révolutionner le sujet et la géométrie algébrique. Élu au Collège de France en 1947, Leray y exposa en 1947-48 et 1949-50 ce qui devait devenir son grand article sur les faisceaux du *Journal de Liouville* de 1950 et, à ce titre, a certainement contribué à l'éducation de quelques personnes. En 1950, Leray est retourné définitivement aux équations aux dérivées partielles et a évidemment influencé une partie des jeunes gens qui ont choisi ce sujet plein d'avenir, tout en ayant fort peu d'élèves au sens traditionnel de ce terme. Quoi qu'il en soit, il est clair que si Benoît Mandelbrot avait, en 1944, préféré entrer à l'ENS plutôt qu'à l'X et suivi les cours de Leray à partir de 1947 pour ne pas tomber sous la coupe de la *bande militante*, c'est un sujet des plus abstraits et "modernes" qu'il y aurait appris. De toute façon, personne ne l'aurait empêché de choisir celui qui lui convenait.

En 1949 arriva à Paris Gustave Choquet ; tout en propageant dans ses cours de Licence, lorsqu'il en eut l'occasion à partir de 1954-55, une version de la topologie générale que la plupart des membres du groupe n'ont jamais osé diffuser à ce niveau d'abstraction, c'était un grand expert de la théorie fine des ensembles, dans la ligne de Lebesgue, Baire et Denjoy et de la théorie du potentiel, avec Jacques Deny et, transitoirement, Henri Cartan. L'inventeur des fractals se serait certainement fort bien entendu avec lui s'il n'avait choisi Polytechnique, institution où il n'a guère dû apprendre autre

---

[9] C'était aux antipodes des mathématiques qui m'occupaient à l'époque. Mais un membre de Bourbaki est censé rédiger tout ce qui est au programme du groupe, et j'étais au surplus quelque peu énervé d'entendre constamment des discussions sur la topologie algébrique auxquelles je ne comprenais rien. Lorsque Bourbaki décida, très transitoirement, de préparer un livre sur le sujet, je me suis donc porté volontaire pour rédiger un premier état de la théorie des faisceaux. Le chapitre rédigé et discuté en congrès, il devint clair que Bourbaki ne pourrait pas publier ce genre de mathématiques avant longtemps, et l'on me conseilla d'en faire un livre. Assez différent de mon rapport initial, il se vend encore, les éditions Hermann l'ayant, sans me consulter, récemment réédité en français alors qu'une édition anglaise s'imposait depuis longtemps (la première fut rapidement traduite en russe) ... La morale de cette histoire et de beaucoup d'autres similaires est que le groupe constituait pour ses membres, notamment les plus jeunes, une fantastique occasion d'apprendre des mathématiques.

§ 1. Calcul différentiel classique   151

chose que des mathématiques traditionnelles et l'obligation de se mettre au garde à vous lorsque le professeur entre dans l'amphithéâtre. Le seul avantage de l'X était qu'on y apprenait aussi d'autres matières, notamment de la physique, un peu plus moderne sur certains points – ce n'était pas difficile – que celle de la Sorbonne ; en outre, l'X offrait à ses meilleurs élèves des perspectives de carrière et un réseau d'influence autrement plus vastes que ce que la rue d'Ulm pouvait, à l'époque ou de nos jours, proposer à ses scientifiques. Mais personne n'aurait empêché les normaliens mathématiciens qui le désiraient de s'intéresser par exemple à la physique théorique si seulement les aspects mathématiques de celle-ci avaient été enseignés à Paris ; en un semestre de cours à l'École pendant la guerre – j'ai oublié l'année –, Louis de Broglie n'avait pas été jusqu'à écrire au tableau l'équation de Schrödinger. Les physiciens eux-mêmes apprenaient seuls la mécanique quantique chez les auteurs allemands, américains, anglais ou soviétiques en attendant les cours de Messiah au CEA.

A l'époque que mentionne M. Mandelbrot, Henri Cartan a, en quelques années, lancé des normaliens dans des domaines aussi variés que la théorie du potentiel, la topologie des groupes de Lie, les algèbres de Lie, les groupes d'homotopie, la topologie différentielle, les fonctions de plusieurs variables complexes, etc. Certains de ses élèves de l'École normale ont choisi des sujets qu'il connaissait à peine, comme l'analyse harmonique non commutative dans mon cas (découverte principalement grâce au livre d'André Weil et à mes lectures à la bibliothèque de l'École ou de l'Insitut Henri Poincaré), ou pas du tout comme la géométrie algébrique dans le cas de Pierre Samuel, influencé par Chevalley à Princeton, sans parler de ceux qui ont choisi la théorie fine des séries trigonométriques comme Jean-Pierre Kahane, le calcul des probabilités auquel Bourbaki ne s'intéressait pas, l'économétrie comme Gérard Debreux, etc. D'une manière générale, chacun était parfaitement libre, étant entendu que, comme tout le monde, Cartan ne prenait pas en charge ceux qui choisissaient des domaines qu'il ignorait totalement, ou ne l'intéressaient absolument pas, ou étaient totalement périmés : il les adressait à d'autres s'il s'en trouvait. Si quatre élèves sortant de l'École méritaient d'obtenir une bourse du CNRS et si le CNRS n'en proposait que deux, il était bien obligé de choisir ceux qu'il soutiendrait.

Après 1955 au plus tard, les élèves dont Cartan était chargé eurent beaucoup d'occasions d'apprendre chez d'autres personnes des mathématiques "pures" ou appliquées ; les cours et séminaires de Serre au Collège de France et de Laurent Schwartz à l'Institut Henri Poincaré, pour ne mentionner que ces deux membres du groupe Bourbaki, ont eu pendant des dizaines d'années un prodigieux succès, de même qu'un peu plus tard ceux de Jacques-Louis Lions qui, élève de Schwartz, n'a pas été sans subir initialement l'influence de Bourbaki.

Contrairement à ce que semblent croire Benoît Mandelbrot et nombre d'autres critiques, personne, dans le groupe, n'ignorait l'existence en mathématiques d'autres domaines importants que les "structures fondamentales" ou les méprisait s'ils n'étaient pas périmés ou trop légers ; presque tous les travaux originaux des membres se situaient bien au-delà de celles-ci. L'idée que nous aurions eu de *fort préjugés contre la géométrie* eût été singulière de la part de gens qui ne se reconnaissaient d'autre maître français qu'Élie Cartan et alors qu'André Weil était en train de donner des bases solides à la géométrie algébrique des Italiens, avec leurs "points génériques"! Bourbaki ne s'y est pas intéressé en tant que tel précisément parce qu'ils ne faisaient pas partie de ces structures, lesquelles l'occupaient bien suffisamment : compte-tenu de notre programme, nous aurions suscité une hilarité justifiée si, au lieu de commencer les *Eléments de Mathématique* par la théorie des ensembles, l'algèbre et la topologie générale, nous nous étions lancés directement dans les EDP, les processus stochastiques, la recherche opérationnelle, les écoulements turbulents ou les mathématiques de la mécanique quantique, tous sujets dont on nous dit aujourd'hui, un demi-siècle plus tard, qu'ils supposent une nouvelle conception des mathématiques, à l'opposé de la nôtre ; soit dit en passant, la lecture des volumes de Dautray-Lions ou de certains exposés récents au Séminaire Bourbaki est fort loin de confirmer ce point de vue. J'ai assisté vers 1948 à Nancy, en même temps que Dieudonné et Schwartz, à des cours superbes de Jean Delsarte, membre fondateur de Bourbaki, sur la théorie analytique des nombres, version Hardy-Littlewood-Rademacher-Winogradov ; bien qu'étant aux antipodes de l'esprit Bourbaki, le sujet ne suscitait pas exactement des réactions de mépris chez les auditeurs ; en témoignent par exemple le superbe article de Dieudonné, qui en dérive directement, sur la théorie analytique des nombres dans l'*Encyclopaedia Universalis* ou, dans un domaine voisin, mes exposés au Séminaire Bourbaki (1952–1953) sur les travaux de Hecke (fonctions zêta des corps de nombres, fonctions modulaires), les premiers du genre en France dans un domaine qui n'avait pas encore été modernisé. L'un des membres du groupe à l'époque, Charles Pisot, était un spécialiste des nombres transcendants, sujet fort peu bourbachique à cette époque.

Quant aux autres sciences, nous avions beaucoup moins de préjugés contre la géologie que n'en a, de nos jours, manifesté contre notre version des mathématiques M. Claude Allègre, grand spécialiste du sujet et, récemment, ministre de l'Éducation nationale : nous nous bornions à l'ignorer pour des raisons évidentes. D'une manière générale, nous n'estimions pas de notre devoir de fournir aux expérimentaux les mathématiques sous la forme, le plus souvent traditionnelle, qu'ils avaient apprise dans leur jeunesse et tenaient à conserver ; en fait, leur physique est devenue sur beaucoup de points à peu près aussi abstraite que nos mathématiques et l'on ne voit pas pourquoi nous aurions dû leur accorder l'exclusivité du "modernisme".

La conclusion qui se dégage de tout cela me paraît être que si l'école mathématique française a retrouvé après la guerre la place qu'elle avait perdue depuis Poincaré, Picard et Lebesgue, c'est avant tout à Henri Cartan et

§ 1. Calcul différentiel classique   153

à l'enthousiasme des membres du groupe Bourbaki pour les mathématiques "modernes" qu'on le doit.

Il faut aussi mentionner un autre facteur, rarement évoqué. On explique souvent la faiblesse et l'isolement de l'école française avant 1939 en invoquant la Grande Guerre, ses hécatombes et l'hostilité à l'égard de l'Allemagne qui persista longtemps après 1918 grâce notamment à Émile Picard. A contrario, son renouveau après 1945 est peut-être dû aussi au fait que, pendant la guerre, les Français – y compris Leray dans son Oflag, y compris des gens comme Schwartz, Samuel et le jeune Grothendieck menacés par la politique antisémite, y compris Weil et Chevalley aux USA ou au Brésil – n'ont rien eu d'autre à faire que de "vraies" mathématiques pendant que beaucoup de leurs contemporains allemands, anglais, américains, russes, etc. faisaient pour la guerre des travaux d'un niveau généralement très inférieur à leurs capacités ou, cas des juifs polonais, terminaient leur existence dans les camps de concentration nazis.

Après 1945, aux États-Unis principalement mais aussi au Japon, en Allemagne, en URSS où existait depuis longtemps une excellente école d'analyse fonctionnelle, beaucoup de mathématiciens qui, au début, *ignoraient jusqu'à l'existence de Bourbaki* mais non des mathématiques "abstraites" et "modernes" qu'il n'avait nullement inventées, sont revenus ou se sont convertis à ce genre de mathématiques où les potentialités étaient énormes ; en algèbre par exemple, les livres de van der Waerden et, plus tard, de Birkhoff-MacLane ont, au plan mondial, probablement exercé plus d'influence que ceux de Bourbaki ; en fait, c'est dans van der Waerden que Koszul et moi avons appris de l'algèbre à l'École normale.

Comme je l'ai expliqué dans ma Postface au vol. II, c'est aussi après 1945 que, grâce à l'appui des militaires et des industriels, se constitua une autre "bande militante" autrement plus influente que nous et décidée à propager les mathématiques appliquées ; elles sont maintenant sur le point de dominer notre science.

Elles commencent à dominer aussi, apparemment, les esprits de certains éminents mathématiciens purs. Lorsqu'en l'an 2000, "année des mathématiques", un journaliste interroge Alain Connes (médaille Field, Collège de France) lors d'une cérémonie du culte, il répond ceci selon *Le Monde* du 25 mai 2000 :

> Aux questionnements d'Euclide ont répondu les recherches sur la géométrie non euclidienne, qui ont stimulé la géométrie de Riemann, qui, elle-même, a inspiré Albert Einstein pour ses travaux sur l'espace-temps et la relativité générale utilisée pour affiner le système de positionnement par satellite GPS.

Il n'aurait pas été inutile d'ajouter que le GPS, comme auparavant le guidage inertiel, a été développé par les militaires américains à l'intention de leurs propres avions, navires et véhicules terrestres et pour repérer avec une extrême précision les objectifs ennemis ; il ne s'agissait pas, pour eux, d'aider les promeneurs à se retrouver dans la Forêt de Fontainebleau ou le

Grand Erg ou les chauffeurs de taxis à naviguer dans les *suburbs* de Chicago. En l'absence des crédits militaires américains, aucune entreprise civile ne se serait lancée dans un aussi extravagant projet supposant des centaines de milliards d'investissements et des dizaines d'années de progrès techniques en matière de missiles, satellites et télécommunications. Le fait que le GPS soit maintenant disponible dans le secteur civil ne change rien au fait qu'on devrait pouvoir trouver de meilleures illustrations de l'utilité des mathématiques d'Euclide à Einstein que le système de guidage des armes les plus terrifiantes que l'humanité ait inventées. Car le GPS, c'est encore et aussi cela en l'an 2001 même si, pour les besoins de la cause, on préfère, comme toujours, couvrir ce sein que nous ne saurions voir.

2 – Calcul différentiel à n variables

(i) *Fonctions différentiables*. Soit f une fonction définie dans un ouvert U d'un espace cartésien[10] réel E de dimension n et à valeurs dans un espace cartésien F de dimension p, par exemple $\mathbb{C}$ si $p = 2$. Comme dans le cas $n = 2$ rappelé au chapitre VIII, on dit que f est *différentiable* en $x \in U$ s'il existe une application linéaire $u : E \longrightarrow F$ telle que, pour $h \in E$ assez petit, on ait

(2.1) $$f(x+h) = f(x) + u(h) + o(h),$$

le symbole $o(h)$ désignant n'importe quelle fonction telle que le rapport[11] $\|o(h)\|/\|h\|$ tende vers 0 avec h. La fonction linéaire u est unique[12] en raison du fait que, pour une fonction *linéaire*, la relation $u(h) = o(h)$ implique $u = 0$: pour tout $h \in E$, le rapport $\|u(th)\|/\|th\|$ doit tendre vers 0 avec $t \in \mathbb{R}$ alors qu'il en est indépendant. Dans (1), on appelle u la *différentielle* ou *application dérivée* de f en x, ou encore l'*application linéaire tangente* à f en x ; comme elle dépend du point x, on la note $df(x)$ ou $f'(x)$, sa valeur sur un vecteur h se notant, au choix, $df(x;h)$ ou $f'(x)h$. Elle est encore donnée par

(2.2) $$f'(x)h = df(x;h) = \text{valeur de } \frac{d}{dt}f(x+th) \text{ pour } t = 0,$$

d'où résulte plus généralement que

(2.2') $$df(x+th;h) = \frac{d}{dt}f(x+th)$$

---

[10] En fait, presque tout s'applique à des fonctions définies et à valeurs dans des espaces de Banach.

[11] On note $\|h\|$ la norme d'un vecteur h, définie par n'importe quelle formule raisonnable.

[12] et, dans le cas d'espaces de Banach, *continue*, car (1) montre que $\|u(h)\|$ reste borné lorsque h reste dans une boule assez petite de centre 0.

§ 1. Calcul différentiel classique   155

puisque le premier membre est la dérivée en $s = 0$ de la fonction $s \mapsto f[(x+th)+sh] = f[x+(t+s)h]$. Il est évident que, pour tout x, on a

(2.3) $\qquad df(x\,;h) = f(h) \quad \text{et} \quad f'(x) = f \quad \text{si } f \text{ est linéaire}.$

La définition (2) est liée à celle des dérivées partielles. Si l'on choisit une base (a_i) de l'espace vectoriel considéré et si, d'une façon générale, on note x^i les coordonnées d'un point x, de sorte que $f(x)$ devient une fonction de ces n variables réelles, les dérivées partielles de f en x sont les vecteurs[13]

(2.4) $\qquad D_i f(x) = \text{valeur de } \dfrac{d}{ds} f(x+sa_i) \quad \text{pour } s = 0$
$\qquad\qquad\qquad = df(x\,;a_i) = f'(x)a_i$

de F obtenus en dérivant la fonction

(2.5) $\qquad s \longmapsto f\left(x^1, \ldots, x^{i-1}, x^i + s, x^{i+1}, \ldots, x^n\right)$

par rapport à s en $s = 0$. Cela dit :

(a) l'existence de $df(x)$ implique celle des dérivées partielles $D_i f(x) = df(x\,;a_i) \in F$ au point x ainsi que la relation

(2.6) $\qquad df(x\,;h) = D_i f(x) h^i\,,$

où l'on a placé les scalaires h^i à droite des vecteurs $D_i f(x)$ contrairement à la tradition[14],

(b) pour que $df(x)$ existe, il suffit que les dérivées partielles $D_i f$ existent et soient continues au voisinage[15] de x (Chap. III, § 5, n° 20).

On se ramène dans (6) à des expressions numériques en choisissant une base (b_j) de F et en posant $f(x) = f^j(x)b_j$, d'où

(2.7) $\qquad D_i f(x) = D_i f^j(x) b_j$

puisque les b_j sont indépendants de x ; par suite,

(2.8) $\qquad f'(x)h = df(x\,;h) = D_i f^j(x) h^i b_j\,.$

Les coordonnées du vecteur $df(x\,;h) \in F$ sont donc les nombres

---

[13] La notation D_i indique que l'on dérive par rapport à la i^e variable sans qu'il soit nécessaire de préciser le nom de celle-ci. Certains auteurs écrivent ∂_i au lieu de D_i. Il y a aussi, bien sûr, la notation de Jacobi $\partial/\partial x^i$, que j'écrirai d/dx^i, notation qui se dactylographie facilement et se comprend d'elle-même.

[14] Il suffit de convenir une fois pour toutes que $th = ht$ si h est un vecteur et t un scalaire : aucun problème puisque le corps $\mathbb{R}$ est commutatif.

[15] Dans un espace topologique, une relation impliquant une variable x est vraie au *voisinage de a* s'il existe un ouvert U contenant a telle qu'elle soit vraie pour tout $x \in U$ (Chap. II, § 1, n° 3 pour le cas de $\mathbb{R}$ ou $\mathbb{C}$).

(2.9) $$df(x;h)^j = D_i f^j(x) h^i = df^j(x;h),$$

valeur sur le vecteur h de la différentielle en x de la fonction f^j.

Lorsque les $D_i f(x)$ existent et sont continues dans U, on dit que f est *de classe* C^1 dans U, etc. On a

(2.10) $$D_i D_j f(x) = D_j D_i f(x)$$

si f est de classe C^2 et, en fait, moyennant des hypothèses plus faibles (Chap. III, § 5, n° 23).

La matrice $n \times p$ dont les termes sont les $D_i f^j(x)$ est la *matrice jacobienne* de f en x. C'est celle de l'application linéaire $f'(x)$ relativement aux deux bases choisies dans E et F puisque

$$f'(x) a_i = D_i f^j(x) b_j.$$

Le rang (n° 1, (i)) de cette application linéaire est le *rang de f en x*; comme les déterminants des matrices carrées extraites de la matrice jacobienne sont des fonctions continues de x si f est C^1, il est clair que si f est de rang r en x, elle est de rang $\geq r$ au voisinage de x. Dans le cas d'une application de E dans E lui-même, on peut associer à $f'(x)$ son déterminant, le *jacobien*

(2.11) $$J_f(x) = \det f'(x) = \det \left(D_i f^j(x) \right)$$

de f au point x; on l'appelait autrefois le *déterminant fonctionnel* des f_j en x et on le notait $D(f^1, \ldots, f^n)/D(x^1, \ldots, x^n)$ ou, en abrégé, $D(f)/D(x)$.

Il est possible et pratiquement fort utile d'utiliser la notation différentielle $df = f'(x) dx$ comme on le fait dans le cas d'une variable réelle. Il est d'abord clair – voir (3) – que la différentielle de la fonction coordonnée $u^i : x \mapsto x^i$ est, en chaque point de E, la forme linéaire $u^i : h \mapsto h^i$ elle-même; pour une fonction f à valeurs complexes, la formule $df(x;h) = D_i f(x) h^i$ peut donc encore s'écrire

$$df(x;h) = D_i f(x) du^i(x;h).$$

Ceci montre que, dans le dual complexe de E, on a la relation $df(x) = D_i f(x) du^i(x)$ entre $df(x)$ et les $du^i(x)$, fonctions linéaires du vecteur fantôme h. Mais comme $du^i(x)$ est en fait indépendante de x, autant l'écrire du^i; et comme u^i désigne la fonction $x \mapsto x^i$, autant écrire sa différentielle dx^i, d'où, en abrégé, $df = D_i f . dx^i$.

Leibniz n'aurait eu aucune peine à expliquer que la différentielle de f en x est, comme dans le cas de $\mathbb{R}$, l'accroissement de f lorsqu'on donne à la variable x un accroissement vectoriel infinitésimal dx:

$$df(x; dx) = f(x + dx) - f(x) = f'(x) dx;$$

cette formulation n'a a priori aucun sens, mais il est souvent commode de l'utiliser pour retrouver rapidement les résultats, raison pour laquelle elle satisfait les physiciens en dépit ou à cause de son caractère métaphysique ; par exemple, la formule

$$f(x + h.dt) = f(x) + f'(x)h.dt,$$

valable pour un vecteur h donné et un scalaire dt "infiniment petit", montre immédiatement que $f'(x)h$ ou $df(x; h)$ est la dérivée pour $t = 0$ de la fonction $t \mapsto f(x + th)$.

On peut justifier cela à condition de comprendre autrement le symbole dx. La différentielle en n'importe quel point de l'application identique $id : x \mapsto x$ n'est autre que $h \mapsto h$; comme elle ne dépend pas du point où on la calcule, autant la noter $dx(h)$ plutôt que $d(id)(x; h)$ comme, théoriquement, on devrait le faire ; l'expression $df(x; h)$ ou $f'(x)h$ peut alors s'écrire $df[x; dx(h)]$ ou $f'(x)dx(h)$, d'où, en abrégé, l'écriture $df(x; dx) = f'(x)dx$ pour désigner la différentielle de f au point x. Tout cela est en apparence fort subtil, en réalité tautologique, mais est parfois utile à la compréhension intuitive des formules ; le point suivant va le montrer.

(ii) *Dérivation des fonctions composées.* C'est la formule qui permet de réduire le calcul différentiel du premier ordre à des calculs d'algèbre linéaire ; on ne saurait en exagérer l'importance. Soient E, F, G des espaces cartésiens, U un ouvert de E, V un ouvert de F, $f : U \longrightarrow V$ et $g : V \longrightarrow G$ deux applications de classe C^1, et considérons l'application composée

$$p = g \circ f : U \longrightarrow G.$$

Celle-ci est encore de classe C^1 et, pour tout $h \in E$, on a

(2.12) $\qquad dp(x; h) = dg\left[f(x); df(x; h)\right]$

ou, avec d'autres notations,

(2.13) $\qquad p'(x) = g'\left[f(x)\right] \circ f'(x),$

composée des applications $f'(x) : E \longrightarrow F$ et $g'[f(x)] : F \longrightarrow G$ tangentes à f et g aux points $x \in U$ et $f(x) \in V$. C'est le théorème de dérivation des fonctions composées, qui nous servira constamment dans ce chapitre. Dans la notation de Leibniz, (13) s'écrit

(2.13') $\qquad dp(x; dx) = dg(y; dy) \quad \text{avec} \quad y = f(x), \ dy = f'(x)dx.$

On peut retenir facilement (13) en observant que c'est la seule et unique formule concevable ayant un sens compte tenu du degré de généralité de la situation : on cherche une application *linéaire* $p'(x) : E \longrightarrow G$, et comme on ne dispose que des applications linéaires $f'(x) : E \longrightarrow F$ et $g'(y) : F \longrightarrow G$, on ne peut rien proposer d'autre que leur composée $g'(y) \circ f'(x) : E \longrightarrow G$; comme, au surplus, le résultat cherché ne doit dépendre que de x, il faut bien que y en dépende; la seule possibilité que proposent les données étant de substituer $f(x)$ à y, on obtient (13). C'est la beauté des raisonnements "intrinsèques" ou "absolus": les formules à établir sont imposées par la nature même des objets considérés (et elles sont correctes). Leibniz vous aurait expliqué que

$$p(x) + p'(x)dx = p(x+dx) = g\left[f(x+dx)\right] = g\left[f(x) + f'(x)dx\right] =$$
$$= g(y+dy) = g(y) + g'(y)dy$$

où $y = f(x)$ et $dy = f'(x)dx$, d'où (13'); quoique dépourvu de sens si l'on interprète dx comme l'auteur de la *Théodicée*, ce raisonnement conduit aussi facilement au résultat dans le cas général que pour les fonctions d'une seule variable réelle. L'essentiel est de ne pas se laisser mystifier au point de croire, comme Leibniz et les physiciens d'autrefois, que ce calcul constitue une vraie démonstration[16].

Lorsqu'on a $E = F = G$ dans ce qui précède, on peut considérer les jacobiens (11) de f, g et p. Le théorème de multiplication des déterminants et (13) montrent alors que

(2.14) $$J_{g \circ f}(x) = J_g\left[f(x)\right] J_f(x).$$

On peut expliciter (12) en termes de fonctions numériques. Si l'on choisit une base $(b_j)_{1 \leq j \leq p}$ de F, une base $(c_k)_{1 \leq k \leq q}$ de G et si l'on pose

(2.15) $$f(x) = f^j(x)b_j, \quad g(y) = g^k(y)c_k, \quad p(x) = p^k(x)c_k$$

avec des fonctions $f^j(x)$, $g^k(y)$ et $p^k(x)$ à valeurs numériques, on a

(2.16) $$p^k(x) = g^k\left[f(x)\right].$$

Les relations (6) et (8) montrent d'autre part que, pour $h \in E$, on a

(2.17) $$dp(x;h) = dg\left[y; df(x;h)^j b_j\right] = dg\,(y;b_j)\,df(x;h)^j =$$
$$= D_j g^k(y)c_k . D_i f^j(x)h^i.$$

Comme $dp(x;h) = D_i p^k(x)h^i c_k$ d'après (8) appliqué à p, il vient finalement

---

[16] Les physiciens ont naturellement une autre conception des démonstrations que les mathématiciens: si des raisonnements mathématiques à l'eau de rose leur fournissent des formules que leurs expériences confirment, les formules sont, pour eux, démontrées.

(2.18) $D_i \{g^k[f(x)]\} = D_i p^k(x) = D_i f^j(x).D_j g^k(y)$ où $y = f(x)$,

ce qui traduit (13) en termes de matrices : la matrice jacobienne de p en x est le produit de la matrice jacobienne de f en x par celle de g en $y = f(x)$. Dans (18), le premier membre désigne l'effet de l'opérateur $D_i = d/dx^i$ sur la fonction $x \mapsto g^k[f(x)]$, à distinguer de $D_i g^k[f(x)]$, valeur en $f(x)$ de la fonction $D_i g^k$; cette valeur n'a généralement pas de sens puisque la fonction g^k dépend de y et non de x. Au second membre, $D_i p^k(x)$, par exemple, est la valeur en x de la fonction $D_i p^k$ et $D_j g^k(y)$ la valeur en y de la fonction[17] $D_j g^k$, où $D_j = d/dy^j$. La présence d'un point de ponctuation dans l'expression $D_i f^j(x).D_j g^k(y)$ indique que l'opérateur D_i s'applique uniquement à $f^j(x)$, et non pas à $f^j(x) D_j g^k(y)$. On utilisera systématiquement ces conventions d'écriture qui évitent des confusions.

Ces formules se simplifient si la fonction g est à valeurs réelles ; il en est alors de même de p et l'on trouve

(2.19) $\qquad D_i \{g[f(x)]\} = D_j g[f(x)].D_i f^j(x)$.

Si en particulier (cas $E = \mathbb{R}$) on a une application, notée $t \mapsto \mu(t)$ plutôt que f, d'un intervalle de $\mathbb{R}$ dans le domaine de définition V de g et si l'on pose $D = d/dt$, on a

(2.20) $\qquad D\{g[\mu(t)]\} = dg[\mu(t); \mu'(t)] = D_j g[\mu(t)].D\mu^j(t)$

en tout point t où $D\mu(t) = \mu'(t) \in F$ existe.

(iii) *Différentielles partielles*. On a souvent à considérer des fonctions composées en apparence plus compliquées, par exemple,

(2.21) $\qquad p(u) = g[x(u), y(u), z(u)]$

où u varie dans un ouvert Ω d'un espace cartésien, où les fonctions x, y, z appliquent Ω dans des ouverts U, V, W de trois espaces cartésiens E, F, G et où g est définie dans l'ouvert $U \times V \times W$ de l'espace cartésien $E \times F \times G$. Pour calculer dp, on introduit les *différentielles partielles* de la fonction $g(x, y, z)$ par rapport à x, y et z. La différentielle partielle $d_1 g[(x; h), y, z]$, qui dépend linéairement d'une variable supplémentaire $h \in E$, s'obtient en fixant $y \in V$ et $z \in W$ et en différentiant l'application $x \mapsto g(x, y, z)$; on a donc, par définition,

(2.22) $\qquad d_1 g[(x; h), y, z] = \dfrac{d}{dt} g(x + th, y, z)$ pour $t = 0$

ou, en style Leibniz,

---

[17] D'une manière générale, le symbole $D_i f$ désigne toujours la dérivée partielle de la fonction f par rapport à la i^e des variables dont elle dépend, quelles que soient les lettres utilisées pour désigner celles-ci.

$$(2.22') \qquad d_1g\left[(x; dx), y, z\right] = g(x + dx, y, z) - g(x, y, z).$$

Les différentielles $d_2g[x, (y; k), z]$ et $d_3g[x, y, (z; l)]$ se définissent de même, les lettres k et l désignant des vecteurs variables dans F et G. Comme g est définie dans un ouvert de $E \times F \times G$, sa différentielle (totale) dépend d'un vecteur variable dans cet espace, i.e. de trois vecteurs $h \in E$, $k \in F$, $l \in G$. Par définition, on l'obtient en considérant la valeur de g au point $(x, y, z) + t(h, k, l) = (x + th, y + tk, z + tl)$ et en dérivant le résultat en $t = 0$:

$$(2.23) \quad dg\left[(x, y, z); (h, k, l)\right] = \frac{d}{dt} g(x + th, y + tk, z + tl) \quad \text{pour } t = 0$$

Il est facile de voir que

$$(2.24) \quad dg\left[(x, y, z); (h, k, l)\right] = d_1g\left[(x; h), y, z\right] + d_2g\left[x, (y; k), z\right] + \\ + d_3g\left[x, y, (z; l)\right].$$

Le premier membre est en effet une fonction linéaire du vecteur $(h, k, l) \in E \times F \times G$; comme on a

$$(h, k, l) = (h, 0, 0) + (0, k, 0) + (0, 0, l),$$

il est donc égal à $dg[(x, y, z); (h, 0, 0)]+$ etc. Mais on a, par définition,

$$dg\left[(x, y, z); (h, 0, 0)\right] = \frac{d}{dt} g\left[(x, y, z) + t(h, 0, 0)\right] = \\ = \frac{d}{dt} g(x + th, y, z) \quad \text{pour } t = 0,$$

expression égale, par définition, à $d_1g[(x; h), y, z)]$, d'où (24). Notons en passant une erreur à éviter: le premier membre de (24) est une fonction *linéaire* du vecteur (h, k, l) de l'espace vectoriel $E \times F \times G$, et non pas une fonction *trilinéaire* des vecteurs $h \in E$, $k \in F$, $l \in G$.

Supposons par exemple que $g(x, y, z)$ soit fonction trilinéaire de x, y, z, comme dans le cas d'un tenseur. Comme $x \mapsto g(x, y, z)$ est linéaire, sa différentielle d_1g n'est autre que $dx \mapsto g(dx, y, z)$ d'après (3). On trouve donc

$$(2.25) \qquad dg = g(dx, y, z) + g(x, dy, z) + g(x, y, dz)$$

ou, plus explicitement,

$$(2.25') \qquad dg\left[(x, y, z); (h, k, l)\right] = g(h, y, z) + g(x, k, z) + g(x, y, l).$$

Plus particulièrement, supposons que les variables x, y, z soient des matrices $n \times n$ ou des opérateurs linéaires dans un espace cartésien et que $g(x, y, z) = xyz$; on trouve alors la formule

$$dg = dx.yz + xdy.z + xydz,$$

dans laquelle on aura soin de respecter l'ordre des termes ; plus explicitement,

$$dg\,[(x,y,z);(h,k,l)] = hyz + xkz + xyl$$

où h, k, l sont, comme x, y, z, des matrices ou opérateurs linéaires ; les espaces E, F, G de (24) sont ici identiques à l'espace vectoriel $\mathcal{L}(M)$ des applications linéaires de M dans M.

Cela fait, on peut revenir au calcul de la différentielle de la fonction composée $p(u) = g[x(u), y(u), z(u)]$ dont nous sommes partis ; d'après le théorème de dérivation des fonctions composées, on l'obtient en remplaçant, dans dg, la variable (x, y, z) et sa différentielle (dx, dy, dz) par leurs expressions en fonction de u ; d'où, sans hypothèses de multilinéarité sur g,

$$\begin{aligned}dp(u; du) = &\, d_1 g\,\{[x(u); x'(u)du]\,, y(u), z(u)\} + \\ &+ d_2 g\,\{x(u), [y(u); y'(u)du]\,, z(u)\} + \\ &+ d_3 g\,\{x(u), y(u), [z(u); z'(u)du]\} \ ;\end{aligned}$$

cela fait, on remplace du par h. Si g est *multilinéaire*, le résultat se simplifie en vertu de (25) :

(2.26) $\quad dp(u; h) = g\,[x'(u)h, y(u), z(u)] + g\,[x(u), y'(u)h, z(u)] +$
$\qquad\qquad + g\,[x(u), y(u), z'(u)h]\ .$

Si, en outre, la variable u est réelle, donc aussi h, la multilinéarité de g permet de mettre h en facteur partout, et comme $dp(u; h) = p'(u)h$ on trouve

(2.27) $\quad p'(u) = g\,[x'(u), y(u), z(u)] + g\,[x(u), y'(u), z(u)] +$
$\qquad\qquad + g\,[x(u), y(u), z'(u)]$

comme s'il s'agissait de dériver un produit $x(u)y(u)z(u)$; c'est l'idée à retenir. Au reste, s'il s'agit d'un vrai produit de fonctions dont les valeurs sont, par exemple, des opérateurs linéaires ou des matrices $n \times n$, on retrouve la formule classique

$$\frac{d}{du} x(u)y(u)z(u) = x'(u)y(u)z(u) + x(u)y'(u)z(u) + x(u)y(u)z'(u)$$

où, encore une fois, l'ordre des facteurs est essentiel.

(iv) *Difféomorphismes.* Soient U un ouvert d'un espace cartésien E et f une application de U dans un espace cartésien F de même dimension que E. Supposons que f applique U sur un ouvert V de F. On dit que f est un *difféomorphisme* de classe C^p de U sur V si f est bijective et de classe C^p ainsi que l'application réciproque $g = f^{-1} : V \longrightarrow U$; il est clair que, pour

$y = f(x)$, les applications linéaires $f'(x)$ et $g'(y)$ sont réciproques l'une de l'autre. Si $E = F$, il s'ensuit que

(2.28) $$J_g(y)J_f(x) = 1 \quad \text{pour} \quad y = f(x), \ g = f^{-1},$$

et en particulier que $J_f(x) \neq 0$ pour tout $x \in U$.

Partons réciproquement d'une application f de classe C^p d'un ouvert U de E dans F, avec $\dim(E) = \dim(F)$, et supposons que $f'(x)$ soit inversible quel que soit $x \in U$. Le théorème d'inversion locale (Chap. III, § 5, n° 24, Théorème 24), qui se démontre en dimension n exactement comme en dimension 2, assure alors que, pour tout $x \in U$, il existe un voisinage ouvert $U(x)$ de x que f applique homéomorphiquement sur un voisinage ouvert $V(y)$ de $y = f(x)$, l'application réciproque de $V(y)$ dans $U(x)$ étant elle aussi de classe C^p. Si tel est le cas pour tout $x \in U$, l'image $V = f(U)$ est donc un ouvert, de même plus généralement que celle de toute partie ouverte de U. Si de plus f est injective non seulement au voisinage de chaque point, mais globalement, donc est une bijection de U sur V, on a le droit de considérer l'application réciproque $f^{-1}: V \longrightarrow U$; elle est de classe C^p, de sorte que f est un difféomorphisme.

Lorsque nous démontrerons la formule du changement de variables dans une intégrale multiple, nous aurons à considérer un ouvert borné U d'un espace cartésien E, son adhérence compacte A et une application f de A dans E ou, plus généralement, dans un espace cartésien F. On dira que f est *de classe C^p dans A* si f est de classe C^p dans U et si les dérivées partielles d'ordre $\leq p$ des f^j se prolongent en des fonctions continues dans A. Puisque A est compact, c'est le cas si et seulement si ces dérivées sont uniformément continues dans U (Chap. V, § 2, n° 8, corollaire 2 du Théorème 8 généralisé à n variables). On utilisera encore les notations traditionnelles pour les prolongements à A des dérivées partielles, pour le vecteur $D_i f(a)$ de coordonnées $D_i f^j(a)$, pour les applications linéaires $f'(a) : h \mapsto D_i f(a) h^i$ et l'on définira le jacobien $J_f(a)$ de façon évidente pour tout $a \in A$.

Lorsque $\dim E = \dim F$, on dira que f est un *difféomorphisme de classe C^p de A sur $B = f(A)$* si, en outre, (i) f est bijective, auquel cas f est un homéomorphisme de A sur le compact $B = f(A)$, (Chap. III, § 3, n° 1, Théorèmes 11 et 12), (ii) f est un difféomorphisme de classe C^p de U sur un ouvert $V \subset F$, d'où $B = \bar{V}$, (iii) l'application réciproque $f^{-1} : B \longrightarrow A$ est de classe C^p au sens que l'on vient de définir.

Les conditions (ii) et (iii) exigent

(2.29) $$J_f(a) \neq 0 \quad \text{pour tout} \quad a \in A$$

puisque les deux membres de (28) sont des fonctions continues dans A. Réciproquement, si (29) est vérifié, (ii) s'ensuit par (i) et le théorème d'inversion locale, et (iii) résulte du fait que, si $M_f(x)$ est la matrice jacobienne de f en $x \in U$, les coefficients de son inverse, i.e. les dérivées de f^{-1}, sont les quotients de mineurs de $M_f(x)$ par $J_f(x)$ (formules de Cramer), donc se prolongent par continuité à B si (29) est vérifié.

La situation que l'on vient de décrire se rencontre lorsque f est la restriction à A d'un difféomorphisme défini dans un ouvert contenant A, mais la réciproque est des plus douteuses : pour qu'une fonction définie sur un compact A puisse se prolonger en une fonction C^1 dans un ouvert contenant A, elle doit vérifier des conditions sensiblement plus restrictives que celles que nous avons imposées ci-dessus[18].

(v) *Immersions, submersions, subimmersions.* Dans la section (iv), on a supposé que f applique un ouvert U de E dans un espace cartésien de même dimension que E et que les applications tangentes $f'(x)$ sont inversibles. Cette hypothèse n'a plus de sens si $\dim(F) \neq \dim(E)$ et la notion importante, même si $\dim(E) = \dim(F)$, est celle de rang de f en x, définie dans la section (i), i.e. la dimension du sous-espace vectoriel $\operatorname{Im} f'(x) = f'(x)E$ de F. On peut le noter $rg_x(f)$; comme il se calcule à l'aide des mineurs de la matrice jacobienne, c'est une fonction semi-continue inférieurement de x : pour tout M, la relation $rg_x(f) > M$ définit un ouvert de U. Si $rg_x(f) = \dim(E)$, i.e. si $f'(x)$ est injective, on dit que f est une *immersion en x* ; si, cas opposé, $rg_x(f) = \dim(F)$, i.e. si $f'(x)$ est surjective, on dit que f est une *submersion en x*. Si, plus généralement, le rang de f est constant au voisinage de x, on dit que f est une *subimmersion en x*. Ces notions interviendront plus loin à propos des sous-variétés d'un espace cartésien.

3 – Calculs en coordonnées locales

(i) *Difféomorphismes et cartes locales.* La notion de difféomorphisme est identique à celle de *système de coordonnées curvilignes* (sous-entendu : global) dans un ouvert U d'un espace cartésien E de dimension n. Un tel système est une famille de n fonctions $\varphi^i : U \longrightarrow \mathbb{R}$ de classe C^1 au moins telles que, dans tout ouvert $V \subset U$, les fonctions différentiables dans V soient exactement celles qui peuvent s'exprimer de façon différentiable à l'aide des " coordonnées " $\varphi^i(x) = \xi^i$ de x ; plus précisément, on exige que l'application

$$\varphi : x \longmapsto \left(\varphi^1(x), \ldots, \varphi^n(x)\right)$$

de U dans $\mathbb{R}^n$ soit un difféomorphisme de U sur un ouvert de $\mathbb{R}^n$. Dans ce qui suit, on notera $x = f(\xi)$, ou parfois $x(\xi)$ si aucune confusion ne s'ensuit, le point de U correspondant à un point $\xi \in U' = \varphi(U)$, de sorte que l'application $f : U' \longrightarrow U$ est réciproque de φ ; on a alors

(3.1) $$f'(\xi) = \varphi'(x)^{-1},$$

---

[18] Voir par exemple Dieudonné, *Eléments d'analyse*, vol. 3, XVI.4, problèmes 4, 5, 6 (théorèmes de Whitney), qui traite le cas d'applications C^r.

les deux membres étant calculés en des points $x \in U$ et $\xi \in U'$ qui se correspondent.

Tout au moins chez les mathématiciens, l'expression " coordonnées curvilignes" est depuis longtemps tombée en désuétude. Dans un espace cartésien E, on préfère appeler *carte* tout difféomorphisme φ d'un ouvert $U \subset E$ sur un ouvert d'un espace cartésien; on notera (U,φ) une telle carte. Si $a \in U$, on dit aussi que (U,φ) est une *carte locale* de E au point a; il est souvent commode de supposer $\varphi(a) = 0$.

Le résultat suivant montre immédiatement l'utilité des cartes locales :

Théorème 1. *Soit f une application de classe C^s définie au voisinage de 0 dans $\mathbb{R}^p$, à valeurs dans $\mathbb{R}^q$ et telle que $f(0) = 0$. Supposons f de rang constant r au voisinage de 0. Il existe alors des cartes locales (U,φ) de $\mathbb{R}^p$ en 0 et (V,ψ) de $\mathbb{R}^q$ en 0, de classe C^s, telles que l'on ait*

$$\psi \circ f \circ \varphi^{-1}(\xi) = (\xi^1, \ldots, \xi^r, 0, \ldots, 0)$$

pour tout $\xi \in U$.

Autre formulation équivalente : si l'on pose $y = f(x)$ et si l'on désigne par $\xi^i (1 \leq i \leq p)$ les coordonnées de ξ dans la carte (U,φ) et par $\eta^j (1 \leq j \leq q)$ celles de y dans la carte (V,ψ), alors on a

$$\eta^j = \xi^j \ (1 \leq j \leq r), \quad \eta^j = 0 \ (r+1 \leq j \leq q).$$

Pour le démontrer, notons d'abord qu'à une permutation près des coordonnées canoniques dans $\mathbb{R}^p$ et $\mathbb{R}^q$ on peut supposer $D(f^1, \ldots, f^r)/D(x^1, \ldots, x^r) \neq 0$ en 0, donc aussi dans un voisinage de 0. Considérons alors l'application

$$\varphi(x^1, \ldots, x^p) = (f^1(x), \ldots, f^r(x), x^{r+1}, \ldots, x^p)$$

de celui-ci dans $\mathbb{R}^p$. Sa matrice jacobienne est de la forme

$$\begin{pmatrix} A & 0 \\ ? & 1_{p-r} \end{pmatrix}$$

où A est celle de $f^1, \ldots, f^r$ par rapport à $x^1, \ldots, x^r$. Elle est donc inversible comme A au voisinage de 0. Par suite, φ est un difféomorphisme d'un voisinage ouvert U de 0 sur un voisinage ouvert U' de 0, d'où une carte (U,φ) de $\mathbb{R}^p$ en 0 pour laquelle on a

(3.2') $$f \circ \varphi^{-1}(\xi) = (\xi^1, \ldots, \xi^r, g^{r+1}(\xi), \ldots, g^q(\xi))$$

avec de nouvelles fonctions $g^i (r+1 \leq i \leq q)$ définies dans U'. Notant D la matrice jacobienne de $g^{r+1}, \ldots, g^q$ par rapport à $\xi^{r+1}, \ldots, \xi^q$, celle de (2') est de la forme

$$\begin{pmatrix} 1_r & ? \\ 0 & D \end{pmatrix}$$

Comme elle est par hypothèse de rang r, tous les termes de D sont nuls[19]. Cela signifie qu'au voisinage de 0, les g^i ne dépendent que des r premières variables ξ^i.

Les g^i étant définies au voisinage de 0, l'expression

(3.2")
$$\psi(y) = \left(y^1, \ldots, y^r, y^{r+1} - g^{r+1}(y^1, \ldots, y^r), \ldots, y^q - g^q(y^1, \ldots, y^r)\right)$$

a un sens pour tout $y \in \mathbb{R}^q$ voisin de 0. La matrice jacobienne de ψ est de la forme

$$\begin{pmatrix} 1_r & ? \\ 0 & 1_{n-r} \end{pmatrix}$$

et est donc inversible. Par suite, ψ est un difféomorphisme d'un voisinage V de 0 sur un ouvert V' de $\mathbb{R}^q$, d'où une carte (V, ψ) de $\mathbb{R}^q$ à l'origine. On peut évidemment supposer $f(U) \subset V$ et calculer alors l'application

$$\psi \circ f \circ \varphi^{-1} : U' \longrightarrow V'$$

qui traduit f dans les cartes obtenues. Cela revient à remplacer $y^1, \ldots, y^q$ dans (2") par les expressions $\xi^1, \ldots, g^q(\xi)$ figurant au second membre de (2'), ce qui remplace $y^{r+i} - f^{r+i}(y^1, \ldots, y^r)$ par $f^{r+i}(\xi^1, \ldots, \xi^r) - f^{r+i}(\xi^1, \ldots, \xi^r) = 0$; d'où

$$\psi \circ f \circ \varphi^{-1}(\xi) = \left(\xi^1, \ldots, \xi^r, 0, \ldots, 0\right),$$

ce qui termine la démonstration.

(ii) *Repères mobiles et champs de tenseurs.* Considérons une carte (U, φ) et l'application $f : U' \longrightarrow U$ réciproque de φ. Pour tout $\xi \in U' = \varphi(U)$, l'application tangente $f'(\xi)$ transforme la base canonique (e_i) de $\mathbb{R}^n$ en une base $(a_i(\xi))$ de E qui dépend à la fois du point $x = f(\xi)$ et de la carte φ, à savoir

(3.3) $$a_i(\xi) = f'(\xi)e_i = df(\xi; e_i) = D_i f(\xi),$$

dérivée partielle de l'application $f : U' \longrightarrow E$ au point $\xi = \varphi(x) \in \mathbb{R}^n$, d'où aussi

---

[19] Calculer le déterminant d'ordre $r+1$ obtenu en adjoignant une ligne et une colonne à la matrice 1_r.

(3.3')
$$\varphi'(x)a_i(\xi) = e_i$$

d'après (1).

Si par exemple U est l'ouvert $\mathbb{R}^2 - \mathbb{R}_-$ de $\mathbb{R}^2$ qu'on a déjà rencontré dans la théorie de Cauchy et si l'on note (x, y) les coordonnées cartésiennnes usuelles, on peut poser

$$x = r.\cos\theta, \quad y = r.\sin\theta \quad \text{avec} \quad r > 0 \text{ et } |\theta| < \pi;$$

l'application φ est alors $(x, y) \mapsto (r, \theta)$ et c'est un difféomorphisme de U sur l'ouvert de $\mathbb{R}^2$ défini par les inégalités imposées à r et θ; son application réciproque est $f(r, \theta) = (r.\cos\theta, r.\sin\theta)$. Dire qu'une fonction p définie dans un ouvert $G \subset U$ est de classe C^1 signifie alors que l'on a

$$p(x, y) = P(r, \theta)$$

avec une fonction P définie et de classe C^1 dans l'ouvert $\varphi(G)$. La différentielle de f est $(\cos\theta.dr - r\sin\theta.d\theta, \sin\theta.dr + r\cos\theta.d\theta)$ et, pour $\xi = (r, \theta)$, on obtient les vecteurs $a_i(\xi)$ en remplaçant dans celle-ci $(dr, d\theta)$ soit par $(1, 0)$, soit par $(0, 1)$; d'où

$$a_1(\xi) = (\cos\theta, \sin\theta),$$
$$a_2(\xi) = (-r\sin\theta, r\cos\theta).$$

Exercice. On utilise dans $\mathbb{R}^3 - \{0\}$ les *coordonnées sphériques* définies par

$$x = r\cos\varphi.\cos\theta, \quad y = r\sin\varphi.\cos\theta, \quad z = r\sin\theta,$$

avec $r > 0$, $0 \leq \varphi < 2\pi$, $|\theta| \leq \pi/2$. (Ce n'est pas exactement un difféomorphisme sur un ouvert, mais peu importe). Calculer les $a_i(\xi)$.

L'idée fondamentale de l'analyse tensorielle classique est d'utiliser le *repère mobile* $(a_i(\xi))$, comme Élie Cartan appelait cela, et non pas une base de E choisie une fois pour toutes, pour tous les calculs au point $x = f(\xi)$; cela revient à considérer toute fonction de $x \in U$ comme une fonction du point $\xi = \varphi(x)$ de U' qui lui correspond et à calculer dans la base canonique de $\mathbb{R}^n$; c'est aussi, on le verra (§ 4), ce qu'on est obligé de faire dans les " espaces courbes ", i.e. les variétés différentielles de la théorie moderne, puisqu'ils ne sont pas plongés dans un espace cartésien dont on pourrait choisir une base.

Considérons par exemple un vecteur $h \in E$ et calculons ses composantes $h^i(\xi)$ par rapport à la base $a_i(\xi) = f'(\xi)e_i$ attachée au point $x = f(\xi)$. Posons $\varphi(x) = \varphi^i(x)e_i$, de sorte que les coordonnées de x dans la carte (U, f) sont les $\xi^i = \varphi^i(x)$; en tenant compte de (3) et de $f'(\xi) = \varphi'(x)^{-1}$ on a alors

$$h = f'(\xi)\varphi'(x)h = f'(\xi)d\varphi(x; h) = f'(\xi)d\varphi^i(x; h)e_i = d\varphi^i(x; h)a_i(\xi),$$

d'où les coordonnées cherchées $h^i(\xi) = d\varphi^i(x; h)$ et la relation

$$\text{(3.4)} \qquad h = d\varphi^i(x; h) a_i(\xi)$$

qu'Élie Cartan, raisonnant à la Leibniz, écrivait sous la forme

$$\text{(3.4')} \qquad dx = a_i(\xi) d\xi^i ,$$

l'expression $d\xi^i$ étant, dans ces formules, la différentielle de la i^e coordonnée "curviligne" $x \mapsto \xi^i = \varphi^i(x)$ considérée comme fonction de x. Cette relation traduit simplement le fait que les $a_i(\xi)$ sont les dérivées partielles $D_i f(\xi)$ par rapport aux coordonnées ξ^i de l'application $x = f(\xi)$ réciproque de φ.

En fait, chez Élie Cartan, on utilisait des repères mobiles plus généraux que ceux que l'on vient de définir à partir de cartes locales ; pour lui, c'était purement et simplement une base $(a_i(x))$ de E dépendant d'un point $x \in E$ et dont les vecteurs étaient des fonctions de x aussi différentiables que nécessaire. On y reviendra un peu plus loin à l'occasion des formes différentielles, indispensables pour comprendre ses calculs.

La notion de carte locale permet de comprendre les "tenseurs" de René Lagrange (i.e. de Ricci et Levi-Civita) auxquels on a fait allusion au n° 1, (ii), et d'abord dans le cas d'un espace cartésien E puisque nous ne connaissons rien d'autre jusqu'à nouvel ordre.

Supposons que, dans un ouvert X de E, on ait un champ de tenseurs, par exemple une fonction $T(x; h, k, u)$ qui, pour tout $x \in X$, soit multilinéaire en $h, k \in E$ et $u \in E^*$. Considérons une carte (U, φ) avec $U \subset X$, notons f l'application réciproque de φ et, pour tout $x = f(\xi)$, soit comme plus haut $(a_i(\xi))$ la base image par $f'(\xi)$ de la base canonique de $\mathbb{R}^n$; notons $(a^i(\xi))$ la base duale de E^*. Pour $x = f(\xi) \in U$, soient

$$\text{(3.5)} \qquad T_{ij}^k(\xi) = T\left[x; a_i(\xi), a_j(\xi), a^k(\xi)\right]$$

les composantes du tenseur $T(x) : (h, k, u) \mapsto T(x; h, k, u)$ par rapport à la base $(a_i(\xi))$ de E. Pour les fondateurs du calcul tensoriel, un tenseur était simplement un système de composantes $(T_{ij}^k(\xi))$ attachées à chaque point x et à chaque carte locale. Pour comprendre les formules de changement de coordonnées auxquelles ces composantes (5) étaient astreintes, toute la question est de savoir calculer les vecteurs $a_i(\xi)$ figurant dans (5) en fonction des vecteurs analogues relatifs à une autre carte. Le problème étant local, on peut supposer celle-ci définie dans l'ouvert U, donc de la forme (U, ψ) où ψ est un autre difféomorphisme de U sur un ouvert de $\mathbb{R}^n$; tout $x \in U$ possède donc deux sortes de coordonnées, à savoir les points $\xi = \varphi(x)$ et $\eta = \psi(x)$ de $\mathbb{R}^n$, et l'on dispose en chaque point $x \in U$ de deux repères ; notons

$$\text{(3.3'')} \qquad a_i(\xi) = f'(\xi) e_i \quad \text{et} \quad b_\alpha(\eta) = g'(\eta) e_\alpha$$

ces repères mobiles, en utilisant des indices latins (resp. grecs) dans la première (resp. seconde) carte, comme le faisait l'auteur du *Calcul différentiel absolu.* Comme φ et ψ sont des difféomorphismes de U sur des ouverts V et W de $\mathbb{R}^n$, il y a des difféomorphismes

$$\theta : V \longrightarrow W, \quad \rho : W \longrightarrow V$$

réciproques l'un de l'autre tels que l'on ait

$$\psi = \theta \circ \varphi, \quad \varphi = \rho \circ \psi,$$
$$g = f \circ \rho, \quad f = g \circ \theta;$$

cela signifie que les coordonnées $\xi^i = \varphi^i(x)$ d'un point x dans la carte (U, φ) et ses coordonnées $\eta^\alpha = \psi^\alpha(x)$ dans la carte (U, ψ) sont reliées par les formules

$$\eta^\alpha = \theta^\alpha\left(\xi^1, \ldots, \xi^n\right), \quad \xi^i = \rho^i\left(\eta^1, \ldots, \eta^n\right).$$

On a aussi des relations

$$\theta'(\xi)e_i = \theta_i^\alpha(\xi)e_\alpha, \quad e_\alpha = \rho_\alpha^i(\eta)e_i$$

dont les coefficients

(3.6) $$\theta_i^\alpha(\xi) = D_i\theta^\alpha(\xi), \quad \rho_\alpha^i(\eta) = D_\alpha\rho^i(\eta)$$

sont les dérivées partielles des changements de coordonnées.

Cela dit, on a

(3.7) $$\psi'(x) = \theta'(\xi) \circ \varphi'(x), \quad \varphi'(x) = \rho'(\eta) \circ \psi'(x),$$
(3.7') $$g'(\eta) = f'(\xi) \circ \rho'(\eta), \quad f'(\xi) = g'(\eta) \circ \theta'(\xi).$$

En utilisant (3"), on trouve

(3.8') $$a_i(\xi) = f'(\xi)e_i = g'(\eta)\theta'(\xi)e_i = g'(\eta)\theta_i^\alpha(\xi)e_\alpha = \theta_i^\alpha(\xi)b_\alpha(\eta),$$

et de même

(3.8") $$b_\alpha(\eta) = \rho_\alpha^i(\eta)a_i(\xi).$$

Il faut encore montrer comment se transforment les covecteurs $a^k(\xi)$ figurant dans (5). Or on sait que si, dans un espace vectoriel, on passe d'une base (a_i) à une base (b_α) par $b_\alpha = c_\alpha^i a_i$, alors on passe de la base duale (b^α) à la base duale (a^i) par $a^i = c_\alpha^i b^\alpha$. On a donc ici

(3.9') $$a^k(\xi) = \rho_\alpha^k(\eta)b^\alpha(\eta),$$
(3.9") $$b^\alpha(\eta) = \theta_k^\alpha(\xi)a^k(\xi).$$

Cela fait, les formules de transformation des composantes (5) du champ de tenseurs T s'obtiennent immédiatement en appliquant à la forme trilinéaire $T(x)$ la relation (1.9) ; on trouve évidemment

$$(3.10) \qquad T^{\gamma}_{\alpha\beta}(\eta) = \rho^{i}_{\alpha}(\eta)\rho^{j}_{\beta}(\eta)\theta^{\gamma}_{k}(\xi)T^{k}_{ij}(\xi).$$

Telles étaient les mystérieuses formules de transformation des tenseurs en coordonnées curvilignes que les fondateurs de la théorie posaient a priori. On notera en passant que ces calculs respectent les règles du calcul tensoriel formulées au point (ii) du n° 1.

Exercice. Soit F une fonction de classe C^1 dans E ; montrer que les fonctions $p_i(\xi) = D_i\{F[f(\xi)]\}$ sont les composantes d'un champ de tenseurs de type $(0,1)$ en vérifiant qu'elles satisfont à la formule de transformation (10) pour le type $(1,0)$. [Le champ de tenseurs en question est évidemment la fonction $(x,h) \mapsto dF(x;h)$].

On remarquera que, dans ces calculs, le fait que les repères mobiles $(a_i(\xi))$ et $(b_\alpha(\eta))$ soient associés à des cartes n'a guère d'importance ; dans tous les cas, on a des formules analogues à (8') et (9') et donc à (10), l'usage de cartes locales n'ayant d'autre intérêt que d'exprimer les coefficients ρ et θ comme dérivées partielles des formules de changement de coordonnées curvilignes.

(iii) *Dérivées covariantes dans un espace cartésien.* On peut attribuer à tout champ de tenseurs T de classe C^1 une " différentielle " ou " dérivée covariante " que l'on note T' ou, en géométrie riemannienne classique, ∇T, où le signe ∇, " nabla ", censé provenir de l'égyptien pharaonique, a dû être choisi par les créateurs du calcul tensoriel pour en accentuer l'aspect ésotérique ; cette opération fait passer d'un champ de tenseurs de type (p,q) à un champ de type $(p+1,q)$. Lorsqu'on calcule dans une carte (U,φ), la première idée qui s'impose consiste à passer d'un champ de tenseurs T de type $(2,1)$, par exemple, dont les coefficients (5) dépendent des coordonnées ξ^i du point x, au champ de tenseurs de type $(3,1)$ dont les coefficients seraient les fonctions $D_i T^h_{jk}(\xi)$, où $D_i = d/d\xi^i$. Mauvaise idée, car en dérivant les formules (10) on ferait apparaître les dérivées secondes des ξ par rapport aux η, ce qui ne saurait conduire aux composantes d'un tenseur. Il vaut mieux, comme toujours, raisonner géométriquement : puisque T associe à tout $x \in U$ la fonction trilinéaire $(k,l,u) \mapsto T(x;k,l,u)$, on peut en déduire une fonction quadrilinéaire en la différentiant par rapport à x pour k,l,u donnés ; c'est la *dérivée covariante* T' du champ de tenseurs T, définie par la formule

$$(3.11) \qquad T'(x;h,k,l,u) = \frac{d}{dt}T(x+th;k,l,u) \quad \text{pour } t = 0,$$
$$= d_1 T\left[(x;h),k,l,u\right]$$

conformément à (2.22), avec $h,k,l \in E$ et $u \in E^*$. Le résultat est facile à calculer si l'on utilise une base (a_i) de E *indépendante de x*. On a en effet alors

$$T(x;k,l,u) = T^r_{pq}(x)k^p l^q u_r$$

avec des coefficients $T^r_{pq}(x) = T(x; a_p, a_q, a^r)$, d'où évidemment

$$T'(x;h,k,l,u) = dT^r_{pq}(x;h)k^p l^q u_r = D_i T^r_{pq}(x) h^i k^p l^q u_r$$

où $D_i = d/dx^i$. Les coefficients de T' sont donc bien, dans ce cas, les dérivées partielles des coefficients de T par rapport aux coordonnées cartésiennes de x. Mais comme nous désirons utiliser la base *variable* $(a_i(\xi))$ pour tous les calculs au point $x = f(\xi)$, il faut raisonner autrement.

Appliquant la définition de T' pour $x = f(\xi)$, $h = a_i(\xi)$, $k = a_p(\xi)$, $l = a_q(\xi)$ et $u = a^r(\xi)$, il s'agit donc de calculer[20]

(3.12) $\qquad \nabla_i T^r_{pq}(\xi) = T'[x; a_i(\xi), a_p(\xi), a_q(\xi), a^r(\xi)] =$

$$= \frac{d}{dt} T[x + ta_i(\xi); a_p(\xi), a_q(\xi), a^r(\xi)]$$

pour $t = 0$. Pour cela, différentions par rapport à ξ la fonction

$$T^r_{pq}(\xi) = T[f(\xi); a_p(\xi), a_q(\xi), a^r(\xi)]$$

en appliquant les formules générales (2.25) et (2.27) de la fin du n° 2. Le résultat est la somme des quatre différentielles partielles par rapport aux quatre variables dont dépend $T(x, h, k, u)$, étant entendu que, dans ces différentielles, on devra substituer à x, h, k, u et à leurs différentielles les fonctions $f(\xi), a_p(\xi), \ldots$ et les différentielles de celles-ci par rapport à ξ, comme s'il s'agissait de différentier le produit $f(\xi)a_p(\xi)a_q(\xi)a^r(\xi)$. Si l'on différentie $T(x; k, h, u)$ par rapport à x, on trouve par définition $d_1 T[(x; dx), h, k, u] = T'(x; dx, h, k, u)$ d'après (11); le premier terme du résultat cherché est donc

$$T'[f(\xi); df(\xi), a_p(\xi), a_q(\xi), a^r(\xi)] = T'[f(\xi); f'(\xi)d\xi, a_p(\xi), a_q(\xi), a^r(\xi)] .$$

Dans les trois autres termes, on différentie une fonction *linéaire*; il suffit donc de remplacer dans T la variable, par exemple $a_p(\xi)$, qui dépend de ξ, par sa différentielle $da_p(\xi; d\xi)$. En remplaçant $d\xi$ par la variable $h \in \mathbb{R}^n$ dont dépend la différentielle d'une fonction de $\xi \in \mathbb{R}^n$, on a donc finalement

$$dT^r_{pq}(\xi; h) = T'[x; df(\xi;h), a_p(\xi), a_q(\xi), a^r(\xi)] +$$
$$+ T[x; da_p(\xi;h), a_q(\xi), a^r(\xi)] +$$
$$+ T[x; a_p(\xi), da_q(\xi;h), a^r(\xi)] +$$
$$+ T[x; a_p(\xi), a_q(\xi), da^r(\xi;h)] .$$

---

[20] La notation traditionnelle $\nabla_i T^r_{pq}$ indique que l'on passe des composantes de T à celles de T' par des " dérivations covariantes partielles " analogues, mais non identiques, aux dérivation partielles classiques par rapport aux variables ξ^i.

Comme on s'intéresse au coefficient (12) de T', il faut dans ce qui précède choisir $h = e_i$ puisqu'alors on a $df(\xi; h) = a_i(\xi)$ dans le premier terme de la formule précédente. Il reste à exprimer $da_p(\xi; e_i) = D_i a_p(\xi)$, etc. en fonction des $a_j(\xi)$ et $a^j(\xi)$ eux-mêmes ; on pose pour cela

(3.13) $\qquad D_i a_p(\xi) = \Gamma_{ip}^j(\xi) a_j(\xi), \quad D_i a^p(\xi) = \Delta_{ij}^p(\xi) a^j(\xi)$

avec des coefficients numériques à déterminer, les *symboles de Christoffel*. Compte-tenu de (12) et de la multilinéarité de T, on trouve alors

$$D_i T_{pq}^r(\xi) = \nabla_i T_{pq}^r(\xi) + \Gamma_{ip}^j(\xi) T_{jq}^r(\xi) + \Gamma_{ir}^j(\xi) T_{pj}^r(\xi) + \Delta_{ij}^r(\xi) T_{pr}^j(\xi),$$

d'où, en omettant la variable ξ, la formule

(3.14) $\qquad \nabla_i T_{pq}^r = D_i T_{pq}^r - \Gamma_{ip}^j T_{jq}^r - \Gamma_{iq}^j T_{pj}^r - \Delta_{ij}^r T_{pq}^j.$

On notera que, puisque $a_j(\xi) = f'(\xi) e_j = D_j f(\xi)$, on a[21]

$$D_i a_j(\xi) = D_i D_j f(\xi) = D_j D_i f(\xi) = D_j a_i(\xi),$$

d'où

(3.15) $\qquad\qquad\qquad \Gamma_{ij}^k = \Gamma_{ji}^k.$

D'autre part, on a

$$\Delta_{ij}^p = -\Gamma_{ij}^p$$

pour la raison suivante. Posons

$$u(h) = B(h, u) \quad \text{pour } h \in E \text{ et } u \in E^* ;$$

on obtient ainsi une fonction bilinéaire de h et u, de sorte que

$$D_i \{B[h(\xi), u(\xi)]\} = B[D_i h(\xi), u(\xi)] + B[h(\xi), D_i u(\xi)]$$

quelles que soient les fonctions $h(\xi)$ et $u(\xi)$. Comme $B(a_j, a^p) = \delta_j^p$ par définition de la base duale, on a donc

$$0 = B(D_i a_j, a^p) + B(a_j, D_i a^p) = \Gamma_{ij}^q B(a_q, a^p) + \Delta_{ik}^p B(a_j, a^k)$$
$$= \Gamma_{ij}^q \delta_q^p + \Delta_{ik}^p \delta_j^k = \Gamma_{ij}^p + \Delta_{ij}^p$$

comme annoncé. D'où la formule finale

(3.16) $\qquad \nabla_i T_{pq}^r = D_i T_{pq}^r - \Gamma_{ip}^j T_{jq}^r - \Gamma_{iq}^j T_{pj}^r + \Gamma_{ij}^r T_{pq}^j$

---

[21] Si f est C^2, hypothèse inoffensive dans ce contexte où l'on se borne à des calculs quasi formels.

où $D_i = d/d\xi^i$. Ce sont les célèbres formules de Christoffel (1869), qui se généralisent de façon évidente aux champs de tenseurs de type quelconque.

Exercice. Les Γ_{ij}^k sont-ils les composantes d'un champ de tenseurs ?

Les calculateurs d'indices ne s'en tenaient pas là, car ils avaient en vue la géométrie différentielle dans des espaces " courbes non euclidiens", et en particulier dans des espaces vectoriels où l'on calcule les distances par des formules non euclidiennes. Dans leur terminologie, et comme on y a déjà fait allusion au n° 1, (ii), on suppose qu'en tout point de E on se donne une formule simple pour calculer la longueur ds du vecteur joignant un $x \in E$ à un point infiniment voisin $x + dx$; comme on désire que, dans un voisinage infinitésimal de x, la géométrie de l'espace ressemble, en première approximation, à celle d'un espace euclidien, on impose au carré ds^2 d'être une forme quadratique

(3.17) $$ds^2 = g_{ij}(\xi)d\xi^i d\xi^j$$

en les coordonnées $d\xi^i$ de dx, avec une fonction $g_{ij} = g_{ji}$ dépendant du point considéré ; il faut évidemment que le second membre soit toujours > 0 pour $dx \neq 0$, autrement dit que l'on ait

(3.18) $$g_{ij}(\xi)h^i h^j > 0$$

quels que soient les scalaires h^i non tous nuls. Tout cela n'ayant aucun intérêt si le ds^2 dépend du système de coordonnées choisi, les $g_{ij}(\xi)$ doivent être les composantes dans celui-ci d'un champ de tenseurs $g(x; h, k)$ dans E, de type $(2, 0)$ et donné par

(3.19) $$g(x; h, k) = g_{ij}(\xi)h^i k^j \text{ si } h = h^i a_i(\xi), \ k = k^j a_j(\xi),$$

ce qui implique des formules de transformation des g_{ij} analogues à (10) lorsqu'on change de coordonnées curvilignes ; on peut interpréter (19) comme un produit scalaire hilbertien qui dépend de x et s'applique aux vecteurs d'origine x.

En géométrie euclidienne traditionnelle, cas le plus simple, on se donne une fois pour toutes dans E un produit scalaire noté $(\,|\,)$; on a alors $g(x; h, k) = (h|k)$ pour $x, h, k \in E$; dans la carte locale (U, φ), les composantes au point $x = f(\xi)$ de ce champ de tenseurs sont les fonctions

(3.20) $$g_{ij}(\xi) = \Big(a_i(\xi) | a_j(\xi)\Big)$$

et le ds^2 est donné par la formule

$$ds^2 = \Big(a_i(\xi)d\xi^i | a_j(\xi)d\xi^j\Big) = g_{ij}(\xi)d\xi^i d\xi^j \,.$$

Les symboles de Christoffel Γ_{ij}^k peuvent alors se calculer à l'aide des g_{ij}. Pour ce faire, dérivons g_{jk} par rapport à ξ^i ; on trouve, en abrégeant $a_i(\xi)$ en a_i,

$$D_i g_{jk} = (D_i a_j | a_k) + (a_j | D_i a_k) = \Gamma_{ij}^p (a_p | a_k) + \Gamma_{ik}^p (a_j | a_p) =$$
$$= \Gamma_{ij}^p g_{pk} + \Gamma_{ik}^p g_{pj} = \Gamma_{ijk} + \Gamma_{ikj}$$

où l'on pose

(3.21) $$\Gamma_{ijk} = g_{pk}\Gamma_{ij}^p = \Gamma_{jik} ;$$

noter en passant que ce calcul exprime que la dérivée covariante

$$\nabla_i g_{jk} = D_i g_{jk} - \Gamma_{ik}^p g_{jp} - \Gamma_{ij}^p g_{pk}$$

du champ de tenseurs g est nulle ; peu surprenant puisque

$$g'(x; h, k, l) = \frac{d}{dt} g(x+th; k, l) = \frac{d}{dt}(k|l) \quad \text{pour } t = 0$$

est la dérivée d'une fonction indépendante de t.

Ecrivons alors les relations

$$\Gamma_{ijk} + \Gamma_{ikj} = D_i g_{jk}, \; \Gamma_{jki} + \Gamma_{jik} = D_j g_{ik}, \; \Gamma_{kij} + \Gamma_{kji} = D_k g_{ij} ;$$

en additionnant les deux premières et en retranchant la troisième, on trouve immédiatement, en tenant compte de la symétrie (21), que

(3.22) $$\Gamma_{ijk} = \frac{1}{2}\left(D_i g_{jk} + D_j g_{ik} - D_k g_{ij}\right),$$

formule célèbre permettant de calculer les Γ_{ijk} en fonction des dérivées des g_{ij} ; on passe de là aux Γ_{ij}^k à l'aide de (21) en inversant la matrice des g_{ij}.

Ricci et son assistant Levi-Civita (qui sera plus tard l'un des grands spécialistes de la mécanique des fluides) avaient expliqué tout cela et bien d'autres choses dans le cas plus subtil de ds^2 généraux, notamment dans un long mémoire en français publié dans la grande revue allemande (*Méthodes du calcul différentiel absolu*, Math. Annalen, 1901), belle manifestation d'internationalisme scientifique à une époque où les traîneurs de sabres, comme on les appelait, tenaient partout le haut du pavé. Albert Einstein dut tout assimiler pour construire sa Relativité générale une dizaine d'années plus tard ; n'étant pas un aussi grand virtuose du calcul tensoriel que les Italiens, il eut quelques ennuis avec eux[22]. Le développement ultérieur de la

---

[22] Sur l'histoire du sujet, voir Karin Reich, *Die Entwicklung des Tensorkalküls. Vom absoluten Differentialkalkül zur Relativitätstheorie* (Birkhauser, 1989) ; on trouve aussi un chapitre sur le sujet dans T. Hawkins, *Emergence of the Theory of Lie Groups. An Essay in the History of Mathematics 1869–1926* (Springer-Verlag, 2000), qui couvre un champ beaucoup plus vaste. Je renonce à citer les exposés modernes de la géométrie riemannienne ; ils sont trop nombreux et n'apprennent généralement rien sur l'histoire du sujet.

géométrie riemannienne a permis d'éliminer de la théorie une grande partie de ces calculs en coordonnées – elle n'en est pas pour autant devenue plus facilement compréhensible ... –, mais lorsqu'il a voulu en déduire que les rayons lumineux étaient déviés au voisinage d'un champ de gravitation intense, Einstein a bien été obligé, pour obtenir des résultats numériques vérifiables expérimentalement, de tout expliciter, tâche dont les mathématiciens sont en général dispensés. Enfin, et comme dans beaucoup d'autres domaines, la théorie moderne est venue après les " débauches d'indices" qui, à défaut de mieux, peuvent encore servir d'exercices au lecteur et auxquelles Dieudonné lui-même n'a pas entièrement échappé à la fin du vol. 3 de ses *Eléments d'analyse*.

§ 2. Formes différentielles de degré 1

4 – Formes différentielles de degré 1

Comme on l'a vu au Chapitre VIII, trouver une primitive F d'une fonction f holomorphe dans un ouvert $U \subset \mathbb{C} = \mathbb{R}^2$ revient à construire dans U une fonction de classe C^1 telle que $dF = f(z)dz = f(z)dx + if(z)dy$, autrement dit telle que

$$D_1 F = f, \quad D_2 F = if.$$

Un problème déjà plus général consiste à mettre sous la forme dF une expression de la forme

(4.1) $$\omega = p(x,y)dx + q(x,y)dy,$$

i.e. une *forme différentielle* de degré 1 dans U, où p et q, ses *coefficients*, sont des fonctions données ; on les suppose toujours continues et il vaut mieux, pour éviter de sérieuses complications, les supposer de classe C^1 au moins dans U.

Il s'agit donc de trouver dans U des fonctions F de classe C^1 vérifiant

(4.2) $$D_1 F = p, \quad D_2 F = q.$$

Si une telle *primitive* F de ω existe dans U, on dit que ω est une différentielle *exacte* ; si U est connexe, F est unique à une constante additive près (Chap. III, n° 21, conséquence de la formule des accroissements finis à plusieurs variables).

Si p et q sont C^1, auquel cas F est C^2, la relation $D_2 D_1 F = D_1 D_2 F$ exige

(4.3) $$D_1 q = D_2 p;$$

si cette condition nécessaire, mais non toujours suffisante, est vérifiée, on dit que $pdx + qdy$ est une différentielle *fermée*, terminologie héritée de la topologie algébrique et des formules d'intégration du type "Stokes". Dans le cas holomorphe ($p = f, q = if$), (3) n'est autre que la condition d'holomorphie de Cauchy.

Autre cas, on a observé au Chap. VII, n° 24 que si H est une fonction harmonique réelle dans U, trouver une fonction holomorphe dont H soit la partie réelle revient à trouver une primitive de la fonction holomorphe $D_1 H - i D_2 H$, donc de la forme différentielle

(4.4) $$(D_1 H - i D_2 H)(dx + idy) = dH - i(D_2 H dx - D_1 H dy),$$

donc de la forme différentielle $D_2 H dx - D_1 H dy$; celle-ci est fermée puisque, par hypothèse, on a $\Delta H = 0$ où $\Delta = D_1 D_1 + D_2 D_2$ est l'opérateur de Laplace $d^2/dx^2 + d^2/dy^2$.

Il y a des problèmes entièrement analogues en dimension n quelconque. Dans un ouvert U d'un espace E de dimension n dont on a choisi une base (a_i), une forme différentielle (de degré 1) est une expression, purement symbolique pour le moment,

$$(4.5) \qquad \omega = p_1(x)dx^1 \ldots + p_n(x)dx^n = p_i dx^i$$

où les p_i sont des fonctions données de classe C^1 au moins dans U, à valeurs éventuellement complexes ou même vectorielles, et où les x^i sont les coordonnées de $x \in U$ par rapport à la base donnée de E; cette définition n'a aucun sens " absolu " si l'on ne précise pas comment les p_i changent lors d'un changement de base, mais on peut donner des formes différentielles une définition directe éliminant ce problème.

Si en effet l'on a dans U une fonction F de classe C^1 au moins, sa différentielle est une fonction $dF(x; h)$ d'un point $x \in U$ et d'un vecteur $h \in E$, fonction qui, pour x fixé, est linéaire en h. La généralisation naturelle est donc de considérer des fonctions $\omega(x; h)$ assujetties aux mêmes conditions, autrement dit des champs de tenseurs de type $(0,1)$ ou – ce qui revient au même puisqu'à chaque $x \in U$ est associée une forme linéaire

$$\omega(x) : h \longmapsto \omega(x; h)$$

sur E, i.e. un élément de E^* –, des applications de U dans E^* (ou dans $E_{\mathbb{C}}^*$ puisqu'on a aussi à considérer des formes à valeurs complexes). A partir du choix d'une base (a_i) de E, cette définition permet inversement d'écrire toute application $\omega : U \longrightarrow E^*$ sous la forme (5). Pour le voir, on écrit tout d'abord que

$$(4.6) \quad \omega(x; h) = \omega\left(x; h^i a_i\right) = h^i \omega\left(x; a_i\right) = p_i(x)h^i \text{ où } p_i(x) = \omega(x; a_i).$$

L'écriture $p_i(x)dx^i$ se justifie alors exactement comme on l'a fait à la fin de la section (i) du n° 2: on écrit que $h^i = dx^i(x; h)$. Inversement, il suffit d'associer à (5) la fonction

$$(4.7) \qquad \omega(x; h) = p_i(x)h^i \quad (x \in U, \ h \in E)$$

pour se ramener à la nouvelle définition.

On pourrait, comme au n° 3, (ii), exprimer ω dans une carte locale quelconque (U, φ). En tout $x \in U$, celle-ci définit une base $(a_i(\xi))$ de E, où $\xi = \varphi(x)$; comme on l'a vu en (3.4), tout vecteur $h \in E$ s'écrit alors

$$h = h^i(\xi) a_i(\xi) = a_i(\xi) d\xi^i(x; h)$$

avec des coordonnées qui dépendent à la fois de la carte et du point x où l'on se place. On a donc

$$\omega(x; h) = p_i(\xi) h^i(\xi) = p_i(\xi) d\xi^i(x; h)$$

où les $p_i(x) = \omega[x; a_i(\xi)]$ sont les composantes dans la carte considérée du champ de tenseurs ω ; d'où, à la Leibniz, l'écriture

$$(4.8) \qquad \omega(x; dx) = p_i d\xi^i$$

de ω dans la carte (U, φ). Les coefficients $p_i(\xi)$ se transforment, par changement de carte, comme ceux d'un tenseur de type $(0, 1)$:

$$(4.9) \qquad p_\alpha(\eta) = \rho_\alpha^i(\eta) p_i(\xi)$$

où la dérivée $\rho_\alpha^i(\eta) = d\xi^i/d\eta^\alpha$ est calculée au point $\eta(x)$. Nous nous bornerons le plus souvent à raisonner en coordonnées cartésiennes standard, mais on est bien obligé d'utiliser des cartes locales quelconques lorsqu'on veut étendre la théorie aux variétés différentiables.

Notons enfin l'analogie – et non pas l'identité – entre champs de vecteurs et formes différentielles : un champ de vecteurs dans l'ouvert $U \subset E$ associe à chaque $x \in U$ un vecteur de E (i.e. est une application de U dans E), tandis qu'une forme différentielle associe à chaque $x \in U$ un covecteur de E (i.e. est une application de U dans le dual E^*, éventuellement complexe, de E). C'est la différence entre champs de tenseurs de type $(1, 0)$ et $(0, 1)$.

5 – Primitives locales

(i) *Existence : calcul en coordonnées.* Cela dit, et en nous plaçant dans un espace cartésien E muni d'une base (a_i), revenons à la recherche d'une primitive F d'une forme différentielle $\omega = p_i(x) dx^i$ de classe C^1. On se placera dans un ouvert connexe G, i.e. un domaine, le cas général s'y ramenant de façon évidente. Dans tout ce qui suit, on notera x^i les coordonnées d'un point ou vecteur par rapport à la base considérée et l'on posera $D_i = d/dx^i$ comme à l'habitude.

Les relations

$$(5.1) \qquad D_i F = p_i \quad \text{pour} \quad 1 \leq i \leq n$$

exigent évidemment

$$(5.2) \qquad D_j p_i - D_i p_j = 0$$

quels que soient i et j, ce qui donne en réalité $n(n-1)/2$ relations indépendantes, par exemple celles pour lesquelles $i > j$; si ces conditions nécessaires sont remplies, on dit que ω est *fermée*.

Exercice. Montrer que cette définition est indépendante du choix de la base (a_i). La relation (2) reste-t-elle valable dans une carte locale quelconque ?

Dans le cas des fonctions holomorphes, nous savons qu'il existe toujours des primitives *locales* ; il en est de même dans le cas général, résultat déjà

178 IX – Différentielles et Intégrales à Plusieurs Variables

dans Euler pour les formes à deux variables. On le démontre comme au Chapitre VIII, n° 2, (i), formule (2), en un peu moins simple.

Soit d'abord F une fonction de classe C^2 définie au minimum dans une boule $B : \|x\| < R$ de centre O dans E [pour raisonner au voisinage d'un point a quelconque, considérer $F(a+x)$]. Pour $x \in B$ donné, la fonction $t \mapsto F(tx)$ est définie dans un ouvert de $\mathbb{R}$ contenant $I = [0,1]$. En posant $D = d/dt$, le théorème de dérivation des fonctions composées montre que

$$(5.3) \qquad D\{F(tx)\} = D_i F(tx).x^i\,.$$

Le TF montre alors que

$$(5.4) \qquad F(x) = F(0) + \int_0^1 D_i F(tx).x^i dt\,.$$

Si donc une différentielle fermée $\omega = p_i(x)dx^i$, avec des coefficients de classe C^1 – ou même C^0, mais le raisonnement qui va suivre s'effondre dans ce cas – admet une primitive F dans la boule B où elle est définie, on a nécessairement, à une constante additive près,

$$(5.5) \qquad F(x) = \int_0^1 p_i(tx)x^i dt = \int_0^1 \omega(tx;x)dt$$

pour tout $x \in B$. Reste à vérifier que $D_j F = p_j$ pour tout j et, pour cela, à dériver le second membre de (5) par rapport à x^j. Or, les p_i étant C^1, la fonction de $(t,x) \in I \times G$ que l'on intègre possède, par rapport aux x^i, des dérivées partielles premières continues, d'où

$$(5.6) \qquad D_j F(x) = \int_0^1 D_j \{p_i(tx)x^i\}\, dt =$$
$$= \int_0^1 D_j \{p_i(tx)\} x^i dt + \int_0^1 p_i(tx) D_j x^i dt =$$
$$= \int_0^1 D_j p_i(tx).tx^i dt + \int_0^1 p_i(tx)\delta_j^i dt =$$
$$= \int_0^1 D_j p_i(tx).tx^i dt + \int_0^1 p_j(tx) dt\,,$$

où $\delta_j^i = D_j x^i$, l'indice de Kronecker déjà mentionné en (1.8), est égal à 1 ou à 0 selon que i et j sont égaux ou non. Mais d'après (2), on a

$$(5.7) \qquad D_j p_i(tx).tx^i = D_i p_j(tx).tx^i = tD\{p_j(tx)\}$$

d'après (2.20) appliqué à p_j. Comme $D = d/dt$, on peut intégrer par parties, d'où

§ 2. Formes différentielles de degré 1   179

$$D_j F(x) = t p_j(tx)\Big|_0^1 - \int_0^1 p_j(tx)dt + \int_0^1 p_j(tx)dt = p_j(x),$$

ce qui résoud le problème.

Ce calcul s'applique à tout ouvert G étoilé, i.e. dans lequel existe un $a \in G$ tel que, pour tout $x \in G$, le segment de droite $[a, x]$ soit contenu dans G. Dans un ouvert étoilé[23] d'un espace cartésien, toute forme différentielle fermée de classe C^1 possède donc une primitive, i.e. est exacte. En particulier, dans un domaine étoilé $G \subset \mathbb{C}$, toute fonction réelle harmonique est la partie réelle d'une fonction holomorphe dans G – résultat déjà démontré au Chapitre VIII –, à savoir

(5.8) $\qquad f(z) = H(x,y) - i \int_0^1 [D_2 H(tx, ty)x - D_1 H(tx, ty)y]\, dt$

en supposant G étoilé relativement au point $a = 0$: il suffit d'appliquer (4) à la forme (4.4).

Exercice. Vérifier directement que la fonction (8) est holomorphe en explicitant la démonstration du théorème général.

(ii) *Existence des primitives locales: formules intrinsèques.* Nous allons maintenant montrer comment on peut obtenir le résultat précédent sans recourir à des coordonnées. Cette méthode est beaucoup moins bête que la première, encore qu'elle n'en soit qu'un déguisement, mais elle présente l'avantage d'être valable pour les formes différentielles dans les espaces de Banach[24]. Savoir si elle est plus compréhensible que la première sera laissé à l'appréciation du lecteur.

Partons à nouveau d'une forme différentielle fermée ω de classe C^1 dans un ouvert G étoilé par rapport au point 0 et supposons qu'elle admette dans G une primitive F, avec $F(0) = 0$. Pour tout $x \in G$, la dérivée au point t de $t \mapsto F(tx)$ est la dérivée en $s = 0$ de $s \mapsto F[(t+s)x] = F(tx + sx)$; c'est donc $dF(tx; x) = \omega(tx; x)$. Le TF montre alors que, comme plus haut,

(5.9) $\qquad F(x) = \int_0^1 \omega(tx; x)dt.$

Tout revient donc à vérifier que, si ω est fermée, cette formule définit bien une fonction telle que $dF = \omega$.

Puisque $dF(x; h)$ est la dérivée en $s = 0$ de $s \mapsto F(x + sh)$, $dF(x; h)$ s'obtient en faisant $s = 0$ dans le calcul suivant:

(5.10) $dF(x; h) = \dfrac{d}{ds} \int_0^1 \omega(tx + tsh; x + sh)dt =$

$\qquad = \dfrac{d}{ds} \int_0^1 \omega(tx + tsh; x)dt + \dfrac{d}{ds} s \int_0^1 \omega(tx + tsh; h)dt,$

---

[23] ou simplement connexe, comme le montrera la suite.
[24] Voir Henri Cartan, *Calcul différentiel* (Hermann).

où l'on a utilisé la linéarité de $h \mapsto \omega(y;h)$ pour y donné. Il n'y a aucune difficulté à dériver sous le signe $\int$. Pour formuler commodément le résultat, il est utile d'introduire la dérivée covariante [voir (3.11)]

(5.11) $$\omega'(x;h,k) = \frac{d}{ds}\omega(x+sh;k)\Big|_{s=0} = D_i p_j(x) h^i k^j$$

si $\omega = p_i(x)dx^i$. Cela fait, revenons aux deux dernières intégrales de (10) et dérivons sous le signe $\int$; en tenant compte de (11), on trouve, en faisant $s=0$ dans le résultat[25],

(5.12) $$\int_0^1 \omega'(tx;h,x)t\,dt + \int_0^1 \omega(tx;h)\,dt.$$

En intégrant par parties le second terme, celui-ci devient

$$\omega(tx;h)t\Big|_0^1 - \int_0^1 \frac{d}{dt}[\omega(tx;h)].t\,dt = \omega(x;h) - \int_0^1 \ldots .$$

Mais on a

$$\frac{d}{dt}\omega(tx;h) = \frac{d}{ds}\omega(tx+sx;h)\Big|_{s=0} = \omega'(tx;x,h),$$

de sorte qu'il vient finalement

(5.13) $$dF(x;h) = \omega(x;h) + \int_0^1 [\omega'(tx;h,x) - \omega'(tx;x,h)]\,dt.$$

On voit apparaître ici ce qu'on appelle la *dérivée extérieure*

(5.14) $$d\omega(x;h,k) = \omega'(x;h,k) - \omega'(x;k,h)$$

de la forme ω ; pour x donné, c'est une forme bilinéaire alternée ou antisymétrique en les vecteurs h,k. Sans entrer plus avant dans ce sujet qu'on reprendra plus loin, on trouve donc la formule

(5.13') $$dF(x;h) = \omega(x;h) - \int_0^1 d\omega(tx;x,h)\,dt,$$

valable sans aucune hypothèse sur ω. Il est d'autre part facile, en posant

$$\omega(x;h) = p_i(x)h^i,$$

de calculer d'abord

$$\omega'(x;h,k) = dp_j(x;h)k^j = D_i p_j(x) h^i k^j,$$
$$\omega'(x;k,h) = dp_i(x;k)h^i = D_j p_i(x) h^i k^j,$$

---

[25] La dérivée en $s=0$ d'une fonction de la forme $sf(s)$ est égale à $f(0)$.

puis

(5.15) $\qquad dw(x;h,k) = (D_i p_j - D_j p_i) h^i k^j.$

Cette formule montre que

(5.16) $\qquad \omega \text{ est fermée} \iff d\omega = 0.$

La relation (13') se réduit alors à

$$dF(x;h) = \omega(x;h)$$

et tout est démontré.

La relation

$$\omega'(x;h,k) = \omega'(x;k,h)$$

conserve un sens dans les espaces de Banach où le calcul en coordonnées n'est plus possible ; elle sert alors de définition aux formes fermées.

Exercice. On suppose $\omega = dF$; calculer $\omega'(x;h,k)$ directement, sans coordonnées, et montrer que (16) se ramène à la formule $d^2/dsdt = d^2/dtds$.

6 – Intégration le long d'un chemin. Images réciproques

(i) *Intégrales d'une forme différentielle.* Tout ce qu'on a dit au Chapitre VIII des intégrales de fonctions holomorphes s'étend, moyennant de petites adaptations, aux formes différentielles, et nous ne nous attarderons pas sur le sujet.

Dans un domaine G d'un espace vectoriel E de dimension finie, considérons une forme différentielle $\omega = p_i(x)dx^i$ de degré 1 et supposons qu'elle possède une primitive F dans G. Joignons $a \in G$ à $b \in G$ par un *chemin* $\mu : [0,1] = I \longrightarrow G$ de classe C^1 ou, plus généralement, *admissible* ou *de classe $C^{1/2}$*, i.e. tel que les coordonnées $\mu^i(t)$ de $\mu(t)$ soient des primitives de fonctions réglées. En notant D l'opérateur de dérivation par rapport à t, la formule (2.20) de dérivation des fonctions composées montre qu'en dehors de l'ensemble dénombrable des valeurs de t où $\mu(t)$ n'est pas dérivable (i.e. possède des dérivées à droite et à gauche différentes), on a

(6.1) $D\{F[\mu(t)]\} = dF[\mu(t); \mu'(t)] = D_i F[\mu(t)].D\mu^i(t) = p_i[\mu(t)]D\mu^i(t),$

où $p_i = D_i F$. Le résultat est une fonction réglée de t puisque les $p_i[\mu(t)]$ sont continues et les $D\mu^i(t)$ réglées ; on a donc (TF)

(6.2) $\qquad F(b) - F(a) = \int_I p_i[\mu(t)] D\mu^i(t)dt = \int_I \omega[\mu(t); \mu'(t)] dt.$

Le dernier membre de (2), qui a un sens pour toute forme ω, est par définition l'*intégrale de ω le long de μ*, notée, au choix,

$$(6.3) \quad \int_\mu \omega = \int_\mu p_i(x)dx^i = \int_I \omega\left[\mu(t), \mu'(t)\right] dt = \int_I p_i\left[\mu(t)\right] d\mu^i(t)$$

avec, en dernier lieu, des intégrales de Stieltjes comme au Chapitre VIII, n° 2, (iii).

Comme alors, ces calculs montrent que, pour qu'une forme fermée de classe C^1 possède une primitive dans G, il faut et il suffit que son intégrale le long d'un chemin ne dépende que des extrémités de celui-ci ou, ce qui revient au même, que son intégrale le long de tout chemin fermé soit nulle. En fait, on peut étendre le résultat aux formes de classe C^0 en raisonnant de la façon suivante.

Supposons vérifiée la condition énoncée ; on peut alors, quels que soient $a, b \in G$, désigner par

$$\int_a^b \omega$$

l'intégrale de ω le long de n'importe quel chemin joignant a à b dans G : il n'y a aucune ambiguïté. La formule traditionnelle (Chap. V, § 3, n° 12)

$$\int_a^b = \int_a^c + \int_c^b$$

reste valable puisque l'on peut aller de a à b en passant par c ... Ceci dit, posons

$$F(x) = \int_a^x \omega$$

où $a \in G$ est choisi une fois pour toutes. Il vient alors, pour x donné et h assez petit,

$$F(x+h) - F(x) = \int_x^{x+h} \omega = \int_0^1 \omega(x+th; h)dt = h^i \int_0^1 p_i(x+th)dt$$

comme on le voit en intégrant le long du segment de droite $[x, x+h]$ dans un disque de centre x contenu dans G. Mais puisque ω est de classe C^0, il y a, pour x donné et pour tout $r > 0$, un $r' > 0$ tel que $\|h\| < r'$ implique $|\omega(x+th; h) - \omega(x; h)| < r\|h\|$ pour tout $t \in [0, 1]$, d'où

$$F(x+h) - F(x) = \omega(x; h) + o(h)$$

et $dF(x; h) = \omega(x; h)$, cqfd. En conclusion :

Théorème 2. *Pour toute forme différentielle ω de degré un et de classe C^0 dans un domaine G, les conditions suivantes sont équivalentes :*

(i) ω *est une différentielle exacte ;*

(ii) *l'intégrale de ω le long de tout chemin admissible dans G ne dépend que des extrémités de celui-ci;*
(iii) *l'intégrale de ω le long de tout chemin admissible fermé dans G est nulle.*

Les commentaires du Chapitre VIII, n° 2, (ii) relatifs aux changements de paramétrisation d'un chemin, aux chemins "opposés", à l'additivité de l'intégrale lorsqu'on juxtapose deux chemins, etc. s'étendent sans modification au cas général.

(ii) *Image réciproque d'une forme différentielle.* Il est plus utile d'observer que la formule (3) définissant une intégrale curviligne suggère une opération sur les formes différentielles qui généralise la composition des applications, et qui sera généralisée plus tard aux formes de degré quelconque. Considérons pour cela des ouverts U et V dans des espaces cartésiens E et F et une application $f : U \longrightarrow V$. A toute fonction q sur V, elle fait correspondre une fonction composée $p = q \circ f$ sur U, donnée par

$$p(x) = q\left[f(x)\right] .$$

Si q et f sont de classe C^1, auquel cas il en est de même de p, les différentielles $\omega = dp$ et $\varpi = dq$ de p et q sont reliées par la formule de dérivation des fonctions composées, qui s'écrit ici

(6.4) $$\omega(x;h) = \varpi\left[f(x); f'(x)h\right] .$$

Or le second membre de (4) a un sens pour *toute* forme ϖ sur V et, pour x donné, est une fonction linéaire de $f'(x)h$ et donc de h; la relation (4) permet donc de déduire de ϖ et de f une forme différentielle ω sur U, l'*image réciproque*[26] *de ϖ par f*, qu'on pourrait aussi bien appeler la composée de ω et de f; la nature de cette opération est imposée par la nécessité de lui donner un sens. Certains auteurs la désignent par $f^*(\varpi)$ ou ${}^t f(\varpi)$; ces notations barbares présentent de loin en loin des avantages, mais personne n'a jamais désigné la composée $q \circ f$ de deux fonctions par f^*q ou ${}^t f(q)$. Nous désignerons donc l'image réciproque par la notation

(6.5) $$\varpi \circ f : (x;h) \longmapsto \varpi\left[f(x); f'(x)h\right]$$

qui, en style Leibniz, s'écrit sous la même forme

(6.6) $$\varpi \circ f(x;dx) = \varpi\left[f(x); df(x)\right] = \varpi\left[f(x); f'(x)dx\right]$$

---

[26] L'image "directe" consisterait à déduire de f et d'une forme ω dans U une forme ϖ dans V. Impossible si f n'est pas un difféomorphisme.

que le théorème de dérivation des fonctions composées ; celui-ci, maintenant, peut inversement s'écrire sous la forme

(6.7) $$dg \circ f = d(g \circ f).$$

On peut alors interpréter une intégrale curviligne de la façon suivante. Grâce au chemin $\mu : I \longrightarrow E$, on transforme ω en une forme différentielle $\omega \circ \mu$ dans I, donnée plus explicitement par

$$\omega \circ \mu(t; dt) = \omega\left[\mu(t); \mu'(t)\right] dt,$$

et c'est précisément l'expression que l'on intègre sur I pour intégrer ω le long de μ. En dimension un, toute forme différentielle s'écrit $p(t)dt$ avec une fonction $p(t)$, et l'intégrale de p étendue à I n'est autre que l'intégrale de la forme $p(t)dt$ le long du chemin fort banal $t \mapsto t$. On a donc, en style Leibniz, la formule

(6.8) $$\int_\mu \omega(x; dx) = \int_I \omega \circ \mu(t; dt).$$

Considérons maintenant trois ouverts U, V et W dans des espaces cartésiens E, F et G et deux applications $f : U \longrightarrow V$ et $g : V \longrightarrow W$, d'où une application composée $g \circ f : U \longrightarrow W$. Étant donnée une forme ω dans W, on peut définir successivement une forme $\omega \circ g$ dans V, puis une forme $(\omega \circ g) \circ f$ dans U ou, directement, une forme $\omega \circ (g \circ f)$ dans U. De même qu'en théorie des ensembles on a, trivialement dans ce cas,

$$(h \circ g) \circ f = h \circ (g \circ f),$$

on a ici une formule d'associativité

(6.9) $$(\omega \circ g) \circ f = \omega \circ (g \circ f).$$

Partons en effet d'un $x \in U$. En ce point, le second membre s'obtient à partir de $\omega(z; dz)$ en y remplaçant z par $g \circ f(x) = g[f(x)]$ et dz par

$$d(g \circ f)(x; dx) = dg\left[f(x); f'(x)dx\right].$$

Le second membre se calcule donc en effectuant les opérations suivantes : on remplace d'abord z par $g(y)$ et dz par $dg(y; dy)$, ce qui remplace ω par $\omega \circ g(y; dy)$, puis on remplace y par $f(x)$ et dy par $f'(x)dx$, ce qui remplace $\omega \circ g(y; dy)$ par $(\omega \circ g) \circ f(x; dx)$, d'où (9).

On peut en particulier supposer que[27] $U = I$, de sorte que f est un chemin μ dans V et $g \circ \mu$ un chemin dans W. En intégrant, (8) et (9) montrent aussitôt que l'on a

---

[27] Le fait que I ne soit pas ouvert n'a pas d'importance.

$$\text{(6.10)} \qquad \int_{g\circ\mu} \omega = \int_\mu \omega \circ g.$$

Si V aussi est un intervalle dans $\mathbb{R}$, on retrouve le fait que, modulo des conditions raisonnables, la valeur d'une intégrale curviligne est indépendante du paramétrage adopté.

7 – Effet d'une homotopie sur une intégrale

(i) *Différentiation par rapport à un chemin.* Comme dans le cas très particulier des fonctions holomorphes traité au Chapitre précédent, la propriété fondamentale de l'intégrale d'une forme différentielle *fermée* (mais non nécessairement exacte) est de ne pas changer lorsqu'on déforme le chemin d'intégration sans en changer les extrémités, i.e. par une homotopie à extrémités fixes. Ici encore, les raisonnements du Chapitre VIII fournissent la méthode et les résultats.

Pour étendre aux formes différentielles ce que l'on a démontré au Chapitre VIII, on doit d'abord étendre la formule de différentiation par rapport au chemin d'intégration du Chapitre VIII, n° 3, (ii), autrement dit, considérer un chemin admissible $\mu : I = [0,1] \longrightarrow G$ dans l'ouvert G de l'espace cartésien E, un chemin $\nu : I \longrightarrow E$ admissible dans E et dériver par rapport à s l'expression

$$\text{(7.1)} \quad F(\mu + s\nu) = \int_{\mu + s\nu} \omega = \int \omega\left[\mu(t) + s\nu(t); \mu'(t) + s\nu'(t)\right] dt\,,$$

où s est un paramètre variant dans un intervalle assez petit autour de 0. Mais (1) s'écrit aussi, en style télégraphique,

$$\text{(7.1')} \quad F(\mu + s\nu) = \int \omega\left(\mu + s\nu; \mu'\right) dt + s \int \omega\left(\mu + s\nu; \nu'\right) dt$$
$$= \int \omega\left(\mu + s\nu; d\mu\right) + s \int \omega\left(\mu + s\nu; d\nu\right)$$

ou, en coordonnées,

$$\text{(7.1'')} \quad F(\mu + s\nu) = \int p_i(\mu + s\nu)d\mu^i + s \int p_i(\mu + s\nu)d\nu^i$$

où l'on introduit les mesures de Radon $d\mu^i(t) = D\mu^i(t)dt$ et $d\nu^i(t) = D\nu^i(t)dt$, composantes des mesures " vectorielles " $d\mu$ et $d\nu$. Comme au Chapitre VIII, n° 3, (ii), il suffit, pour justifier la dérivation sous le signe $\int$, de vérifier que

(a) les fonctions

$$\text{(7.2')} \qquad\qquad (s,t) \longmapsto p_i\left[\mu(t) + s\nu(t)\right]$$

186   IX – Différentielles et Intégrales à Plusieurs Variables

ou, ce qui revient au même,

(7.2") $$(s,t) \longmapsto \omega\left[\mu(t) + s\nu(t); h\right]$$

sont continues pour h donné,
(b) leurs dérivées par rapport à s existent et sont des fonctions continues de (s,t).

Le premier point est clair. La dérivabilité par rapport à s est tout aussi évidente puisque l'on compose des fonctions de classe C^1 avec une fonction linéaire de s. Quant à la dérivée de (2") par rapport à s, c'est $\omega'[\mu(t) + s\nu(t); \nu(t), h]$ d'après la définition (5.11) d'une dérivée covariante.

On trouve ainsi, en continuant à écrire $\mu, \nu, \ldots$ au lieu de $\mu(t), \nu(t), \ldots$, que

(7.3) $$\frac{d}{ds}F(\mu + s\nu) = \int \omega'\left(\mu + s\nu; \nu, \mu'\right) dt + \int \omega\left(\mu + s\nu; \nu'\right) dt +$$
$$+ s\int \omega'\left(\mu + s\nu; \nu, \nu'\right) dt =$$
$$= \int \omega'\left(\mu + s\nu; \nu, \mu' + s\nu'\right) dt + \int \omega\left(\mu + s\nu; \nu'\right) dt.$$

Pour imiter les calculs du n° 5 ou, mieux, du Chapitre VIII, n° 3, nous devons maintenant appliquer la formule d'intégration par parties à la dernière intégrale. L'expression $\omega(x; h)$ étant, pour x donné, fonction linéaire de h, elle est identique à sa différentielle par rapport à h, de sorte que l'on a

$$\frac{d}{dt}\omega\left[x; f(t)\right] = \omega\left[x; f'(t)\right]$$

pour toute fonction $f(t)$ à valeurs vectorielles. Compte tenu de ce résultat, la formule de dérivation des fonctions composées et (5.11) montrent que

$$\frac{d}{dt}\omega\left(\mu + s\nu; \nu\right) = \omega'\left(\mu + s\nu; \mu' + s\nu', \nu\right) + \omega\left(\mu + s\nu; \nu'\right).$$

Par suite, la dernière intégrale obtenue dans (3) s'écrit encore

$$\int \omega\left(\mu + s\nu; \nu'\right) dt = \omega\left(\mu + s\nu; \nu\right)\Big|_{t=0}^{t=1} - \int \omega'\left(\mu + s\nu; \mu' + s\nu', \nu\right) dt.$$

En portant ce résultat dans (3), il vient donc

$$\frac{d}{ds}F(\mu + s\nu) = \int_0^1 \left\{\omega'\left(\mu + s\nu; \nu, \mu' + s\nu'\right) - \omega'\left(\mu + s\nu; \mu' + s\nu', \nu\right)\right\} dt +$$
$$+ \omega(\mu + s\nu; \nu)\Big|_{t=0}^{t=1}.$$

En utilisant la dérivée extérieure
$$d\omega(x;h,k) = \omega'(x;h,k) - \omega'(x;k,h)$$
introduite en (5.14), on trouve donc

(7.4) $\quad \dfrac{d}{ds}F(\mu+s\nu) = \omega(\mu+s\nu;\nu)\Big|_{t=0}^{t=1} + \displaystyle\int_0^1 d\omega\,(\mu+s\nu;\nu,\mu'+s\nu')\,dt$.

Si la forme ω est *fermée*, on a $d\omega = 0$ comme on l'a vu au n° 5 et (4) se déduit à la relation

(7.4') $\quad \dfrac{d}{ds}F(\mu+s\nu) = \omega\,[\mu(t)+s\nu(t);\nu(t)]\Big|_{t=0}^{t=1}$

qui généralise la formule (3.5) du Chapitre VIII.

(ii) *Effet d'une homotopie sur une intégrale.* On tire de (4') les mêmes conséquences qu'au Chapitre précédent. Si l'on a, dans l'ouvert G où ω est définie, deux chemins admissibles μ_0 et μ_1 suffisamment voisins pour que le chemin
$$t \longmapsto (1-s)\mu_0(t) + s\mu_1(t) = \mu_0(t) + s\,[\mu_1(t) - \mu_0(t)]$$
soit dans G quel que soit $s \in [0,1]$, la formule (4') s'applique pour $\mu = \mu_0$ et $\nu = \mu_1 - \mu_0$. La fonction $F(\mu + s\nu)$ est donc constante dans les deux cas habituels: μ_0 et μ_1 ont les mêmes extrémités, ou bien sont tous les deux fermés. Dans le cas général de deux chemins homotopes, on remplace comme au Chapitre VIII l'homotopie donnée par une succession d'homotopies linéaires, et l'on obtient le même résultat:

Théorème 3. *Soient G un domaine dans un espace cartésien E et ω une forme différentielle fermée de classe C^1 dans G. Pour que les intégrales de ω le long de deux chemins admissibles μ_0 et μ_1 dans G soient égales, il suffit que l'une des conditions suivantes soit réalisée:*

(a) *Il existe dans G une homotopie à extrémités fixes de μ_0 à μ_1;*
(b) *μ_0 et μ_1 sont fermés et homotopes dans G en tant que chemins fermés.*

On déduit de là que, si tout chemin fermé dans G est homotope à un chemin constant, toute forme fermée dans G possède une primitive; un domaine possédant cette propriété est dit *simplement connexe*.

L'homotopie étant une relation d'équivalence, il est clair qu'alors la condition (b) du théorème est toujours réalisée. Il en est de même de la condition (a); pour le voir, on part du chemin fermé $\nu_0 = \mu_0 - \mu_1$ qui, en supposant μ_0 et μ_1 paramétrés par l'intervalle $[0,1]$, peut être défini par les formules

$$t \longmapsto \mu_0(t) \text{ si } 0 \leq t \leq 1, \quad t \longmapsto \mu_1(2-t) \text{ si } 1 \leq t \leq 2,$$

où le paramètre t varie maintenant dans $[0,2]$. Soit

$$\sigma : [0,1] \times [0,2] \longrightarrow G$$

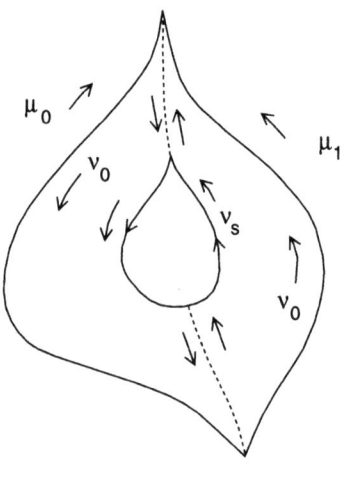

fig. 1.

une déformation de ν_0 pendant laquelle le chemin reste fermé et, pour $s=1$, se réduit à un point c. En adjoignant à chacun des chemins intermédiaires ν_s les chemins suivis par l'origine et l'extrémité de μ_0 (ou de μ_1), on peut remplacer ν_s par la différence entre deux chemins ayant les mêmes extrémités que μ_0 et μ_1 ; si l'on tient à des formules, on peut définir le premier (qui doit se réduire à μ_0 pour $s=0$) par

(7.5') $\quad u \longmapsto \begin{array}{ll} \sigma(3su, 0) & \text{pour } 0 \leq u \leq 1/3, \\ \sigma(s, 3u-1) & \text{pour } 1/3 \leq u \leq 2/3, \\ \sigma[3s(1-u), 1] & \text{pour } 1/3 \leq u \leq 1; \end{array}$

lorsque t varie de 0 à $1/3$, le point correspondant décrit la trajectoire suivie par l'origine commune aux deux chemins initiaux entre le "temps" $s=0$ et le temps s ; lorsque u décrit l'intervalle $[1/3, 2/3]$, le point de paramètre u parcourt l'arc $0 \leq t \leq 1$ de $\nu_s(t)$ qui provient de la déformation de μ_0 ; enfin, dans l'intervalle $[2/3, 1]$, on suit (en sens inverse) la trajectoire de l'extrémité commune à μ_0 et μ_1. Il est clair que les chemins ainsi définis sont, pour tout s, homotopes à extrémités fixes à μ_0. En modifiant un peu les formules précédentes de façon à obtenir, pour $1/3 \leq u \leq 2/3$, l'arc $1 \leq t \leq 2$ de $\nu_s(t)$ qui provient de la déformation de μ_1 :

§ 2. Formes différentielles de degré 1   189

(7.5")
$$u \longmapsto \begin{cases} \sigma(3su, 2) & \text{pour } 0 \leq u \leq 1/3, \\ \sigma[s, 3(1-u)] & \text{pour } 1/3 \leq u \leq 2/3, \\ \sigma[3s(1-u), 1] & \text{pour } 2/3 \leq u \leq 1, \end{cases}$$

on définit un chemin homotope à extrémités fixes à μ_1. Lorsque $s = 1$, le chemin ν_s se réduit par hypothèse à un point c; il est clair qu'alors, et à la paramétrisation près, les chemins (5') et (5") deviennent identiques. Comme ils sont homotopes (à extrémités fixes) à μ_0 et μ_1 respectivement, il en est donc de même de ceux-ci.

La théorie de l'homotopie comporte beaucoup de petits calculs de ce genre; on les fait une ou deux fois dans sa vie et on leur substitue ensuite des dessins auxquels le lecteur est libre de substituer à son tour des petits calculs.

Il est clair que tout domaine G étoilé par rapport à un point a est simplement connexe : les homothéties de centre a et de rapport $s \in [0,1]$ déforment tout chemin fermé en un seul point. Il en est de même plus généralement de tout domaine G contractile au sens du Chapitre précédent. La grande différence avec le cas des domaines de $\mathbb{C}$ est que, dans $\mathbb{R}^n$, un domaine simplement connexe n'est pas nécessairement contractile (contre-exemple : l'ouvert limité par deux sphères concentriques).

(iii) *L'espace de Banach* $C^{1/2}(I; E)$. Comme au n° 3, (ii) du Chapitre VIII, le calcul (3) de la dérivée de $F(\mu + s\nu)$ peut s'interpréter en termes de calcul différentiel dans un espace de Banach[28]. Dans l'espace vectoriel $C^{1/2}(I, E)$ des applications $\mu : I \longrightarrow E$ de classe $C^{1/2}$, où E est l'espace cartésien ambiant, on peut introduire la norme

$$|\mu| = \|\mu\|_I + \|\mu'\|_I$$

inspirée de la théorie des distributions (Chap. V, § 10), à moins que ce ne soit l'inverse; $C^{1/2}(I, E)$ devient alors un espace complet, i.e. de Banach : même démonstration qu'au Chapitre VIII. Si $C^{1/2}(I; G)$ est l'ensemble des chemins admissibles dans l'ouvert G donné de E, il est clair que $C^{1/2}(I; G)$ est un ouvert de $C^{1/2}(I, E)$, i.e. que, pour tout $\mu \in C(I; G)$, tout chemin $\nu \in C(I, E)$ tel que $|\mu - n|$, ou même seulement $\|\mu - \nu\|_I$, soit suffisamment petit est encore dans $C^{1/2}(I; G)$.

La fonction $F(\mu) = \int \omega[\mu(t); \mu'(t)]dt$, définie dans l'ouvert $C^{1/2}(I, G)$, y est partout continue. Soient pour cela μ, ν deux éléments de cet ouvert. Pour majorer $|F(\nu) - F(\mu)|$ pour μ donné et ν voisin de μ, on doit chercher une majoration uniforme de

$$\omega[\nu(t); \nu'(t)] - \omega[\mu(t); \mu'(t)] = p_i[\nu(t)] D\nu^i(t) - p_i[\mu(t)] D\mu^i(t)$$

---

[28] La lecture de la fin de ce n° n'est pas indispensable à la compréhension de la suite.

si $\omega = p_i(x)dx^i$. Le problème est le même que pour prouver la continuité d'un produit : la continuité uniforme des $p_i(x)$ lorsqu'on reste dans un voisinage compact de $\mu(I)$ montre que $|p_i[\nu(t)] - p_i[\mu(t)]|$ est partout $< r$ si $\|\nu - \mu\|_I < r'$, les différences $|D\nu^i(t) - D\mu^i(t)|$ étant, elles, majorées par $\|\nu' - \mu'\|_I$, d'où le résultat par les calculs habituels.

Ceci fait, remarquons que la notion de différentielle introduite au n° 2, (i) pour des fonctions définies dans un ouvert d'un espace cartésien s'étend d'elle-même au cas d'une fonction F définie dans un ouvert d'un espace de Banach B et à valeurs numériques, voire même à valeurs dans un autre espace de Banach H : on dira que F est différentiable en un point x s'il existe une application linéaire continue[29] u de B dans H telle que, pour $h \in B$ assez petit, on ait

(7.6) $$F(x+h) = F(x) + u(h) + o(h)$$

avec, comme toujours, $\lim \|o(h)\|/\|h\| = 0$ lorsque $\|h\|$ tend vers 0 ; on pose alors $dF(x;h) = u(h)$. Avec cette définition, et en faisant $s = 0$ dans la formule (4'), on est tenté d'écrire que

(7.7) $$dF(\mu;\nu) = \omega[\mu(1);\nu(1)] - \omega[\mu(0);\nu(0)],$$

expression qui est effectivement linéaire en ν pour μ donné. Pour justifier cette écriture, il faudrait encore montrer que l'on a

$$F(\mu + \nu) = F(\mu) + dF(\mu;\nu) + o(\nu)$$

lorsque la norme du chemin $\nu \in C^{1/2}(I, E)$ tend vers 0. Or (4') et le TF montrent que, si ω est fermée, on a

(7.8) $$F(\mu + \nu) - F(\mu) =$$
$$= \int_0^1 \left\{ \omega[\mu(1) + s\nu(1); \nu(1)] - \omega[\mu(0) + s\nu(0); \nu(0)] \right\} ds,$$

tout au moins si $|\nu|$ est assez petit pour que $\mu + s\nu \in C^{1/2}(I, G)$ quel que soit $s \in I$. Mais puisque $\omega(x;h)$ est une fonction de classe C^1 de (x, h) et est linéaire en h, on a une inégalité de la forme

$$|\omega(x+k;h) - \omega(x;h)| \leq M\|k\|.\|h\|$$

valable, pour x donné, quel que soit h et pour $\|k\|$ assez petit. En remplaçant s par 0 dans les fonctions que l'on intègre en (8), on commet donc une erreur majorée, à un facteur constant près, par $\|\nu(1)\|^2$ dans le premier cas

---

[29] hypothèse superflue comme on l'a déjà noté. Sur l'analyse dans les espaces de Banach, voir Dieudonné, *Eléments d'Analyse*, vol. 1, VIII, ou Serge Lang, *Analysis I*, ou Henri Cartan, *Calcul différentiel*, etc.

et $\|\nu(0)\|^2$ dans le second et donc une erreur totale inférieure, à un facteur constant près, à $|\nu|^2$. Mais en remplaçant s par 0 dans les intégrales (8), on remplace le second membre par l'expression (7). On a donc finalement

(7.9) $\quad F(\mu + \nu) - F(\mu) = \omega\,[\mu(1); \nu(1)] - \omega\,[\mu(0); \nu(0)] + O\left(|\nu|^2\right),$

résultat plus que suffisant pour justifier (7).

Mais (7) repose sur la formule (4'), i.e. suppose ω fermée. Si ce n'est pas le cas, il faut revenir à la formule (4) complète. En y faisant $s = 0$, on en déduit que l'on a probablement

(7.10) $\quad dF(\mu; \nu) = \omega\,[\mu(1); \nu(1)] - \omega\,[\mu(0); \nu(0)] + \displaystyle\int_I d\omega\,[\mu(t); \nu(t), \mu'(t)]\,dt\,.$

On laisse au lecteur le soin de le justifier comme on l'a fait pour la formule plus simple (7).

§ 3. Intégrales de formes différentielles

8 – Dérivée extérieure d'une forme de degré 1

(i) *L'analyse vectorielle des physiciens.* Le problème des primitives intervient en physique et en mécanique mais, mis à part quelques théoriciens, les physiciens, mécaniciens et ingénieurs, révolutionnaires fort conservateurs, préfèrent la terminologie héritée du XIXe siècle qu'ils se transmettent de génération en génération. Pour eux, une forme différentielle $Pdx + Qdy$ à deux variables est un *champ de vecteurs*, à savoir la fonction dont la valeur en (x,y) est le vecteur du plan de coordonnées $P(x,y)$ et $Q(x,y)$; on lui attribue généralement pour origine le point (x,y) plutôt que l'origine des coordonnées, d'où l'usage du mot "champ", comme on parle d'un champ de blé. L'expression $D_1Q - D_2P$, fonction à valeurs numériques ou "scalaires", est le *rotationnel* de ce champ de vecteurs et la primitive F, lorsqu'elle existe, est pour eux le *potentiel* dont dérive le champ de vecteurs donné. Ils expriment aussi la relation $dF = D_1F dx + D_2F dy$ en disant que le champ de vecteurs de coordonnées D_1F et D_2F est le *gradient* de la fonction F.

Il y a aussi et surtout un vocabulaire de la physique en dimension 3. Notons d'abord que l'espace physique du Créateur n'est pas $\mathbb{R}^3$; il ne lui est assimilable que si l'on y choisit une origine O, une unité de longueur et un système de coordonnées Ox, Oy et Oz, rectangulaires pour ce qui suit. Comme une forme linéaire $h \mapsto c_i h^i$ à valeurs réelles dans un espace cartésien a, relativement à une base de celui-ci, exactement autant de coordonnées (ses coefficients c_i) qu'un vecteur, on a tendance à confondre ces deux types d'objets ; on assimile donc la différentielle $dF = Pdx + Qdy + Rdz$ d'une fonction au champ de vecteurs

$$\operatorname{grad} F : (x,y,z) \longmapsto \Big(P(x,y,z), Q(x,y,z), R(x,y,z)\Big),$$

généralement noté $Pi + Qj + Rk$, où les lettres i, j et k, surmontées de flèches faisant le bonheur des typographes, désignent les "vecteurs unité", i.e. de base, du système de coordonnées rectangulaires choisi.

Les physiciens exploitent le fait que *der Herr*, comme l'appelait Einstein, a défini une fois pour toutes dans l'espace physique le "produit scalaire" de deux vecteurs, à condition toutefois de choisir, comme ci-dessus, une unité de mesure des longueurs ainsi qu'une origine O dans l'espace pour transformer celui-ci en espace vectoriel. Si, en coordonnées *rectangulaires*, on note

$$(h|k) = h^1 k^1 + h^2 k^2 + h^3 k^3$$

le produit scalaire de deux vecteurs – les mécaniciens et physiciens l'écrivent souvent $h.k$ –, toute forme linéaire $h \mapsto c_1 h^1 + c_2 h^2 + c_3 h^3$ peut alors s'écrire $h \mapsto (h|c)$, avec un vecteur $c = (c_1, c_2, c_3)$ qui la détermine entièrement ;

on peut donc identifier[30] la forme linéaire en question au vecteur c. Mais comme on l'a déjà dit au n° 1, (ii), cette identification n'a de sens absolu ou intrinsèque ni dans un espace vectoriel général où l'on ne dispose d'aucun produit scalaire privilégié ni, dans l'espace euclidien, lorsqu'on utilise des systèmes de coordonnées non rectangulaires.

Ajoutons que définir le " gradient" d'une fonction F comme nous l'avons fait, i.e. en dérivant $F(x+th)$ en $t=0$, est parfaitement naturel même et particulièrement du point de vue de la physique. Qu'est-ce par exemple qu'un " gradient de température", sinon une mesure de la vitesse de variation de la température lorsqu'on passe d'un point x à un point $x+th$ dans la direction définie par un vecteur h donné? Il n'y a pas de coordonnées dans cette définition, et une " vitesse" a toujours été une dérivée. L'intérêt physique d'écrire, dans ce cas, $dF(x;h)$ sous la forme $(\operatorname{grad} F(x)|h)$ est de mettre en évidence la direction, celle du vecteur $\operatorname{grad} F(x)$, dans laquelle la variation de température au voisinage de x est la plus rapide.

Toujours en dimension 3, les conditions (5.14') indépendantes sont au nombre de trois ; comme 3 est le seul et unique nombre tel que $n(n-1)/2 = n$, le Créateur a dû inventer ce miracle à la veille du Big Bang pour mystifier ses créatures en leur faisant croire qu'elles comprendraient ainsi plus facilement ses Œuvres Complètes que s'il avait, par exemple, choisi un espace à quatre dimensions. Cela conduit les physiciens à associer à la forme différentielle $Pdx + Qdy + Rdz$, assimilée à tort au champ de vecteurs (P,Q,R), le champ de vecteurs $(D_2R - D_3Q, D_3P - D_1R, D_1Q - D_2P)$, qu'ils appellent à nouveau le rotationnel du champ de vecteurs donné; son annulation est une condition nécessaire (et suffisante dans un domaine simplement connexe) pour que le champ de vecteurs (P,Q,R) dérive d'un potentiel (Théorème 3). Mais pour $n = 4$, espace de la Relativité que les mystifiés ont bien fini par découvrir, on a déjà 6 conditions (5.14') et il n'est plus question de rotationnel au sens où ce serait un champ de vecteurs, encore moins pour $n > 4$.

(ii) *Formes différentielles de degré 2.* La bonne généralisation du rotationnel des physiciens est la dérivée extérieure d'une forme différentielle, déjà apparue au n° 5 et à la fin du n° précédent :

$$d\omega(x;h,k) = \omega'(x;h,k) - \omega'(x;k,h).$$

En dimension 3 et si $\omega = Pdx + Qdy + Rdz$, l'expression $d\omega(x;h,k)$ est en effet, en explicitant (5.15), égale à

---

[30] En mathématiques, identifier deux objets signifie : ne faire aucune différence entre eux. C'est souvent commode pour éviter des complications inutiles (par exemple, on a identifié tout nombre rationnel à un nombre réel au Chapitre II) lorsque les objets que l'on identifie obéissent par exemple aux mêmes règles de calcul. Mais le procédé est hautement contestable lorsqu'il suppose par exemple un choix particulier de système de coordonnées.

$$(D_2R - D_3Q)\left(h^2k^3 - h^3k^2\right) + (D_3P - D_1R)\left(h^3k^1 - h^1k^3\right)$$
$$+ (D_1Q - D_2P)\left(h^1k^2 - h^2k^1\right),$$

ce qui fait apparaître les composantes du rotationnel des physiciens.

En tant que fonction de h et k pour x donné, $d\omega(x; h, k)$ est une forme bilinéaire alternée en h, k. On généralise en appelant *forme différentielle de degré* 2 et de classe C^p dans un ouvert G d'un espace cartésien E toute fonction $\omega(x; h, k)$ d'un $x \in G$ et de deux vecteurs variables $h, k \in E$ qui, pour x donné, est une forme bilinéaire alternée[31]

$$\omega(x) : (h, k) \longmapsto \omega(x; h, k)$$

en h, k et qui, pour h, k donnés, est fonction C^p de x, le cas où $p = 2$ suffisant pour ce qui suit.

Soient $B(h, k)$ une forme bilinéaire alternée (notion purement algébrique) et (a_i) une base de E. Puisque $h = h^i a_i$ et $k = k^j a_j$, on a

$$B(h, k) = h^i B(a_i, k) = h^i k^j B(a_i, a_j) = b_{ij} h^i k^j$$

avec des coefficients

$$b_{ij} = B(a_i, a_j) = -b_{ji}$$

antisymétriques, donc nuls pour $i = j$. Cela s'écrit aussi

$$B(h, k) = b_{ij} h^i k^j = \sum_{i<j} b_{ij} \left(h^i k^j - h^j k^i\right) = \frac{1}{2} b_{ij} \left(h^i k^j - h^j k^i\right),$$

le facteur $1/2$ compensant le fait que chaque terme est écrit deux fois. Sous cette forme, l'antisymétrie est en évidence.

En appliquant ce calcul à $B = \omega(x)$, on trouve donc une relation

$$(8.1) \qquad \omega(x; h, k) = p_{ij}(x) h^i k^j = \sum_{i<j} p_{ij}(x) \left(h^i k^j - h^j k^i\right) =$$
$$= \frac{1}{2} p_{ij}(x) \left(h^i k^j - h^j k^i\right)$$

avec des coefficients

$$(8.2) \qquad p_{ij}(x) = \omega(x; a_i, a_j) = -p_{ji}(x)$$

dépendant de la base (a_i) utilisée ; noter, dans (1), l'abandon obligatoire de la convention d'Einstein dans la première somme. Dans le cas où $\omega = d(p_i dx^i)$, on a $p_{ij} = D_i p_j - D_j p_i$.

---

[31] Voir par exemple le *Cours d'Algèbre* de l'auteur, §§ 21 à 24. Une forme différentielle de degré 2 est donc un champ de tenseurs de type $(0,2)$ et " antisymétrique ".

§ 3. Intégrales de formes différentielles 195

On peut utiliser en degré 2 une écriture analogue à $p_i(x)dx^i$. Pour cela, et étant données deux formes linéaires $u(h) = u_i h^i$ et $v(h) = v_i h^i$ sur l'espace vectoriel considéré, appelons *produit extérieur* de u et v, notion purement algébrique, la forme bilinéaire alternée

(8.3) $\quad u \wedge v : (h, k) \longmapsto u(h)v(k) - u(k)v(h) = u_i v_j \left(h^i k^j - h^j k^i \right)$
$$= (u_i v_j - u_j v_i) h^i k^j \,;$$

on a évidemment

(8.4) $\qquad\qquad\qquad\qquad u \wedge v = -v \wedge u$

et le produit est une fonction bilinéaire alternée de u et v; en particulier, on a toujours $u \wedge u = 0$.

Si l'on applique cette définition aux formes $u = dx^i$ et $v = dx^j$, données par $u(h) = h^i$ et $v(h) = h^j$, on obtient la forme

$$dx^i \wedge dx^j : (h, k) \longmapsto dx^i(h)dx^j(k) - dx^i(k)dx^j(h) = h^i k^j - h^j k^i\,.$$

Par suite, (1) s'écrit aussi

$$\omega(x; h, k) = \sum_{i<j} p_{ij}(x).dx^i \wedge dx^j(h, k)$$

où $dx^i \wedge dx^j (h, k)$ désigne la valeur en (h, k) de la forme bilinéaire alternée $dx^i \wedge dx^j$; d'où, en abrégé, l'écriture

(8.5) $\qquad\qquad \omega = \sum_{i<j} p_{ij} dx^i \wedge dx^j = \frac{1}{2} p_{ij} dx^i \wedge dx^j\,,$

expression où figure le produit de la forme bilinéaire $dx^i \wedge dx^j$ par la fonction scalaire p_{ij}. En dimension 3, si l'on note x, y, z les trois coordonnées, on utilise toujours l'écriture

(8.5') $\qquad\qquad \omega = p\, dy \wedge dz + q\, dz \wedge dx + r\, dx \wedge dy\,.$

On définit de même le produit extérieur de deux formes ω et ϖ de degré 1 : c'est la forme $x \mapsto \omega(x) \wedge \varpi(x)$ de degré 2. Il est clair que si $\omega = p_i dx^i$ et $\varpi = q_i dx^i$, on a

$$\omega \wedge \varpi = p_i q_j dx^i \wedge dx^j = \frac{1}{2} \left(p_i q_j - p_j q_i \right) dx^i \wedge dx^j\,.$$

Si, par exemple, on a deux fonctions f et g dans un ouvert de $\mathbb{R}^2$ et si l'on appelle s et t les coordonnées standard, il vient[32]

---
[32] Calcul direct : écrire que $df \wedge dg = (D_1 f ds + D_2 f dt) \wedge (D_1 g ds + D_2 g dt)$, développer bêtement et tenir compte des relations $ds \wedge ds = dt \wedge dt = 0$, $dt \wedge ds = -ds \wedge dt$.

(8.6) $$df \wedge dg = (D_1 f . D_2 g - D_2 f . D_1 g)\, dt \wedge dt = \frac{D(f,g)}{D(s,t)} dt \wedge dt,$$

expression où figure le jacobien de l'application $(s,t) \mapsto \bigl(f(s,t), g(s,t)\bigr)$.

Avec ces conventions, on peut calculer la différentielle extérieure d'une forme $\omega = p_i dx^i$ de degré 1 en écrivant que

$$d\omega(x;h,k) = dp_i(x;h)k^i - dp_i(x;k)h^i =$$
$$= dp_i(x;h) dx^i(k) - dp_i(x;k) dx^i(h) =$$
$$= dp_i(x) \wedge dx^i(h,k),$$

relation où figure la valeur sur le couple (h,k) du produit extérieur des formes linéaire $h \mapsto dp_i(x;h)$ et $h \mapsto dx^i(h) = h^i$. En abrégé :

(8.7) $$\omega = p_i dx^i \Longrightarrow d\omega = dp_i \wedge dx^i.$$

Exercice 1. Montrer à l'aide de la définition de $d\omega$ que l'on a

(8.8) $$d(f\omega) = df \wedge \omega + f d\omega$$

si f est une fonction et ω une forme de degré 1. En déduire (7).

En dimension 3 et en coordonnées rectangulaires, mais seulement dans ce cas, on peut identifier (5') au champ de vecteurs $H(x)$ de coordonnées p, q, r, cependant que le vecteur de coordonnées

$$h^2 k^3 - h^3 k^2, h^3 k^1 - h^1 k^3, h^1 k^2 - h^2 k^1$$

s'appelle le *produit vectoriel* (ou, mieux, extérieur) des vecteurs h et k, noté $h \times k$ ou $h \wedge k$. On a alors

$$\omega(x;h,k) = (H(x) | h \wedge k),$$

produit scalaire des vecteurs $H(x)$ et $h \wedge k$. Cela ne remplace pas la théorie des formes bilinéaires alternées.

(iii) *Formes de degré p.* On peut généraliser tout cela[33] et définir des formes différentielles de degré p quelconque ainsi qu'une opération d faisant passer d'une forme de degré p à une forme de degré $p+1$. Une forme de degré p est un champ de tenseurs de type $(0,p)$, i.e. une fonction

$$\omega(x; h_1, \ldots, h_p)$$

multilinéaire en les h_i pour x donné, qui est en outre *alternée*, i.e. multipliée par -1 lorsqu'on y permute deux des variables h ; on montre facilement[34] que $\omega = 0$ si p dépasse la dimension n de E et qu'en degré n maximum, on a

---

[33] Voir par exemple Henri Cartan, *Calcul différentiel.*
[34] Si $p > n$, les vecteurs $h_1, \ldots, h_p$ ne sont jamais linéairement indépendants ; on peut donc exprimer linéairement l'un d'eux en fonction des autres ; en portant dans une forme p-linéaire alternée, on obtient une combinaison linéaire de valeurs de celle-ci sur des vecteurs qui ne sont pas deux à deux distincts, donc nulles en raison de l'antisymétrie de la forme considérée. Voir *Cours d'algèbre*, § 23, ainsi que pour la théorie des déterminants.

$$\omega(x; h_1, \ldots, h_n) = p(x) \det(h_1, \ldots, h_n)$$

où $p(x)$ est une fonction numérique et où $\det(h_1, \ldots, h_n)$ est le déterminant des vecteurs h_i (i.e. de la matrice de leurs coordonnées) par rapport à une base de E.

Exercice 2. Comment le coefficient p change-t-il lorsqu'on change la base de E par rapport à laquelle on définit le déterminant de n vecteurs ?

Dans le cas général, si l'on choisit une base de l'espace E, ω peut s'écrire sous la forme

$$\omega(x; h_1, \ldots, h_p) = a_{i_1 \ldots i_p}(x) h_1^{i_1} \ldots h_p^{i_p} =$$
$$= \frac{1}{p!} a_{i_1 \ldots i_p}(x) \det{}^{i_1 \ldots i_p}(h_1, \ldots, h_p)$$

avec des coefficients antisymétriques

$$a_{i_1 \ldots i_p}(x) = \omega(x; e_{i_1}, \ldots, e_{i_p}),$$

valeurs que $\omega(x)$ prend sur les vecteurs de la base canonique, et où les indices supérieurs affectant les déterminants indiquent les p lignes qu'on doit, pour les calculer, extraire de la matrice $p \times n$ des coordonnées des h_i. On pourrait éviter le terme $1/p!$ en sommant sur les systèmes d'indices strictement croissants. Tout cela, à part la variable x qui, dans ce contexte, ne joue aucun rôle, traduit les formules standard de l'algèbre multilinéaire et de la théorie des déterminants ; nous n'en n'aurons guère besoin dans la suite, les formes de degré 1, 2 et 3 montrant suffisamment la voie.

Il existe aussi, dans le cas général, une opération de dérivation extérieure faisant passer des formes de degré p à des formes de degré $p+1$. Pour comprendre par exemple ce que les physiciens appellent la " divergence " d'un champ de vecteurs, il faut savoir associer à toute forme

$$\omega = \frac{1}{2} p_{ij} dx^i \wedge dx^j = p_{23} dx^2 \wedge dx^3 + p_{31} dx^3 \wedge dx^1 + p_{12} dx^1 \wedge dx^2$$

de degré 2 dans $\mathbb{R}^3$ (ou dans un espace cartésien E quelconque) une forme $d\omega$ de degré 3 ; sa valeur en un point $x \in G$ est une forme *trilinéaire alternée*, i.e. une fonction antisymétrique de trois vecteurs variables $h, k, l \in E$. Pour la définir, on introduit d'abord la dérivée covariante

(8.9) $$\omega'(x; h, k, l) = \frac{d}{dt} \omega(x + th; k, l) \text{ pour } t = 0$$
$$= \frac{1}{2} dp_{ij}(x; h) \left(k^i l^j - k^j l^i \right),$$

expression linéaire en h, k, l et alternée en k, l, puis l'on pose

(8.10) $\quad d\omega(x;h,k,l) = \omega'(x;h,k,l) - \omega'(x;k,h,l) + \omega'(x;l,h,k) =$
$$= \omega'(x;h,k,l) + \omega'(x;k,l,h) + \omega'(x;l,h,k)$$
$$= \frac{1}{2}D_i p_{jk}(x)\det{}^{ijk}(h,k,l)$$

où $\det^{ijk}(h,k,l)$ est le déterminant d'ordre 3 formé avec les coordonnées d'indices i,j,k des vecteurs h,k,l ; on pourrait supprimer le facteur $1/2$ en ne sommant que sur les i,j,k tels que $j \leq k$. On a fait le strict nécessaire pour transformer ω' en une forme *alternée*. Si en particulier on considère dans $\mathbb{R}^3$ la forme

$$\omega = p\, dy \wedge dz + q\, dz \wedge dx + r\, dx \wedge dy$$

de degré 2, on trouve facilement que

$$d\omega(x;h,k,l) = (D_1 p + D_2 q + D_3 r) \cdot \det(h,k,l),$$

où $\det(h,k,l)$ est le déterminant des vecteurs h,k,l par rapport à la base canonique. Pour les physiciens, la fonction $D_1 p + D_2 q + D_3 r$ est la *divergence* du champ de vecteurs (p,q,r) ; le déterminant est le *produit mixte* des vecteurs h,k et l, noté

$$(h,k,l) = (h|k \wedge l) = h^1\left(k^2 l^3 - k^3 l^2\right) + h^2\left(k^3 l^1 - k^1 l^3\right) + h^3\left(k^1 l^2 - k^2 l^1\right)$$

où $k \wedge l$ est le produit vectoriel ou extérieur de k et l.

Dans le cas général, on part d'une fonction $\omega(x;h_1,\ldots,h_p)$ qui, pour x donné, est multilinéaire alternée par rapport aux variables $h_i E$, on calcule sa dérivée covariante

(8.11) $\quad \omega'(x;h_0,\ldots,h_p) = \dfrac{d}{dt}\omega(x+th_0;h_1,\ldots,h_p)\ $ pour $t=0$

puis l'on pose

(8.12) $\quad d\omega(x;h_0,\ldots,h_p) = \displaystyle\sum_{0\leq i\leq p}(-1)^i \omega'\left(x;h_0,\ldots\widehat{h_i},\ldots,h_p\right)$

où l'accent surmontant la lettre h_i indique que celle-ci doit être *omise*. Le résultat est multilinéaire alterné en $h_0,\ldots,h_p$ comme on le voit facilement ; toute forme différentielle pouvant s'écrire $d\omega$ est dite *exacte*.

La dérivation extérieure possède des propriétés classiques ; on en trouve partout des démonstrations, par exemple dans Cartan, *Calcul différentiel*, mais comme la meilleure façon de les comprendre est de les retrouver soi-même, je me bornerai à les énoncer sous forme d'exercices.

Exercice 3. On a $dd\omega = 0$ pour toute forme ω de degré p, autrement dit : toute forme différentielle exacte est fermée. Corollaire : la divergence d'un rotationnel est toujours nulle.

Exercice 4. Soit ω une forme fermée ($d\omega = 0$) de degré 2 dans un domaine étoilé par rapport à 0. On définit une forme ϖ de degré 1 en posant

(8.13) $$\varpi(x;h) = \int \omega(tx;x,h)t\,dt$$

où l'on intègre sur $[0,1]$. Montrer que $d\varpi = \omega$. [Imiter le calcul (5.6)]. Pour une forme de degré $p+1$, on pose (théorème de Poincaré)

(8.14) $$\varpi(x;h_1,\ldots,h_p) = \int \omega(tx;x,h_1,\ldots,h_p)\,t^p\,dt.$$

Ces calculs montrent que, *localement*, toute forme différentielle fermée de degré p est exacte, i.e. est la dérivée extérieure d'une forme ϖ de degré $p-1$; celle-ci n'est pas unique : on peut évidemment lui ajouter une forme fermée, i.e., puisque nous raisonnons localement, une différentielle exacte.

Ce raisonnement s'applique encore globalement si G est, par exemple, étoilé, a fortiori convexe. Mais le cas général est beaucoup plus difficile à traiter, même dans un domaine G simplement connexe si l'on considère des formes de degré ≥ 2 ; le problème est directement lié à la topologie de G (cohomologie de de Rham) ; le raisonnement simple que voici peu en donner une très vague idée.

On peut toujours écrire G comme réunion, finie ou non, d'ouverts *convexes* U_i non vides ; les intersections

$$U_{ij} = U_i \cap U_j, \quad U_{ijk} = U_i \cap U_j \cap U_k, \quad \text{etc.},$$

sont encore convexes (et éventuellement vides). Donnons-nous alors une forme fermée ω dans G, de degré 3 par exemple. Il y a dans les U_i des formes ω_i de degré 2 telles que

$$\omega = d\omega_i \text{ dans } U_i.$$

Comme $d\omega_i = d\omega_j$ dans U_{ij}, il y a dans les U_{ij} *non vides* des formes ω_{ij} de degré 1 telles que

$$\omega_i - \omega_j = d\omega_{ij} \text{ dans } U_{ij}.$$

On a alors $d(\omega_{jk} - \omega_{ik} + \omega_{ij}) = 0$ dans chaque U_{ijk}, d'où des formes ω_{ijk} de degré 0 (i.e. des fonctions) dans les U_{ijk} *non vides* telles que

$$\omega_{jk} - \omega_{ik} + \omega_{ij} = d\omega_{ijk} \text{ dans } U_{ijk}.$$

On en déduit que

$$d(\omega_{jkh} - \omega_{ikh} + \omega_{ijh} - \omega_{ijk}) = 0 \text{ dans } U_{ijkh},$$

et comme les U_{ijkh} non vides sont convexes, on aboutit à des relations

$$\omega_{jkh} - \omega_{ikh} + \omega_{ijh} - \omega_{ijk} = c_{ijkh}$$

où les c_{ijkh} sont des constantes associées aux U_{ijkh} *non vides* et vérifiant

$$c_{jkhl} - c_{ikhl} + c_{ijhl} - c_{ijkl} + c_{ijkh} = 0$$

toutes les fois que U_{ijkhl} est *non vide*. On voit ainsi intervenir le schéma des intersections *non vides* deux à deux, trois à trois, etc. des ouverts U_i – la " structure simpliciale" du recouvrement considéré –, et on entre dans la cohomologie ... Voir André Weil, *Sur les théorèmes de de Rham* (Comm. Math. Helvetici, 1952, ou *Œuvres*).

Corollaires: *en dimension 3, tout champ de vecteurs de divergence nulle est* localement *le rotationnel d'un champ de vecteurs, unique à un gradient près, et toute fonction est localement la divergence d'un champ de vecteurs, unique à un rotationnel près.* Dans le second cas par exemple, si l'on suppose la fonction f donnée dans un domaine étoilé par rapport à 0, on trouve un champ de vecteurs (p^1, p^2, p^3) dont f est la divergence en appliquant la formule (14) pour $p = 2$ à la forme différentielle $\omega = f(x) dx^1 \wedge dx^2 \wedge dx^3$, pour laquelle on a

$$\omega(x; h, k, l) = f(x) \det(h, k, l) \, ;$$

puisque $\det(h, k, l)$ est le " produit mixte" $(h, k, l) = (h|k \wedge l)$ des physiciens, on trouve que

$$\varpi(x; h, k) = \int f(tx) (x | h \wedge k) t^2 dt = (x | h \wedge k) \int f(tx) t^2 dt,$$

ce qui signifie que le champs de vecteurs cherché est

$$p^i(x) = F(x) x^i \quad \text{avec} \quad F(x) = \int f(tx) t^2 dt,$$

où l'on intègre sur $(0, 1)$.

Exercice 5. On définit le produit extérieur de deux formes multi-linéaires alternées f et g de degrés p et q en antisymétrisant leur produit tensoriel:

(8.15) $\quad f \wedge g (h_1, \ldots, h_{p+q}) = \dfrac{1}{p! q!} \sum \varepsilon(s) f\left(h_{s(1)}, \ldots, h_{s(p)}\right)$
$\times g\left(h_{s(p+1)}, \ldots, h_{s(p+q)}\right)$

où l'on somme sur toutes les permutations s de $\{1, \ldots, p+q\}$ et où $\varepsilon(s)$ désigne la signature de s; on pourrait supprimer le facteur $1/p!q!$ en se bornant à sommer sur les permutations telles que $s(1) < \ldots < s(p)$ et $s(p+1) < \ldots < s(p+q)$. Montrer que l'on a

(8.16) $\quad\quad\quad\quad\quad\quad g \wedge f = (-1)^{pq} f \wedge g$

et – c'est plus difficile – que le produit extérieur est associatif.

Exercice 6. On définit le produit extérieur de deux formes différentielles grâce à l'exercice précédent. Montrer que

$$(8.17) \qquad d(\omega \wedge \varpi) = d\omega \wedge \varpi + (-1)^p \omega \wedge d\varpi$$

si ω est de degré p.

La notion d'image réciproque introduite au n° 6 pour les formes de degré 1 s'étend trivialement au cas général : si l'on a une application $f : U \longrightarrow V$ et une forme ω de degré p dans V, l'image réciproque de ω par f est la forme

$$(8.18) \quad \omega \circ f : (x, h_1, \ldots, h_p) \longmapsto \omega\left[f(x); f'(x)h_1, \ldots, f'(x)h_p\right] ;$$

comme dans le cas de la dérivation d'une fonction composée et des formes de degré 1, c'est la seule définition concevable ayant un sens compte tenu des données dont on dispose ; on peut l'étendre à tout champ de tenseurs T de type $(p, 0)$ puisque l'antisymétrie ne joue évidemment aucun rôle dans la définition. Le lecteur prouvera facilement les formules suivantes :

$$(8.19) \qquad \omega \circ (g \circ f) = (\omega \circ g) \circ f,$$
$$(8.20) \qquad (\omega \wedge \varpi) \circ f = (\omega \circ f) \wedge (\varpi \circ f),$$
$$(8.21) \qquad d(\omega \circ f) = d\omega \circ f,$$

qui ne sont que des conséquences quasi triviales de la formule de dérivation des fonctions composées : on applique les définitions. On peut même les étendre aux champs de tenseurs à condition de remplacer la dérivation extérieure par la dérivation covariante (3.10).

9 – Intégrales étendues à un chemin de dimension 2

Les physiciens disent que si, dans un champ électromagnétique, on considère une surface dont le bord est une courbe bien régulière, le flux du champ magnétique à travers la surface est égal à la circulation du vecteur courant électrique le long de son bord. Cette loi fondamentale, découverte expérimentalement par Ampère et Faraday dans des cas géométriquement triviaux – une surface plane circulaire par exemple –, a été formulée mathématiquement par Maxwell vers 1870 en tenant compte du fait que le vecteur " champ magnétique " est le rotationnel du vecteur " électrique ". Tout repose sur un résultat mathématique précis, la formule de Stokes reliant intégrales curvilignes et intégrales " de surface " dans R^3.

Avec leur pratique de la prestidigitation mathématique et leur possession de ce qu'un auteur[35] récent appelle – admirativement ? ironiquement ? – *une*

---
[35] Michel Talagrand, *Verres de spin et optimisation combinatoire* (exposé au Séminaire N. Bourbaki, n° 859, mars 1999, p. 8)

arme redoutable : une intuition foudroyante, qui s'appuie littéralement sur des siècles d'expérience collective, les physiciens en fournissent généralement des démonstrations quasi instantannées[36] ; elles ébahissent les mathématiciens qui, ayant cessé, eux, de raisonner comme on le faisait il y a cent cinquante ans, se hissent péniblement vers le résultat. En fait, la formule de Stokes est l'une des plus difficiles à établir rigoureusement si l'on tient à rester à un niveau d'exposition assez élémentaire ; et même au niveau le plus élevé, personne ne sait au juste définir la bonne catégorie de "surfaces" (de dimension quelconque) auxquelles l'appliquer ; le problème est d'accepter des domaines d'intégration dont le "bord" soit suffisamment régulier pour que l'on puisse y faire de l'intégration, tout en acceptant des singularités assez générales pour ne pas exclure des cas pratiquement ou théoriquement importants. La frontière d'un polyèdre par exemple n'est pas une surface "lisse" ; elle comporte des arêtes et des pointes. Exclure un exemple aussi simple du domaine d'application de la formule de Stokes serait contraire au bon sens, mais démontrer la formule dans un cadre assez général pour inclure les polyèdres (autrement dit, les "complexes simpliciaux" de la topologie algébrique) entraîne des complications non négligeables puisqu'il faut en même temps couvrir le cas des surfaces parfaitement lisses. Les physiciens répondent que la surface d'un tétraèdre se compose en réalité de quatre triangles parfaitement lisses et que les arêtes ne comptent pas dans l'intégration, ou bien que l'on peut "arrondir les angles" sans changer appréciablement le résultat. Exact, mais on voit bien qu'ils n'ont pas à le démontrer. Ce n'est pas sans raison que l'on trouve ce problème à l'origine du groupe Bourbaki ; lorsque, dans les années 1930, le programme de celui-ci était d'écrire un traité utilisable dans l'enseignement universitaire, un mathématicien du niveau d'André Weil demandait à Henri Cartan s'il connaissait une bonne méthode pour *démontrer* la formule, étant entendu que tous les mathématiciens ont toujours été capables de présenter à leurs étudiants – je le faisais en 1947 – le genre de "démonstration" qui satisfait les physiciens.

---

[36] On a même vu à Paris des physiciens écrire la formule de Taylor, les équations de Maxwell, la formule de Stokes, et des chimistes calculer les fonctions propres de l'opérateur de Schrödinger pour l'atome d'hydrogène, cela devant des étudiants de première année n'ayant pas encore compris ou même appris ce qu'est une dérivée partielle, et reprocher aux mathématiciens qui raisonnent correctement et dans l'ordre pédagogique naturel de "faire perdre leur temps" aux étudiants. Apparemment, nombre de physiciens ne comprennent pas que les mathématiciens accordent autant d'importance à la rigueur de leurs démonstrations qu'ils en accordent eux-mêmes à celle de leurs expériences. Il est par ailleurs intéressant d'observer que l'hostilité de beaucoup de physiciens à l'égard des mathématiques abstraites ou modernes ne s'étend pas à la physique moderne, dont certains secteurs, comme la mécanique quantique inventée à la même époque que celles-ci, sont pourtant, eux aussi, fort abstraits et "modernes". Une comparaison entre les cours de chimie ou de biologie des années 1930 et ceux que l'on enseigne actuellement, notamment dans les lycées, fera aussi comprendre l'évolution.

(i) *La dérivée extérieure comme intégrale infinitésimale.* Dans un ouvert G d'un espace cartésien E, reprenons une forme différentielle $p_i(x)h^i = \omega(x;h)$ de degré 1 et classe C^1. Plaçons-nous en un point $x \in G$, fixons deux vecteurs h et k et, pour $s, t \in \mathbb{R}$ donnés, considérons le parallélogramme plan $P(x, sh, tk) = P$, ensemble des points de la forme $x + uh + vk$ où u (resp. v) varie entre 0 et s (resp. t); on suppose s et t assez petits pour que P soit contenu dans G. Lorsqu'on décrit les côtés de ce parallélogramme dans le sens indiqué par la fig. 2, on transforme la frontière de P en un chemin d'intégration fermé noté ∂P, le *bord* de P. Calculons l'intégrale $I(x; sh, tk)$ de ω le long de ce chemin. Sur le côté joignant x à $x + sh$, on peut utiliser la représentation paramétrique $u \mapsto x + uh$, ce qui fournit une contribution égale à

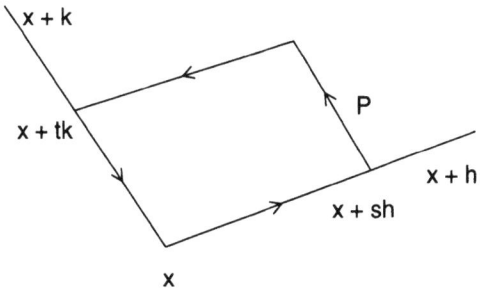

fig. 2.

$$\int_0^s \omega(x + uh; h)du\,.$$

Les contributions des autres côtés se calculent de même, on voit que $I(x; sh, tk)$ est égale à

$$\int_0^s \omega(x+uh; h)du + \int_0^t \omega(x+sh+vk; k)dv + \int_s^0 \omega(x+uh+tk; h)du +$$
$$+ \int_t^0 \omega(x+vk; k)dv\,,$$

d'où

(9.1) $\quad I(x; sh, tk) = \displaystyle\int_0^t [\omega(x+sh+vk; k) - \omega(x+vk; k)]\,dv -$
$$- \int_0^s [\omega(x+uh+tk; h) - \omega(x+uh; h)]\,du\,.$$

Comme les fonctions de (s,t,u,v) que l'on intègre sont C^1, on peut dériver sous le signe $\int$ par rapport à s par exemple. La dérivée de la seconde intégrale est $\omega(x+sh+tk;h)-\omega(x+sh;h)$ d'après le TF. Pour dériver la première, on peut omettre le second terme de la différence puisqu'il ne dépend pas de s; pour dériver le premier, on utilise la définition

(9.2) $$\omega'(x+sh;h,k) = \frac{d}{ds}\omega(x+sh;k)$$

de la dérivée covariante et l'on trouve finalement que

(9.3) $$\frac{d}{ds}I(x;sh,tk) = \int_0^t \omega'(x+sh+vk;h,k)dv -$$
$$- [\omega(x+sh+tk;h) - \omega(x+sh;h)] .$$

Dérivons maintenant par rapport à t; d'après le TF, la dérivée de l'intégrale est $\omega'(x+sh+tk;h,k)$; celle de l'expression entre [ ] est, d'après (2), égale à $\omega'(x+sh+tk;k,h)$ puisque $\omega(x+sh;h)$ ne dépend pas de t. Il vient donc

(9.4) $$\frac{d^2}{dtds}I(x;sh,tk) = \omega'(x+sh+tk;h,k) - \omega'(x+sh+tk;k,h) =$$
$$= d\omega(x+sh+tk;h,k) .$$

en particulier, on a

$$d\omega(x;h,k) = \frac{d^2}{dtds}I(x;sh,tk) \quad \text{pour} \quad s=t=0 .$$

Ceci fait, on peut "remonter" dans les calculs; comme le second membre de (3) est manifestement nul pour $t=0$, le TF et (4) montrent que l'on a

$$\frac{d}{ds}I(x;sh,tk) = \int_0^t d\omega(x+sh+vk;h,k).dv ;$$

et comme $I(x;sh,tk) = 0$ pour $s=0$, il vient aussi

(9.5) $$I(x;sh,tk) = \int_0^s du \int_0^t d\omega(x+uh+vk;h,k)dv .$$

Pour $s=t=1$, on trouve donc

(9.6) $$\int_{\partial P(x;h,k)} \omega = \iint_{I^2} d\omega(x+uh+vk;h,k)dudv ,$$

intégrale double étendue au carré $I^2 = I \times I$ du plan; ceci suppose h et k assez petits pour que la surface du parallélogramme $P(x;h,k)$ soit contenue dans l'ouvert où ω est définie.

Le cas le plus simple s'obtient en supposant que $\omega = pdx + qdy$ est une forme dans $\mathbb{R}^2$, d'où

(9.7) $$d\omega = (D_1 q - D_2 p)dx \wedge dy = p_{12} dx \wedge dy\,;$$

(4) s'écrit alors

(9.8) $$\int_{\partial P} pdx + qdy = \iint_{I^2} p_{12}(x + uh + vk)\left(h^1 k^2 - h^2 k^1\right) du dv$$

où P est le parallélogramme d'origine x engendré par les vecteurs h et k. Si en particulier $x = 0$ et si h et k sont les vecteurs unité des axes de coordonnées, on obtient la *formule de Green-Riemann*, à moins que ce ne soit de Gauss,

(9.9) $$\int_{\partial I^2} pdx + qdy = \iint_{I^2} (D_1 q - D_2 p)\, dxdy$$

pour le carré I^2, à condition d'orienter le bord ∂I^2 de I^2 dans le sens positif usuel. Cauchy la démontre directement :

$$\iint_{I^2} D_1 q\, dxdy = \int_0^1 dy \int_0^1 D_1 q(x,y) dx = \int_0^1 [q(1,y) - q(0,y)]\, dy =$$
$$= \int_{\partial I^2} qdy$$

puisque l'intégrale de qdy sur les côtés horizontaux de I^2 est évidemment nulle. Il utilise ce calcul pour montrer que l'intégrale d'une fonction holomorphe le long du bord d'un carré est nulle, la relation $D_1 q - D_2 p = 0$ n'étant autre, dans ce cas, que sa condition d'holomorphie. Gauss, Green, Cauchy, Stokes, Riemann : cela fait beaucoup de pères pour essentiellement le même résultat. Il y a aussi un Ostrogradsky en dimension trois.

(ii) *La formule de Stokes pour un chemin de dimension 2*. On peut généraliser en remplaçant l'application $(s,t) \mapsto x+sh+tk$ par une application $\sigma : I \times I \longrightarrow G$ de classe C^2 dans $I \times I$ au sens du § 1, n° 2, (iv) : σ est de classe C^2 dans le carré ouvert et ses dérivées d'ordre ≤ 2 se prolongent par continuité au carré fermé. Comme on l'a vu, σ définit dans G deux familles de chemins

(9.10) $$\mu_s : t \longmapsto \sigma(s,t)$$

et

(9.11) $$\nu_t : s \longmapsto \sigma(s,t)\,.$$

Une forme différentielle ω de classe C^1 et de degré 1 dans l'ouvert G étant donnée, posons

$$(9.12) \qquad F(s) = F(\mu_s) = \int_{\mu_s} = \int_0^1 \omega\left[\sigma(s,t); D_2\sigma(s,t)\right] dt.$$

On se propose de calculer la dérivée de $F(s)$ par un calcul direct qui produira une version de la formule de Stokes moins primitive que (6) ; on verra plus bas que l'on pourrait obtenir le même résultat final beaucoup plus rapidement en se ramenant à Green-Riemann, mais il faut bien habituer le lecteur à utiliser la formule de dérivation des fonctions composées ...

Le signe $\int$ désignera toujours une intégrale étendue à $I = [0, 1]$.

On part, en style télégraphique, de la formule

$$(9.13) \qquad F'(s) = \int D_1\left[\omega(\sigma, D_2\sigma)\right] dt.$$

Il faut donc calculer

$$(9.14) \qquad D_1\left[\omega\left(\sigma; D_2\sigma\right)\right] = \frac{d}{ds}\left\{\omega\left[x(s); h(s)\right]\right\}$$

où $x(s) = \sigma(s,t)$, $h(s) = D_2\sigma(s,t)$ pour t fixé. La formule de dérivation des fonctions composées montre que

$$D_1\left\{\omega\left[x(s), h(s)\right]\right\} = \omega'\left[x(s); D_1x(s), h(s)\right] + \omega\left[x(s); D_1h(s)\right],$$

d'où

$$(9.15) \qquad D_1\left[\omega(\sigma; D_2\sigma)\right] = \omega'\left(\sigma; D_1\sigma, D_2\sigma\right) + \omega\left(\sigma; D_1D_2\sigma\right).$$

Mais la démonstration de (15) montre aussi bien que l'on a

$$D_2\left[\omega(\sigma; D_1\sigma)\right] = \omega'\left(\sigma; D_2\sigma, D_1\sigma\right) + \omega\left(\sigma; D_2D_1\sigma\right) =$$
$$= \omega'\left(\sigma; D_2\sigma, D_1\sigma\right) + \omega\left(\sigma; D_1D_2\sigma\right),$$

d'où, d'après (15) et la définition de $d\omega$,

$$(9.16) \qquad D_1\left[\omega\left(\sigma; D_2\sigma\right)\right] = D_2\left[\omega\left(\sigma; D_1\sigma\right)\right] + d\omega\left(\sigma; D_1\sigma; D_2\sigma\right).$$

Il vient donc, d'après (15),

$$(9.17) \qquad F'(s) = \int D_2\left[\omega\left(\sigma; D_1\sigma\right)\right] dt + \int d\omega\left(\sigma; D_1\sigma, D_2\sigma\right) dt.$$

Comme $D_2 = d/dt$, la première intégrale est la variation de $\omega(\sigma; D_1\sigma)$ entre $t = 0$ et $t = 1$. En intégrant $F'(s)$ sur $(0, 1)$, il vient alors (TF)

$$(9.18) \qquad F(\mu_1) - F(\mu_0) = \int \omega\left[\sigma(s,1); D_1\sigma(s,1)\right] ds -$$
$$- \int \omega\left[\sigma(s,0); D_1\sigma(s,0)\right] ds +$$
$$+ \iint_{I^2} d\omega\left(\sigma; D_1\sigma; D_2\sigma\right).dsdt.$$

En utilisant les chemins μ_s et ν_t définis plus haut, (18) s'écrit sous la forme

(9.19) $$F(\mu_1) - F(\mu_0) = F(\nu_1) - F(\nu_0) + \iint d\omega(\dots).$$

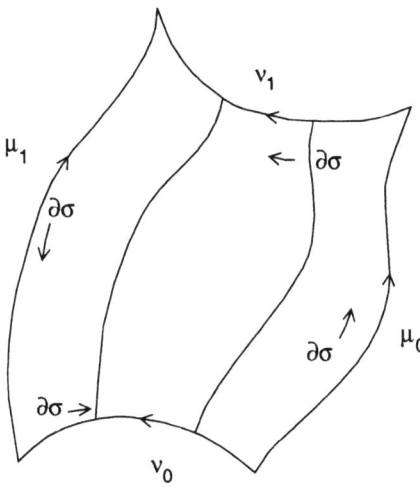

fig. 3.

Si l'on combine les quatre chemins d'intégration figurant dans (19) en un chemin $\partial\sigma : [0,4] \longrightarrow G$ donné par les formules

$$\partial\sigma(t) = \begin{array}{ll} \sigma(0,t) = \mu_0(t) & (0 \leq t \leq 1) \\ \sigma(t-1,1) = \nu_1(t-1) & (1 \leq t \leq 2) \\ \sigma(1,3-t) = \mu_1(3-t) & (2 \leq t \leq 3) \\ \sigma(4-t,0) = \nu_0(4-t) & (3 \leq t \leq 4), \end{array}$$

la relation (19) s'écrit alors

(9.20) $$\int_{\partial\sigma} \omega = \iint_\sigma d\omega$$

à condition de poser d'une manière générale

(9.21) $$\iint_\sigma \varpi = \iint_{I^2} \varpi\left[\sigma(s,t); D_1\sigma(s,t), D_2\sigma(s,t)\right] ds\, dt$$

pour tout *chemin $\sigma : I^2 \longrightarrow G$ de dimension 2* suffisamment différentiable et toute forme différentielle de degré 2 dans G ; l'analogie avec la définition d'une intégrale curviligne est claire, et le lecteur aura sûrement l'idée de la généraliser à des formes de degré quelconque.

Lorsque la forme ω de départ est fermée, l'intégrale double disparaît de (20), qui exprime donc que l'intégrale de ω le long du chemin fermé $\partial\sigma$ est nulle. On retrouve par cette voie l'invariance de l'intégrale par homotopie (modulo les conditions évidentes : extrémités fixes, ou contour restant fermé), mais en imposant à σ des conditions de différentiabilité trop fortes.

Exercice. Étendre la démonstration au cas d'une homotopie linéaire entre chemins de classe $C^{1/2}$ [imiter le calcul du Chapitre VIII, n° 3, (iii)].

La formule (20) est l'une des versions possibles de la formule de Stokes en dimension deux, dans un cas qui, relativement à la version traditionnelle des physiciens où l'on intègre sur une excellente surface parfaitement lisse, peut présenter des aspects en apparence pathologiques : l'image par σ du carré I^2 peut présenter toutes sortes de singularité – arêtes, pointes, plis[37], etc. – si l'on ne suppose pas que le rang (n° 2, (v)) de σ est partout égal à 2, i.e. maximum ; comme, au surplus, on ne suppose pas σ injective, il se peut que, même si σ est partout de rang maximum, l'image de I^2 ressemble à une feuille de papier ou à un tube se recoupant plusieurs fois, analogue en dimension deux d'une courbe ayant des points multiples.

(iii) *Intégrale d'une image réciproque.* L'expression que l'on intègre au second membre est visiblement l'image réciproque $\varpi \circ \sigma$ de ϖ par σ, définie à la fin du n° 8. On a donc, par définition,

$$(9.21') \qquad \iint_\sigma \varpi = \iint_{I^2} \varpi \circ \sigma$$

pour toute forme ϖ de degré 2 et tout chemin $\sigma : I^2 \longrightarrow X$ de dimension 2 et de classe C^1.

Si l'on désigne par $\sigma^i(s,t)$ les coordonnées de $\sigma(s,t)$ par rapport à une base de E et si l'on a, dans cette base,

$$\varpi = p_{ij} dx^i \wedge dx^j ,$$

l'expression que l'on intègre se calcule en remplaçant les dx^i par les $d\sigma^i = D_1\sigma^i(s,t)ds + D_2\sigma^i(s,t)dt$ et donc $dx^i \wedge dx^j$ par

$$J^{ij}(s,t)ds \wedge dt \quad \text{où} \quad J^{ij} = D_1\sigma^i.D_2\sigma^j - D_1\sigma^j.D_2\sigma^i$$

est le jacobien des fonctions σ^i et σ^j relativement à s,t. Le second membre de (21') se réduit donc à l'intégrale double classique

$$(9.22) \qquad \iint p_{ij}\left[\sigma(s,t)\right] J^{ij}(s,t).dsdt = \iint r(s,t)dsdt .$$

---

[37] Considérer l'application $(s,t) \mapsto (s^2,t^2)$ de $J \times J$ dans le plan, où $J = [-1,+1]$, ou l'application $(s,t) \mapsto (\sin^2 s, t)$ de la bande $0 \leq t \leq 1$.

Le calcul est immédiat à partir du moment où l'on a compris le mécanisme des produits extérieurs et images réciproques.

La version (20) du résultat obtenu en suggère une démonstration beaucoup plus rapide, qui consiste à se ramener à la formule de Gauss (9) pour le carré $I^2 = K$. Le premier membre est en effet, par définition d'une intégrale curviligne, l'intégrale sur I de l'image réciproque $\omega \circ \sigma$; mais si l'on désigne par ∂K le chemin d'origine 0 consistant à parcourir la frontière de K dans le sens positif, il est clair que

$$\partial \sigma = \sigma \circ \partial K,$$

d'où $\omega \circ \partial \sigma = \omega \circ (\sigma \circ \partial K) = (\omega \circ \sigma) \circ \partial K$ d'après (8.19); le premier membre de (20) est donc l'intégrale de $\omega \circ \sigma$ le long du chemin ∂K. On a d'autre part

$$d\omega \circ \sigma = d(\omega \circ \sigma)$$

d'après (8.21). Posant $\omega \circ \sigma = \theta$, forme de degré 1 sur K, la relation (20) signifie donc, d'après (21'), que l'on a

$$\int_{\partial K} \theta = \iint_K d\theta,$$

ce qui nous ramène à (9) comme prévu.

Le calcul précédent peut se généraliser. Considérons deux espaces cartésiens E et F, deux ouverts $U \subset E$ et $V \subset F$, une application $f : U \longrightarrow V$ et une forme ϖ de degré 2 dans V. Soit $\sigma : I^2 \longrightarrow U$ un chemin de dimension 2 dans U. On en déduit un chemin $f \circ \sigma : I^2 \longrightarrow V$ dans V. Ceci dit, on a

(9.23) $$\iint_\sigma \varpi \circ f = \iint_{f \circ \sigma} \varpi.$$

Les deux membres sont en effet, par définition, les intégrales sur I^2 des formes $(\varpi \circ f) \circ \sigma$ et $\varpi \circ (\sigma \circ f)$. Il suffit donc d'utiliser (8.19) pour obtenir (23).

(iv) *Un exemple dans le plan.* Plaçons-nous dans le cas le plus simple : $E = \mathbb{R}^2$, on a deux fonctions f_0 et f_1 réelles et de classe C^1 sur I et on pose

$$\mu_0(t) = (t, f_0(t)), \quad \mu_1(t) = (t, f_1(t)),$$

de sorte que ces deux chemins consistent à parcourir les graphes de f_0 et f_1. Dans l'homotopie linéaire

(9.24) $$\sigma(s,t) = (1-s)\mu_0(t) + s\mu_1(t) =$$
$$= (t, (1-s)f_0(t) + sf_1(t))$$

correspondante, l'image de $I \times I$ est la partie de $\mathbb{R}^2$ limitée par ces graphes et les verticales d'abscisses 0 et 1, le bord $\partial \sigma$ de σ étant indiqué, avec son sens de parcours, sur la figure ci-contre. Si

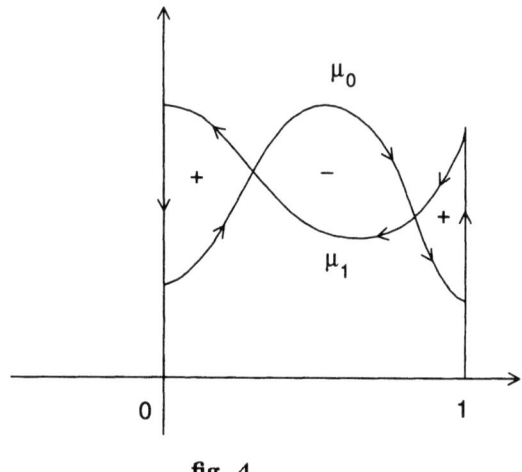

fig. 4.

$$\omega = pdx + qdy$$

est une forme de degré 1, on peut calculer son intégrale le long de $\partial\sigma$ en choisissant y pour paramètre le long des chemins verticaux et x le long des graphes de f_0 et f_1 ; on trouve ainsi

$$\int_{\partial\sigma} \omega = \int_0^1 \{p\,[x, f_0(x)] + q\,[x, f_0(x)]\, f_0'(x)\}\, dx + \int_{f_0(1)}^{f_1(1)} q(1,y)dy +$$
$$+ \int_1^0 \{p\,[x, f_1(x)] + q\,[x, f_1(x)]\, f_0'(x)\}\, dx + \int_{f_1(0)}^{f_0(0)} q(0,y)dy\,;$$

ces quatre intégrales simples *orientées* correspondent aux quatre chemins évidents dont se compose $\partial\sigma$. Quant à l'intégrale double de

$$d\omega = (D_1 q - D_2 p)\, dx \wedge dy = r(x,y)dx \wedge dy$$

figurant dans (20), on la calcule en y remplaçant (x,y) par $\sigma(s,t)$ et $dx \wedge dy$ par $J_\sigma(s,t)dsdt$, où

$$J_\sigma(s,t) = \begin{vmatrix} 0 & f_1(t) - f_0(t) \\ 1 & ? \end{vmatrix} = f_0(t) - f_1(t)$$

est le jacobien de l'application (24). L'intégrale (21') s'écrit donc ici

$$\iint_{I^2} r\,[t, (1-s)f_0(t) + sf_1(t)] \cdot [f_0(t) - f_1(t)]\,.dsdt\,.$$

En remplaçant t par x et en effectuant le changement de variable $y = (1-s)f_0(x) + sf_1(x)$ dans l'intégration par rapport à s, on obtient l'intégrale

$$\int_0^1 dx \int_{f_0(x)}^{f_1(x)} r(x,y) dy$$

où l'intégrale par rapport à y est *orientée*. Si l'on applique naïvement la formule (33.7) de Lebesgue-Fubini du Chapitre V, §9, on peut croire que le résultat n'est autre que l'intégrale double ordinaire de r étendue au compact A de $\mathbb{R}^2$ limité par les graphes de f_0 et f_1 et les verticales $x = 0$ et $x = 1$. Ce n'est le cas que si l'on a $f_0(t) \leq f_1(t)$ quel que soit t. En fait, si l'on note A_+ (resp. A_-) la partie de A sur laquelle le jacobien $f_1(x) - f_0(x)$ est positif (resp. négatif), (20) s'écrit ici sous la forme

$$(9.25) \qquad \int_{\partial \sigma} pdx + qdy = \iint_{A_+} (D_1 q - D_2 p) \, dxdy - \\ - \iint_{A_-} (D_1 q - D_2 p) \, dxdy \, .$$

Cela correspond au fait que le chemin $\partial \sigma$, image par σ de la frontière du carré I^2, se compose de plusieurs courbes simples fermées parcourues les unes dans le sens positif traditionnel, les autres dans le sens négatif. Si $f_1(t) \geq f_0(t)$ partout, on retrouve la formule de Green-Riemann dans un cas un peu plus général et tout aussi facile à élucider directement grâce au petit calcul de Cauchy et à la version la plus élémentaire de Lebesgue-Fubini.

(v) *Version classique.* Dans l'analyse classique, on avait dans l'espace euclidien usuel de dimension trois une "surface" S – une sphère, un tore, un rectangle un peu déformé, etc. – et un champ de vecteurs (P, Q, R) dans l'espace ; il s'agissait de donner un sens à l'intégrale $\iint Pdydz + Qdzdx + Rdxdy$ étendue à S. La méthode générale consistait à utiliser une "représentation paramétrique biunivoque", i.e. bijective, de S par des fonctions

$$(9.26) \qquad x = \varphi(s,t), \quad y = \psi(s,t), \quad z = \theta(s,t)$$

de deux "paramètres" réels s, t variant dans une partie A de $\mathbb{R}^2$ bordée par une ou plusieurs courbes simples, comme celles que l'on rencontre dans la formule des résidus de Cauchy ; cela revient à poser

$$\sigma(s,t) = (\varphi(s,t), \psi(s,t), \theta(s,t)) \, .$$

Ceci dit, on était prié de remplacer $dydz$, $dzdx$, $dxdy$ par

$$(9.27) \qquad \frac{D(\psi,\theta)}{D(s,t)} dsdt, \quad \frac{D(\theta,\varphi)}{D(s,t)} dsdt, \quad \frac{D(\varphi,\psi)}{D(s,t)} dsdt$$

et x, y, z par leurs expressions en fonction de s et t dans les fonctions P, Q, R ; on obtenait ainsi une expression de la forme $r(s,t)dsdt$ que l'on intégrait dans le domaine de variation A de (s,t). Pour assurer que S était une surface bien "lisse", sans arêtes, pointes ou autres singularités, on supposait que les trois jacobiens ci-dessus n'étaient jamais simultanément nuls, autrement dit, que l'application linéaire tangente à σ en (s,t) était partout injective (on expliquera au n° 13, (iv) la nécessité de cette hypothèse à propos des sous-variétés d'un espace cartésien) ou encore que σ est de rang 2 ; l'image de $\mathbb{R}^2$ par l'application tangente $\sigma'(s,t)$ est alors le "plan tangent" à la surface S au point $\sigma(s,t)$.

Il est clair que l'expression $Pdydz + Qdzdx + Rdxdy$ à intégrer n'est autre que la forme différentielle

$$\omega = Pdy \wedge dz + Qdz \wedge dx + Rdx \wedge dy$$

dans $\mathbb{R}^3$ et que, si K est le carré unité I^2, l'intégrale de surface à calculer n'est autre que l'intégrale (21') de ω étendue au chemin σ.

Il fallait aussi montrer que l'intégrale ainsi définie dépendait uniquement du champ de vecteurs et de la surface S donnés, et non pas de la représentation paramétrique choisie ; comme on le verra au n° suivant, la formule du changement de variables dans les intégrales doubles ordinaires le garantissait, le seul problème étant de la démontrer.

Quant à (20), c'était la formule de Stokes traditionnelle : on l'appliquait en supposant que le champ de vecteurs (P,Q,R) à intégrer était le rotationnel d'un champ de vecteurs H. L'intégrale de H le long de la courbe C bordant S fournissait le premier membre de (20), l'expression à intégrer étant souvant écrite sous la forme du produit scalaire de H par le vecteur infinitésimal de composantes dx, dy, dz, noté dM où la lettre M désigne un point variable de la courbe. Les physiciens écrivaient et écrivent encore de façon analogue l'intégrale double en considérant les expressions (27) comme les composantes du vecteur métaphysique dS normal à S (i.e. orthogonal au plan tangent à S) au point considéré et ayant pour longueur "l'élément de surface infinitésimal" de S, whatever that means, de sorte que (20) s'écrivait finalement sous la forme

$$\int_C H.dM = \iint_S \operatorname{rot} H.dS.$$

En réfléchissant beaucoup, on comprenait que dS était le "produit vectoriel" des vecteurs d'origine $M(s,t)$ et ayant pour extrémités les points $M(s+ds,t)$ et $M(s,t+dt)$ de la surface, autrement dit, dans nos notations, les vecteurs $D_1\sigma(s,t)ds$ et $D_2\sigma(s,t)dt$ qui engendrent le plan tangent à S au point M considéré. Comme le "produit vectoriel" classique $h \wedge k$ de deux vecteurs leur est orthogonal et a pour longueur l'aire du parallélogramme construit sur h et k, dire que le vecteur dS des physiciens a pour composantes les expressions (27) revient à choisir, en tout point $M \in S$, une orientation de la normale à S en M ou, ce qui revient au même, un "sens positif de rotation" dans le plan tangent à la surface S, à savoir celui qui amène le vecteur $D_1\sigma(s,t)$ sur le vecteur $D_2\sigma(s,t)$; ce choix détermine l'orientation de la normale : le vecteur unité de celle-ci doit former un trièdre "direct" avec les deux vecteurs précédents.

Puisque le premier membre suppose la courbe frontière C orientée et change de signe si l'on choisit l'orientation inverse, il y avait fatalement une question d'orientation pour l'intégrale de surface ; on se tirait d'affaire en orientant de façon cohérente les normales à S et en orientant C en conséquence. La "cohérence" des orientations des normales à S signifiait (il vaudrait mieux dire : sous-entendait) que le vecteur unité de la normale orientée en un point $M \in S$ devait être une fonction *continue* de M. Au voisinage de l'un de ses points, toute surface lisse admet une représentation paramétrique (26) comme on le montrera au n° 13, (iv) et même, à une permutation près des coordonnées canoniques, une équation $z = f(x, y)$; cela permet d'orienter ses normales *au voisinage* de chacun de ses points. Lorsqu'il est possible de les orienter globalement, la surface S est dite *orientable* ; le célèbre "ruban de Möbius" ne l'est pas (c'est l'image d'un carré par une application σ partout de rang 2, mais elle n'est pas injective puisque, pour obtenir un ruban fermé, il faut que les images de deux des côtés opposés soient identiques) et il n'y a pas de formule de Stokes au sens traditionnel dans ce cas.

L'orientation à choisir pour C était alors choisie par une règle simple. Dans les bons cas – les physiciens n'examinent pas les autres –, la courbe C est en effet l'image par σ du bord de l'ensemble $A \subset \mathbb{R}^2$ dans lequel varie (s, t). Si l'on oriente la surface S comme on vient de le dire – i.e. en transportant à S, grâce à l'application σ, le sens positif de rotation dans $\mathbb{R}^2$ –, il faut alors orienter C en transportant par $\partial\sigma$ l'orientation "positive" traditionnelle du bord de A. On expliquait par exemple que si vous parcourez la courbe dans le sens choisi en vous tenant constamment debout sur le plan tangent à S de telle sorte que le vecteur normal ayant vos pieds pour origine et sortant par votre tête soit orienté comme la normale à la surface, alors, en regardant droit devant vous, vous devez apercevoir la surface à votre gauche. Il y avait aussi l'immortel tire-bouchon de Maxwell.

Selon les cas, toute cette cuisine faisait rire ou repoussait les mathématiciens à tendances "modernes", notamment ceux qu'inspirait Élie Cartan. Il faut toutefois dire que celui-ci avait consacré beaucoup plus d'efforts à donner à la théorie un aspect formel concentré et esthétique qu'à justifier rigoureusement ses formules : tâche quasi impossible avant le développement moderne de la topologie et de la théorie des variétés différentiables et, de nos jours, soulevant encore des problèmes sérieux[38].

---

[38] Henri Cartan, *Calcul différentiel*, a encore besoin de dix-neuf pages pour établir la formule de Stokes et celle du changement de variables dans le cas, le plus simple possible, d'un compact de $\mathbb{R}^2$ bordé par une courbe raisonnable.

10 – Changement de variables dans une intégrale multiple

Dans la version classique, il fallait, donc, montrer qu'une "intégrale de surface" ne dépend que de la surface géométrique et non de sa représentation paramétrique (9.26). C'est exact – au signe près, comme en dimension un où se pose une question d'orientation – pour des applications σ injectives et partout de rang maximum, mais même dans ce cas il est facile de voir que la réponse ne saurait être trivialement disponible : l'énoncé correspondant en dimension un exigeant déjà la formule de changement de variable dans une intégrale simple, il en sera nécessairement de même en dimension deux. Supposons en effet que l'on remplace σ par $\sigma \circ \varphi$ où φ est un difféomorphisme de I^2 sur I^2, ce qui ne change pas l'image du carré. L'intégrale sur I^2 de

$$\omega \circ \sigma = r(s,t) ds \wedge dt$$

est alors remplacée par celle de

$$\omega \circ (\sigma \circ \varphi) = (\omega \circ \sigma) \circ \varphi = r\left[\varphi(s,t)\right] J_\varphi(s,t) ds \wedge dt.$$

Pour résoudre le problème, il faudrait donc déjà savoir que l'on a

(10.1) $$\iint_{I^2} r(s,t) ds dt = \iint_{I^2} r\left[\varphi(s,t)\right] J_\varphi(s,t) ds dt$$

au signe près (orientation !) ; c'est un cas particulier de la formule de changement de variable dans les intégrales multiples que l'on va démontrer dans ce n°. Si en effet φ est un difféomorphisme, son jacobien ne s'annule pas dans K, donc y conserve un signe constant. Comme la seconde intégrale doit être positive si la fonction r l'est, le signe à utiliser est nécessairement celui de $J_\phi(s,t)$, que nous noterons $\mathrm{sgn}(\varphi)$. Autrement dit, la bonne formule est

(10.2) $$\iint_K r\left[\varphi(s,t)\right] J_\varphi(s,t) ds dt = \mathrm{sgn}(\varphi) \iint_K r(x,y) dx dy$$

ou, ce qui revient au même,

(10.3) $$\iint_K r\left[\varphi(s,t)\right] . \left|J_\varphi(s,t)\right| ds dt = \iint_K r(x,y) dx dy.$$

Cette formule s'étend à des situations beaucoup plus générales :

Théorème 4. *Soient $U \subset \mathbb{R}^n$ un ouvert borné, A son adhérence et φ un difféomorphisme de classe C^1 de A sur un compact $B \subset \mathbb{R}^n$. Supposons que les frontières de A et de B soient de mesure nulle. Pour toute fonction f intégrable[39] dans B, on a alors*

---
[39] Au sens de Lebesgue.

(10.4) $$\int_{\varphi(A)} f(x)dx = \int_A f[\varphi(t)] \cdot |J_\varphi(t)| \, dt$$

en appelant $x = (x^1, \ldots, x^n)$ ou $t = (t^1, \ldots, t^n)$ la variable d'intégration, $dm(x) = dx = dx^1 \ldots dx^n$ ou dt la mesure de Lebesgue dans $\mathbb{R}^n$ et en notant $\int$ une intégrale multiple. C'est l'analogue de ce qui se passe pour une intégrale simple *non orientée* lorsqu'on y effectue un changement de variable $x = \varphi(t)$ strictement monotone : le facteur $\varphi'(t)$ qui intervient pour les intégrales orientées doit être remplacé par sa valeur absolue :

$$\int_{\varphi(I)} f(x)dx = \int_I f[\varphi(t)] \cdot |\varphi'(t)| \, dt,$$

puisqu'autrement les deux membres pourraient être de signes opposés.

Nous démontrerons la formule pour des fonctions continues. On peut ensuite l'étendre immédiatement aux fonctions sci (resp. scs) à l'aide des n° 10 et 11 du Chapitre V, §2 ; il suffit pour cela d'observer que, si l'on a dans $\varphi(A)$ un philtre croissant (resp. décroissant) Φ de fonctions continues, les fonctions $f[\varphi(s,t)]|J_\varphi(s,t)|$, où $f \in \Phi$, forment un philtre croissant (resp. décroissant) de fonctions continues dans A ; on peut donc passer à la limite sous le signe $\int$ dans les deux membres de la formule ; les théorèmes de Lebesgue conduisent en quelques lignes au cas général. En particulier, celle-ci s'applique si f est la fonction caractéristique d'une partie ouverte ou fermée de $\varphi(A)$, donc de la forme $\varphi(M)$ où $M \subset A$ est ouvert ou fermé dans A ; au premier membre, on trouve la mesure de $\varphi(M)$; au second, on intègre la fonction caractéristique de M, d'où

(10.4') $$m[\varphi(M)] = \int_M |J_\varphi(t)| \, dt.$$

(i) *Cas où φ est linéaire.* C'est le cas le plus simple et nous allons en donner une démonstration utilisant des propriétés classiques[40] du

---

[40] Comme K. Iwasawa l'a montré aux environs de 1950 dans un article à juste titre célèbre, ces propriétés, notamment le lemme d ci-dessous convenablement interprété, s'étendent à tous les groupes de Lie semi-simples, classe de groupes isolée par Élie Cartan et dont les extraordinaires propriétés continuent à faire l'objet d'innombrables travaux mélangeant la géométrie algébrique, la théorie des nombres, les généralisations de la théorie des fonctions modulaires, l'analyse harmonique non commutative (il existe une version, fort sophistiquée, de la transformation de Fourier pour ces groupes), les EDP, etc. Outre des groupes "classiques" comme le groupe des matrices qui conservent une forme bilinéaire symétrique ou alternée, cette catégorie contient des groupes "exceptionnels" dont la construction est beaucoup moins évidente.

Pour une démonstration plus élémentaire mais beaucoup moins instructive, voir par exemple Rudin, *Real and Complex Analysis*, fin du Chapitre 8, où l'on trouvera aussi une démonstration du résultat complet analogue à la nôtre, ainsi groupe $GL_n(\mathbb{R}) = G$ des matrices $n \times n$ réelles inversibles et, contrairement à d'autres plus courtes, n'exigeant que fort peu de calculs d'intégrales.

On pose $E = \mathbb{R}^n$ et on note $L(E)$ l'ensemble des fonctions continues à support compact sur E. On ne fera aucune différence entre une matrice $g \in G$ et l'application linéaire $x \mapsto g(x)$ qui lui correspond dans E et dont g est la matrice par rapport à la base canonique (e_i) : on a donc des formules

(10.5) $$g(e_i) = g_i^j e_j, \quad g(x)^i = g_j^i x^j$$

où les $g(x)^i$ sont les coordonnées canoniques du vecteur $g(x)$, conformément aux conventions tensorielles. Le jacobien de $y = g(x)$ par rapport à x est alors égal à $\det(g)$, de sorte qu'il suffit de montrer que, pour toute $f \in L(E)$, on a

(10.6) $$\int f[g(x)]\, dx = |\det(g)|^{-1} \int f(x) dx$$

où l'on intègre dans tout E.

Lemme a. *Soit μ une mesure de Radon sur $\mathbb{R}^n$. Supposons μ invariante par les translations. Alors μ est proportionnelle à la mesure de Lebesgue m.*

Notons d'abord que, quelles que soient $f, g \in L(E)$, la fonction $(x,y) \mapsto f(x)g(y-x)$ est à support compact dans $E \times E$, car si f et g sont nulles en dehors de compacts M et N, elle ne peut être $\neq 0$ que si (x,y) appartient au compact $M \times (M+N)$. On peut donc appliquer à cette fonction le théorème de Lebesgue-Fubini le plus élémentaire et, dans les calculs qui suivent, calculer formellement. Ceci dit, on a

$$m(f)\mu(g) = \iint f(x)g(y)dm(x)d\mu(y) = \iint f(x)g(y-x)dm(x)d\mu(y)$$

par le changement de variable $y \mapsto y - x$ dans l'intégration par rapport à μ ; le changement de variable $x \mapsto x + y$ dans l'intégration par rapport à m donne alors

$$m(f)\mu(g) = \iint f(x+y)g(-x)dm(x)d\mu(y) =$$
$$= \int g(-x)dm(x) \int f(x+y)d\mu(y) =$$
$$= \mu(f) \int g(-x)dm(x).$$

---

que des résultats plus subtils de théorie de l'intégration. Dieudonné, *Eléments d'analyse* (vol. 3, XVI.22) utilise le fait que, localement, tout difféomorphisme se décompose en applications plus simples (on change une seule variable à la fois) pour lesquelles la formule est à peu près évidente ; on évite ainsi tous les calculs d'approximation que nous exposons dans les parties (ii) et (iii) ci-dessous.

En choisissant une g telle que $\int g(-x)dm(x) = 1$, on trouve que
$$\mu(f) = \mu(g)m(f)$$
quelle que soit f, cqfd.

Lemme b. *Pour tout $g \in G$, il existe un nombre $\Delta(g) > 0$ tel que*

(10.7) $$\int f\left[g(x)\right] dm(x) = \Delta(g) \int f(x)dm(x)$$

pour toute $f \in L(E)$.

La formule $\mu(f) = \int f[g(x)]dm(x)$ définit une mesure de Radon sur E et il est immédiat que μ est invariante, d'où la formule. On a $\Delta(g) > 0$ parce que les deux intégrales sont positives si f l'est.

On peut observer dès maintenant que si g est la matrice diagonale $(t_1, \ldots, t_n)$, auquel cas le premier membre de (7) est l'intégrale de $f(t_1 x^1, \ldots, t_n x^n)$, le changement de variables $x^i \mapsto t_i x^i$ montre que $\Delta(g) = |t_1 \ldots t_n|^{-1} = |\det(g)|^{-1}$.

Lemme c. *L'application Δ est un homomorphisme continu de G dans le groupe multiplicatif $\mathbb{R}_+^*$.*

La relation $\Delta(gh) = \Delta(g)\Delta(h)$ s'obtient en appliquant deux fois le lemme b. Pour montrer que Δ est continue, on observe d'abord que $f[g(x)]$ est, comme $g(x)$, une fonction continue du couple $(g, x) \in G \times E$; elle est au surplus nulle en dehors de $g^{-1}(M)$, où $M \subset E$ est le support, compact, de f; mais lorsque g décrit un compact N de G, l'ensemble $g^{-1}(M)$ reste contenu dans l'image K du compact $N \times M$ par l'application $(g, x) \mapsto g^{-1}(x)$. Comme $g \mapsto g^{-1}$, donc aussi $(g, x) \mapsto g^{-1}(x)$, est continue, K est compact. On voit donc que, si g reste dans un compact fixe N de G, l'intégrale du lemme b est en réalité étendue à un compact fixe de E. La continuité par rapport au paramètre $g \in N$ est alors claire (Chapitre V, §2, n° 9, Théorème 9). On conclut en observant que, G étant un ouvert de $M_n(\mathbb{R})$, tout $g \in G$ possède dans G un voisinage compact N.

La suite de la démonstration consiste à déterminer tous les homomorphismes continus de G dans $\mathbb{R}_+^*$: ils sont tous de la forme $g \mapsto |\det(g)|^s$, avec $s \in \mathbb{R}$.

Lemme d. *Pour toute matrice $g \in G$, il existe des matrices orthogonales u et v et une matrice diagonale $t = (t_1, \ldots, t_n)$, avec $t_i > 0$, telles que $g = utv$.*

Désignons par $(x|y)$ le produit scalaire usuel dans $\mathbb{R}^n$ et notons g' la transposée d'une matrice g. Elle est caractérisée par l'identité
$$(g(x)|y) = (x|g'(y)) \ .$$

Le sous-groupe orthogonal $K = O_n(\mathbb{R})$ de G est l'ensemble des matrices telles que $g'g = 1$, i.e. telles que $\|g(x)\| = \|x\|$ pour tout x ; il est évidemment fermé et borné dans $M_n(\mathbb{R})$, donc compact. Il y a d'autre part dans G, et même dans $M_n(\mathbb{R})$, des matrices symétriques, i.e. telles que $h' = h$; on sait que, pour une telle matrice, il existe dans $\mathbb{R}^n$ une base orthonormale (a_i) et des scalaires $t_i \in \mathbb{R}$ tels que l'on ait $h(a_i) = t_i a_i$ pour tout i (diagonalisation), et réciproquement. Si l'on note t la matrice diagonale $(t_1, \ldots, t_n)$ et u la matrice orthogonale transformant la base canonique (e_i) en (a_i), on a

$$hu(e_i) = h(a_i) = t_i u(e_i) = u(t_i e_i) = ut(e_i)$$

pour tout i (pas de sommation sur i, évidemment!), d'où $hu = ut$, i.e.

$$h = utu^{-1}.$$

Ce résultat s'applique, pour tout $g \in G$, à $h = g'g$. Comme

$$(g'g(x)|x) = (g(x)|g(x)) > 0$$

pour tout $x \neq 0$, on a $t_i > 0$ dans ce cas. Notons alors $h^{1/2}$ l'opérateur donné par $h^{1/2}(a_i) = (t_i)^{1/2} a_i$; il est symétrique et l'on a

$$(g(x)|g(y)) = (g'g(x)|y) = \left(h^{1/2} h^{1/2}(x)|y\right) = \left(h^{1/2}(x)|h^{1/2}(y)\right)$$

quels que soient x et y, d'où $(gh^{-1/2}(x)|gh^{-1/2}(y)) = (x|y)$. Il s'ensuit que $gh^{-1/2} = w$ est orthogonale. Mais le raisonnement montrant que $h = utu^{-1}$ montre aussi bien que $h^{1/2} = ut^{1/2}u^{-1}$, d'où finalement

$$g = wh^{1/2} = wut^{1/2}u^{-1} = vt^{1/2}u^{-1},$$

cqfd.

Lemme e. *Soient K un groupe topologique compact et Δ un homomorphisme continu de G dans le groupe multiplicatif $\mathbb{C}^*$. On a $|\Delta(k)| = 1$ pour tout $k \in K$.*

L'image de K par Δ est en effet un sous-groupe compact H de $\mathbb{R}^*$; pour tout $t \in H$, l'ensemble des $t^n (n \in \mathbb{Z})$ doit donc être borné, d'où $|t| = 1$. Corollaire: on a $|\det(u)| = 1$ pour tout $u \in O_n(\mathbb{R})$.

Lemme f. *Tout homomorphisme continu Δ de $\mathbb{R}_+^*$ dans $\mathbb{R}_+^*$ est de la forme $\Delta(t) = t^s$ pour un $s \in \mathbb{R}$.*

C'est la caractérisation des fonctions puissance: Chapitre IV, n° 6, Théorème 4.

Nous pouvons maintenant revenir au calcul du facteur $\Delta(g)$ du lemme b. Ecrivant $g = utv$, on a $\Delta(g) = \Delta(u)\Delta(t)\Delta(v) = \Delta(t)$ d'après le lemme e. Si t est la matrice diagonale $(1, \ldots, 1, t, 1, \ldots, 1)$, où $t > 0$ est à la i^e place, $\Delta(t)$ est une fonction puissance de t d'après le lemme f; comme toute matrice

diagonale positive est un produit de telles matrices, on a donc un formule du type
$$\Delta(t) = t_1^{s_1} \ldots t_n^{s_n}$$
avec des $s_i \in \mathbb{R}$ a priori quelconques.

Mais considérons l'opérateur linéaire w_σ qui, pour une permutation donnée σ de $\{1, \ldots, n\}$, transforme e_i en $e_{\sigma(i)}$. On a $w_\sigma \in K$ et $w_\sigma t w_\sigma^{-1} = (t_{\sigma(1)}, \ldots, t_{\sigma(n)})$. Comme $\Delta(w_\sigma t w_\sigma^{-1}) = \Delta(t)$ d'après le lemme e, on a $s_1 = \ldots = s_n = s$, d'où

(10.8) $\qquad \Delta(t) = \det(t)^s$.

Pour $g \in G$ quelconque, la formule $g = utv$ montre alors que

(10.9) $\qquad \Delta(g) = |\det(g)|^s$

avec une valeur absolue puisque $\Delta(g)$ doit être > 0. C'est la forme générale des homomorphismes continus de $GL_n(\mathbb{R})$ dans $\mathbb{R}_+^*$.

Pour achever la démonstration de la formule du changement de variable, il reste à observer que, si $g(x) = tx$ où $t \in \mathbb{R}$ est non nul, le facteur $\Delta(g)$ du lemme b est visiblement égal à $|t|^{-n}$, d'où $s = -1$.

Exercice. Montrer que tout $g \in GL_n(\mathbb{R})$ peut s'écrire sous la forme $g = khu$ où k est orthogonale, h diagonale positive et u triangulaire de diagonale $(1, \ldots, 1)$; vérifier (6) pour $g = u$ à l'aide de changements de variables dans les intégrales simples et en déduire (6) pour g. (La décomposition $g = khu$ signifie que toute base (a_i) de $\mathbb{R}^n$ peut être transformée en une base orthonormale en effectuant sur les a_i une transformation linéaire *triangulaire* : procédé d'orthonormalisation de Schmidt).

Exercice. On pose $G = GL_n(\mathbb{C})$. Montrer que tout homomorphisme continu de G dans $\mathbb{C}^*$ (resp. $\mathbb{R}^*$) est de la forme $g \mapsto |\det(g)|^s \det(g)^p$ avec $s \in \mathbb{C}$ et $p \in \mathbb{Z}$ [resp. $s \in \mathbb{R}$, $p \in \{1, -1\}$].

(ii) *Lemmes d'approximation.* On revient maintenant au cas général du théorème. Pour l'établir, on a besoin de résultats préliminaires justifiant ce que les physiciens considèrent comme évident : au voisinage d'un point a, un difféomorphisme est approximativement linéaire, " donc " multiplie les volumes par la valeur absolue du déterminant de son application dérivée ; après quoi il suffit d'additionner les résultats pour obtenir à bon compte la formule générale ...

Dans ce qui suit, on définit la longueur ou norme $|u|$ d'un vecteur $u \in \mathbb{R}^n$ par

(10.10) $\qquad |u| = \sup\left(|u^1|, \ldots, |u^n|\right)$;

pour cette norme " cubique ", une " boule " ouverte de centre a et de rayon r est l'ensemble $|u^i - a^i| < r$. Pour éviter des confusions, on l'appellera le *cube* de centre a et de rayon r, noté $U(a,r)$ ou $K(a,r)$ selon qu'il s'agit du cube ouvert ou fermé. Cette norme permet de décomposer approximativement un ensemble raisonnable en parallèlipipèdes n'ayant deux à deux en commun que des faces négligeables dans l'intégration, opération impossible à réaliser à l'aide de vraies boules euclidiennes. La norme d'une application linéaire A se définit comme dans tout espace vectoriel normé :

$$\|A\| = \sup |Ax|/|x|.$$

Le point crucial est le lemme suivant, dans lequel $K(r) = K(0,r)$.

Lemme 1. *Soient U un ouvert de $\mathbb{R}^n$ contenant 0 et $\psi : U \longrightarrow \mathbb{R}^n$ une application de classe C^1 telle que $\psi(0) = 0$, $\psi'(0) = 1$. Étant donné un nombre q tel que $0 < q < 1$, soit r un nombre > 0 tel que $K(r) \subset U$ et que*

(10.11) $$|x| < r \Longrightarrow \|\psi'(x) - 1\| < q.$$

On a alors

(10.12) $$K[(1-q)r] \subset \psi[K(r)] \subset K[(1+q)r].$$

L'application dérivée $\psi'(x)$ étant une fonction continue de x égale à 1 pour $x = 0$, l'existence de r pour $q > 0$ donné est claire. Cela dit, supposons $x \in K(r)$, d'où $tx \in K(r)$ pour $0 \le t \le 1$. La dérivée de $t \mapsto \psi(tx)$ est $\psi'(tx)x$; comme $\psi(0) = 0$, on a $\psi(x) = \int \psi'(tx)x dt$, d'où

$$\psi(x) - x = \int [\psi'(tx) - 1] x.dt$$

où l'on intègre sur $(0, 1)$. Puisque

$$|\psi'(tx)x - x| \le \|\psi'(tx) - 1\|.|x| \le \|\psi'(tx) - 1\| r \le qr$$

d'après (11), on a $|\psi(x) - x| \le qr$ et donc

$$|\psi(x)| \le |x| + r \le (1+q)r,$$

ce qui prouve la moitié droite de (12).

Pour établir l'autre inégalité, moins facile, on peut imiter la démonstration du théorème d'inversion locale. Tout revient à montrer que, pour tout $\zeta \in K[(1-q)r]$, il existe un $z \in K(r)$ tel que $\psi(z) = \zeta$. Pour cela, posons $\psi(z) = z + p(z)$, d'où $p'(z) = \psi'(z) - 1$; d'après (11), on voit que

(10.13) $$|z| \le r \Longrightarrow |p(z)| \le q|z|.$$

Construisons alors une suite de points

$$z_1 = \zeta, \quad z_2 = \zeta - p(z_1), \quad z_3 = \zeta - p(z_2), \quad \ldots$$

comme au Chap. III, § 5, Théorème 24, dont nous suivons la démonstration (à ceci près que, manque de prévoyance, on a choisi $q = 1/2$ au Chapitre III). Il faut s'assurer que la construction se poursuit sans obstruction, i.e. que $z_1 \in K(r)$ - évident - et que $z_n \in K(r)$ implique $z_{n+1} \in K(r)$; or on a, d'après (13),

$$|z_{n+1}| \leq |\zeta| + |p(z_n)| \leq (1-q)r + q|z_n| \leq r.$$

Ceci fait, (13) montre que

$$|z_{n+1} - z_n| = |p(z_n) - p(z_{n-1})| \leq q|z_n - z_{n-1}|$$

avec $q < 1$, d'où l'existence de $\lim z_n = z \in K(r)$, avec évidemment $\psi(z) = \zeta$, cqfd.

On se place maintenant dans les hypothèses du théorème 4.

Lemme 2. *Pour tout $q > 0$, il existe un $r > 0$ tel que, pour $x, y \in A$,*

(10.14) $\qquad |x - y| \leq r \implies \|\varphi'(x) - \varphi'(y)\| \leq q/\|\varphi'(x)^{-1}\|.$

L'application $x \mapsto \varphi'(x)$ étant continue dans A et $\varphi'(x)$ étant inversible pour tout $x \in A$, l'application $x \mapsto \varphi'(x)^{-1}$ est elle aussi continue dans A: les formules de Cramer[41] montrent en effet comment calculer les coefficients de la matrice de $\varphi'(x)^{-1}$ à l'aide des coefficients de celle de $\varphi'(x)$. La norme $\|\varphi'(x)^{-1}\|$ est donc aussi une fonction continue dans A et, A étant compact, elle est bornée dans A. Posant $\sup \|\varphi'(x)^{-1}\| = 1/M$, on a $M \leq 1/\|\varphi'(x)^{-1}\|$ quel que soit $x \in A$ et (14) sera vérifié si

(10.15) $\qquad |x - y| \leq r \implies \|\varphi'(x) - \varphi'(y)\| \leq Mq.$

Mais $x \mapsto \varphi'(x)$ est uniformément continue puisque A est compact, d'où l'existence, pour tout $q > 0$, d'un r vérifiant (15), cqfd.

---

[41] Il y a un raisonnement plus simple valable dans tout espace de Banach E; il repose sur le fait que, pour tout opérateur linéaire T de norme < 1, l'opérateur $1 - T$ possède un inverse, à savoir $\sum T^n$ (la série converge absolument puisque $\|T^n\| \leq q^n$ où $q = \|T\|$). Soient A et X deux opérateurs linéaires continus dans E; posons $X = A - Y$ et supposons A inversible. On a $X = A(1 - A^{-1}Y)$, de sorte que X est inversible si $\|A^{-1}Y\| = q < 1$; comme $\|A^{-1}Y\| < \|A^{-1}\|.\|Y\|$, c'est le cas si $\|Y\| < 1/\|A^{-1}\|$, i.e. si X est assez voisin de A. On a alors $X^{-1} = (1 - A^{-1}Y)^{-1}A^{-1} = \sum (A^{-1}Y)^n A^{-1}$, d'où

$$\|X^{-1}\| < \|A^{-1}\|/(1-q) < 2\|A^{-1}\|$$

si $\|Y\| \leq 1/2\|A^{-1}\|$. Comme $X^{-1} - A^{-1} = A^{-1}(A - X)X^{-1} = A^{-1}YX^{-1}$, il vient

$$\|X^{-1} - A^{-1}\| < \|A^{-1}\|.\|X - A\|.\|X^{-1}\| < 2\|A^{-1}\|^2.\|X - A\|,$$

d'où la continuité de $X \mapsto X^{-1}$ en A.

Dans l'énoncé suivant, $m(X)$ désigne la mesure de Lebesgue d'un ensemble mesurable $X \subset \mathbb{R}^n$, en l'occurence un compact.

Lemme 3. *Pour tout q tel que $0 < q < 1$, il existe un $r > 0$ possédant la propriété suivante : pour tout $a \in U$ tel que $K(a, r) = K \subset U$, on a*

(10.16) $$|m[\varphi(K)] - |J_\varphi(a)|.m(K)| \leq q.m(K).$$

Plaçons-nous en un point $a \in U$ et remplaçons φ par

$$\varphi_a : x \longmapsto \varphi'(a)^{-1}[\varphi(a+x) - \varphi(a)]$$

où $\varphi'(a)$ est l'application linéaire tangente à φ en a. On a $\varphi_a(0) = 0$ et

$$\varphi'_a(x) = \varphi'(a)^{-1}\varphi'(a+x),$$

d'où $\varphi'_a(0) = id$. Choisissons un nombre $q' \in {]0, 1[}$ tel que

(10.17) $$1 - q \leq (1 - q')^n \leq (1 + q')^n \leq 1 + q$$

– la fin de la démonstration expliquera cette bizarre condition – et appliquons le lemme 1 à φ_a en y remplaçant q par q'. Pour pouvoir l'appliquer, il suffit que φ_a soit définie pour $|x| < r$, i.e. que $K(a, r) \subset U$, et que

(10.18) $$|x| \leq r \Longrightarrow \|\varphi'_a(x) - 1\| \leq q'.$$

Mais

$$\|\varphi'_a(x) - 1\| = \|\varphi'(a)^{-1}\varphi'(a+x) - 1\| =$$
$$= \|\varphi'(a)^{-1}[\varphi'(a+x) - \varphi'(a)]\| \leq$$
$$\leq \|\varphi'(a)^{-1}\|.\|\varphi'(a+x) - \varphi'(a)\|.$$

La condition (18) sera donc réalisée si, pour $x, y \in U$,

(10.19) $$|x - y| \leq r \Longrightarrow \|\varphi'(y) - \varphi'(x)\| \leq q'/\|\varphi'(x)^{-1}\|;$$

le lemme 2 montre que, pour tout $q' > 0$, il existe un r vérifiant cette condition. On peut donc bien choisir r de telle que (18) soit vérifié pour tout $a \in U$ tel que $K(a, r) \subset U$.

Ceci fait, considérons ces points $a \in U$. Le lemme 1 appliqué à φ_a montre que

$$K(r - q'r) \subset \varphi_a[K(r)] \subset K(r + q'r)$$

où $K(r) = K(0, r)$. En appliquant $\varphi'(a)$ aux termes de cette relation, on remplace φ_a par l'application $x \mapsto \varphi(a + x) - \varphi(a)$; l'image de $K(r)$ par celle-ci est[42] $\varphi[a+K(r)] - \varphi(a) = \varphi[K(a,r)] - \varphi(a)$; en posant $K = K(a,r)$ comme plus haut, on a donc

$$\varphi'(a)\left[K\left(r - q'r\right)\right] \subset \varphi(K) - \varphi(a) \subset \varphi'(a)\left[K\left(r + q'r\right)\right],$$

d'où, en appliquant la translation de vecteur $\varphi(a)$,

(10.20) $\quad \varphi'(a)\left[K\left(r - q'r\right)\right] + \varphi(a) \subset \varphi(K) \subset \varphi'(a)\left[K\left(r + q'r\right)\right] + \varphi(a).$

Mais puisque $\varphi'(a)$ est linéaire, la formule (6) montre que, pour tout $r > 0$, on a

$$m\left\{\varphi'(a)\left[K(r)\right]\right\} = |J_\varphi(a)|m\left[K(r)\right].$$

La mesure de $K(r)$ étant proportionnelle à r^n, (20) montre que

(10.21) $\qquad (1 - q')^n \leq m\left[\varphi(K)\right] / |J_\varphi(a)|m(K) \leq (1 + q')^n$.

Or nous avons imposé à q' la condition (17) ; il vient donc a fortiori

$$1 - q \leq m\left[\varphi(K)\right] / |J_\varphi(a)|m(K) \leq 1 + q,$$

d'où (16), cqfd.

Lemme 4. *Soient U un ouvert et φ une application de classe C^1 définie dans U. Alors $\varphi(M)$ est de mesure nulle pour tout compact[43] de mesure nulle $M \subset U$.*

Soient $d > 0$ la distance du compact M à la frontière de U et M' l'ensemble des $x \in U$ tels que $d(x, M) \leq d/2$. C'est encore un compact contenu dans U. Soit k un entier > 0 tel que $1/2^k < d/2$ et quadrillons $\mathbb{R}^n$ à l'aide des hyperplans définis par une seule équation $x^i = p/2^k$, avec $p \in \mathbb{Z}$ et $i \in \{1, \ldots, n\}$. Ils permettent de décomposer $\mathbb{R}^n$ en cubes de la forme $K(a, 1/2^{k+1})$ et n'ayant deux à deux en commun, tout au plus, que des faces de dimension $\leq n - 1$. Ceux de ces cubes qui rencontrent M sont en nombre fini puisque M est borné ; ils sont tous contenus dans M' puisque leur diamètre d_k est $< d/2$; enfin, ils recouvrent M. Soit M_k leur réunion ; on a $\varphi(M) \subset \varphi(M_k) = \bigcup \varphi(K)$, où K décrit l'ensemble des cubes $K(a, 1/2^{k+1})$ dont se compose M_k.

Pour majorer les mesures de ces $\varphi(K)$, observons que, ces cubes étant convexes, on a (TF)

---

[42] Pour un ensemble $E \subset \mathbb{R}^n$ et un $b \in \mathbb{R}^n$, la notation $E + b$ désigne l'image de E par la translation $u \mapsto u + b$. On a notamment $K(r) + a = K(a, r)$.

[43] Il y a un résultat beaucoup plus fort : si U est un ouvert de $\mathbb{R}^n$, toute application $\varphi : U \longrightarrow \mathbb{R}^n$ de classe C^1 transforme les ensembles de mesure nulle contenus dans U en ensembles de mesure nulle, sans hypothèse de compacité. Voir Dieudonné, *Eléments d'analyse*, XVI.22, exercices 1 et 2. Résultats beaucoup plus complets dans Rudin, *Real and Complex Analysis*, chap. 8.

$$\varphi(x) - \varphi(y) = \int_0^1 \varphi'\left[tx + (1-t)y\right](x-y)dt$$

et donc

$$|\varphi(x) - \varphi(y)| \leq |x-y|.\|\varphi'\|_K \leq |x-y|.\|\varphi'\|_{M'},$$

quels que soient $x, y \in K$. Tous les cubes K considérés ayant le même diamètre d_k, on en conclut que $\varphi(K)$ est contenu dans un cube de diamètre $\leq cd_k$ où $c = \|\varphi'\|_{M'}$, norme uniforme sur M'. La mesure d'un cube de diamètre d étant proportionnelle à d^n, il vient

$$m\left[\varphi(K)\right] \leq cm(K).$$

Or on a $m(M_k) = \sum m(K)$ où l'on somme sur les cubes qui composent M_k, ceci parce que leurs intersections deux à deux, contenues dans des hyperplans de $\mathbb{R}^n$, sont de mesure nulle. On a aussi

(10.22) $\quad m\left[\varphi(M)\right] \leq m\left[\varphi(M_k)\right] \leq \sum m\left[\varphi(K)\right] \leq \sum cm(K) = cm(M_k).$

Le lemme sera donc établi si l'on montre que $\lim m(M_k) = 0$.

Mais comparons les ensembles M_k et M_{k+1}. Le premier s'obtient en quadrillant $\mathbb{R}^n$ à l'aide des hyperplans $x^i = p/2^k$, tandis qu'on obtient le second à l'aide des hyperplans $x^i = q/2^{k+1}$. Il est clair que tout cube K du second quadrillage est contenu dans au moins un cube K' du premier ; si K rencontre M, il en est de même de K'. On a donc $M_{k+1} \subset M_k$, d'où une suite décroissante de compacts contenant M. Tout point de M_k appartient par définition à un cube de rayon $1/2^k$ rencontrant M, donc est à une distance $\leq 1/2^k$ de M. Tout point commun à tous les M_k est donc à une distance nulle de M, donc appartient à M puisque M est *fermé*.

Or nous savons que, lorsqu'on a une suite décroissante d'ensembles fermés[44] M_k d'intersection M, on a $m(M) = \lim m(M_k)$; on l'a montré au Chapitre V, §2, fin du n° 11 pour une suite croissante d'ouverts mais, comme on l'a dit alors, le résultat et la démonstration sont les mêmes pour une suite décroissante de fermés. Comme, ici, $m(M) = 0$, la relation (22) montre que $m[\varphi(M)] = 0$, cqfd.

(iii) *La formule du changement de variables.* Nous pouvons maintenant démontrer la formule générale

$$\int_{\varphi(A)} f(x)dx = \int_A f\left[\varphi(t)\right].|J_\varphi(t)|dt$$

en remplaçant $A = \bar{U}$ par des ensembles plus simples, réunions de cubes, puis en passant à la limite.

---

[44] plus généralement d'ensembles "mesurables" comme le montrera la théorie complète de Lebesgue.

Choisissons un nombre $r > 0$. Pour tout entier $k > 0$, quadrillons à nouveau $\mathbb{R}^n$ à l'aide d'hyperplans $x^i = p/2^k$, désignons par $K_1, \ldots, K_N$ ceux des cubes de ce quadrillage, en nombre fini, qui sont contenus dans U, et soit $A_k \subset U$ leur réunion. Les intersections de ces cubes deux à deux étant compactes et de mesure nulle, il en est de même (lemme 4) pour leurs images ; on a donc

$$(10.23) \qquad \int_{A_k} f[\varphi(t)].|J_\varphi(t)|dt = \sum \int_{K_i} f[\varphi(t)].|J_\varphi(t)|dm(t).$$

La fonction qu'on intègre dans (23) étant uniformément continue dans le compact A, on peut, pour tout $r > 0$, supposer k assez grand pour qu'elle soit constante à r près dans chaque cube K_i. Notant a_i le centre de K_i et posant $b_i = \varphi(a_i)$, on en déduit que le terme général du second membre de (23) est égal à $f(b_i).|J_\varphi(a_i)|m(K_i)$ à $m(K_i)r$ près.

Posant maintenant $D_i = \varphi(K_i)$, $B_k = \varphi(A_k) = \bigcup D_i \subset B = \varphi(A)$, le lemme 4 montre que les intersections deux à deux des $\varphi(A_k)$ sont de mesure nulle, d'où à nouveau

$$(10.23') \qquad \int_{B_k} f(x)dx = \sum \int_{D_i} f(x)dx.$$

La continuité uniforme de f montre, comme dans (23), que le terme général du second membre de (23') est égal à $f(b_i)m(D_i)$ à $m(D_i)r$ près pour k assez grand. Comme $m(A_k) = \sum m(K_i)$ et $m(B_k) = \sum m(D_i)$, on voit que les premiers membres de (23) et (23') sont respectivement égaux à

$$(10.24) \qquad \sum f(b_i).|J_\varphi(a_i)|m(K_i) \qquad \text{à } m(A_k)r \text{ près},$$
$$(10.24') \qquad \sum f(b_i)m(D_i) \qquad \text{à } m(B_k)r \text{ près}.$$

Mais le lemme 3 s'applique aux K_i – ils sont contenus dans U – pourvu que k soit suffisamment grand. On a alors

$$(10.25) \qquad m(D_i) = |J_\varphi(a_i)|m(K_i) \quad \text{à } m(K_i)r \text{ près},$$

de sorte qu'en remplaçant la somme (24) par la somme (24') on commet une erreur majorée par

$$\sum |f(b_i)|m(K_i) \leq \|f\|_A \sum m(K_i) = \|f\|_A m(A_k).$$

Compte tenu des erreurs que l'on commet en remplaçant les seconds membres de (23) et (23') par les sommes " de Riemann" (24) et (24'), on en déduit qu'en valeur absolue la différence entre ces seconds membres est majorée par

$$m(A_k)r + m(B_k)r + \|f\|_A m(A_k)r.$$

226   IX – Différentielles et Intégrales à Plusieurs Variables

Mais il est clair que $m(A_k) \leq m(A)$ et que $m(B_k) \leq m(B)$; l'erreur trouvée est donc $< cr$, où $c = (1 + \|f\|_A)m(A) + m(B)$ ne dépend pas de r.

Ce raisonnement montre que, pour tout $r > 0$, l'inégalité

(10.26) $$\left| \int_{A_k} f[\varphi(t)] \cdot |J_\varphi(t)| \, dt - \int_{B_k} f(x) dx \right| \leq cr$$

est valable pour tout k suffisamment grand. Considérons maintenant ce qui se passe lorsqu'on remplace k par $k+1$. Chaque cube du premier quadrillage est réunion de cubes du second; si un cube du premier est contenu dans U, ceux du second qui le composent le sont a fortiori. On a donc $A_k \subset A_{k+1}$, d'où, cette fois, une suite *croissante* de compacts (donc d'ensembles "mesurables") contenus dans U. Leur réunion est égale à U, car tout $a \in U$ est à une distance > 0 de la frontière de U et est donc contenu dans l'un des cubes de A_k pour k assez grand.

Si l'on connaît un peu plus de théorie de l'intégration que le Chap. V, § 2, n° 11, on en conclut que, lorsque $k \longrightarrow +\infty$, les intégrales étendues à A_k et B_k dans (26) convergent vers les intégrales étendues à U et V. Comme $r > 0$ est arbitraire, il s'ensuit que

$$\int_U f[\varphi(t)] \cdot |J_\varphi(t)| dt = \int_V f(x) dx.$$

Pour achever la démonstration du théorème 4, il reste à observer que si les frontières $A - U$ et $B - V$ sont de mesure nulle[45], on ne change rien aux intégrales précédentes en y remplaçant U et V par A et B. Cela indique qu'en fait le résultat essentiel est la formule précédente, qui ne fait aucune hypothèse sur les frontières de U et V.

(iv) *Formule de Stokes pour un chemin de dimension p.* La définition de l'intégrale d'une forme de degré 2 étendue à un chemin σ de dimension 2 se généralise de façon évidente: si ω est une forme de degré p dans un ouvert G d'un espace cartésien E et si $\sigma : I^p \longrightarrow G$ est un *chemin* (ou *cube singulier*) *de dimension p* que l'on supposera de classe C^1 au moins, de sorte que les dérivées partielles de σ se prolongent par continuité à la frontière de I^p, on pose par définition

(10.27) $$\int_\sigma \omega = \int_{I^p} \omega[\sigma(t); D_1\sigma(t), \ldots, D_p\sigma(t)] \, dt$$

où $t = (t^1, \ldots, t^p)$ et où $dt = dt^1 \ldots dt^p$ est la mesure de Lebesgue usuelle. Cela revient évidemment à poser

$$\omega \circ \sigma = r(t)dt^1 \wedge \ldots \wedge dt^p \quad \text{et} \quad \int_\sigma \omega = \int_{I^p} r(t)dt$$

---

[45] D'après le lemme 4, c'est toujours le cas si φ peut se prolonger en une application de classe C^1 définie dans un ouvert contenant A.

comme en degré 2. Si l'on remplace σ par $\sigma \circ \varphi$ où $\varphi : I^p \longrightarrow I^p$ est un difféomorphisme, on remplace $\omega \circ \sigma = \varpi$ par
$$\omega \circ (\sigma \circ \varphi) = (\omega \circ \sigma) \circ \varphi = \varpi \circ \varphi$$
d'après la formule d'associativité (8.19), donc $r(s)$ par $r[\varphi(t)]J_\varphi(t)$; la formule (2), équivalente comme on l'a vu au Théorème 4, montre alors que

(10.28) $$\int_{\sigma \circ \varphi} \omega = \operatorname{sgn}(\varphi) \int_\sigma \omega$$

où $\operatorname{sgn}(\varphi)$ est le signe, nécessairement constant, du jacobien de φ.

Cette formule ressemble à la définition de l'intégrale d'une forme ω le long d'un chemin σ comme intégrale sur le cube de son image réciproque par σ, mais il ne faut pas les confondre : (28) est un théorème et non pas une définition. Plus généralement, considérons des ouverts U et V de deux espaces cartésiens, une application $f : U \longrightarrow V$ de classe C^1 et un chemin σ de dimension p dans U, d'où un chemin $f \circ \sigma$ dans V. On a alors

(10.29) $$\int_{f \circ \sigma} \omega = \int_\sigma \omega \circ f$$

pour toute forme différentielle ω de degré p dans V, ce qui ressemble encore plus à (28). Mais (29) signifie que les intégrales sur le cube de $\omega \circ (f \circ \sigma)$ et $(\omega \circ f) \circ \sigma$ sont égales ; ces deux formes étant identiques d'après (8.19), il n'y a rien à démontrer. La relation (29) est donc quasiment tautologique ou, ce qui revient au même, est une conséquence directe de la formule (2.13) de dérivation des fonctions composées.

A titre d'application, reprenons les calculs du n° 9, (ii) relatifs à l'effet d'une homotopie σ sur l'intégrale d'une forme ω de degré 1 le long d'un chemin ; en écrivant la formule finale sous la forme

(10.30) $$\int_{\partial \sigma} \omega = \int_\sigma d\omega,$$

nous l'avons ramené à la formule de Gauss pour le carré I^2.

Il existe en dimension quelconque un analogue de la formule de Green-Riemann pour un cube ; elle se démontre exactement comme en dimension 2 à l'aide du calcul bête de Cauchy. Le seul problème est de définir l'intégrale d'une forme ω de degré p étendue à ∂K pour $K = I^{p+1}$; c'est la somme des intégrales étendues aux faces du cube, mais il faut déterminer les signes $+$ ou $-$ dont ces intégrales doivent être précédées. Or, en notant $t^0, \ldots, t^p$ les coordonnées canoniques dans $\mathbb{R}^{p+1}$, on a des formules du type

$$\omega = \sum p_i(t) dt^0 \wedge \ldots \widehat{dt^i} \ldots \wedge dt^p,$$
$$d\omega = \sum (-1)^i D_i p_i(t) dt^0 \wedge \ldots \wedge dt^p,$$

de sorte que l'intégrale de $d\omega$ est la somme des intégrales sur K des fonctions $(-1)^i D_i p_i(t)$. Pour les calculer, on intègre d'abord par rapport aux t^i correspondantes, ce qui (TF) donne

$$(-1)^i \int_{I^p} p_1\left(t^0,\ldots,1,\ldots,t^p\right) dt^0 \ldots dt^i \ldots dt^p +$$
$$+(-1)^{i+1} \int_{I^p} p_1\left(t^0,\ldots,0,\ldots,t^p\right) dt^0 \ldots dt^i \ldots dt^p.$$

On voit ainsi apparaître, aux signes près, les intégrales de ω étendues aux faces du cube I^{p+1}. De façon précise, désignons par F_i^+ la face $t_i = 1$ du cube et par F_i^- la face $t_i = 0$, et définissons les intégrales de ω étendues à ces faces en utilisant la représentation paramétrique

(10.31) $\qquad \varphi_i^+ : \left(t_0, \ldots, \widehat{t_i}, \ldots, t_p\right) \longmapsto (t_0, \ldots, 1, \ldots, t_p)$

dans le premier cas et la formule analogue dans le second cas. Si F est une face du cube, posons

(10.32) $\qquad \varepsilon(F) = \begin{cases} (-1)^i & \text{si } F = F_i^+, \\ (-1)^{i+1} & \text{si } F = F_i^-. \end{cases}$

La formule de Green-Riemann s'écrit alors

(10.33) $\qquad \int_K d\omega = \sum \varepsilon(F) \int_F \omega$

où les intégrales de ω étendues aux faces F de $K = I^{p+1}$ sont, comme on l'a dit plus haut, définies à l'aide des représentations paramétriques (31), ce qui revient à considérer ces faces comme des cubes singuliers de dimension p.

Pour passer de là à une formule de type Stokes pour une forme ω de degré p et un chemin σ quelconque de dimension $p+1$ dans un ouvert G d'un espace cartésien, il faut définir ce que l'on entendra par l'intégrale de ω étendue à $\partial \sigma$; en notant φ_F la représentation paramétrique (31) de la face F, ce sera l'expression

$$\int_{\partial\sigma} \omega = \sum \varepsilon(F) \int_{\sigma \circ \varphi_F} \omega = \sum \varepsilon(F) \int_{\varphi_F} \omega \circ \sigma.$$

La formule de Stokes pour σ,

$$\int_{\partial\sigma} \omega = \int_\sigma d\omega$$

devient alors une trivialité moyennant la formule (33) pour le cube.

La présence des signes $\varepsilon(F)$ s'expliquera au n° 16 lorsque nous démontrerons une version un peu différente de la formule de Stokes; comme on dimensions 1 ou 2, elle correspond à la nécessité de choisir dans chaque face F de K une " orientation ".

§ 3. Intégrales de formes différentielles   229

Exercice. Dans un ouvert G d'un espace cartésien, soient $\sigma_0, \sigma_1 : I^p \longrightarrow G$ deux chemins de dimension p qui coïncident sur la frontière de I^p (analogue de deux chemins de dimension un ayant les mêmes extrémités) ; disons qu'ils sont homotopes à frontière fixe s'il existe un chemin $\sigma : I \times I^p \longrightarrow G$ vérifiant les conditions suivantes : (i) $\sigma(0,t) = \sigma_0(t)$, $\sigma(1,t) = \sigma_1(t)$ pour tout $t \in I^p$, (ii) $\sigma(s,t)$ est indépendant de s pour tout point t de la frontière de I^p. Montrer que, si ω est une forme fermée de degré p dans G, les intégrales de ω étendues à σ_0 et σ_1 sont égales. Généraliser de même l'invariance par homotopie de l'intégrale sur un chemin fermé.

§ 4. Variétés différentielles

Ce § ne donne que des indications très sommaires sur les aspects les plus simples de la théorie des variétés différentielles, laquelle en comporte beaucoup d'autres même si l'on se borne aux notions les plus fondamentales. La littérature du sujet propose nombre d'exposés excellents et beaucoup plus complets que le nôtre[46].

11 – Qu'est-ce qu'une variété ?

(i) *La sphère dans* $\mathbb{R}^3$. Pour comprendre le problème, considérons la sphère unité X d'équation $x^2 + y^2 + z^2 = 1$ dans $\mathbb{R}^3$. Comment peut-on raisonnablement définir les fonctions différentiables dans un ouvert de X ?

Une première condition à remplir est qu'elles doivent être continues et définies par des propriétés de nature locale. Considérons alors un point $(a, b, c) \in X$ et une fonction f définie et continue au voisinage de ce point. Supposons $c > 0$. L'hémisphère nord $H_+ : z > 0$ de X est un ouvert de X et c'est aussi le graphe de la fonction

$$z = \left(1 - x^2 - y^2\right)^{1/2},$$

définie et C^∞ dans l'ouvert $x^2 + y^2 < 1$ de $\mathbb{R}^2$; en posant

$$\varphi(x, y, z) = (x, y),$$

on définit un homéomorphisme de H_+ sur un ouvert de $\mathbb{R}^2$ qui transforme f en une fonction de (x, y), définie et continue au voisinage du point $\varphi(a, b, c) \in \mathbb{R}^2$. Il est alors naturel de dire que f est de classe C^r au voisinage de (a, b, c) si, en tant que fonction de (x, y), elle est de classe C^r au sens classique. Même convention si $c < 0$, i.e. si l'on est dans l'hémisphère sud H_- de X, graphe de la fonction

$$z = -\left(1 - x^2 - y^2\right)^{1/2}.$$

Si $c = 0$, on a peut-être $b < 0$; on remplace alors H_+ par l'hémisphère $y < 0$, graphe de l'équation

$$y = -\left(1 - x^2 - z^2\right)^{1/2} ;$$

---

[46] Marcel Berger et Bernard Gostiaux, *Géométrie différentielle* (A. Colin, 1972), Paul Malliavin, *Géométrie différentielle intrinsèque* (Hermann, 1972), Pham Mau Quan, *Introduction à la géométrie des variétés différentiables* (Dunod, 1969), Frank W. Warner, *Foundations of Differential Manifolds and Lie Groups* (Scott, Foresman, 1971), Michael Spivak, *A Comprehensive Introduction to Differential Geometry* (Publish or Perish, Inc, 5 vol.), Shlomo Sternberg, *Lectures on Differential Geometry* (Prentice-Hall, 1964), Serge Lang, *Fundamentals of Differential Geometry* (Springer, 1999).

la formule $\varphi(x,y,z) = (x,z)$ définit à nouveau un homéomorphisme de cet hémisphère sur un ouvert du plan et les fonctions différentiables au voisinage de (a,b,c) sont, par définition, celles qui s'expriment de façon différentiable à l'aide des coordonnées x, z. Etc. On parvient ainsi à écrire X comme une réunion de six ouverts dans chacun desquels on dispose d'un homéomorphisme privilégié sur un ouvert de $\mathbb{R}^2$, homéomorphisme qui, dans l'ouvert correspondant de X, permet de donner une définition raisonnable des fonctions de classe C^r ($r \leq \infty$).

Cette définition n'aurait toutefois aucun intérêt si, dans les parties communes à ces ouverts, elle fournissait deux définitions incompatibles de la différentiabilité ; il n'est est rien. Plaçons-nous par exemple dans un ouvert U où l'on a à la fois $\{z > 0\}$ et $\{y < 0\}$; en utilisant l'hémisphère $z > 0$, la relation $f \in C^r(U)$ signifie que f est fonction C^r de (x,y) ; en utilisant l'hémisphère $y < 0$, elle signifie que f est fonction C^r de (x,z) ; il suffit donc de montrer que, dans l'ouvert $\{z > 0\} \cap \{y < 0\}$ de X, (x,y) est fonction C^∞ de (x,z) et vice-versa. C'est clair puisque l'on a

$$y = -\left(1 - x^2 - z^2\right)^{1/2} \quad \text{et} \quad z = \left(1 - x^2 - y^2\right)^{1/2}$$

avec $1 - x^2 - z^2 > 0$ et $1 - x^2 - y^2 > 0$.

D'où une définition cohérente des fonctions de classe C^r dans un ouvert quelconque U de la sphère.

On peut aussi la formuler de façon plus directe. Il est d'abord clair que si l'on a, dans un ouvert V de $\mathbb{R}^3$, une fonction C^r de (x,y,z), sa restriction à $U = V \cap X$ est de classe C^r au sens précédent. Considérons réciproquement une fonction f de classe C^r dans un ouvert U de X et plaçons-nous au voisinage d'un point $(a,b,c) \in U$. Si l'on a par exemple $c > 0$, la définition montre qu'au voisinage de (a,b,c), f est une fonction C^r de (x,y) définie au voisinage du point (a,b) de $\mathbb{R}^2$; en la composant avec la projection $(x,y,z) \mapsto (x,y)$ de $\mathbb{R}^3$ sur $\mathbb{R}^2$, on obtient une fonction C^r de (x,y,z) dans un cylindre vertical ayant pour base un ouvert du plan (x,y), fonction dont la restriction à X est égale à la fonction f donnée au voisinage de (a,b,c). En conclusion, *une fonction f définie dans un ouvert U de X est de classe C^r si et seulement si, au voisinage de tout point de U, elle peut se prolonger en une fonction de classe C^r dans un ouvert de $\mathbb{R}^3$*.

(ii) *La notion de variété de classe C^r et de dimension d* s'obtient en généralisant la construction des fonctions de classe C^r sur la sphère.

Une variété X est, pour commencer, un espace topologique *séparé* ; il y a donc dans X une catégorie d'ensembles qualifiés d'ouverts et vérifiant les deux conditions évidentes (toute réunion d'ouverts est un ouvert, l'intersection d'un nombre fini d'ouverts est un ouvert), ainsi que l'axiome de Hausdorff : si a et b sont deux points distincts de X, il existe des ouverts disjoints U et V contenant a et b. Les espaces topologiques sont le domaine naturel de la notion de continuité: une application $f : X \longrightarrow Y$ est continue si et seulement si l'image réciproque $f^{-1}(V)$ de tout ouvert V de Y est un ouvert de X.

Une variété différentielle X doit être en outre un espace topologique *localement cartésien*: tout $a \in X$ doit posséder un voisinage ouvert U homéomorphe à un ouvert d'un espace $\mathbb{R}^d$, où d est un entier donné[47], la *dimension* de X. Un tel homéomorphisme $\varphi = (\varphi^1, \ldots, \varphi^d)$, où les $\varphi^i(x)$ sont les coordonnées canoniques de $\varphi(x)$, est, par définition, une *carte locale topologique* (U, φ) de X permettant de repérer les points $x \in U$ à l'aide de d scalaires réels $\xi^i = \varphi^i(x)$, ses *coordonnées* dans la carte considérée[48]. L'entier d est uniquement déterminé en vertu d'un théorème célèbre (J. L. E. Brouwer) selon lequel un ouvert de $\mathbb{R}^p$ ne peut être homéomorphe à un ouvert de $\mathbb{R}^q$ que si $p = q$. La courbe de Peano ($p = 1, q = 2$) n'est pas un homéomorphisme.

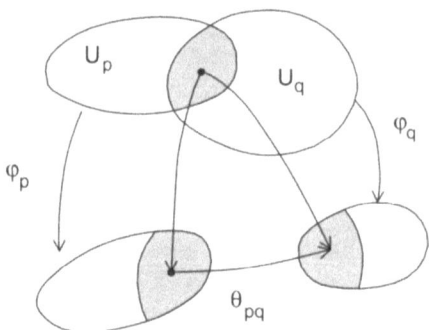

fig. 5.

Cette définition fournit les variétés topologiques, ou de classe C^0: on ne peut raisonnablement rien y définir d'autre que des fonctions continues. Pour faire de X une variété de classe C^r, il faut sélectionner les cartes que l'on admet. Une méthode possible est de se donner, comme dans le cas de la sphère terrestre, un *atlas* de classe C^r de X, i.e. une famille, finie ou non, de cartes topologiques (U_p, φ_p) qui recouvrent X et qui soient deux à deux C^r-*compatibles*: quels que soient p et q, on passe dans $U_p \cap U_q = U_{pq}$ de $\varphi_p(x)$ à $\varphi_q(x)$ par une application θ_{pq} de classe C^r (au sens usuel) de l'ouvert $\varphi_p(U_{pq})$ dans l'ouvert $\varphi_q(U_{pq})$:

---

[47] Certains auteurs autorisent la dimension à dépendre du point a. Comme elle est localement constante, et donc constante dans chaque composante connexe de X, cette généralisation n'a guère d'intérêt.

[48] Une variété est donc localement compacte, comme tout ouvert d'un espace cartésien. A de rares exceptions près, toutes les variétés que l'on rencontre sont des réunions dénombrables de compacts et métrisables.

(11.1) $$\varphi_q(x) = \theta_{pq}\left[\varphi_p(x)\right].$$

En échangeant les rôles de p et q, on voit que θ_{pq} et θ_{qp} sont réciproques l'un de l'autre et sont donc des difféomorphismes.

Pour $s \leq r$, une fonction f définie dans un ouvert U de X sera alors dite de classe C^s si, quel que soit p, $f(x)$ est une fonction de classe C^s de $\varphi_p(x)$ dans l'ouvert $U \cap U_p$.

On a défini les variétés à l'aide d'un atlas, mais la seule chose qui compte vraiment dans une variété X, c'est, pour chaque ouvert $U \subset X$, l'ensemble $C^r(U)$ des fonctions numériques définies et de classe C^r dans U. Ces fonctions sont, comme sur la sphère, caractérisées par une propriété de nature locale : si une fonction f est définie dans une réunion U d'ouverts U_i, on a $f \in C^r(U)$ si et seulement si la restriction de f à chaque U_i appartient à $C^r(U_i)$. Une variété X ainsi définie possède beaucoup d'autres cartes locales utiles que celles de son atlas, à savoir les *cartes de classe C^r* que, pour abréger le langage, on appellera presque toujours par la suite des cartes, ou cartes locales, sans autre précision si le contexte est non ambigu. Ce sont les cartes topologiques (U, φ) telles que, pour tout ouvert $U' \subset U$, l'homéomorphisme φ transforme $C^r(U')$ en l'ensemble des fonctions de classe C^r au sens usuel dans l'ouvert $\varphi(U')$ de $\mathbb{R}^d$; autrement dit, une fonction définie dans U' doit être de classe C^r si et seulement si c'est une fonction de classe C^r, au sens classique, des coordonnées $\xi^i = \varphi^i(x)$. En particulier, les fonctions coordonnées $\varphi^i(x)$ doivent être de classe C^r dans U, mais il ne suffit évidemment pas de choisir au hasard d fonctions dans $C^r(U)$ pour obtenir une telle carte. Par abus de langage, on dira qu'un ouvert U de X est un *ouvert cartésien* si c'est le domaine de validité d'une carte (U, φ).

Si (U, φ) et (V, ψ) sont des cartes de classe C^r de X, les fonctions de classe C^r dans $U \cap V$ doivent être les mêmes, qu'on les exprime à l'aide de $\xi = \varphi(x)$ ou de $\eta = \psi(x)$. Comme plus haut dans le cas d'un atlas, on en conclut que, dans $U \cap V$, on doit avoir des relations $\eta = \theta(\xi)$, $\xi = \rho(\eta)$, i.e.

(11.2) $$\varphi = \rho \circ \psi, \quad \psi = \theta \circ \varphi,$$

où $\theta : \varphi(U \cap V) \longrightarrow \psi(U \cap V)$ et $\rho : \psi(U \cap V) \longrightarrow \varphi(U \cap V)$ sont de classe C^r, autrement dit sont des difféomorphismes réciproques l'un de l'autre. On appellera ρ et θ les (formules de) *changements de cartes* (ou de coordonnées). Je les note ρ et θ parce que ce sont exactement celles des inventeurs du *Calcul différentiel absolu* (n° 3, (ii)), lesquels faisaient de la théorie des variétés sans le savoir.

(iii) *Quelques exemples.* Si E est un espace cartésien de dimension d et si l'on choisit une base (a_i) de E, on peut associer à chaque $x = \xi^i a_i \in E$ le point $\varphi(x) = \xi^i e_i \in \mathbb{R}^d$ dont les coordonnées *canoniques* sont les coordonnées de x par rapport à la base choisie de E; on obtient ainsi une carte topologique (E, φ) de E qui, à elle seule, constitue un atlas de E et fait donc de E une variété, de classe C^∞. Un changement de base dans E faisant subir aux ξ^i une transformation linéaire, il est clair que la structure de variété de E ainsi définie ne dépend pas du choix de la base (a_i) et que, pour tout ouvert $U \subset E$, $C^r(U)$ est, pour tout r, l'ensemble des fonctions de classe C^r dans U au sens classique.

Dans le cas de la sphère unité X examiné plus haut, on dispose, entre autres, de deux cartes, de classe C^0 a priori, utilisant la projection stéréographique à partir du pôle nord ou du pôle sud de X; elles appliquent l'ouvert U de X complémentaire de ce pôle sur $\mathbb{R}^2$. Il est facile de voir que, si l'on projette par exemple depuis le pôle nord, la fonction φ est donnée par

$$\varphi(x, y, z) = [x/(1-z), y/(1-z)]$$

avec $x^2 + y^2 + z^2 = 1$. Mais si l'on se place dans l'une des six cartes locales définies plus haut, les coordonnées correspondantes sont deux des variables x, y, z, la troisième étant, on l'a vu, fonction C^∞ des deux autres; la carte φ est donc C^∞- compatible avec l'atlas utilisé initialement puisque $z \neq 1$ en dehors du pôle nord, et vice-versa. On aurait donc pu définir la structure différentielle de S à l'aide de ces deux projections stéréographiques.

Pour un exemple de variété "abstraite", i.e. non donnée comme partie d'un espace cartésien, considérons *l'espace projectif* $X = P_n(\mathbb{R})$; par définition, c'est l'ensemble des sous-espaces vectoriels de dimension 1 (droites issues de l'origine) de $\mathbb{R}^{n+1}$. Il reviendrait au même d'introduire, dans l'ensemble des vecteurs *non nuls* de $\mathbb{R}^{n+1}$, la relation d'équivalence "x et y sont proportionnels" et de dire que $P_n(\mathbb{R})$ est le quotient de $\mathbb{R}^{n+1} - \{0\}$ par celle-ci; un élément de $P_n(\mathbb{R})$ est donc caractérisé par $n+1$ nombres $x^0, \ldots, x^n$ non tous nuls et définis à un facteur près; ce sont ses *coordonnées homogènes*; toute fonction f définie sur une partie de $P_n(\mathbb{R})$ s'identifie à une fonction *homogène* de ces coordonnées, i.e. telle que l'on ait

$$f\left(tx^0, \ldots, tx^n\right) = f\left(x^0, \ldots, x^n\right) \quad \text{quel que soit } t \neq 0.$$

Si l'on note $p(x)$ l'image d'un $x \in \mathbb{R}^{n+1} - \{0\}$ dans $X = P_n(\mathbb{R})$, i.e. le sous-espace D engendré par x, on peut immédiatement définir une topologie dans X en déclarant qu'un $U \subset X$ est ouvert si et seulement si $p^{-1}(U)$ est ouvert dans $\mathbb{R}^{n+1} - \{0\}$ ou, ce qui revient au même, si la réunion des droites $D \in U$ est un ouvert de $\mathbb{R}^{n+1} - \{0\}$. En particulier, X est réunion des $n+1$ ensembles ouverts $U_i (0 \leq i \leq n)$ images par p des ouverts de $\mathbb{R}^{n+1}$ définis par $x^i \neq 0$. Comme $p(x) = p(x/x^i)$, on a aussi $U_i = p(E_i)$ où E_i est l'hyperplan d'équation $\xi^i = 1$; U_i est donc l'ensemble des droites D qui rencontrent E_i et comme une telle droite est déterminée par son (unique) point commun avec E_i, l'application $p : E_i \longrightarrow U_i$ est bijective; d'où une application inverse $q_i : U_i \longrightarrow E_i$ qui transforme chaque droite $D \in U_i$ en son point d'intersection avec E_i. Pour tout $D \in U_i$, on a

$$q_i(D) = \left(\xi^0, \ldots, 1, \ldots, \xi^n\right)$$

avec des $\xi^p = x^p/x^i$ bien déterminés, de sorte que la formule

$$\varphi_i(D) = \left(\xi^0, \ldots, \xi^{i-1}, \xi^{i+1}, \ldots, \xi^n\right)$$

définit une bijection de U_i sur $\mathbb{R}^n$, évidemment continue ainsi que son inverse. Les couples (U_i, φ_i) ainsi définis sont donc des cartes de X de classe C^0 qui recouvrent $P_n(\mathbb{R})$. En fait, elles sont deux à deux C^∞-compatibles. Pour $D \in U_i \cap U_j$, on a en effet des relations de la forme

$$q_i(D) = \left(\xi^0, \ldots, \xi^{i-1}, 1, \xi^{i+1}, \ldots, \xi^n\right),$$
$$q_j(D) = (\eta^0, \ldots, \eta^{j-1}, 1, \eta^{j+1}, \ldots, \eta^n);$$

ces points de $\mathbb{R}^{n+1}$ étant sur D, on a $\xi^k = \eta^k/\eta^i$ et $\eta^k = \xi^k/\xi^j$ pour tout k; comme $U_i \cap U_j$ correspond aux $y \in E_j$ tels que $\eta^i \neq 0$, on voit que, dans $U_i \cap U_j$, les coordonnées $\varphi^i(D)$ sont des fonctions C^∞ (et même rationnelles) des coordonnées $\varphi^j(D)$ et vice-versa; d'où le résultat et, grâce à cet atlas, une structure de variété C^∞ sur $P_n(\mathbb{R})$. Dans un ouvert $U \subset P_n(\mathbb{R})$, les fonctions de classe C^r ne sont autres que les fonctions homogènes et de classe C^r au sens usuel dans l'ouvert $p^{-1}(U)$.

Exercice. Vérifier l'axiome de Hausdorff.

On peut généraliser en remplaçant, dans la construction précédente, les sous-espaces de dimension 1 par les sous-espaces de dimension p donnée, mais c'est un peu moins simple et nous laisserons au lecteur le soin de détailler les démonstrations. Soient E un espace cartésien de dimension n et $\Omega \subset E^p$ l'ensemble des suites $x = (x_1, \ldots, x_p)$ de p vecteurs linéairement indépendants dans E; c'est un ouvert de E^p. Tout sous-espace H de dimension p de E est engendré par les "composantes" x_i d'un $x \in \Omega$ et $x, y \in \Omega$ engendrent le même sous-espace si et seulement s'il existe une matrice $(g_i^j) \in GL_p(\mathbb{R})$ telle que $y_i = g_i^j x_j$. C'est là une relation d'équivalence, de sorte que l'ensemble $X = G_p(E)$ des sous-espaces de dimension p de E est le quotient de Ω par celle-ci. Si l'on note $p : \Omega \longrightarrow X$ l'application évidente, on obtient alors une topologie dans X comme dans le cas $p = 1 : U \subset X$ est ouvert si et seulement si $p^{-1}(U)$ l'est dans Ω (ou E^p). Ceci fait, si $U \subset X$ est ouvert, $C^\infty(U)$ est, par définition, l'ensemble des fonctions f telles que $f \circ p$ soit C^∞ dans l'ouvert $p^{-1}(U)$ de Ω. Il y aurait des vérifications à effectuer et, notamment, des cartes à exhiber; on procède comme suit.

Pour cela, choisissons dans E un sous-espace vectoriel F de dimension $n - p$ et désignons par X_F l'ensemble des $H \in X$ tels que $H \cap F = \{0\}$ ou, ce qui revient au même pour des raisons de dimension, tels que $E = F \oplus H$, somme directe. Il n'est pas difficile de voir que X_F est un ouvert de X. Choisissons alors p vecteurs $a_i \in E$ engendrant un sous-espace H_0 tel que $E = F \oplus H_0$. Si $H \in X_F$, la relation $E = F \oplus H$ montre que, pour tout i, il existe un et un seul $x_i \in F$ tel que $a_i - x_i \in H$. En posant $\varphi(H) = (x_1, \ldots, x_p)$ pour tout $H \in X_F$, on définit une bijection de X_F sur

F^p – exercice d'algèbre linéaire – et donc une carte (X_F, φ) de X_F, a priori purement ensembliste.

Les couples (X_F, φ), qui dépendent du choix d'un F et de vecteurs a_i, sont en fait des cartes topologiques deux à deux C^∞-compatibles, et ce sont elles qui définissent la structure de variété, de dimension $p(n-p)$, de la *grassmannienne* $X = G_p(E)$.

Celle-ci est *compacte*; pour le voir, on choisit dans E un produit scalaire hilbertien ou euclidien $(x|y)$ et on remarque que tout sous-espace H de E possède des bases $x = (x_1, \ldots, x_p)$ qui, relativement à celui-ci, sont orthonormales : $(x_i|x_j) = 1$ ou 0; comme ces relations se conservent par passage à la limite et prouvent que les x_i sont linéairement indépendants, l'ensemble $\Omega_0 \subset \Omega$ de ces systèmes est une partie fermée de E^p, et compacte car bornée. Comme $p : \Omega \longrightarrow X$ est continue et applique Ω_0 sur X, la compacité de X est claire[49].

Les grassmanniennes réelles ou complexes (remplacer $\mathbb{R}$ par $\mathbb{C}$ dans les constructions précédentes) ont été inventées au XIXe siècle pour généraliser la géométrie projective et ses "points à l'infini" réels ou imaginaires; ils faisaient autrefois les délices des taupins, y compris le présent auteur dans sa jeunesse; on apprenait ainsi que tous les cercles du plan, quel que soit leur centre, passent par les mêmes deux points à l'infini, les "points cycliques" de coordonnées homogènes $(1, i, 0)$ et $(1, -i, 0)$. Ces variétés jouent un rôle important en géométrie algébrique et leurs propriétés topologiques ont été abondamment étudiées.

(iv) *Applications différentiables.* De même que les espaces topologiques sont adaptés à la notion générale d'application continue, les variétés sont, elles, adaptées à la notion d'application différentiable. Tout repose sur la remarque suivante : si l'on a deux variétés X et Y et une application $f : X \longrightarrow Y$ qui applique le domaine U d'une carte (U, φ) de X dans le domaine V d'une carte (V, ψ) de Y, alors il existe une et une seule application $F : \varphi(U) \longrightarrow \psi(V)$ telle que l'on ait

$$\psi \circ f = F \circ \varphi$$

dans U; c'est l'application qui, pour tout $x \in U$, permet de calculer les coordonnées η^j du point $y = f(x)$ dans la carte (V, ψ) en fonction des coordonnées ξ^i de x dans la carte (U, φ). Nous dirons parfois que F *traduit*, ou exprime, f dans les cartes considérées. On notera que, si f est continue en un point a de X, il existe, pour toute carte (V, ψ) de Y en $b = f(a)$, une carte (U, φ) de X en a telle que $f(U) \subset V$, car $f^{-1}(V)$ est un voisinage de a, donc contient un ouvert contenant a, lequel contient le domaine d'une carte de X en a. Cette observation triviale permet d'étendre aux applications d'une variété dans une autre les définitions et résultats relatifs aux espaces

---

[49] Pour des compléments et d'autres méthodes, voir Dieudonné, XVI.11.

cartésiens, à condition de vérifier, ce qui est généralement immédiat, qu'ils ont un sens indépendant du choix des cartes utilisées.

Si par exemple on a deux variétés X et Y de classe C^r au moins, on dira que f est *de classe* C^r si f est continue et si, quelles que soient les cartes (U, φ) et (V, ψ) telles que $f(U) \subset V$, la fonction F qui traduit f dans ces cartes est de classe C^r au sens usuel. Cela signifie que, pour tout ouvert W de Y et toute fonction $g \in C^r(W)$, la fonction composée $g \circ f$, définie dans l'ouvert $f^{-1}(W)$, est de classe C^r dans celui-ci. Si, en outre, f est un homéomorphisme et si f^{-1} est de classe C^r, on dit que f est un *difféomorphisme* de classe C^r de X sur Y. Le lecteur n'aura aucune peine à vérifier que, si l'on compose deux applications $X \longrightarrow Y$ et $Y \longrightarrow Z$ de classe C^r, l'application $X \longrightarrow Z$ obtenue est de classe C^r.

Au lieu d'applications de classe C^r, on parle aussi d'*homomorphismes* de variétés, de même qu'en algèbre on parle d'homomorphismes de groupes, d'anneaux, d'espaces vectoriels, etc. L'école de Grothendieck a censuré le sulfureux préfixe "homo" et inventé le mot *morphisme*, ce que les Grecs eussent probablement considéré comme doublement barbare[50].

Cette définition permet de caractériser les ouverts cartésiens de X. Tout d'abord, tout ouvert U de X est, en soi, une variété puisque l'on y dispose de fonctions de classe C^r dans tout ouvert plus petit. En particulier, tout ouvert U d'un espace $\mathbb{R}^d$ est une variété si l'on y définit les fonctions de classe C^r comme tout le monde. Cela dit, U est un ouvert cartésien d'une variété X si et seulement si, en tant que variété, U est difféomorphe à un ouvert de $\mathbb{R}^d$; si de plus (U, φ) est une carte, alors φ est un difféomorphisme de U sur l'ouvert $\varphi(U)$ et réciproquement. Les démonstrations se réduisent à des exercices de traduction.

On trouve d'innombrables autres trivialités du même genre dans les exposés détaillés, notamment dans le volume 3 des *Eléments d'analyse* de Dieudonné qui, fort heureusement, les illustre fréquemment par des exemples ou exercices sensiblement plus difficiles que les soporifiques mais indispensables définitions, scolies et sorites[51] que l'on finit bien par apprendre à l'usage.

On peut en particulier définir la notion de *variété produit* : on se donne deux variétés X et Y de classe C^r et, (U, φ) et (V, ψ) étant des cartes de X et Y à valeurs dans $\mathbb{R}^p$ et $\mathbb{R}^q$, on considère l'application $(x, y) \mapsto (\varphi(x), \psi(y))$ de $U \times V$ dans $\mathbb{R}^{p+q}$. En faisant varier ces cartes, on obtient dans $X \times Y$ un

---

[50] Barbare : étranger, par rapport aux Grecs et aux Romains (Littré).

[51] *Scolie* : En philologie, note de grammaire ou de critique pour servir à l'intelligence des auteurs classiques. En géom. Remarque sur plusieurs propositions, faite en vue d'en montrer la liaison, la restriction ou l'extension. *Sorite* : Sorte de raisonnement, composé d'une suite de propositions, dont la seconde doit expliquer l'attribut de la première, la troisième l'attribut de la seconde, ainsi de suite, jusqu'à ce qu'enfin on arrive à la conséquence que l'on veut tirer. *Attribut* : En log. et gram. Ce qui se nie ou s'affirme du sujet de la proposition. Dans cette proposition : Tout homme est mortel, *mortel* est l'attribut. (Littré).

atlas de classe C^r, d'où une structure de variété sur l'espace topologique[52] $X \times Y$. Vous n'aurez aucune peine à montrer que, pour qu'une application $z \mapsto (f(z), g(z))$ d'une variété Z dans $X \times Y$ soit de classe C^r, il faut et il suffit que $f : Z \longrightarrow X$ et $g : Z \longrightarrow Y$ le soient, ou que les projections $X \times Y \longrightarrow X$ et $X \times Y \longrightarrow Y$ sont de classe C^r. Et bien d'autres merveilles encore ... On peut en rire, mais c'est ce qui a transformé la théorie molle dont on disposait avant les années 1930 en une mécanique parfaitement claire et précise dont, au niveau élémentaire tout au moins, les concepts suffisent souvent à indiquer les notions à introduire et les théorèmes à établir : il suffit qu'ils aient un sens.

12 – Vecteurs tangents et différentielles

(i) *Vecteurs et espaces vectoriels tangents.* Comment étendre les calculs des §§ précédents, par exemple la notion de forme différentielle, à une variété X de dimension d? On se heurte instantanément à une difficulté fondamentale : on peut parler de " vecteurs" et de " formes linéaires" dans un espace cartésien, mais il n'y a pas de vecteurs dans un espace " courbe", ne serait-ce qu'une sphère dans $\mathbb{R}^3$. Pour contourner cet obstacle, on attache à chaque $a \in X$ un espace vectoriel " abstrait" de même dimension d que X, qu'on appelle *l'espace vectoriel tangent à X en a* et que je noterai $X'(a)$, d'autres auteurs adoptant d'autres notations, par exemple $T_a(X)$ que j'utiliserai à l'occasion.

Pour parvenir à la définition de $X'(a)$, on peut d'abord définir plus généralement ce qu'on appelle un *tenseur de type (p,q) au point a* en s'inspirant des Italiens. A priori, on ignore la nature concrète d'un tel objet, mais on soupçonne qu'il doit avoir des " composantes" dans chaque carte locale (U, φ) en a ; si par exemple $(p, q) = (2, 1)$, ces composantes doivent être des nombres $T^k_{ij}(\varphi)$ dépendant de trois indices et de la carte considérée. Ceci admis, on impose à ces composantes de se transformer par la formule (3.9) du § 1 lorsqu'on remplace (U, φ) par une autre carte (V, ψ) en a : si les coordonnées $\xi = \varphi(x)$ et $\eta = \psi(x)$ d'un point variable $x \in U \cap V$ sont reliées par

$$\eta = \theta(\xi), \quad \xi = \rho(\eta)$$

où θ applique difféomorphiquement $\varphi(U \cap V)$ sur $\psi(V \cap U)$ et vice-versa, on a des formules

$$d\eta^\alpha = \theta^\alpha_i(\xi) d\xi^i, \quad d\xi^i = \rho^i_\alpha(\eta) d\eta^\alpha$$

avec des dérivées partielles

---
[52] Si X et Y sont deux espaces topologiques, on obtient une topologie sur $X \times Y$ en déclarant qu'une partie de $X \times Y$ est ouverte si et seulement si c'est une réunion d'ensembles $U \times V$, où U et V sont ouverts dans X et Y.

(12.1) $$\theta_i^\alpha(\xi) = d\eta^\alpha/d\xi^i, \quad \rho_\alpha^i(\eta) = d\xi^i/d\eta^\alpha \, ;$$

ceci dit, les nombres $T_{\alpha\beta}^\gamma(\psi)$ correspondant à la carte (V,ψ) doivent vérifier la relation

(12.2) $$T_{\alpha\beta}^\gamma(\psi) = \rho_\alpha^i(\eta)\rho_\beta^j(\eta)\theta_k^\gamma(\xi)T_{ij}^k(\varphi)$$

où les coefficients sont calculés aux points $\xi = \varphi(a)$ et $\eta = \psi(a)$. A ce stade de la définition, on est ramené au "calcul différentiel absolu": on ne sait pas sur quoi l'on calcule, mais on calcule. On fait encore cela tous les jours à notre époque, et pas seulement en physique ...

Les vecteurs tangents à X en a sont alors, par définition, les tenseurs de type $(0,1)$ en α. On obtient donc un $h \in X'(a)$ en se donnant, dans chaque carte locale (U,φ) en a, des nombres $h^i(\varphi)$ assujettis à vérifier les relations équivalentes

(12.3) $$h^\alpha(\psi) = \theta_i^\alpha(\xi)h^i(\varphi), \quad h^i(\varphi) = \rho_\alpha^i(\eta)h^\alpha(\psi)$$

quelles que soient les cartes locales φ et ψ en α. Or les $\theta_i^\alpha(\xi)$ sont les coefficients, dans la base canonique de $\mathbb{R}^d$, de la matrice jacobienne, au point $\varphi(a)$, du changement de carte[53]

$$\theta : \varphi(x) \longmapsto \psi(x) \, .$$

Si donc l'on pose

(12.4) $$h(\varphi) = h^i(\varphi)e_i$$

où (e_i) est la base canonique de $\mathbb{R}^d$, on passe de $h(\varphi)$ à $h(\psi)$ par

(12.5) $$h(\psi) = \theta'(\xi)h(\varphi) \, .$$

C'est la formule qu'on utilisera toujours ; dans les cartes φ et ψ, les coordonnées du vecteur infinitésimal joignant les points x et $x + dx$ de X étant $d\xi$ et $d\eta = \theta'(\xi)d\xi$, la formule (5) exprime que *les composantes d'un vecteur tangent doivent se transformer comme celles de dx*, en dépit du fait que l'expression $x + dx$ n'a aucun sens dans un espace "courbe".

Pour construire un vecteur tangent, il suffit alors de choisir arbitrairement $h(\varphi)$ dans *une* carte particulière en a et de définir $h(\psi)$ dans les autres par (5) ; il faut toutefois vérifier que (5) est encore valable lorsqu'on passe de n'importe quelle carte φ_2 à n'importe quelle autre φ_3. Mais si l'on désigne transitoirement par $M_{12}(a)$, $M_{23}(a)$ et $M_{13}(a)$ les matrices jacobiennes en a des changements de cartes $\varphi(x) \mapsto \varphi_2(x)$, $\varphi_2(x) \mapsto \varphi_3(x)$ et $\varphi(x) \mapsto \varphi_3(x)$, on a par construction

---

[53] La notation ci-dessous remplace la formule $\theta[\varphi(x)] = \psi(x)$.

$$h(\varphi_2) = M_{12}(a)h(\varphi), \quad h(\varphi_3) = M_{13}(a)h(\varphi);$$

il suffit donc de montrer que

(12.6) $$M_{13}(a) = M_{23}(a)M_{12}(a);$$

aux notations près, c'est la formule de dérivation des fonctions composées.

L'ensemble $X'(a)$ des vecteurs tangents à X en a étant ainsi défini, on le transforme en un espace vectoriel en définissant par exemple la somme $h = h' + h''$ de deux vecteurs tangents par $h(\varphi) = h'(\varphi) + h''(\varphi)$: on fait le nécessaire pour que, dans n'importe quelle carte valable au voisinage de a, l'application $h \mapsto h(\varphi)$ de $X'(a)$ dans $\mathbb{R}^d$ soit linéaire. Comme elle est bijective, on a

$$\dim X'(a) = \dim X.$$

On peut alors, comme dans le cas d'un espace cartésien [§ 1, n° 3, (i)], attacher à toute carte locale (U, φ) et à tout $x \in U$ une base[54] $(a_i(\xi))$ de $X'(x)$, où $\xi = \varphi(x)$: celle qui, par $h \mapsto h(\varphi)$, correspond à la base canonique (e_i) de $\mathbb{R}^d$; comme on a $h(\varphi) = h^i(\varphi)e_i$ pour tout $h \in X'(x)$, on voit que

(12.7) $$h = h^i(\varphi)a_i(\xi)$$

pour tout $h \in X'(x)$, de sorte que les $h^i(\varphi)$ sont maintenant les coordonnées de h par rapport à la base $(a_i(\xi))$ de $X'(x)$. Élie Cartan, qui savait tout cela intuitivement, en profitait pour donner un sens au vecteur infinitésimal dx de Leibniz : en appelant $\xi^i + d\xi^i$ les coordonnées d'un point "infiniment voisin" du point x de coordonnées ξ^i, on pose

(12.7') $$dx = a_i(\xi)d\xi^i.$$

Si l'on change de carte, les $a_i(\xi)$ et les $d\xi^i$ se transforment en sens inverse, de sorte que le vecteur dx a, métaphysiquement tout au moins, un sens "absolu". Élie Cartan parlait même du point $x + dx$ de X mais, comme on l'a dit plus haut, on est là à la limite des abus de langage tolérables si X n'est pas plongée dans un espace cartésien, et même dans ce cas.

La construction de $X'(a)$ permet de ramener la définition des tenseurs en a donnée plus haut à celle du § 1, n° 1, (ii). On peut tout d'abord définir les *covecteurs au point* a soit comme éléments du dual $X'(a)^*$ de $X'(a)$, soit comme des tenseurs de type $(1,0)$ possédant dans chaque carte (U, φ) en a des composantes $u_i(\varphi)$ se transformant par la relation

---

[54] Cette notation présente l'inconvénient de ne pas spécifier la carte φ utilisée, mais la notation $a_i(\varphi, a)$ est par trop encombrante. La personne qui réussira à introduire en géométrie différentielle un système de notations parfaitement cohérent et compréhensible dans tous les cas n'est probablement pas encore née. Voyez les index de notations dans Dieudonné.

$$u_\alpha(\psi) = \rho^i_\alpha(\eta) u_i(\varphi).$$

La comparaison avec la formule de transformation (3) montre en effet que le nombre $u(h) = u_i(\varphi) h^i(\varphi)$ est indépendant de la carte φ, donc définit une forme linéaire u sur $X'(a)$, et (4) montre alors que

$$u_i(\varphi) = u\left[a_i(\xi)\right].$$

Si maintenant on a un tenseur T de type $(2,1)$ par exemple, la formule de transformation (2) montre que, pour $h, k \in X'(a)$ et $u \in X'(a)^*$, l'expression

$$T(h, k\,; u) = T^k_{ij}(\varphi) h^i(\varphi) k^j(\varphi) u_k(\varphi)$$

est indépendante de φ, donc a un sens " absolu ". Les tenseurs en a définis à la façon des Italiens de 1900 sont donc simplement les tenseurs sur l'espace vectoriel $X'(a)$ au sens du § 1, n° 1, (ii). On a maintenant l'impression de savoir ce dont on parle, mais on n'a rien fait d'autre que de traduire en langage algébrique moderne les concepts des fondateurs.

(ii) *Vecteur tangent à une courbe.* Une méthode simple pour construire un vecteur $h \in X'(a)$ consiste à utiliser un chemin ou une courbe $\mu : I \longrightarrow X$, où $I \subset \mathbb{R}$ est un intervalle ouvert contenant 0, avec $\mu(0) = a$. Si l'on suppose que, dans une carte locale (U, φ) en a, et donc dans toute autre carte, la fonction $\varphi[\mu(t)]$, à valeurs dans $\mathbb{R}^d$, est différentiable en $t = 0$, on peut poser

$$(12.8) \quad h(\varphi) = \lim_{t=0} \frac{\varphi\left[\mu(t)\right] - \varphi\left[\mu(0)\right]}{t} = D\left\{\varphi\left[\mu(t)\right]\right\} \text{ pour } t = 0,$$

où $D = d/dt$. La formule de dérivation des fonctions composées montre immédiatement que la condition (5) est réalisée. D'où un $h \in X'(a)$, que l'on note $\mu'(0)$, expression à ne pas confondre avec $\lim[\mu(t) - \mu(0)]/t$, ceci n'ayant *aucun sens* en dehors du cas où X est plongée dans un espace cartésien et, dans ce cas, n'étant pas à proprement parler un vecteur tangent à X au sens, beaucoup plus abstrait, adopté ici ; on y reviendra plus loin. Il serait naturel de dire que $\mu'(0)$ est le *vecteur tangent à μ au point a* – les mécaniciens parleraient d'un vecteur vitesse –, à condition, encore une fois, de ne pas se laisser mystifier par des images classiques mais trompeuses.

Tout vecteur tangent en $a \in X$ peut s'obtenir de cette façon : si h correspond au vecteur $h(\varphi) \in \mathbb{R}^d$ dans une carte (U, φ), il suffit de choisir pour μ l'application telle que

$$\varphi\left[\mu(t)\right] = \varphi(a) + t h(\varphi).$$

En particulier, les vecteurs $a_i(\xi)$ de la base de $X'(a)$ correspondent dans $\mathbb{R}^d$ aux trajectoires $t \mapsto \varphi(a) + t e_i$, où (e_i) est la base canonique. Si l'on note $f : \varphi(U) \longrightarrow U$ l'application réciproque de φ, de sorte que, pour tout $\xi \in \varphi(U)$, $f(\xi)$ est le point de X dont les coordonnées dans la carte considérée sont précisément les coordonnées canoniques ξ^i du point ξ, la courbe μ correspondante est évidemment l'application

$$t \longmapsto f\left(\xi^1, \ldots, \xi^i + t, \ldots, \xi^d\right)$$

où $\xi = \varphi(a)$. C'est en calculant les vecteurs tangents en $t = 0$ à ces prétendus " axes de coordonnées curvilignes " que l'on obtient la base de $X'(a)$ associée à la carte considérée.

Supposons par exemple que X soit un *espace cartésien* E de dimension n, donc isomorphe mais non identique à $\mathbb{R}^n$. Les cartes les plus simples de E s'obtiennent en choisissant une base (a_i) de E et en associant à chaque $x = \xi^i a_i \in E$ le point $\varphi(x) = \xi^i e_i$ de $\mathbb{R}^n$. Si (b_α) est une autre base de E, on a des formules $b_\alpha = g_\alpha^i a_i$ avec une matrice inversible (g_α^i) ; pour calculer $\psi(x)$ pour la nouvelle carte, on pose $x = \eta^\alpha b_\alpha$, d'où, par définition, $\psi(x) = \eta^\alpha e_\alpha$. Comme on a alors $\xi^i = g_\alpha^i \eta^\alpha$, la formule (1) s'applique avec $\rho_\alpha^i(\eta) = g_\alpha^i$. Considérons alors un vecteur $h \in E'(x)$, où x est un point quelconque de E. Dans les cartes (E, φ) et (E, ψ) que l'on vient de construire, il lui correspond des vecteurs

$$h(\varphi) = h^i(\varphi) e_i, \quad h(\psi) = h^\alpha(\psi) e_\alpha ;$$

la formule générale (3) montre que $h^i(\varphi) = g_\alpha^i h^\alpha(\psi)$, ce qui signifie que l'on a

$$h^i(\varphi) a_i = h^\alpha(\psi) g_\alpha^i a_i = h^\alpha(\psi) b_\alpha.$$

Ceci permet d'identifier *canoniquement* $E'(x)$ à l'espace vectoriel E lui-même, grâce à l'application $h \mapsto h^i(\varphi) a_i$ qui, conformément à la mécanique italienne, ne dépend pas de la base choisie.

En sens inverse, de toutes les courbes μ passant par un $x \in E$, les plus simples sont les droites $t \mapsto x + th$, où $h \in E$ est donné. Chaque $h \in E$ définit donc canoniquement un élément de $E'(x)$. Il serait excessivement surprenant que l'application $E \longrightarrow E'(x)$ ainsi définie ne soit pas l'inverse de celle qu'on a obtenue à l'aide de bases de E ; on laisse au lecteur le soin de le vérifier. Ce n'est pas sans raison que Leibniz, un mathématicien philosophe, croyait à l'existence d'une harmonie préétablie[55] gouvernant la Création et donc la géométrie différentielle.

(iii) *Différentielle d'une application.* Dans le cas général, la construction de $X'(a)$ permet de définir la différentielle $df(a)$ d'une fonction numérique différentiable en a. On choisit pour cela une carte (U, φ) en a, on écrit que

---

[55] Harmonie préétablie, théorie de Leibniz, selon laquelle le monde spirituel et le monde corporel sont comme deux horloges parfaites, mais indépendantes, marquant toujours les mêmes heures. Littré.

$f(x) = F[\varphi(x)]$ où F, expression de f dans la carte considérée, est différentiable en $\xi = \varphi(a)$, et, pour tout $h \in X'(a)$, on pose

(12.9) $$df(a;h) = dF[\xi; h(\varphi)] = D_i F(\xi) h^i(\varphi)$$

où $D_i = d/d\xi^i$. Le théorème de dérivation des fonctions composées montre immédiatement que, lors d'un changement de carte, les $D_i F(\xi)$ et les $h^i(\varphi)$ se transforment en sens inverse, autrement dit, que les $D_i F(\xi)$ se transforment comme les composantes d'un tenseur de type $(0,1)$; le premier membre ne dépend donc pas de la carte choisie, ce qui légitime la définition (9). Dans le cas particulier de la fonction coordonnée $x \mapsto \varphi^i(x)$, la fonction F est $(\xi^1, \ldots, \xi^d) \mapsto \xi^i$, d'où

(12.9') $$d\varphi^i(a;h) = h^i(\varphi);$$

comme dans un espace cartésien, la formule (5) s'écrit alors, en abrégé,

(12.9") $$df(a) = D_i f(a).d\xi^i$$

en notant $D_i f$ les dérivées de f considérée comme fonction des coordonnées locales $\xi^i = \varphi^i(x)$ et en abrégeant en $d\xi^i$ la différentielle $d\varphi^i(a;h)$. On obtient ainsi une forme linéaire sur $X'(a)$, i.e. un covecteur $df(a)$ en a. Il est évident que

$$p = fg \Longrightarrow dp(a;h) = df(a;h)g(a) + f(a)dg(a;h)$$

pour tout $h \in X'(a)$.

Plus généralement, si f est une application d'une variété X de dimension d dans une variété Y de dimension n, on peut, pour tout $a \in X$, définir une *application linéaire tangente*

(12.10) $$f'(a) : X'(a) \longrightarrow Y'(b)$$

où $b = f(a)$, moyennant bien sûr une hypothèse de différentiabilité sur f. Comme toujours, la méthode est imposée par les données de la situation. On désire en effet faire correspondre à tout vecteur $h \in X'(a)$ un vecteur $k \in Y'(b)$. Choisissons pour cela des cartes (U, φ) et (V, ψ) de X et Y, avec $a \in U$, $b \in V$, $f(U) \subset V$, $\varphi(a) = \xi$ et $\psi(b) = \eta$. On dispose alors, par construction des espaces tangents, d'applications bijectives de $X'(a)$ et $Y'(b)$ dans $\mathbb{R}^d$ et $\mathbb{R}^n$ et d'un vecteur $h(\varphi) \in \mathbb{R}^d$. Pour définir k, il faut en déduire un vecteur $k(\psi) \in \mathbb{R}^n$. Il ne nous manque donc qu'une application de $\mathbb{R}^d$ dans $\mathbb{R}^n$, laquelle doit être linéaire si l'on désire que l'application $X'(a) \longrightarrow Y'(b)$ que l'on cherche le soit. Mais f se traduit, dans les cartes considérées, par une application

$$F : \varphi(U) \longrightarrow \psi(V)$$

de classe C^r telle que $F(\xi) = \eta$; celle-ci possède en ξ une application linéaire tangente $F'(\xi) : \mathbb{R}^d \longrightarrow \mathbb{R}^n$. D'où la seule et unique solution concevable du problème :

$$(12.11) \qquad k(\psi) = F'(\xi)h(\varphi) \quad \text{où} \quad \xi = \varphi(a)$$

ou, en coordonnées,

$$(12.11') \qquad k^p(\psi) = D_i F^p(\xi).h^i(\varphi) .$$

Il y a toutefois, et comme toujours, des vérifications à effectuer pour montrer le caractère " absolu " de cette construction utilisant des cartes. Le plus simple est d'observer que, dans (11'), les dérivées $D_i F^p$ se comportent vis-à-vis des changements de cartes comme un covecteur en a relativement à l'indice i et comme un vecteur en $b = f(a)$ relativement à l'indice p; comme la formule respecte les conventions d'Einstein, elle a un caractère absolu ...

Une autre façon de définir $f'(a)$ utilise la construction, exposée en (ii), des vecteurs tangents à l'aide de courbes. Si $h \in X'(a)$ est le vecteur $\mu'(0)$ d'une courbe μ tracée dans X et telle que $\mu(0) = a$, l'application f transforme μ en une courbe $\nu(t) = f[\mu(t)]$ tracée dans Y et telle que $\nu(0) = b$; à celle-ci correspond un vecteur $\nu'(0) = k \in Y'(b)$; ce n'est autre que $f'(a)h$. Dans la situation utilisée plus haut pour définir $f'(a)h$, le vecteur h est en effet, d'après (8), représenté dans la carte (U, φ) par le vecteur $h(\varphi)$, dérivée en $t = 0$ de la fonction $\varphi \circ \mu$; le vecteur $k \in Y'(b)$ est de même représenté dans la carte (V, ψ) par le vecteur $k(\psi)$, dérivée en $t = 0$ de la fonction $\psi \circ \nu$; comme on a

$$\psi \circ \nu = \psi \circ (f \circ \mu) = (\psi \circ f) \circ \mu = (F \circ \varphi) \circ \mu = F \circ (\varphi \circ \mu),$$

la formule classique de dérivation des fonctions composées montre que les dérivées en $t = 0$ de $\psi \circ \nu$ et de $\varphi \circ \mu$ sont reliées par la formule $k(\psi) = F'(\xi)h(\varphi)$, ce qui nous ramène à la définition (11).

Considérons par exemple le *cas d'un espace cartésien* $Y = E$. On a vu à la fin du point (ii) ci-dessus que les espaces tangents à E s'identifient canoniquement à E; $f'(a)$ peut donc s'interpréter comme une application linéaire de $X'(a)$ dans E. Pour l'expliciter, partons d'un $h \in X'(a)$ défini par une courbe $\mu(t)$ telle que $\mu(0) = a$; l'image $f'(a)h \in E'(b)$, où $b = f(a)$, est donc définie par la courbe $t \mapsto f[\mu(t)] = \nu(t)$ dans E. Or, dans l'identification de $E'(b)$ à E effectuée plus haut, $f'(x)h$ devient le vecteur ordinaire $\nu'(0) = \lim[\nu(t) - \nu(0)]/t$; si donc l'on ne fait, comme il se doit, aucune différence entre le vecteur " abstrait " $f'(a)h$ et le vecteur " concret " qui lui correspond dans E, on calcule celui-ci par la relation

$$(12.12) \qquad f'(a)h = \frac{d}{dt}f[\mu(t)] \quad \text{pour} \quad t = 0 .$$

Plus particulièrement encore, supposons que $E = \mathbb{R}^d$, où $d = \dim(X)$, considérons une carte (U, φ) de X au voisinage de a et prenons $f = \varphi$, de sorte que $f'(a)$ est bijective. On trouve alors la dérivée à l'origine de la fonction $\varphi[\mu(t)]$; mais d'après (8), c'est précisément l'élément $h(\varphi)$ de $\mathbb{R}^d$ qui, dans la carte (U, φ), définit h. On a donc

(12.13) $$\varphi'(a)h = h(\varphi)$$

pour tout $h \in X'(a)$ et toute carte (U, φ) au voisinage de a.

Il n'y a là rien de surprenant. On cherche en effet un moyen si possible naturel de transformer, grâce à φ, tout $h \in X'(a)$ en un vecteur de $\mathbb{R}^d$. Or la définition même des vecteurs tangents nous fournit un tel vecteur, à savoir $h(\varphi)$. Quelle autre possibilité pourrait-on alors imaginer ? L'harmonie préétablie qui règne dans ces domaines aurait donc pu nous dispenser d'une démonstration ...

La formule de dérivation des fonctions composées peut se traduire en langage de variétés. On considère pour cela des homomorphismes $f : X \longrightarrow Y$, $g : Y \longrightarrow Z$ et $p = g \circ f : X \longrightarrow Z$; en $a \in X$, on dispose des applications linéaires $f'(a) : X'(a) \longrightarrow Y'(b)$, où $b = f(a)$, et $g'(b) : Y'(b) \longrightarrow Z'(c)$, où $c = g(b) = p(a)$. Puisque l'on cherche une application linéaire $p'(a) : X'(a) \longrightarrow Z'(c)$ se déduisant de façon naturelle des données, il est à croire que c'est

(12.14) $$p'(a) = g'(b) \circ f'(a).$$

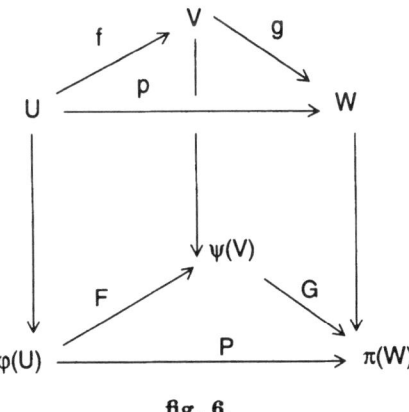

fig. 6.

Le lecteur qui ne se satisferait pas de cet argument philosophico-théologique pourra toujours lire Dieudonné (vol. 3, p. 24) : « Cela résulte aussitôt des définitions et du théorème des fonctions composées (8.2.1). » En fait, la démonstration complète consisterait à utiliser des cartes (U, φ), (V, ψ) et (W, π)

de X, Y et Z en a, b et c, à dessiner le diagramme des neuf applications intervenant dans la question : f, g et p, φ, ψ et π, et les applications F, G et P qui traduisent f, g et p dans les cartes considérées, et à appliquer à répétition les définitions et la formule de dérivation des fonctions composées : excellent exercice pour comprendre la mécanique des variétés.

La définition de $f'(a)$ permet, comme dans la situation classique (§ 1, n° 2, (v)), de définir le *rang de f en a* : c'est la dimension du sous-espace de $Y'(b)$ image de $X'(a)$ par $f'(a)$, i.e. le rang de l'application linéaire $f'(a)$; si F traduit f dans des cartes locales en a et $b = f(a)$, il est clair que le rang de f en a est égal à celui de F au point ξ correspondant à a. Il ne peut excéder ni $\dim(X)$, ni $\dim(Y)$; s'il est égal à $\dim(X)$, $f'(a)$ est injective et l'on a une *immersion* ; s'il est égal à $\dim(Y)$, $f'(a)$ est surjective et l'on a une *submersion*. Au voisinage d'un point a, le rang de f est au moins égal à son rang en a, de sorte que le rang d'une immersion ou d'une submersion est constant au voisinage de a. Les applications possédant cette dernière propriété sont les *subimmersions*. Elles sont caractérisées par le Théorème 1 du § 1, n° 3, (i), dont la généralisation aux variétés est évidente.

(iv) *Différentielles partielles*. Si $Z = X \times Y$ est une variété produit, l'espace $Z'(a)$ tangent en un point $c = (a, b)$ se détermine facilement. On a en effet dans ce cas des projections $pr_1 : Z \longrightarrow X$ et $pr_2 : Z \longrightarrow Y$ données par $(x, y) \mapsto x$ et $(x, y) \mapsto y$; leurs applications tangentes définissent donc des applications $Z'(c) \longrightarrow X'(a)$ et $Z'(c) \longrightarrow Y'(b)$, d'où une application $Z'(c) \longrightarrow X'(a) \times Y'(b)$. Comme, à l'aide de cartes locales, on peut se ramener au cas où X et Y sont des ouverts dans des espaces cartésiens, il est clair que cette application est linéaire et bijective. On ne fait aucune distinction entre $Z'(c)$ et $X'(a) \times Y'(b)$. Si $h \in Z'(c)$ est défini par une courbe

$$t \longmapsto \mu(t) = (\mu_1(t), \mu_2(t)) ,$$

ses images dans $X'(a)$ et $Y'(b)$ sont définies par les courbes μ_1 et μ_2.

Soient maintenant X, Y, Z trois variétés et $f : X \times Y \longrightarrow Z$ un homomorphisme ; calculons son application tangente en (a, b). Si $c = f(a, b)$, elle applique $X'(a) \times Y'(b)$ dans $Z'(c)$, et si $h \in X'(a)$, $k \in Y'(b)$ sont définies par des chemins $\gamma(t)$ et $\delta(t)$ d'origines a et b, l'image de (h, k) est définie par le chemin $t \mapsto f[\gamma(t), \delta(t)]$. Comme $(h, k) = (h, 0) + (0, k)$, il suffit d'additionner les images de $(h, 0)$ et $(0, k)$. La première est définie par le chemin $t \mapsto f[\gamma(t), b]$. On est donc conduit à introduire l'application tangente à $x \mapsto f(x, b)$, que l'on notera $f'_X(a, b)$ ou $d_1 f(a, b)$, ainsi que l'application $f'_Y(a, b)$ ou $d_2 f(a, b)$ tangente à $y \mapsto f(a, y)$. On trouve alors que $f'(a, b)$ est l'application

(12.15) $\qquad f'(a, b) : (h, k) \longmapsto f'_X(a, b)h + f'_Y(a, b)k .$

Le rapport avec les formules du n° 2, (iii), notamment (2.24), est clair ; au reste, (15) se ramène à (2.24) à l'aide de cartes locales.

(v) *La variété des vecteurs tangents.* Notons X' ou $T(X)$ l'ensemble de tous les vecteurs tangents à X, i.e. des couples (x,h) avec $x \in X$ et $h \in X'(x)$; on a une application canonique $p : T(X) \longrightarrow X$ en associant à tout $h \in X'(x)$ son "origine" x. Il est facile de faire de $T(X)$ une variété. Tout d'abord, si (U, φ) est une carte de X, l'image réciproque $p^{-1}(U)$ est l'ensemble $T(U)$ des vecteurs tangents à la variété U ; si $n = \dim(X)$, l'application $\varphi' : (x,h) \mapsto (\varphi(x), h(\varphi))$ de $T(U)$ dans le produit cartésien $\varphi(U) \times \mathbb{R}^n$ est bijective. Les formules de changement de carte de la section (i) du présent n° montrent à l'évidence que, si (V, ψ) est une autre carte de X, et si le changement de carte est de classe C^r dans $U \cap V$, alors on passe de $(\varphi(x), h(\varphi))$ à $(\psi(x), h(\psi))$ par une application de classe C^{r-1}. D'où la structure C^{r-1} sur $T(X) = X'$: les ouverts Ω de $T(X)$ sont définis par la condition que, pour toute carte (U, φ) de X, l'image de $\Omega \cap T(U)$ par φ' soit un ouvert de $\varphi(U) \times \mathbb{R}^n$, de sorte que les couples $(T(U), \varphi')$ deviennent des cartes de classe C^0 de $T(X)$; comme ils constituent un atlas de classe C^{r-1} de $T(X)$, la définition cherchée de la *variété* $T(X)$ s'ensuit.

A tout homomorphisme $f : X \longrightarrow Y$ de variétés est associé un homomorphisme $f' : X' \longrightarrow Y'$, à savoir

(12.16) $$f' : (x,h) \longmapsto (f(x), f'(x)h) \ .$$

Si l'on a un autre homomorphisme $g : Y \longrightarrow Z$ et si l'on pose $p = gf$, alors la formule de dérivation des fonctions composées montre que

(12.17) $$p' = g' \circ f' \ .$$

En effet, f' transforme (x,h) en $(f(x), f(x)h)$, que g' transforme en $(g(f(x)), g'(f(x))f'(x)h)$; il reste donc à vérifier que $p(x) = g(f(x))$, trivial, et que $p'(x) = g'(f(x)) \circ f'(x)$.

Pour une variété produit $Z = X \times Y$, on a un isomorphisme canonique $Z' = X' \times Y'$ puisque, pour $x \in X$ et $y \in Y$, l'espace tangent $T_{(x,y)}(Z)$ a été identifié à $T_x(X) \times T_y(Y)$.

Tout cela est trop facile quoique parfois commode, notamment dans la théorie des groupes de Lie. Ce qui l'est beaucoup moins est d'élucider la structure des variétés $T(T(X)) = T^2(X)$, $T(T(T(X))) = T^3(X)$, etc. Tout homomorphisme $f : X \longrightarrow Y$ se "prolonge" alors en des homomorphismes $f^{(r)} : T^r(X) \longrightarrow T^r(Y)$, pour lesquels la formule (17) devient

$$p^{(r)} = g^{(r)} \circ f^{(r)} \ .$$

Interpréter en termes classiques cette formule de dérivation d'ordre r des fonctions composées n'est pas non plus évident. Tentez déjà de comprendre le cas $r = 2$.

Exercice. Appelons *repère* une base d'un quelconque espace $T_x(X)$. Construire une structure naturelle de variété dans l'ensemble des repères de X.

13 – Sous-variétés et subimmersions

Les variétés les plus immédiatement visibles sont certaines parties X d'un espace cartésien E que, pour simplifier, on supposera souvent être $\mathbb{R}^n$. Il y a plusieurs méthodes, toutes équivalentes et toutes importantes, pour les munir d'une structure différentiable naturelle[56] ; ces méthodes sont nées au

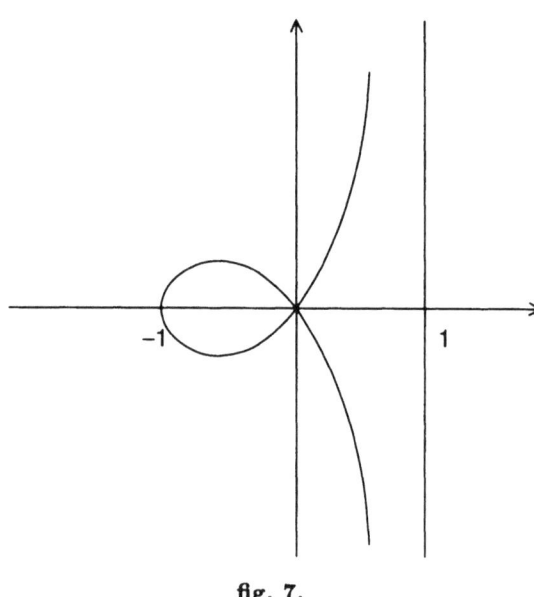

fig. 7.

---

[56] Il ne faut pas croire que toutes les méthodes imaginables pour définir une structure de variété sur un ensemble donné, si familier soit-il, conduisent au même résultat. Tout d'abord, une méthode pour construire sur une variété X deux structures différentiables différentes, quoiqu'isomorphes, consiste à choisir un homéomorphisme σ non différentiable de X sur X et à déclarer que les fonctions différentiables pour la seconde structure sont celles qui s'obtiennent en composant σ avec une fonction différentiable pour la première. Ce procédé, qui peut déjà s'appliquer dans $\mathbb{R}$, étant à la portée de tout le monde, on considère deux telles structures de variété comme équivalentes. La vraie question est de savoir s'il en existe d'autres. Des experts en topologie algébrique (M. Kervaire et J. Milnor, Annals of Math., **77**, 1963) ont calculé le nombre ν_n, qui se trouve être fini, de structures C^∞ non équivalentes que l'on peut définir sur la sphère unité de $\mathbb{R}^n$:

n :	≤ 6	7	8	9	10	11	12	13	14	15	16	17
ν_n :	1	28	2	9	6	992	1	3	2	16256	2	16

D'autres ont explicité certaines de ces structures bizarres que personne ne connaissait. On peut aussi définir dans $\mathbb{R}^4$ (mais non dans $\mathbb{R}^n$ avec $n \leq 3$) des

XVIIe siècle grâce aux coordonnées cartésiennes ; les théorèmes qu'elles utilisent sont, à la généralité et au langage près, connus depuis le XIXe siècle. On a en effet considéré dès le XVIIe des " courbes " et des " surfaces " dans le plan ou l'espace définies tantôt par une équation $y = f(x)$ dans le plan (la parabole $y = x^2$ par exemple), tantôt par une représentation paramétrique (l'ellipse $x = a.\cos t$, $y = b.\sin t$ par exemple), tantôt par une relation entre les coordonnées (la sphère $x^2 + y^2 + z^2 = 1$ par exemple). On a aussi rapidement considéré des courbes ou surfaces plus compliquées, par exemple la strophoïde plane d'équation

$$(x-1)y^2 + x^2(x+1) = 0,$$

que l'on peut aussi obtenir par la représentation paramétrique

$$x = \left(t^2 - 1\right) / \left(t^2 + 1\right), \quad y = tx;$$

au voisinage de l'origine, on a deux arcs de courbe simples qui se rencontrent en 0, avec des tangentes distinctes ; c'est là un exemple de singularité qui n'entre pas dans le cadre que l'on va définir (fig. 7).

Les trois méthodes classiques rappelées plus haut rentrent dans un schéma général : on se donne deux variétés X et Y et une application $f : X \longrightarrow Y$ et l'on considère soit l'image $f(X) \subset Y$ (cas des représentations paramétriques), soit, pour un $b \in Y$, l'ensemble des solutions de $f(x) = b$ dans X (sous-variété définie par des relations entre les coordonnées). Le graphe d'une fonction $X \longrightarrow Y$ rentre dans ce schéma général soit en le considérant comme l'image de X par l'application $x \mapsto (x, f(x))$ de X dans $X \times Y$, soit comme l'ensemble des solutions de $y - f(x) = 0$. Nous allons, dans ce n°, définir les sous-variétés et montrer ensuite comment ces méthodes – image directe d'une application, image réciproque d'un point par une application – permettent d'en obtenir à condition de se limiter à des *subimmersions*, i.e. à des applications de rang constant.

(i) *Sous-variétés*. Soit X une partie d'une variété Y de classe C^r et de dimension q. Pour tout ouvert U de X, soit $C^r(U)$ l'ensemble des fonctions f définies dans U et possédant la propriété suivante : pour tout $a \in U$, il existe un voisinage ouvert $V(a)$ de a dans Y et une fonction de classe C^r dans $V(a)$ qui, dans $U \cap V(a)$, est égale à f. L'exemple de la sphère (n° 11, (i)) suggère d'appeler X une sous-variété de Y si et seulement s'il existe sur l'espace topologique X une structure de variété, de dimension p a priori quelconque, pour laquelle les fonctions de classe C^r soient précisément celles que l'on vient de définir.

structures C^∞ essentiellement différentes de celle de tout le monde. Enfin, il existe des variétés topologiques, i.e. de classe C^0, sur lesquelles on ne peut définir aucune structure C^1. Les idées naïves sont parfois fausses.

Une première conséquence de cette définition est que l'application identique $x \mapsto x$ de X dans Y est alors de classe C^r : cela résulte de la définition même de ces applications. En fait, c'est une immersion, d'où $p \leq q$ comme on s'y attendait, car *il existe alors en tout* $a \in X$ *une carte* (V, ψ) *de* Y – on peut toujours la supposer cubique pour la commodité – *telle que* $\psi(X \cap V)$ *soit la face du cube* $\psi(V)$ *définie par les relations* $\xi^{p+1} = \ldots = \xi^q = 0$, i.e. telle que

(13.1) $$\psi(V \cap X) = \psi(V) \cap \mathbb{R}^p,$$

les restrictions φ^i *à* $V \cap X = U$ *des fonctions* $\psi^1, \ldots, \psi^p$ *définissant alors une carte* (U, φ) *de* X. L'application identique $X \longrightarrow Y$ se traduit donc, dans ces cartes, par

$$(\xi^1, \ldots, \xi^p) \longmapsto (\xi^1, \ldots, \xi^p, 0, \ldots, 0).$$

Ce résultat signifie que, localement et à un difféomorphisme près, une sous-variété de dimension p d'une variété de dimension q ressemble à un sous-espace vectoriel de dimension p dans un espace vectoriel de dimension q. Comme d'autre part (V, ψ) est une carte cubique de Y, la relation (1) montre l'existence d'une application $p : V \longrightarrow V \cap X$ de classe C^r telle que l'on ait $p(x) = x$ pour tout $x \in V \cap X$: il suffit de choisir pour p l'application qui, dans (V, ψ), se traduit par la projection

$$(\eta^1, \ldots, \eta^q) \longmapsto (\eta^1, \ldots, \eta^p, 0, \ldots, 0) \in \mathbb{R}^q.$$

Pour prouver (1), choisissons des cartes quelconques (U, φ) et (V, ψ) de X et Y en $a \in X$, avec $\varphi(a) = \psi(a) = 0$. Puisque les φ^i sont, au voisinage de a, les restrictions à X de fonctions de classe C^r dans un ouvert de Y, on peut, en remplaçant U et V par des ouverts plus petits, supposer que $U = X \cap V$ et qu'il existe des $g^i \in C^r(V)$ telles que $\varphi^i = g^i$ dans U. Si, dans $V' = \psi(V)$, on désigne par $u^i \in C^r(V')$ les fonctions qui traduisent les g^i, on a donc

$$\varphi^i(x) = u^i[\psi^1(x), \ldots, \psi^q(x)] \quad \text{pour tout } x \in U.$$

Puisque les restrictions des ψ^j à U sont de classe C^r, il y a de même des v^j de classe C^r dans l'ouvert $U' = \varphi(U)$ de $\mathbb{R}^p$ telles que l'on ait

$$\psi^j(x) = v^j[\varphi^1(x), \ldots, \varphi^p(x)] \quad \text{pour tout } x \in U.$$

Les applications $u = (u^1, \ldots, u^p) : V' \longrightarrow U'$ et $v = (v^1, \ldots, v^q) : U' \longrightarrow V'$ vérifiant $u \circ v = id$, on a $u'(0) \circ v'(0) = 1$, de sorte que l'application $v'(0)$ est injective ; comme v traduit l'application $id : X \longrightarrow Y$ dans les cartes considérées, $id'(a) : X'(a) \longrightarrow Y'(a)$ aussi est injective, ce qui prouve que $id : X \longrightarrow Y$ est une immersion.

Reste à prouver la possibilité de choisir la carte (V, ψ) de façon à réaliser (1). Cela va résulter de la forme standard des subimmersions (§ 1, n° 3, (i), Théorème 1). Ce théorème montre en effet que, si l'on a des variétés X et Y de dimensions p et q et une application $f : X \longrightarrow Y$ de rang constant r au voisinage d'un $a \in X$, alors il existe une carte (U, φ) de X en a et une carte (V, ψ) de Y en $b = f(a)$ telles que $f(U) \subset V$, $\varphi(a) = 0$, $\psi(b) = 0$ et dans lesquelles on passe des coordonnées $\xi^i = \varphi^i(x)$ d'un $x \in U$ aux coordonnées $\eta^j = \psi^j(y)$ de $y = f(x) \in V$ par les formules

(13.2) $\qquad \eta^1 = \xi^1, \ldots, \eta^r = \xi^r, \eta^{r+1} = \ldots = \eta^q = 0$.

Si X est une sous-variété de Y, ce résultat s'applique à l'immersion $f = id :$ $X \longrightarrow Y$, pour laquelle on a $r = p$. La condition $f(U) \subset V$ s'écrit $U \subset V$, de sorte qu'on peut supposer $U = X \cap V$ en remplaçant V par un ouvert plus petit. Les p premières relations (2) montrent alors que les fonctions $\varphi^i (1 \leq i \leq p)$ sont les restrictions à U des p premières fonctions ψ^j, et les suivantes que $\varphi(U) = \psi(V) \cap \mathbb{R}^p$, d'où (1).

Si, inversement, il existe pour tout $a \in X$ une carte (V, ψ) de Y vérifiant (1), alors X est une sous-variété de Y. La condition (1) montre en effet que, pour tout ouvert U de $V \cap X$, les $f \in C^r(U)$, où $C^r(U)$ est défini comme au début de cette section pour tout ouvert de X, sont les fonctions de classe C^r des p premières coordonnées $\psi^i(x)$ dans l'ouvert $\psi(U)$ de $\mathbb{R}^p$; en notant $\varphi^i \in C^r(U)$ les restrictions à U de ces p premières fonctions ψ^i, on obtient donc une carte (U, φ) de X. Les cartes de X obtenues de cette façon sont deux à deux C^r-compatibles puisqu'il en est ainsi des cartes de Y utilisées pour les construire, d'où le résultat.

Un corollaire de celui-ci est que toute sous-variété X d'une variété Y est *ouverte dans son adhérence* $\bar{X}$, ce qui signifie encore que $\bar{X} - X$ est *fermé* dans Y, ou encore qu'une suite de points $a_n \in \bar{X}$ ne peut converger vers un $a \in X$ que si $a_n \in X$ pour n grand. Soit en effet (V, ψ) une carte de Y en a telle que $V \cap X$ soit définie par la relation (1) ; les a_n sont dans V pour n grand et sont donc des limites de points de $X \cap V$; comme (1) montre que $\psi(V \cap X)$ est fermé dans $\psi(V)$, on a $\psi(a_n) \in \psi(V \cap X)$, donc $a_n \in V \cap X \subset X$, cqfd.

Il va de soi que, si l'on choisit au hasard une carte (V, ψ) de Y en $a \in X$, les restrictions des ψ^j à $U = X \cap V$ ne constituent pas une carte de X ; elles sont trop nombreuses, pour commencer. Mais si X et Y sont de dimensions p et q, *on peut extraire de ces q restrictions p fonctions constituant une carte de X*. Comme on l'a montré plus haut, il y a en effet une carte (U, φ) de X – on peut la supposer définie dans U en choisissant V assez petit – telle que les φ^i soient les restrictions à U des p premières fonctions coordonnées d'une carte (V, θ) de Y que l'on peut, ici encore, supposer définie dans V. Les θ^k étant, dans V, des fonctions de classe C^r des ψ^j, les φ^i sont, dans U, des fonctions de classe C^r des restrictions à U des ψ^j ; mais puisque les φ^i forment une carte de X dans U, ces restrictions sont aussi des fonctions de classe C^r des φ^i. La matrice jacobienne $p \times q$ des restrictions des ψ^j par rapport aux φ^i est donc de rang maximum p, et si l'on en extrait un déterminant non nul d'ordre p, on trouve évidemment les p fonctions cherchées.

D'une manière plus générale, si X est une variété de dimension p et si, au voisinage d'un $a \in X$, on a p fonctions de classe C^r dont le jacobien dans une (et donc dans toute) carte locale est non nul, ces p fonctions définissent une carte de X au voisinage de a: c'est le théorème d'inversion locale.

Notons enfin que, si X est une sous-variété de dimension p d'une variété Y de dimension q, l'immersion canonique de X dans Y permet, pour tout $x \in X$, d'identifier l'espace tangent $X'(x)$ à son image dans $Y'(x)$ par l'application linéaire $id'(x) : X'(x) \longrightarrow Y'(x)$. On verra au point (ii) comment déterminer ce sous-espace de $Y'(x)$ à l'aide d'équations locales de X.

Exercice 1. Soient Y une variété de dimension q et X une partie de Y munie d'une structure de variété telle que l'application $x \mapsto x$ soit une immersion. Montrer que X est une sous-variété de Y.

Exercice 2. Soient Z une variété, Y une sous-variété de Z et X une partie de Y. Montrer que X est une sous-variété de Z si et seulement si c'est une sous-variété de Y.

Exercice 3. Soient $f : X \longrightarrow Y$ un homomorphisme qui applique une sous-variété X' de X dans une sous-variété Y' de Y. Montrer que l'application $X' \longrightarrow Y'$ induite par f est un homomorphisme.

Exercice 4. Dans $\mathbb{R}^2$, soient X la réunion des demi-axes de coordonnées $\{x \geq 0\}$ et $\{y \geq 0\}$ et P le point $(-1, -1)$. Pour tout $M \in X$, soit t la pente de la droite PM, de sorte que $M \mapsto t$ est un homéomorphisme de X sur $\mathbb{R}_+^*$. Pour tout ouvert U de X, soit $C^\infty(U)$ l'ensemble des fonctions sur U qui sont C^∞ comme fonctions de t, d'où une structure de variété C^∞ sur X difféomorphe (par $M \mapsto t$) à $\mathbb{R}_+^*$. Montrer que X n'est pas une sous-variété de $\mathbb{R}^2$.

Exercice 5. Une sous-variété est un ouvert de son adhérence. Montrer, à l'aide d'exemples, que celle-ci n'est pas nécessairement une sous-variété.

(ii) *Sous-variétés définies par une subimmersion.* Soient X et Y deux variétés de dimensions p et q et $f : X \longrightarrow Y$ une application de classe C^r. Considérons d'abord l'ensemble Z des solutions de $f(x) = b$ pour un $b \in f(X)$ donné et supposons que f soit de rang constant r dans un ouvert contenant Z (mais non nécessairement dans X tout entier); Z est alors une sous-variété de X.

Pour tout $a \in X$, il existe en effet des cartes (U, φ) et (V, ψ) de X et Y en a et b pour lesquelles $\varphi(a) = 0$, $\psi(b) = 0$, $f(U) \subset V$ et dans lesquelles l'application

(13.3) $$F = \psi \circ f \circ \varphi^{-1},$$

qui est de rang constant r au voisinage de 0, soit donnée par

(13.4) $$F\left(\xi^1, \ldots, \xi^p\right) = \left(\xi^1, \ldots, \xi^r, 0, \ldots, 0\right).$$

$\varphi(U \cap Z)$ est alors défini par les relations $\xi^1 = \ldots = \xi^r = 0$, de sorte que Z est une sous-variété de dimension $p - r$ de X d'après le résultat de la section (i).

Si, de plus, on identifie, comme à la fin de la section (i), l'espace $Z'(a)$ à son image dans $X'(a)$ par $id'(a)$, où $id : Z \longrightarrow X$, alors on a[57]

(13.5) $$Z'(a) = \operatorname{Ker} f'(a),$$

sous-espace des $h \in X'(a)$ tels que $f'(a)h = 0$. L'application $f \circ id$ de Z dans Y est en effet, par définition de Z, l'application constante $z \mapsto b$. On a donc $f'(a) \circ id'(a) = 0$, d'où $Z'(a) \subset \operatorname{Ker} f'(a)$. Comme $f'(a) : X'(a) \longrightarrow Y'(b)$ est de rang r et $X'(a)$ de dimension p, on a

$$\dim \operatorname{Ker} f'(a) = p - r = \dim Z'(a),$$

d'où (5).

Exemple : la sphère dans $\mathbb{R}^3$. L'application de $X = \mathbb{R}^3$ dans $Y = \mathbb{R}$ donnée par $f(x, y, z) = x^2 + y^2 + z^2$ est partout de rang 1 sauf à l'origine où ses trois dérivées sont nulles. Pour $R \neq 0$, l'équation $f = R^2$ définit donc une sous-variété Z de dimension 2 de $\mathbb{R}^3$. En tout point (a, b, c) de Z, le sous-espace $Z'(a, b, c)$ de $X'(a, b, c) = X$ est l'ensemble des vecteurs (dx, dy, dz) orthogonaux à (a, b, c) puisque

$$df\,[(a,b,c);(dx,dy,dz)] = 2(a\,dx + b\,dy + c\,dz).$$

Autre exemple, considérons le groupe orthogonal $G = O_n(\mathbb{R}) \subset GL_n(\mathbb{R})$, ensemble des matrices $n \times n$ vérifiant $g'g = 1$ où g' est la transposée de g. Prenant ici $X = Y = M_n(\mathbb{R})$ et $f(x) = x'x$, application de X dans Y, on a

$$df(x;h) = h'x + x'h$$

de sorte que, pour $x \in X$ donné, le noyau de $f'(x)$ est l'ensemble des $h \in M_n(\mathbb{R})$ telles que $h'x + x'h = 0$, i.e. telles que $x'h = u$ soit une matrice antisymétrique. Si x est inversible, l'application $u \mapsto x'^{-1}u$ est un isomorphisme de l'espace vectoriel des matrices antisymétriques sur $\operatorname{Ker} f'(x)$; la dimension de $\operatorname{Ker} f'(x)$, donc aussi le rang de $f'(x)$, est donc constante dans l'ouvert $GL_n(\mathbb{R}) \supset G$ de $M_n(\mathbb{R})$. Le groupe G est donc une sous-variété de $M_n(\mathbb{R})$, le sous-espace vectoriel de $M_n(\mathbb{R})$ qui lui est tangent en $g = 1$ étant de plus le noyau de

$$h \longmapsto df(1; h) = h' + h,$$

---

[57] Si $u : E \longrightarrow F$ est une application linéaire, $\operatorname{Ker} u$ désigne l'ensemble des $h \in E$ tels que $u(h) = 0$, et $\operatorname{Im} u$ l'ensemble des $u(h) \in F$. On a

$$\operatorname{rg}(u) = \dim \operatorname{Im} u = \dim E - \dim \operatorname{Ker} u.$$

i.e. l'ensemble des matrices antisymétriques.

Exercice 6. On considère $M_n(\mathbb{C})$ comme un espace vectoriel réel. Soit $U_n(\mathbb{C})$ le groupe des matrices unitaires, i.e. vérifiant

$$u^*u = 1 \quad \text{où} \quad u^* = \bar{u}^{-1}$$

est la matrice *adjointe* de u (imaginaire conjuguée de la transposée). Montrer que $U_n(\mathbb{C})$ est une sous-variété de $M_n(\mathbb{C})$.

Revenons au cas général pour examiner l'image $Z = f(X)$ de $f : X \longrightarrow Y$ en supposant le rang de f constant dans X tout entier. Pour un $b = f(a)$, les relations (4) montrent que l'image de $f(U)$ par ψ est, cette fois, définie par $\eta^{r+1} = \ldots = \eta^q = 0$, donc est une sous-variété de Y. On pourrait en déduire que $f(X)$ est une sous-variété de Y si l'on savait que $f(U)$ est un voisinage de b dans $f(X)$; mais cette condition n'est pas nécessairement réalisée comme on le verra dans la section suivante. Il est donc prudent de supposer que f est une application *ouverte* de X sur $f(X)$, i.e. transforme les ouverts de X en ouverts de $f(X)$. Il est clair que, considérée comme application de la variété X dans la variété $f(X)$, f alors est une submersion et que le sous-espace de $Y'(b)$ tangent à $Z = f(X)$ est

(13.6) $$Z'(b) = \operatorname{Im} f'(a).$$

Le cas le plus important est celui d'une immersion ou, comme l'on disait autrefois, d'une sous-variété définie par une représentation paramétrique, la variable $x \in X$ étant le "paramètre" dont dépend un point variable de Z. Dans les meilleurs cas, f est à la fois une immersion de X dans Y et un *homéomorphisme* de X sur $f(X)$; on dit alors que f est un *plongement* de X dans Y ou, en langage périmé, une *représentation paramétrique propre* de Z; il reviendrait au même de supposer que f est une immersion ouverte et injective puisqu'alors f^{-1} est continue. Comme, pour tout ouvert $U \subset X$ assez petit, f est un difféomorphisme de U sur l'ouvert $f(U)$ de la variété $f(X)$ et comme f est un homéomorphisme global de X sur $f(X)$, c'est en fait un difféomorphisme de X sur $f(X)$.

H. Whitney a montré que, moyennant des hypothèses de dénombrabilité inoffensives, toute variété de dimension n admet un plongement dans $\mathbb{R}^{2n}$. Ce théorème célèbre est difficile à établir – les théorèmes faciles deviennent rarement célèbres – sauf dans le cas, assez élémentaire, des variétés compactes[58]; même Dieudonné, qui le démontre pour $\mathbb{R}^{2n+1}$ (XVI.25, exercices 2 et 13) au lieu de $\mathbb{R}^{2n}$, a reculé devant le résultat complet. On peut avoir

---

[58] Si X est compacte de dimension d, on peut la recouvrir par des cartes (U_p, φ_p) en nombre fini N telles que, pour tout p, $\varphi_p(U_p)$ soit le cube $|\xi^i| < 2$ de $\mathbb{R}^d$; en notant V_p l'ensemble des $x \in U_p$ tels que $\varphi_p(x)$ soit dans le cube $|\xi^i| < 1$, on peut supposer que les V_p recouvrent X. Or il existe dans $\mathbb{R}^d$ une fonction h de classe C^∞, égale à 1 pour $|\xi^i| < 1$ et à 0 pour $|\xi^i| > 3/2$ (pour $d = 1$, voir le

quelques doutes quant à l'utilité pratique de ce genre de théorème, car les plongements utiles d'une variété dans un espace cartésien sont généralement ceux que l'on peut construire explicitement à l'aide des données particulières de la situation. Si par exemple il s'avérait que l'univers est une variété "courbe" de dimension 4, il ne serait peut-être pas très utile d'en chercher un plongement artificiel dans un espace cartésien de dimension 8, encore qu'avec les physiciens ...

(iii) *Les sous-groupes à un paramètre d'un tore* constituent des exemples classiques d'immersions qui ne sont pas nécessairement ouvertes[59]. Pour le voir, prenons $X = \mathbb{R}$ et, pour Y, le "tore" $\mathbb{T}^2$, où $\mathbb{T}$ est le cercle unité de $\mathbb{C}$. C'est une sous-variété compacte de $\mathbb{C}^2$ et, en même temps, un groupe (multiplicatif) qui joue pour les fonctions périodiques de deux variables réelles le même rôle que $\mathbb{T}$ au Chapitre VII et conduit à la même théorie ; le lecteur l'inventera sans difficulté et pourra même généraliser à n variables ...
Posant comme toujours

$$\mathbf{e}(t) = \exp(2\pi i t),$$

l'application

(13.7) $$f(t) = (\mathbf{e}(at), \mathbf{e}(bt)),$$

où $a, b \in \mathbb{R}$ sont donnés et non tous deux nuls, est à la fois un homomorphisme du groupe additif $\mathbb{R}$ dans le groupe multiplicatif $\mathbb{T}^2$ et une immersion puisque sa dérivée

$$f'(t) = (2\pi i a \mathbf{e}(at), 2\pi i b \mathbf{e}(bt))$$

Chapitre V, n° 29 ; le cas général s'en déduit de façon évidente). En remplaçant les U_p par les V_p et les φ_p par les restrictions aux V_p des fonctions $h[\varphi_p(x)]$, on recouvre X par N cartes (V_p, φ_p) pour lesquelles les φ_p (prolongées par 0 en dehors des U_p) sont définies et de classe C^r dans tout X. L'application

$$x \longmapsto (\varphi_1(x), \ldots, \varphi_N(x))$$

de X dans $\mathbb{R}^d \times \ldots \times \mathbb{R}^d = \mathbb{R}^{Nd}$ est alors partout de rang d, mais non nécessairement injective. Pour obtenir un homéomorphisme, on utilise une partition de l'unité, i.e. une famille de fonctions (θ_p) sur X vérifiant $\sum \theta_p(x) = 1$ pour tout x et dont les supports sont contenus dans les V_p. L'application

$$x \longmapsto (\varphi_1(x), \ldots, \varphi_N(x), \theta_1(x), \ldots, \theta_N(x))$$

est alors continue et injective, donc est un homéomorphisme de X sur son image puisque X est compacte, et partout de rang d. D'où un plongement de X dans $\mathbb{R}^{N(d+1)}$.

[59] Les résultats de cette section n'étant pas utilisés dans la suite de ce Chapitre, on n'est pas obligé de la lire immédiatement.

n'est jamais nulle. Pour en déduire que le "sous-groupe à un paramètre" $Z = f(\mathbb{R})$ est une sous-variété de dimension 1 de $\mathbb{T}^2$, il faudrait s'assurer que f est une application ouverte de $\mathbb{R}$ sur son image munie de la topologie de $\mathbb{T}^2$. Comme on va le montrer, c'est le cas si et seulement si le rapport a/b est *rationnel*. Dans le cas contraire, $f(\mathbb{R})$ est partout dense dans $\mathbb{T}^2$, n'est ni localement compact ni localement connexe dans la topologie de $\mathbb{T}^2$ et n'est donc pas une sous-variété de $\mathbb{T}^2$.

Examinons d'abord le cas où a/b est rationnel. En multipliant a et b par un nombre réel convenable, on peut supposer a et b entiers et premiers entre eux ; il existe alors des entiers u et v tels que $au+bv = 1$ (théorème de Bezout, auteur avant la Révolution d'un célèbre Cours de mathématiques utilisé dans les écoles du génie et de l'artillerie qui ont précédé Polytechnique). L'application (7) est alors de période 1 ; en outre, la relation $f(t) = (1, 1)$, élément neutre du groupe $\mathbb{T}^2$, exige $at \in \mathbb{Z}$ et $bt \in \mathbb{Z}$, d'où $t = t(au+bv) \in \mathbb{Z}$. Comme f est un homomorphisme du groupe additif $\mathbb{R}$ dans le groupe multiplicatif $\mathbb{T}^2$, on en déduit que

$$(13.8) \qquad f(t) = f(t') \Longleftrightarrow t - t' \in \mathbb{Z}.$$

On a donc $f(\mathbb{R}) = f(I)$ où $I = [0, 1]$, de sorte que $f(\mathbb{R})$ est compact et en particulier fermé dans $\mathbb{T}^2$. Mais (8) montre que f s'obtient en composant l'application $\mathbb{R} \longrightarrow \mathbb{R}/\mathbb{Z}$ avec une application φ de $\mathbb{R}/\mathbb{Z}$ dans $\mathbb{T}^2$, évidemment continue et injective. Comme l'espace $\mathbb{R}/\mathbb{Z}$ est compact, φ est un homéomorphisme de $\mathbb{R}/\mathbb{Z}$ sur son image $f(\mathbb{R})$ d'après le théorème 12 du Chap. III, n° 9 généralisé : toute application continue et injective d'un espace compact X dans un espace Y est un homéomorphisme de X sur son image. Pour en déduire que l'application $f : \mathbb{R} \longrightarrow f(\mathbb{R})$ est ouverte, il suffit donc de vérifier que l'application canonique de $\mathbb{R}$ sur $\mathbb{R}/\mathbb{Z}$ l'est, ce qui est clair. L'image de $f(\mathbb{R})$ est donc bien une sous-variété (compacte) de $\mathbb{T}^2$ dans le cas où a/b est rationnel.

Dans le cas général, considérons l'homomorphisme de $\mathbb{R}^2$ sur $\mathbb{T}^2$ donné par

$$(13.9) \qquad F(x, y) = (\mathbf{e}(x), \mathbf{e}(y))$$

et soit D la droite de $\mathbb{R}^2$ engendrée par le vecteur $w = (a, b)$. Comme deux points de $\mathbb{R}^2$ ont la même image par F si et seulement s'ils diffèrent par un point de $\mathbb{Z}^2$, l'image réciproque de $Z = F(D) = f(\mathbb{R})$ par F est le sous-groupe $G = D + \mathbb{Z}^2$, ensemble des $d + \omega$ où $d \in D$, $\omega \in \mathbb{Z}^2$. On va montrer que, si a/b est irrationnel, G est partout dense dans $\mathbb{R}^2$.

Soit w' un vecteur non situé sur D ; l'espace vectoriel $\mathbb{R}^2$ est somme directe de D et du sous-espace D' engendré par w' ; on a donc

$$G = D + G \cap D',$$

de sorte que tout revient à montrer que le sous-groupe $G' = G \cap D'$ de D' est partout dense dans D'. L'ensemble des $t \in \mathbb{R}$ tels que $tw' \in G'$ est évidemment un sous-groupe H du groupe additif $\mathbb{R}$, et tout revient à montrer qu'il est partout dense dans $\mathbb{R}$.

Or, pour un tel sous-groupe, il n'y a que quatre possibilités[60] :

(a) $H = \{0\}$,
(b) $H = \mathbb{R}$,
(c) H est l'ensemble $m\mathbb{Z}$ des multiples entiers d'un $m \in \mathbb{R}$ non nul,
(d) H est partout dense dans $\mathbb{R}$.

Les cas (a) et (b) ne posant pas de problème, notons d'abord qu'il y a dans H des nombres $t > 0$ puisque $t \in H$ implique $-t \in H$. Soit $m \geq 0$ la borne inférieure de ces nombres.

Si $m = 0$, il existe, pour tout $r > 0$, un $t \in H$ tel que $0 < t < r$. Or, pour tout $x \in \mathbb{R}$ et tout nombre réel $t > 0$, il existe un $q \in \mathbb{Z}$ tel que

$$|x - qt| < t.$$

Appliquant cette remarque à un $t \in H$ tel que $0 < t < r$, ceci montre qu'on est dans le cas (d).

Si $m > 0$, le même raisonnement montre que, pour tout $x \in H$, il existe un $q \in \mathbb{Z}$ tel que $0 \leq x - qm < m$, d'où $x - qm = 0$; on est donc dans le cas (c).

Nous pouvons maintenant revenir au tore $\mathbb{T}^2$, au sous-groupe H des t tels que $tu' \in G' = G \cap D'$ et au sous-groupe

$$G = D + G' = D + \mathbb{Z}^2,$$

image réciproque de $Z = f(D)$ par f.

Si $H = \{0\}$, on a $G = D$ et donc $\mathbb{Z}^2 \subset D$, absurde.

Si $H = \mathbb{R}$, on a $G' = D'$, de sorte que G contient D et D', d'où $G = \mathbb{R}^2$, i.e. $\mathbb{R}^2 = D + \mathbb{Z}^2$. L'ensemble des droites parallèles à D est donc dénombrable ; absurde.

Si H est dans le cas (d), $G' = G \cap D'$ est partout dense dans D', $G = D + G'$ est partout dense dans $D + D' = \mathbb{R}^2$, et comme $f(\mathbb{R}) = F(G)$, il est clair que $f(\mathbb{R})$ est partout dense dans $\mathbb{T}^2$. Si a/b était rationnel, l'image $f(\mathbb{R}) = F(G)$ serait compacte, donc fermée, d'où $F(G) = \mathbb{T}^2$, absurde.

Pour conclure, examinons $f(\mathbb{R}) = F(D) = Z$ au voisinage de l'élément neutre $(1,1)$ de $\mathbb{T}^2$. On remarque tout d'abord que l'application F de $\mathbb{R}^2$ sur $\mathbb{T}^2$ donnée par (9) est déjà surjective dans le carré fermé

---

[60] Autres formulations : (i) tout sous-groupe *fermé* de $\mathbb{R}$ autre que $\mathbb{R}$ est de la forme $m\mathbb{Z}$; (ii) tout sous-groupe de $\mathbb{R}$ est soit un $\mathbb{Z}m$ (avec éventuellement $m = 0$), soit partout dense dans $\mathbb{R}$.

$$K : 0 \leq x \leq 1, \quad 0 \leq y \leq 1$$

et qu'elle est injective dans le carré ouvert. Si l'on trace dans le plan les verticales d'abscisses p et les horizontales d'ordonnées q, avec $p, q \in \mathbb{Z}$, on obtient un quadrillage de $\mathbb{R}^2$ qui découpe D en intervalles que l'on peut numéroter par les $n \in \mathbb{Z}$; chacun de ces intervalles peut se ramener dans K par une translation entière qui le transforme en un segment de droite parallèle à D et ayant ses extrémités sur deux des côtés de K. A partir de l'intervalle $K \cap D$, on obtient la figure 8.

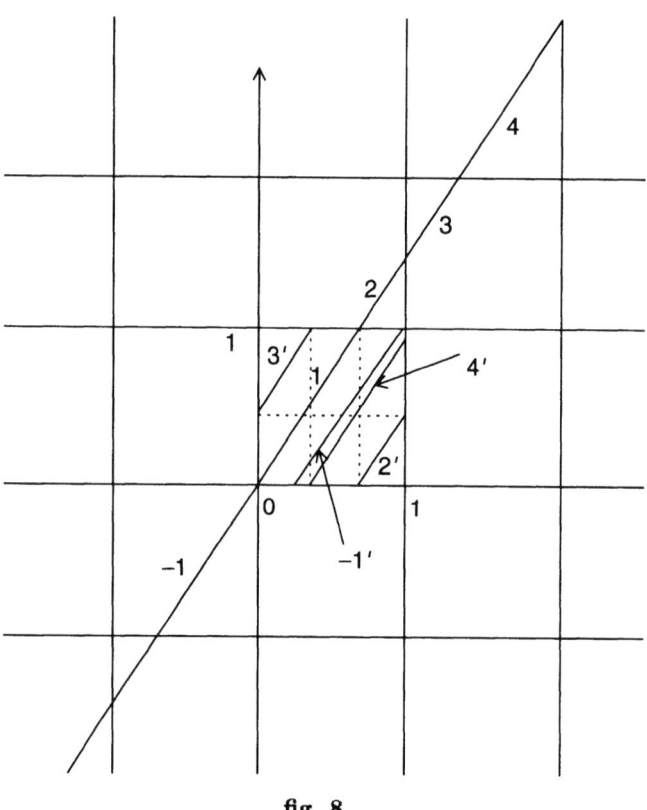

fig. 8.

Si la pente de D est rationnelle, ces segments se reproduisent périodiquement. On a vu en effet au début de la démonstration qu'en supposant a et b entiers et premiers entre eux[61], la relation $f(t) = f(t')$ équivaut à $t = t' \mod \mathbb{Z}$; mais alors les points tw et $t'w$ de D, où $w = (a, b)$, diffèrent

---

[61] Cela signifie que le vecteur $w = (a, b)$ qui engendre D est un élément *primitif* de $\mathbb{Z}^2$, en appelant ainsi tout vecteur entier qui fait partie d'une base de $\mathbb{Z}^2$.

l'un de l'autre par un élément de $\mathbb{Z}^2$, de sorte que les intervalles de D qui les contiennent se déduisent l'un de l'autre par une translation entière ; en les ramenant dans K, on obtient donc les mêmes segments de droite, d'où la périodicité annoncée. Ce raisonnement prouve aussi qu'on obtient tous ces segments en se bornant aux intersections avec le quadrillage de l'ensemble des points $tw \in D$ avec $0 \leq t \leq 1$. Celles-ci sont évidemment en nombre fini. La réunion Δ des segments de droite construits dans K est donc compacte, de même par conséquent que la courbe $F(\Delta)$ de $\mathbb{T}^2$ comme on l'a vu.

Si par contre la pente de D est irrationnelle, ces segments sont deux à deux disjoints, car s'il n'en était pas ainsi, il existerait des nombres t et $t' \neq t$ tels que $tw - t'w \in \mathbb{Z}^2$, de sorte que $w = (a,b)$ serait proportionnel à un vecteur entier : le rapport a/b serait donc rationnel[62]. Comme $f(\mathbb{R}) = F(D)$ est partout dense dans $\mathbb{T}^2$, la réunion Δ des segments obtenus dans K est partout dense dans K. L'application F étant néanmoins un homéomorphisme si on la restreint à un voisinage de 0 dans D, on voit que l'ensemble des points de la trajectoire $Z = F(\Delta)$ voisins du point $(1,1)$ de $\mathbb{T}^2$ est homéomorphe à l'intersection de Δ et d'un voisinage de 0 dans K ; cette intersection se compose d'une infinité de segments de droite deux à deux disjoints. Au voisinage de l'origine dans $\mathbb{T}^2$, la trajectoire Z se décompose donc en une infinité dénombrable d'excellents arcs de courbe deux à deux disjoints. Si donc on munit Z de la topologie de $\mathbb{T}^2$, on obtient un espace qui, tout en étant connexe, n'est pas localement connexe[63], ni même localement compact car l'intersection de Δ avec un voisinage fermé de 0 dans K n'est manifestement pas fermée et encore moins compacte. Tout est maintenant démontré.

Les géodésiques non fermées du tore constituent des exemples d'immersions $f : X \longrightarrow Y$ qui, tout en étant injectives, ne sont pas des homéomorphismes de X sur son image. Un tel couple (X, f) s'appelle parfois une *variété immergée* dans Y, notion à ne pas confondre avec celle de plongement définie plus haut. L'image $f(X)$ n'est généralement pas une sous-variété ; c'est un sous-ensemble Z muni d'une structure de variété telle que l'application $id : Z \longrightarrow Y$ soit une immersion. On rencontre cela dans la théorie des groupes de Lie, entre autres.

La théorie des équations différentielles est remplie de phénomènes de ce genre. Les mouvements d'un gyroscope tournant à vitesse constante autour d'un axe dont une extrémité est fixée peuvent être périodiques, mais c'est là un cas exceptionnel et, en général, l'extrémité libre de son axe, dont l'angle avec la verticale varie entre deux limites déterminées par sa vitesse initiale, décrit une trajectoire qui est partout dense dans la portion S de la sphère

---

[62] Ce raisonnement montre que f est injective si et seulement si $a/b \notin \mathbb{Q}$.

[63] Un espace topologique Z est dit localement connexe si, pour tout $x \in Z$ et tout voisinage V de x dans Z, il existe un voisinage connexe U de a tel que $U \subset V$: existence de voisinages connexes arbitrairement petits.

comprise entre ces deux inclinaisons limites ; elle passe une infinité de fois dans tout voisinage de tout point de S.

On peut généraliser le problème que nous avons détaillé dans cette section en considérant l'application

$$t \longmapsto (\mathbf{e}\,(a_1t),\ldots,\mathbf{e}\,(a_nt))$$

de $\mathbb{R}$ dans $\mathbb{T}^n$. Son image est partout dense dans $\mathbb{T}^n$ si et seulement si les $a_i \in \mathbb{R}$ sont linéairement indépendants[64] sur $\mathbb{Q}$, i.e. si la relation

$$x_1a_1 + \ldots + x_na_n = 0 \qquad x_1,\ldots,x_n \in \mathbb{Q}$$

implique $x_i = 0$ pour tout i. La démonstration est la même, en un peu moins facile puisqu'elle exige d'abord la détermination de tous les sous-groupes fermés de $\mathbb{R}^n$: un tel sous-groupe est l'ensemble des vecteurs qui, relativement à une base convenablement choisie (u_i) de $\mathbb{R}^n$, s'écrivent sous la forme $\sum x^i u_i$ avec $x^i \in \mathbb{R}$ pour $1 \leq i \leq p$, $x^i \in \mathbb{Z}$ pour $p+1 \leq i \leq q$ et $x^i = 0$ pour $i \geq q$. Revenons maintenant à des variétés plus générales.

(iv) *Sous-variétés d'un espace cartésien : vecteurs tangents.* Dans le cas d'une sous-variété X de dimension p d'un espace cartésien Y de dimension q, on peut donner une image plus concrète des espaces tangents $X'(a)$; elle n'est d'aucune utilité – voire même, comme le note avec raison Dieudonné (*Eléments d'analyse*, vol. 3, p. 2), risque d'égarer le lecteur vers une fausse piste – mais permet de faire le raccord entre les espaces tangents " abstraits " $X'(x)$ et les " plans tangents " de la géométrie classique. On suppose dans ce qui suit $Y = \mathbb{R}^q$, et l'on identifiera $\mathbb{R}^q$ au produit cartésien $\mathbb{R}^p \times \mathbb{R}^{q-p}$.

Remarquons tout d'abord que, dans ce cas, la méthode du XVIIe siècle pour représenter une courbe plane soit par une équation $y = f(x)$, soit par une équation $x = g(y)$, se généralise ici. Si en effet l'on désigne d'une manière générale par y^j les coordonnées canoniques d'un $y \in Y$, nous savons (fin du point (i)) qu'au voisinage de tout $a \in X$, les restrictions x^j de ces q fonctions à X forment un système de rang p. A une permutation près des coordonnées canoniques, on peut donc supposer que les p premières fonctions x^i définissent une carte de X dans un voisinage U de a dans X, ce qui signifie que la projection

$$y \longmapsto (y^1,\ldots,y^p)$$

de $\mathbb{R}^q = Y$ sur $\mathbb{R}^p$ induit un difféomorphisme de U sur un ouvert U' de $\mathbb{R}^p$. Les autres x^j étant de classe C^r dans U, on alors des relations

(13.10) $\quad y^j = f^j\left(y^1,\ldots,y^p\right)\quad$ pour tout $y \in U\quad(p+1 \leq j \leq q)$,

---

[64] $\mathbb{R}$ est un espace vectoriel sur $\mathbb{Q}$, de dimension infinie.

avec des $f^j \in C^r(U')$. Tout $y \in Y$ suffisamment voisin de a pour que $(y^1,\ldots,y^p) \in U'$ et qui vérifie les relations (10) est alors dans U puisqu'il existe un (et un seul) $x \in U$ dont les p premières coordonnées sont données dans U', ses $q-p$ autres coordonnées vérifiant (10). Autrement dit,

(13.11) $y \in U \iff (y^1,\ldots,y^p) \in U'$ & $y^j = f^j(y^1,\ldots,y^p)$.

Si l'on considère $(f^{p+1},\ldots,f^q)$ comme une application f de U' dans $\mathbb{R}^{q-p}$, cela revient à dire qu'*au voisinage de a, la sous-variété X de $\mathbb{R}^q$ est le graphe d'une application de $\mathbb{R}^p$ dans $\mathbb{R}^{q-p}$*. Les précurseurs avaient donc raison de croire que, localement, n'importe quelle "bonne" courbe ou surface est le graphe d'une "bonne" fonction, et ceci sans qu'il soit nécessaire d'utiliser d'autres changements de coordonnées que des permutations des coordonnées canoniques. Comme on l'a vu dans la section (i), c'est en particulier le cas si X est définie globalement par des "équations implicites" $F^k(y^1,\ldots,y^q) = 0$ à condition que l'application $y \mapsto (F^k(y))$ soit de rang constant au voisinage de X, ou bien si X est l'image d'un ouvert de $\mathbb{R}^p$ par une immersion *ouverte*.

Ceci dit, la définition élémentaire classique d'un vecteur u tangent en x à une sous-variété X de Y, par exemple à une sphère, consiste à dire qu'il existe sur X une courbe $t \mapsto \mu(t)$ telle que l'on ait $\mu(0) = x$, $\mu'(0) = u$, où, ici, $\mu'(0) = \lim[\mu(t) - \mu(0)]/t$. L'ensemble $T_x(X)$ de ces vecteurs est un sous-espace vectoriel[65] de Y, à ne pas confondre avec l'espace vectoriel abstrait $X'(x)$. On peut en effet supposer que X est, au voisinage de x, le graphe d'une application f de $\mathbb{R}^p$ dans $\mathbb{R}^{q-p}$; comme on identifie $\mathbb{R}^q$ à $\mathbb{R}^p \times \mathbb{R}^{q-p}$, on a $x = (a,b)$ avec $a \in \mathbb{R}^p$ et $b = f(a) \in \mathbb{R}^{q-p}$; on a de même $\mu(t) = (\mu_1(t), \mu_2(t))$ avec $\mu_1(t) \in \mathbb{R}^p$ et $\mu_2(t) = f[\mu_1(t)]$ puisque $\mu(t) \in X$. On peut choisir μ_1 arbitrairement et, en posant $k = \mu'_1(0) = \lim[\mu_1(t) - \mu_1(0)]/t$, il vient

(13.12) $\qquad u = \mu'(0) = (k, f'(a)k)$.

On en conclut que $T_x(X)$ est l'image de $\mathbb{R}^p$ par l'application linéaire $k \mapsto (k, f'(a)k)$, d'où le résultat. On retrouve ainsi le fait que, pour $q=2$, $p=1$, la pente de la tangente au graphe de la fonction f au point $(a, f(a))$ est le nombre $f'(a)$ auquel, en dimension un, s'identifie l'application linéaire $f'(a)$ du cas général. On observe aussi que, contrairement à ce que semble croire M. Mandelbrot, nous n'éliminons pas la "géométrie" de nos préoccupations : nos définitions et même nos notations généralisent directement celles du XVIIe siècle.

Mais comme on l'a vu au point (ii), la courbe μ tracée sur X permet aussi, indépendamment du plongement de X dans un espace cartésien, de définir un $h \in X'(x)$: dans toute carte locale (U, φ) de X en x, μ se transforme en une courbe $t \mapsto \varphi[\mu(t)]$ dans $\mathbb{R}^p$ et l'on a, cf. (12.8),

---

[65] En géométrie classique, l'ensemble $T_x(X)$ ainsi défini n'est pas le "plan tangent" à X en x; celui-ci est, selon le point de vue, un ensemble de points de Y ou de vecteurs d'origine x. $T_x(X)$ est le sous-espace vectoriel de Y déduit du plan tangent traditionnel par la translation amenant le point x en 0.

$$h(\varphi) = \frac{d}{dt}\varphi\left[\mu(t)\right] \quad \text{pour} \ \ t = 0\,.$$

Si la sous-variété X est, comme plus haut, définie au voisinage de $x = (a, b)$ par une équation $y = f(x)$ et si $\mu(t) = (\mu_1(t), \mu_2(t))$, on peut choisir pour (U, φ) l'application $(x, y) \mapsto x$ de X dans $\mathbb{R}^p$ puisque c'est elle qui définit la structure de variété de X. On a alors $\varphi[\mu(t)] = \mu_1(t)$ et donc $h(\varphi) = \mu_1'(0)$, dérivée usuelle, d'où, d'après (12),

(13.13) $$\mu'(0) = (h(\varphi), f'(a)h(\varphi))$$

où $f'(a)$ est l'application linéaire tangente à f en a au sens usuel du n° 2, (i). Comme l'application $h \mapsto h(\varphi)$ de $X'(x)$ dans $\mathbb{R}^p$ est linéaire et bijective, et comme la formule (12) définit de même une bijection linéaire $k \mapsto h$ de $\mathbb{R}^p$ sur $T_x(X)$, on obtient ainsi par composition un isomorphisme $h \mapsto u$ de l'espace vectoriel " abstrait " $X'(x)$ sur le sous-espace vectoriel " concret " $T_x(X)$ de $\mathbb{R}^q$. Pour toute courbe μ tracée sur X et telle que $\mu(0) = x$, cet isomorphisme transforme le vecteur tangent " abstrait " $\mu'(0) \in X'(x)$ en le vecteur

$$\lim\left[\mu(t) - \mu(0)\right]/t$$

que tout le monde note aussi $\mu'(0)$. Ceci prouve en outre que l'isomorphisme d'espaces vectoriels $X'(x) \longrightarrow T_x(X)$ ainsi défini est absolu, i.e. ne dépend que du plongement de X dans $\mathbb{R}^q$ et non du choix d'une quelconque carte.

Et l'on comprend pourquoi cette assimilation est, comme le dit Dieudonné, une fausse piste: elle suggère entre autres que les espaces vectoriels $X'(x)$ et $X'(y)$ tangents à X en deux points x et y différents pourraient, comme les sous-espaces $T_x(X)$ et $T_y(X)$ de $\mathbb{R}^q$, avoir des éléments communs; il n'en est rien: un élément h de $X'(x)$ est un *couple* formé d'un point $x \in X$ et d'une famille de vecteurs $h(\varphi)$ de $\mathbb{R}^p$ dépendant d'une carte locale en x; deux vecteurs tangents en x et y ne peuvent être égaux si $x \neq y$. En fait, l'ensemble des vecteurs tangents à une variété de dimension n est une variété de dimension $2n$ [n° 12(v)].

(v) *Espaces de Riemann*. La définition des espaces tangents permet de définir les espaces de Riemann. Pour cela, on se donne dans chaque $X'(x)$ un produit scalaire euclidien $(h|k)$ que l'on assujettit à dépendre de x d'une façon raisonnable: on suppose que, dans toute carte (U, φ), les fonctions

$$g_{ij}(\xi) = (a_i(\xi)|a_j(\xi))$$

sont au minimum C^2. Si $h = h^i a_i(\xi)$ et $k = k^i a_i(\xi)$ sont deux vecteurs tangents à X en x, on a alors

$$(h|k) = g_{ij}(\xi)h^i k^j$$

et en particulier, pour le vecteur métaphysique $dx = a_i(\xi)d\xi^i$,

$$ds^2 = (dx|dx) = g_{ij}(\xi)d\xi^i d\xi^j,$$

carré de la longueur de dx. On peut alors définir la longueur de toute courbe $\mu : [a,b] \mapsto X$ par la formule

$$m(\mu) = \int_a^b \left(\mu'(t)|\mu'(t)\right)^{1/2} dt$$

et chercher les géodésiques, i.e. les courbes de longueur minimale, si elles existent, joignant deux points donnés de X, définir la dérivée covariante d'un champ de tenseurs, etc. Tout cela a donné lieu à une immense littérature dont le dernier avatar semble être le livre de Serge Lang, *Riemannian Geometry* (Springer, 1999).

Si X est une sous-variété d'un espace euclidien E (i.e. d'un espace cartésien muni d'un produit scalaire hilbertien) et si $h, k \in X'(x)$ sont définis par des courbes μ et ν comme on l'a dit au point (iii) du n° 12, il est naturel de poser

$$(h|k) = (\mu'(0)|\nu'(0))$$

où $\mu'(0)$ et $\nu'(0)$ sont définis comme limites. On peut aussi, cela revient au même, remarquer que $X'(x)$ s'identifie canoniquement à un sous-espace vectoriel de $E'(x)$, donc de E, d'où le produit scalaire cherché dans $X'(x)$. Le calcul explicite du ds^2 de X est particulièrement simple lorsque X est, au voisinage d'un point a, défini par une représentation paramétrique $x = \sigma(t)$, où t varie dans un ouvert de $\mathbb{R}^d$ et où σ est une immersion ouverte ; $X'(x)$ est alors l'image de $\mathbb{R}^d$ par $\sigma'(t)$ si $x = \sigma(t)$, de sorte que si, en style Leibniz, on pose $dx = \sigma'(t)dt$, on a

$$ds^2 = (\sigma'(t)dt|\sigma'(t)dt).$$

Pour la sphère unité dans $\mathbb{R}^3$ par exemple, en coordonnées sphériques

$$x = \cos\varphi\cos\psi, \quad y = \sin\varphi\cos\psi, \quad z = \sin\psi,$$

on différentie x, y et z, on calcule bêtement $dx^2 + dy^2 + dz^2$ et l'on trouve que $ds^2 = \cos^2\psi d\varphi^2 + d\psi^2$.

On peut montrer que pour tout espace de Riemann X connexe, il existe un difféomorphisme de X sur une sous-variété Y d'un espace $\mathbb{R}^n$ qui transforme le ds^2 donné dans X en celui de Y (John Nash, 1956). Dieudonné (vol. 4, XX.15) démontre un résultat beaucoup moins fort (É. Cartan) parce que purement local, mais déjà difficile.

14 – Champs de vecteurs et opérateurs différentiels

Puisqu'on a défini au n° 12, (i) les tenseurs en un point d'une variété X de classe C^r, on peut maintenant définir les *champs* de tenseurs de type (p,q) dans X ou, plus généralement (?), dans un ouvert de X ; ils associent à chaque $x \in X$ un tenseur de type (p,q) au point x considéré, au choix, comme une fonction multilinéaire de p vecteurs et de q covecteurs en x, ou comme un système de nombres $T^{kh\ldots}_{ij\ldots}$ dépendant de x et d'une carte locale en x, et assujettis à se transformer par les formules italiennes lorsqu'on change de carte. On dira que T est de classe C^s si, dans toute carte locale, ses composantes sont des fonctions de classe C^s dans l'ouvert cartésien correspondant ; il faut supposer $s \leq r-1$ car si les changements de cartes sont de classe C^r, leurs dérivées partielles premières ne sont que de classe C^{r-1}, de sorte que les formules italiennes n'ont aucune chance de transformer des fonctions de classe C^r en fonctions de classe C^r.

Les champs de tenseurs les plus importants en pratique sont les *champs de vecteurs* et les formes différentielles que l'on définira plus bas. Un champ de vecteurs L est de type $(0,1)$, de sorte qu'on l'obtient en attachant à tout $x \in X$ un vecteur $L(x) \in X'(x)$ tangent à X en x. Si (U,φ) est une carte, on a donc pour chaque $x \in U$ un vecteur

$$L(x)(\varphi) = L^i(\xi)e_i \quad \text{où} \quad \xi = \varphi(x),$$

i.e. un champ de vecteurs (au sens des physiciens) dans l'ouvert $\varphi(U)$ de $\mathbb{R}^d$, $d = \dim(X)$, avec les formules de changement de cartes évidentes. On dira que L est de classe C^s si les fonctions L^i le sont.

Si f est une fonction de classe $C^s (1 \leq s \leq r)$ dans un ouvert $W \subset X$, on pose

$$Lf(x) = df\,[x; L(x)]$$

pour tout $x \in X$; beaucoup d'auteurs préfèrent noter $D_L f$ la fonction Lf. Si (U, φ) est une carte, avec $U \subset W$, et si F est la fonction qui, dans $\varphi(U)$, traduit f, d'où $f = F \circ \varphi$, on a donc

$$Lf(x) = dF\,[\varphi(x); \varphi'(x)L(x)]$$

d'après le théorème de dérivation des fonctions composées ; mais nous savons d'après (12.13) que, pour tout $h \in X'(x)$, on a

$$\varphi'(x)h = h(\varphi) = h^i(\varphi)e_i \,.$$

En posant $\xi = \varphi(x)$, il vient donc

(14.1) $\quad Lf(x) = dF\left[\xi; L^i(\xi)e_i\right] = L^i(\xi)dF\left(\xi; e_i\right) = L^i(\xi)D_i F(\xi)$

où les $D_i F$ sont les dérivées partielles usuelles de F et les $L^i(x)$ les composantes de $L(x)$ dans la carte considérée. On a évidemment

$$L(fg) = Lf.g + f.Lg$$

quelles que soient f et g.

La relation (14.1) suggère une généralisation aux variétés des opérateurs différentiels (linéaires) classiques. Sur une variété X, de classe C^∞ pour simplifier, un *opérateur différentiel d'ordre* $\leq p$ et de classe C^∞ définit, pour tout ouvert U, une application linéaire $L : C^\infty(U) \longrightarrow C^\infty(U)$ satisfaisant aux deux conditions suivantes: (i) elle est compatible avec les applications de restriction $C^\infty(U) \longrightarrow C^\infty(V)$ pour $V \subset U$, de sorte que pour $f \in C^\infty(U)$, la valeur en $x \in U$ de la fonction $Lf \in C^\infty(U)$ ne dépend que du comportement de f au voisinage de x, (ii) dans toute carte (U, φ) de X, on a une relation de la forme

(14.2) $$Lf(x) = \sum_{k=0}^{p} \sum_{i_1, \ldots, i_k} L^{i_1 \ldots i_k}(\xi) D_{i_1} \ldots D_{i_k} F(\xi)$$

où les fonctions $L^{i_1 \ldots i_k}$ ne dépendent que de la carte considérée et où ξ, F et les D_i ont les mêmes significations que dans (1).

On peut effectuer sur ces opérateurs les opérations évidentes: somme $L + M$, produit LM, produit fL par une fonction. Si L et M sont d'ordres p et q, leur produit $LM : f \mapsto L(Mf)$ est généralement d'ordre $p + q$, mais leur *crochet de Jacobi*

(14.3) $$[L, M] = LM - ML$$

est d'ordre $\leq p + q - 1$. Il suffit de le vérifier dans $\mathbb{R}^n$; on peut alors supposer que

$$L = \varphi D_{i_1} \ldots D_{i_p} = \varphi D_{(i)}, \quad M = \psi D_{j_1} \ldots D_{j_q} = \gamma D_{(j)}$$

avec des fonctions données φ et ψ, et tout revient à vérifier que, si l'on calcule

$$LMf - MLf = \varphi D_{(i)} \left[\psi D_{(j)} F\right] - \psi D_{(j)} \left[\varphi D_{(i)} F\right],$$

les termes $\varphi \psi D_{(i)} D_{(j)} f$ et $\psi \varphi D_{(j)} D_{(i)} f$ s'éliminent.

Si en particulier L et M sont définis par des champs de vecteurs, il en est de même de $[L, M]$; en utilisant la convention d'Einstein, on voit aussitôt que, dans toute carte,

(14.4) $$L = L^i D_i, \ M = M^i D_i \implies [L, M] = N^i D_i$$

avec

(14.5) $$N^i = L^j . D_j (M^i) - M^j . D_j (L^i).$$

Si l'on note D_L l'opérateur différentiel $f \mapsto Lf$, le champ de vecteurs $[L, M]$ vérifie donc

$$D_{[L,M]} = D_L D_M - D_M D_L.$$

Exercice 1. Vérifier par calcul direct que le champ de vecteurs défini par (5) ne dépend pas de la carte utilisée.

Exercice 2. Soient $L_1, \ldots, L_n$ des champs de vecteurs C^∞ dans un ouvert U de X ; on suppose que, pour tout $x \in U$, les $L_i(x)$ forment une base de $X'(x)$. Montrer que, dans U, tout opérateur différentiel s'écrit d'une façon unique sous la forme d'une somme finie

$$\sum_{p_i \geq 0} a_{p_1 \ldots p_n}(x) L_1^{p_1} \ldots L_n^{p_n}.$$

On notera que $[L, M] = N$ faisant intervenir les dérivées des composantes de L et M, la valeur $N(x) \in X'(x)$ de N en x ne dépend pas uniquement des vecteurs $L(x)$ et $M(x)$. Parler du crochet $[h, k]$ de deux vecteurs tangents n'a aucun sens.

L'existence de champs de vecteurs satisfaisant à des conditions globales pose des problèmes liés à la topologie des variétés : existe-t-il dans X des champs de vecteurs tels que $L(x) \neq 0$ pour tout x ? Si X est de dimension n, existe-t-il n champs de vecteurs L_i tels que les $L_i(x)$ soient une base de $X'(x)$ pour tout $x \in X$? Les réponses sont déjà négatives pour une sphère de dimension 2.

15 – Champs de vecteurs et équations différentielles

Les champs de vecteurs servent à étendre aux variétés la théorie des équations différentielles du premier ordre ; pour commencer, on peut chercher les *courbes intégrales* ou *trajectoires* $t \mapsto \gamma(t)$ d'un champ de vecteurs L sur une variété X de dimension p ; elles sont définies par la condition

(15.1) $$\gamma'(t) = L[\gamma(t)]$$

où le premier membre est défini comme au n° 12, (ii). Dans une carte locale (U, φ) telle que $\varphi(U) = \mathbb{R}^p$, cela revient à chercher une fonction $x(t) = \varphi[\gamma(t)]$ vérifiant

(15.2) $$Dx(t) = L[x(t)]$$

où $D = d/dt$ et où les fonctions $x(t)$ et $L(x)$ sont à valeurs dans $\mathbb{R}^p$. Lorsque L est C^1, on a les résultats suivants :

(a) *quels que soient $t_0 \in \mathbb{R}$ et $x_0 \in X$, il existe une solution de (1) définie au voisinage de t_0 et telle que $\gamma(t_0) = x_0$;*

(b) *deux telles solutions coïncident dans l'intervalle où elles sont simultanément définies.*

L'assertion (a) résultera de l'assertion analogue pour l'équation (2). Il en est de même de (b), car si l'on sait que deux solutions de (1) définies dans le même intervalle I et égales en un point $t \in I$ le sont encore au voisinage de t, alors l'ensemble des $t \in I$ où elles sont égales est à la fois ouvert et fermé (continuité) dans I, donc égal à I.

L'assertion (b) montre que les solutions de (1) prenant une valeur donnée en un point donné t_0 sont les restrictions à leurs intervalles de définition d'une unique solution, définie dans la réunion I de ces intervalles ; I est le plus grand intervalle dans lequel existe une solution de (1), solution que l'on qualifie donc de *maximale*. Il est clair que I est ouvert en raison de (a), mais en général, on a $I \neq \mathbb{R}$: si X est un ouvert de $\mathbb{R}^2$ et L un champ de vecteurs qui se déduisent les uns des autres par parallélisme, les trajectoires sont des segments de droite ouverts contenus dans X et dont les extrémités sont des points frontières de X.

Si, pour tout $x \in X$, on note $\gamma_x(t)$ la trajectoire maximale telle que $\gamma_x(0) = x$ et I_x son intervalle de définition, on est amené à introduire l'ensemble $\Omega \subset \mathbb{R} \times X$ des (t, x) tels que $t \in I_x$ et à poser

$$(15.3) \qquad \gamma(t, x) = \gamma_x(t)$$

pour $(t, x) \in \Omega$, d'où une application $\gamma : \Omega \longrightarrow X$, la *coulée globale* du champ de vecteurs L. On a alors un résultat supplémentaire :

(c) *Si L est de classe C^k, alors Ω est ouvert dans $\mathbb{R} \times X$ et γ est de classe C^k dans Ω.*

Comme (a) et (b), cet énoncé est de nature locale : il revient à montrer que la solution de (2) vérifiant $x(0) = \xi$ est définie et fonction C^k de (t, ξ) dans le produit d'un intervalle de centre 0 et d'une boule de centre donné.

Il y a des énoncés analogues pour des équations différentielles plus générales : au lieu d'une fonction $L(x)$ de la seule variable $x \in \mathbb{R}^p$, on peut supposer que L dépend de t, de x et d'un paramètre z variant dans un autre espace cartésien. Il s'agit alors de trouver une fonction $x(t)$ vérifiant

$$(15.4) \qquad x'(t) = L[t, x(t), z], \quad x(0) = \xi$$

et de montrer que si L est C^k, alors $x(t)$ est fonction C^k de t, ξ et z.

On trouvera tout et même plus sur le sujet dans Dieudonné, vol. 1, X.4 à X.8, mais cette référence n'étant pas d'une lecture très facile, on substituera ici à ce type de *high-powered proof* (Spivak dixit à propos de Serge Lang, *Analysis II*) une *low-powered one* à la façon des inventeurs de la méthode des approximations successives, Émile Picard par exemple. Nous l'avons déjà utilisée dans un cas particulier au Chap. VI, n° 10 à propos de l'équation de Bessel.

(i) *Réduction à une équation intégrale.* Si l'on suppose L continue et si l'on se donne $x(0) = \xi$, (4) revient à résoudre

(15.5) $$x(t) = \xi + \int_0^t L[u, x(u), z]\, du$$

où il s'agit d'une intégrale orientée. En posant

(15.6) $\quad x(t) = y(t) + \xi, \quad L(t, y + \xi, z) = L(t, y, \xi, z),$

on est ramené à résoudre

$$y(t) = \int_0^t L[u, y(u), \xi, z]\, du\,;$$

comme ξ et z sont maintenant des paramètres variant dans des espaces cartésiens, autant considérer que le paramètre est le couple (ξ, z) et supprimer ξ de la notation. On supposera donc la nouvelle fonction $L(t, y, z)$ définie et C^k dans un compact $|t| \leq a$, $\|y\| \leq b$, $\|z\| \leq c$ de $\mathbb{R} \times \mathbb{R}^p \times \mathbb{R}^q$.

Pour résoudre

(15.7) $$y(t) = \int_0^t L[u, y(u), z]\, du,$$

on définit des fonctions $y_n(t, z)$ par

(15.8) $\quad y_0(t, z) = 0, \quad y_{n+1}(t, z) = \int_0^t L[u, y_n(u, z), z]\, du$

et l'on espère qu'elles convergent uniformément sur tout intervalle compact, auquel cas leur limite est une solution du problème.

(ii) *Existence des solutions.* En omettant provisoirement d'écrire le paramètre z dans les y_n, on a

(15.9) $\quad y_{n+1}(t) - y_n(t) = \int_0^t \{L[u, y_n(u), z] - L[u, y_{n-1}(u), z]\}\, du\,.$

On peut majorer l'intégrale à l'aide de la formule des accroissements finis : si $D_2 L(t, y, z)$ désigne l'application dérivée de $y \mapsto L(t, y, z)$ et si

$$\|D_2 L(t, y, z)\| \leq M' \text{ pour } |t| \leq a, \|y\| \leq b, \|z\| \leq c,$$

on a

(15.10) $\|L[u, y_n(u), z] - L[u, y_{n-1}(u), z]\| \leq M' \|y_n(u) - y_{n-1}(u)\|$

pour $|u| \leq a$ et $\|z\| \leq c$ aussi longtemps que les $y_n(u)$ restent dans la boule $\|y\| \leq b$.

Mais soit $M = \sup \|L(t, y, z)\|$ pour $|t| \leq a$, $\|y\| \leq b$, $\|z\| \leq c$; si l'on a $\|y_n(t)\| \leq b$, (8) montre que $\|y_{n+1}(t)\| \leq M|t| \leq b$ si $|t| \leq b/M$. En posant

$$a' = \inf(a, b/M),$$

on voit donc que si la relation

(15.11) $\qquad |t| \leq a', |z| \leq |c| \Longrightarrow \|y_n(t)\| \leq b$

est vraie pour un n, elle l'est pour $n+1$. Comme $y_0(t) = 0$, (11) est valable pour tout n, ce qui, dans les limites indiquées pour t et z, permet d'utiliser (10).

(8) montre d'abord que $\|y_1(t)\| \leq M|t|$. En intégrant de 0 à t dans toutes les intégrales en u que l'on écrira dans ce n°, on a ensuite

$$\|y_2(t) - y_1(t)\| \leq M' \int \|y_1(u)\| du \leq MM't^2/2!,$$

$$\|y_3(t) - y_2(t)\| \leq M' \int \|y_2(u) - y_1(u)\| du \leq MM'^2 t^3/3!$$

et ainsi de suite jusqu'à

(15.12) $\qquad \|y_{n+1}(t) - y_n(t)\| \leq MM'^{n-1} t^n/n!$ pour $|t| \leq a'$.

La série $\sum [y_{n+1}(t) - y_n(t)]$, dominée par une série exponentielle, converge donc normalement dans $|t| \leq a'$ vers une solution $y(t) = y(t, z)$ de (7) définie pour $|t| \leq a'$ et $|z| \leq c$ et à valeurs dans $|y| \leq b$, d'où l'assertion (a). On notera que ce résultat suppose seulement que L est continue et possède une dérivée $D_2 L(t, x, z)$ continue.

Un cas très particulier important est celui d'une *équation différentielle linéaire*, i.e. pour laquelle L est de la forme

$$L(t, y, z) = A(t, z)y + b(t, z)$$

avec des fonctions $A(t, z)$ et $b(t, z)$ définie et continue pour $|t| \leq a$, $|z| \leq c$. Comme $L(t, y, z)$ est définie sans restriction sur y, les approximations successives $y_n(t, z)$ sont définies et continues ; il n'y a donc pas d'autres restrictions au domaine d'existence des solutions que celles qui sont imposées aux coefficients $A(t, z)$ et $b(t, z)$.

(iii) *Unicité de la solution.* Un calcul analogue à (9) et (10) montre que si y' et y'' (il ne s'agit pas de dérivées) sont des solutions de (7) et si l'on pose

$$k(r) = \sup_{|t| \leq r} \|y'(t) - y''(t)\|,$$

on a

$$\|y'(t) - y''(t)\| \leq \int \|L[u, y'(u), z] - L[u, y''(u), z]\| du$$
$$\leq M' k(r) |t|$$

pour $|t| \leq r$ aussi longtemps que $y'(u)$ et $y''(u)$ restent dans la boule $\|y\| \leq b$, ce qui est le cas pour r assez petit puisque (7) implique $y(0) = 0$. En prenant le sup du premier membre pour $|t| \leq r$, on a donc $k(r) \leq M'k(r)r$, d'où $k(r) = 0$ si $r \leq 1/M'$. Ceci démontre l'assertion (b).

(iv) *Dépendance des conditions initiales.* Il s'agit maintenant de montrer que, pour t et z voisins de 0, la solution $y(t,z)$ de (7) est, comme L, de classe C^k comme fonction de (t,z). Supposons d'abord $k = 1$; tout revient à montrer que les fonctions (8) sont C^1 et que leurs dérivées premières convergent uniformément (Chap. III, n° 22, théorème 23).

La formule (8) montre que, si L et $y_n(t,z)$ sont C^k, il en est de même de $y_{n+1}(t,z)$, d'où le premier point. Comme on a $Dy_{n+1} = y_n$ où $D = d/dt$, les $Dy_n(t,z)$ convergent uniformément dans $|t| \leq a'$, $|z| \leq c$, d'où la continuité de $Dy(t,z)$. Le cas des dérivées par rapport au paramètre z ne se traite pas aussi facilement. Dans ce qui suit, on notera D_2 (resp. D_3) l'opérateur qui transforme une fonction $f(t,y,z)$ en l'application dérivée de y (resp. z) $\mapsto f(t,y,z)$; ils correspondent aux différentielles partielles du n° 2, (iii). Il s'agit donc de prouver la convergence des fonctions

$$Y_n(t,z) = D_3 Y_n(t,z) : \mathbb{R}^q \longrightarrow \mathbb{R}^p.$$

En appliquant D_3 à la fonction $z \mapsto L[u, y_n(u,z), z]$ sous le signe $\int$ dans (8), on voit d'abord que

(15.13) $$Y_{n+1}(t,z) = \int \{D_2 L[u, y_n(u,z), z] . Y_n(u,z) +$$
$$+ D_3 L[u, y_n(u,z), z]\} du =$$
$$= \int U_n(u,z) Y_n(u,z) + V_n(u,z)] du$$

où l'on a posé

$$U_n(u,z) = D_2 L[u, y_n(u,z), z] : \mathbb{R}^p \longrightarrow \mathbb{R}^p,$$
$$V_n(u,z) = D_3 L[u, y_n(u,z), z] : \mathbb{R}^q \longrightarrow \mathbb{R}^p.$$

Or $D_2 L$ et $D_3 L$ sont uniformément continues sur le compact où elles sont définies et $y_n(u,z)$ converge uniformément vers $y(u,z)$. On a donc

(15.14') $\qquad D_2 L[u, y(u,z), z] = U(u,z) = \lim U_n(u,z)$
(15.14") $\qquad D_3 L[u, y(u,z), z] = V(u,z) = \lim V_n(u,z)$

uniformément sur $|u| \leq a'$, $|z| \leq c$. Si le premier membre de (13) converge uniformément vers une limite $Y(t,z)$, celle-ci vérifiera donc

(15.15) $$Y(t,z) = \int_0^t [U(u,z) . Y(u,z) + V(u,z)] du.$$

Or (15) est une équation intégrale de la forme (8), où $L(t, y, z)$ est remplacé par une fonction $M(t, Y, z) = U(t, z)Y + V(t, z)$ linéaire (affine) en Y. Comme on l'a vu à la fin de la section (ii) de la démonstration, (15) possède une et une seule solution, définie pour $|t| \leq a$, $|z| \leq c$ et l'on doit donc montrer que

(15.16) $$D_n(t, z) = \|Y_n(t, z) - Y(t, z)\|$$

converge uniformément vers 0 sur le compact $|t| \leq a'$, $|z| \leq c$.

Or (13) et (15) montrent que

$$D_{n+1}(t, z) \leq \int \|U_n(u, z)Y_n(u, z) - U(u, z)Y(u, z)\| \, du +$$
$$+ \int \|V_n(u, z) - V(u, z)\| \, du.$$
$$\leq \int \|U_n(u, z) - U(u, z)\| \cdot \|Y(u, z)\| \, du +$$
$$+ \int \|U_n(u, z)\| \cdot D_n(u, z) du +$$
$$+ \int \|V_n(u, z) - V(u, z)\| \, du$$

avec des intégrales *non* orientées étendues à l'intervalle $I(t)$ d'extrémités 0 et t ; comme $I(s) \subset I(t)$ pour $s \in I(t)$, le second membre majore même $D_{n+1}(s, z)$ pour tout $s \in I(t)$. Si k est une constante majorant $Y(u, z)$ et les $U_n(u, z)$ – ils convergent uniformément – pour $|u| \leq a'$ et $|z| \leq c$, on a donc

$$D_{n+1}(s, z) \leq k \int \|U_n(u, z) - U(u, z)\| \, du + k \int D_n(u, z) du +$$
$$+ \int \|V_n(u, z) - V(u, z)\| \, du$$

où l'on intègre sur $I(t)$, et non pas seulement sur $I(s)$.

Donnons-nous un $r > 0$. Il existe un $N = N(r)$ tel que l'on ait

$$\|U_n(u, z) - U(u, z)\| \leq r \quad \& \quad \|V_n(u, z) - V(u, z)\| \leq r$$

pour $n \geq N$, $|u| \leq a'$, $|z| \leq c$. La relation précédente montre alors que, pour $n \geq N$, on a

(15.17) $$D_{n+1}(s, z) \leq (k + 1)|t| + k \int_{I(t)} D_n(u, z) du$$

pour $s \in I(t)$. Posons $A = k + 1$ et

$$\Delta_n(t) = \sup_{\substack{u \in I(t) \\ |z| \leq c}} D_n(u, z) ;$$

au second membre de (17), la fonction qu'on intègre est $\leq \Delta_n(u)$; en prenant le sup du premier membre pour $s \in I(t)$ et $|z| \leq c$, on en déduit que

$$(15.18) \qquad \Delta_{n+1}(t) \leq rA|t| + A \int_{I(t)} \Delta_n(u) du$$

pour $n \geq N$, d'où, en itérant,

$$\Delta_{n+2}(t) \leq rA|t| + A \int_{I(t)} du \left\{ rA|u| + A \int_{I(u)} \Delta_n(v) dv \right\}$$
$$= r\left(A|t| + A^2|t|^2/2!\right) + A^2 \int_{I(t)} du_1 \int_{I(u_1)} \Delta_n(u_2) du_2,$$

et ainsi de suite. Comme on a $\Delta_n(u) \leq \Delta_n(t)$ pour $u \in I(t)$, il vient

$$\int_{I(t)} du_1 \int_{I(u_1)} du_2 \ldots \int_{I(u_{p-1})} \Delta_n(u_p) du_p \leq$$
$$\leq \Delta_n(t) \int_{I(t)} du_1 \int_{I(u_1)} du_2 \ldots \int_{I(u_{p-1})} du_p = \Delta_n(t) (|t|)^p / p! \, .$$

On voit donc qu'en itérant (18) on trouve

$$\Delta_{n+p}(t) \leq r\left(A|t| + \ldots + A^p|t|^p/p!\right) + \Delta_n(t) A^p |t|^p / p!$$
$$\leq r\left[\exp(Aa') - 1\right] + \Delta_n(t) (Aa')^p / p!$$

pour $n \geq N(r)$, $p \geq 1$ et $|t| \leq a'$. (On reconnaîtra ici un raisonnement de Liouville déjà esquissé au Chap. VII, n° 18). Au second membre, le premier terme est arbitrairement petit si r est convenablement choisi, et le second tend vers 0 lorsque p augmente. On a donc $\lim \Delta_n(t) = 0$ quel que soit t et en particulier pour $t = \pm a'$, d'où la convergence uniforme des dérivées $D_3 y_n(t, z)$. La fonction $y(t, z)$ est donc bien C^1.

Reste à montrer qu'elle est C^k si L est C^k. Pour $k = 2$, le second membre de l'équation différentielle

$$Dy(t, z) = L[t, y(t, z), z], \quad y(0, z) = 0$$

est C^1 comme L et y, de sorte que $D^2 y(t, z)$ et $D_3 D_2 y(t, z)$ existent et sont continues. D'autre part, $D_3 y(t, z) = Y(t, z)$ vérifie (16), i.e.

$$(15.19) \qquad DY(t, z) = U(t, z) Y(t, z) + V(t, z), \quad Y(0, z) = 0 \, ;$$

comme $U(t, z)$ et $V(t, z)$ sont C^1 d'après (15) si L est C^2 et si y est C^1, la solution $Y(t, z)$ de (19) est C^1. La fonction $y(t, z)$ est donc C^2. Et ainsi de suite, ce qui termine la démonstration des assertions (a), (b) et (c), dont je renonce à faire un théorème dont l'énoncé occuperait une demi-page.

(v) *Exponentielle d'une matrice.* Comme on l'a vu plus haut, la dérivée $Y(t,z) = D_3 y(t,z)$ vérifie une équation différentielle (19) dont le second membre est une fonction linéaire-affine de Y. Les équations de la forme

$$x'(t) = A(t)x(t) + b(t), \quad x(0) = \xi,$$

où $x(t), b(t) \in \mathbb{R}^n$ et $A(t) \in M_n(\mathbb{R})$, se traitent par la méthode générale, mais on a dans ce cas un résultat supplémentaire : les intégrales sont définies dans tout intervalle où $A(t)$ et $b(t)$ sont définies et continues.

Un cas particulièrement simple est celui d'une équation

$$x'(t) = Ax(t), \quad x'(0) = \xi$$

avec une matrice A constante. La méthode des approximations successives conduit aux fonctions

$$x_1(t) = \xi + \int A\xi.du = (1 + At)\xi,$$

$$x_2(t) = \xi + \int A(1 + Au)\xi.du = \xi + At\xi + A^2 t^{[2]} \xi,$$

etc, d'où la solution

(15.20) $$x(t) = \exp(tA)\xi$$

où, pour toute matrice ou opérateur linéaire A, on pose

(15.21) $$\exp(A) = \sum A^{[n]} = \sum A^n/n! \,;$$

la série converge puisque $\|A^n\| \leq \|A\|^n$.

La formule du binôme montre, comme en dimension un, que

(15.22) $\quad \exp(A + B) = \exp(A) \exp(B) \quad \text{si } AB = BA.$

Comme $\exp(0) = 1$, l'opérateur $\exp(A)$ est donc toujours inversible, avec

$$\exp(A)^{-1} = \exp(-A).$$

Si d'autre part on remplace A par UAU^{-1}, où la matrice U est inversible, chaque terme A^n de la série est remplacé par $UA^n U^{-1}$, d'où

(15.23) $\quad \exp(UAU^{-1}) = U\exp(A)U^{-1}.$

(22) montre aussi que l'application $t \mapsto \exp(tA) = X(t)$ est un homomorphisme continu, et même C^∞, du groupe additif $\mathbb{R}$ dans le groupe multiplicatif $GL_n(\mathbb{R})$; on appelle cela un *sous-groupe à un paramètre* de $GL_n(\mathbb{R})$. Il n'y en a pas d'autres.

Si en effet l'on suppose $X(t)$ dérivable en $t = 0$, la formule $X(t + h) = X(t)X(h)$ montre, comme en dimension un, que $X(t)$ est dérivable partout et que $X'(t) = X'(0)X(t) = AX(t)$ où $A = X'(0)$. Bien que $X(t)$ soit maintenant à valeurs dans $M_n(\mathbb{R})$ plutôt que dans $\mathbb{R}^n$, on trouve à nouveau $X(t) = \exp(tA)$ car les deux membres vérifient la même équation différentielle avec la même condition initiale $X(0) = 1$.

Si l'on suppose seulement que la fonction $X(t)$ est continue, on la "régularise" en choisissant sur $\mathbb{R}$ une fonction φ dans l'espace $\mathcal{D}$ de Schwartz et en considérant l'intégrale

$$\int \varphi(t-u) X(u) du = \int \varphi(v) X(t-v) dv = X(t) \int \varphi(v) X(-v) dv ;$$

la première intégrale, étendue à $\mathbb{R}$ et en réalité à un compact, est fonction C^∞ de t comme φ, et comme on peut faire tendre la troisième vers $X(0) = 1$ en utilisant une suite de Dirac φ_n (Chap. V, § 8, n° 27), on voit bien que $X(t)$ est C^∞. On a déjà fait cette remarque dans le cas classique [Chap. VII, § 1, n° 2, (iii)].

Notons enfin la formule utile

(15.24) $$\det[\exp(X)] = \exp[\operatorname{Tr}(X)]$$

où, pour toute matrice carrée X, on note $\operatorname{Tr}(X)$ la somme des éléments diagonaux de X. En posant $D(t) = \det[\exp(tX)]$, on définit en effet un homomorphisme de $\mathbb{R}$ dans $\mathbb{R}$, évidemment continu, d'où $D(t) = \exp(ct)$ pour un $c = D'(0)$ à calculer. Comme l'application $\det : M_n(\mathbb{R}) \longrightarrow \mathbb{R}$ est beaucoup plus que différentiable, le théorème de dérivation des fonctions composées montre que $D'(0) = \det'(1) \exp'(0)X$, où $\det'(1)$ est l'application dérivée de $X \mapsto \det X$ en $X = 1$ et $\exp'(0) = 1$ celle de l'application $\exp$ à l'origine. Par suite, $c = \det'(1)X = T(X)$ avec une fonction *linéaire* de X à valeurs dans $\mathbb{R}$. D'après (23), on a

(15.25) $$T(UXU^{-1}) = T(X) \quad \text{pour tout} \quad U \in GL_n(\mathbb{R}),$$

donc $T(UX) = T(XU)$. Comme il n'est pas difficile de vérifier que toute $Y \in M_n(\mathbb{R})$ est une somme de matrices inversibles ($Y + \lambda 1$ est inversible pour peu que $-\lambda$ ne soit pas une valeur propre de Y), on en déduit que

(15.26) $$T(XY - YX) = 0$$

quelles que soient les matrices X et Y. En posant $T(X) = a_i^j X_j^i$ où les X_j^i sont les coefficients de X, et en explicitant (26) pour une matrice Y dont tous les coefficients sont nuls sauf un, on voit immédiatement que $a_i^j = 0$ pour $i \neq j$, de sorte que $T(X)$ est une combinaison linéaire des coefficients diagonaux de X. Celle-ci ne change pas de valeur si l'on soumet ces coefficients à une permutation quelconque, car cela revient à remplacer X par

UXU^{-1} où la matrice U permute les vecteurs de la base canonique de $\mathbb{R}^n$. Par suite, $T(X)$ est proportionnelle à la trace de X. Reste à vérifier que $T(X) = \text{Tr}(X)$ pour *une* matrice X de trace non nulle ; on laisse au lecteur le soin de la choisir pour réduire les calculs au minimum.

Cette démonstration de (24) est un peu plus longue que la démonstration classique, mais elle apprend aussi au lecteur, s'il ne le sait pas encore, que la relation (26) caractérise la fonction $X \mapsto \text{Tr}(X)$ à un facteur constant près.

Exercice 1. Montrer que, pour toute forme linéaire $X \mapsto f(X)$ sur $M_n(\mathbb{R})$, où $\mathbb{R}$ désigne un corps commutatif quelconque, il existe une et une seule matrice A telle que $f(X) = \text{Tr}(AX)$.

Exercice 2. Soient E un espace vectoriel de dimension n sur $\mathbb{R}$, $M(E)$ l'ensemble des applications linéaires $E \longrightarrow E$, (a_i) une base de E et $f(x_1, \ldots, x_n)$ l'unique forme n-linéaire alternée égale à 1 sur les vecteurs de base, i.e. le déterminant des x_i par rapport à cette base. Si $u \in M(E)$, on a donc
$$\det(u) = f[u(a_1)\ldots, u(a_n)] = f(u_1, \ldots, u_n)$$
où $u_i = u(a_i)$. Montrer que l'application dérivée
$$\det{}'(u) : h \longmapsto \frac{d}{dt}\det(u+th) \quad \text{pour } t=0,$$
qui applique linéairement $M(E)$ dans $\mathbb{R}$, est donnée par
$$h \longmapsto f(u_1+h_1, u_2, \ldots, u_n) + \ldots + f(u_1, \ldots, u_{n-1}, u_n+h_n)$$
où $h_i = h(a_i)$. En déduire que

(15.27) $$\det{}'(u)h = \det(u)\text{Tr}(h).$$

Exercice 3. Montrer que le groupe $SL_n(\mathbb{R})$ des $X \in M_n(\mathbb{R})$ telles que $\det(X) = 1$ est une sous-variété fermée de $M_n(\mathbb{R})$.

Le § que nous consacrerons aux groupes de Lie au vol. IV sera l'occasion d'appliquer les résultats de ce n° dans un cas particulièrement important.

16 – Formes différentielles sur une variété

A partir de la définition générale des champs de tenseurs, la notion de *forme différentielle de degré p sur une variété* X devient évidente : une telle forme attache à chaque point x de l'ouvert de X dans laquelle est définie une forme p-linéaire alternée $\omega(x; h_1, \ldots, h_p)$ sur $X'(x)$; dans toute carte locale (U, φ) en x, on a donc, pour $p = 3$ par exemple,

(16.1) $$\omega(x; h, k, l) = a_{ijk}(\xi) h^i(\varphi) k^j(\varphi) l^k(\varphi)$$

avec des coefficients *antisymétriques* dépendant de la carte choisie. Le second membre de (2) est une forme différentielle $\omega(\varphi)$ dans $\varphi(U)$ et il est clair que, si l'on remplace (U,φ) par (V,ψ), le difféomorphisme de changement de cartes $\varphi(x) \mapsto \psi(x)$ transforme, par image réciproque, $\omega(\psi)$ en $\omega(\varphi)$; les $a_{ijk}(\xi)$ sont les composantes d'un tenseur. Inversement, si l'on se donne dans toute carte une forme $\omega(\varphi)$ qui, par changement de cartes, se transforme comme on vient de le dire, on définit une forme ω sur X.

La définition du produit extérieur de deux formes se généralise de façon évidente, ce qui permet d'utiliser l'écriture

$$(16.2) \quad \omega = \sum_{i<j<k} a_{ijk} d\xi^i \wedge d\xi^j \wedge d\xi^k = \frac{1}{3!} a_{ijk} d\xi^i \wedge d\xi^j \wedge d\xi^k$$

comme dans $\mathbb{R}^n$.

La notion d'image réciproque d'une forme par une application $f:X \longrightarrow Y$ se généralise tout aussi facilement : si ω est une forme de degré 3 par exemple dans Y, la forme $\varpi = \omega \circ f$ dans X est définie par

$$(16.3) \quad \varpi(x; h_1, h_2, h_3) = \omega\left[f(x); f'(x)h_1, f'(x)h_2, f'(x)h_3\right],$$

seule et unique formule susceptible d'avoir un sens ici encore.

Pour définir la dérivée extérieure $d\omega$ d'une forme ω donnée sur X, on peut utiliser les formes $\omega(\varphi)$ qui traduisent ω dans les cartes de X. Comme, dans les espaces cartésiens, l'opération "image réciproque" transforme une dérivée extérieure en dérivée extérieure, il est clair que les $d\omega(\varphi)$ définissent une forme sur X, à savoir la dérivée $d\omega$ cherchée. Si l'on a par exemple

$$(16.4) \quad \omega(\varphi) = a_{jk} d\xi^j \wedge d\xi^k$$

dans (U,φ), on a

$$(16.5) \quad d\omega(\varphi) = da_{jk} \wedge d\xi^j \wedge d\xi^k =$$
$$= \frac{1}{3}\left(D_i a_{jk} + D_j a_{ki} + D_k a_{ij}\right) d\xi^i \wedge d\xi^j \wedge d\xi^k.$$

Pour définir $d\omega$ comme on l'a fait dans un espace cartésien, on devrait définir d'abord la dérivée covariante ω' de ω et, plus généralement, d'un champ de tenseurs T sur X. Mais la définition

$$(16.6) \quad T'(x; h, k, u) = \frac{d}{ds} T(x + sh; k, u) \quad \text{pour} \quad s = 0$$

de T' n'a aucun sens dans une variété, et définir T' en dérivant ses composantes dans chaque carte locale introduirait des dérivées secondes. La formule (6), interprétée comme nous venons de le faire, n'a donc aucune chance de conduire aux composantes d'un nouveau tenseur. La solution du problème se trouve dans la théorie des "connexions", qu'on n'exposera pas ici. Bornons-nous à observer que, lorsqu'on examine la façon dont les dérivées partielles des coefficients d'une forme différentielle se transforment par les changements de carte, les dérivées secondes qui, pour un champ de tenseurs quelconque, apparaissent dans les formules, disparaissent : miracle dû au caractère antisymétrique des coefficients, comme le lecteur peut le vérifier avec un peu de patience.

17 – Intégrale d'une forme différentielle

Tout ce qu'on a fait au début du §2 sur les intégrales "curvilignes" dans un ouvert d'un espace cartésien s'étend immédiatement aux formes différentielles de degré 1 sur une variété X. Si ω est une telle forme et $\gamma : I \longrightarrow X$ un chemin sur X, de classe C^1 pour simplifier, l'intégrale de ω le long de γ s'obtient en remplaçant ω par son image réciproque $\omega \circ \gamma$ par γ et en intégrant le résultat sur $[0,1]$. On définit de même l'intégrale d'une forme de degré 2 étendue à un chemin de dimension deux $\sigma : I \times I = K \longrightarrow X$; pour ω de degré 1, on a alors

$$\iint_\sigma d\omega = \int_{\partial \sigma} \omega,$$

comme en (9.20), d'où l'invariance par homotopie des intégrales de ω si ω est *fermée*. On constate aussi que, pour que ω soit une différentielle exacte, il faut et il suffit que son intégrale le long de tout chemin fermé soit nulle. Etc.

Un problème beaucoup plus sérieux est de définir l'intégrale étendue à X d'une forme de degré maximum, et ceci sans supposer donnée à priori une quelconque "représentation paramétrique" de X qui ramènerait à intégrer sur un cube.

(i) *Variétés orientables.* Soient X une variété de dimension n et ω une forme différentielle de degré n dans X et de classe C^0. Quelle que soit la définition finale de l'intégrale de ω, il est clair – cela se voit déjà si $X = \mathbb{R}$ – que si X n'est pas compacte, on se heurtera à des problèmes de convergence à l'infini n'ayant aucun rapport avec le problème à résoudre. Il est donc prudent de supposer ω à support[66] compact pour les éliminer, comme on l'a fait au début du Chapitre V.

Le cas le plus simple s'obtient en supposant qu'il existe une carte définie dans X tout entier, autrement dit, que X est difféomorphe à un ouvert d'un espace cartésien. Choisissons pour cela un difféomorphisme φ de X sur $\varphi(X) \subset \mathbb{R}^n$; il transforme ω en une forme

---
[66] Rappelons que c'est le plus ensemble *fermé* Supp(...) en dehors duquel la fonction (ou la forme différentielle, ou ...) est nulle.

$$\omega(\varphi) = a(\xi)d\xi^1 \wedge \ldots \wedge d\xi^n,$$

dans $\varphi(X)$ et l'on a envie de poser

(17.1) $$\int_X \omega = \int_{\varphi(X)} a(\xi)d\xi^i \ldots d\xi^n,$$

intégrale multiple ordinaire, dans l'ouvert $\varphi(X)$, d'une fonction nulle en dehors d'un compact de celui-ci.

Si ψ est un autre difféomorphisme de X sur un ouvert de $\mathbb{R}^n$, on trouve dans $\psi(X)$ une forme

$$\omega(\psi) = b(\eta)d\eta^1 \wedge \ldots \wedge d\eta^n ;$$

comme $\omega(\varphi)$ est l'image réciproque de $\omega(\psi)$ par le difféomorphisme $\theta : \varphi(X) \longrightarrow \psi(X)$ de changement de cartes, on a

$$a(\xi) = b\left[\theta(\xi)\right] J_\theta(\xi).$$

La formule de changement de variables dans les intégrales multiples montrant que

$$\int_{\psi(X)} b(\eta)d\eta^1 \ldots d\eta^n = \int_{\varphi(X)} b\left[\theta(\xi)\right] |J_\theta(\xi)|d\xi^1 \ldots d\xi^n,$$

on aboutit à la conclusion que les deux valeurs proposées de l'intégrale de ω ne sont égales que si l'on a $J_\theta(\xi) > 0$ partout. Mauvais signe à tous les sens du terme puisqu'on désire un résultat indépendant du système de coordonnées utilisé.

La même difficulté surgit dans le cas d'une variété générale. Un cas simple est celui d'une forme ω dont le support, compact, est contenu dans dans le domaine d'une carte (U, φ) ; il serait naturel de poser

$$\int_X \omega = \int_U \omega$$

où le second membre est défini par la formule (1) appliquée à U. Si l'on remplace la carte (U, φ) par une carte (V, ψ) telle que $\mathrm{Supp}(\omega) \subset V$, il est clair qu'en appliquant (1) à U ou à V, il suffit en fait d'intégrer sur $U \cap V$; le raisonnement utilisé plus haut montre alors, ici encore, que les deux définitions de l'intégrale ne coïncident que si, dans $U \cap V$, le jacobien du changement de coordonnées $\varphi(x) \mapsto \psi(x)$ est partout > 0.

Pour tourner cette difficulté, on est donc conduit à n'autoriser que les changements de cartes locales dont les jacobiens sont partout > 0, plus précisément à utiliser, au lieu de toutes les cartes possibles, un atlas pour lequel les jacobiens de tous les changements de cartes soient positifs. L'existence d'un tel atlas – rappelons que les cartes d'un atlas doivent recouvrir la variété – n'est pas évidente et, pour certaines variétés, peut même être fausse. Lorsqu'un tel atlas existe, on dit que la variété est *orientable*.

Il est facile de voir le rapport avec la notion classique de surface orientable dans $\mathbb{R}^3$ rappelée au n° 9, (iv). Soient en effet X une sous-variété de dimension 2 de $\mathbb{R}^3$ et (U, φ) une carte locale de X ; si f est l'application réciproque de φ, la surface X est, dans l'ouvert U, donnée par la représentation paramétrique

$$x = f^1(s,t), \quad y = f^2(s,t), \quad z = f^3(s,t)$$

où (s,t) décrit l'ouvert $\varphi(U)$ du plan. Les dérivées $D_1 f$ et $D_2 f$ de f par rapport à s et t sont alors en chaque point $x \in U$ deux vecteurs tangents à X en x (au sens classique) et non proportionnels ; leur produit vectoriel classique est un vecteur normal à X en x, lequel est fonction continue du point x et oriente donc de façon cohérente les normales à X aux points de U. Si (V, ψ) est une autre carte et si $g = \psi^{-1}$, le produit $D_1 g \wedge D_2 g$ conduit de même, dans V, à une orientation des normales. Dans $U \cap V$, les $D_j g$ sont des combinaisons linéaires des $D_i f$ dont les coefficients sont ceux de la matrice jacobienne du changement de coordonnées $\theta : \varphi(x) \longrightarrow \psi(x)$. Comme le produit vectoriel de deux vecteurs est une fonction bilinéaire alternée de ceux-ci, on a

$$D_1 g(\eta) \wedge D_2 g(\eta) = J_\theta(\xi) D_1 f(\xi) \wedge D_2 f(\xi),$$

ce qui montre que, dans $U \cap V$, les orientations des normales à X définies par les cartes (U, φ) et (V, ψ) ne sont identiques que si $J_\theta > 0$ partout. Si donc on peut recouvrir X par des cartes telles que les jacobiens des formules de changement de carte soient positifs, on peut orienter de façon cohérente les normales à tous les points de X, ce qui est la définition classique d'une surface orientable.

Inversement, supposons cette condition remplie ; parmi toutes les cartes de X, bornons-nous à celles qui conduisent à l'orientation cohérente des normales choisie a priori[67] ; le raisonnement précédent montre alors que la relation $J_\theta > 0$ est satisfaite pour deux quelconques de ces cartes, et l'on retrouve la définition générale de l'orientabilité donnée plus haut.

Dans le cas général, auquel nous revenons, considérons deux atlas (U_i, φ_i) et (V_p, ψ_p) à jacobiens positifs. Pour $x \in X$, choisissons des indices i et p tels que $x \in U_i \cap V_p$; soit $\varepsilon(x) = \pm 1$ le signe au point x du jacobien du changement de cartes $\varphi_i(x) \mapsto \psi_p(x)$. Il ne dépend que de x, car si l'on a $x \in U_j \cap V_q$ pour un autre couple d'indices, les jacobiens des changements de cartes $(U_i, \varphi_i) \longrightarrow (U_j, \varphi_j)$ et $(V_p, \psi_p) \longrightarrow (V_q, \psi_q)$ sont par hypothèse positifs ; la formule de multiplication des jacobiens fournit alors immédiatement

---

[67] Si une carte (U, φ) ne satisfait pas à cette condition, il suffit de la composer avec le difféomorphisme $(s,t) \longrightarrow (t,s)$ pour obtenir, dans le même ouvert de X, une carte compatible avec l'orientation des normales.

le résultat. Ceci dit, observons que le jacobien de tout changement de cartes $(U_i, \varphi_i) \longrightarrow (V_p, \psi_p)$ étant une fonction continue dans l'ouvert $U_i \cap V_p$, il garde un signe constant au voisinage de tout $x \in U_i \cap V_p$; $\varepsilon(x)$ est donc une fonction *continue* dans X. On dira que les deux atlas considérés définissent la même orientation (resp. des orientations opposées) si l'on a $\varepsilon(x) = +1$ (resp. -1) pour tout $x \in X$. Il est clair que, si X est *connexe*, il n'y a pas d'autres possibilités ; autrement dit, il y a au plus deux façons possibles d'orienter une variété connexe.

Que X soit ou non connexe, on peut introduire dans l'ensemble de toutes les cartes de X une relation d'équivalence en considérant que deux cartes sont équivalentes si et seulement le jacobien du changement de cartes est partout positif. Ceci permet de répartir les cartes en classes d'équivalence, chacune de ces classes étant un atlas de X qui possède la propriété suivante de "maximalité" : toute carte de X dont les jacobiens relativement aux cartes de l'atlas donné sont tous positifs appartient à celui-ci. *Orienter* une variété consiste alors à choisir l'une de ces classes ; les cartes qui lui appartiennent seront alors dites compatibles avec l'orientation de X.

Les variétés les plus simples étant les espaces cartésiens, le problème de l'orientation se pose déjà pour ceux-ci et, de la même façon, pour leurs ouverts ; dans ce cas, on peut donner une définition purement algébrique de l'orientation.

Soit en effet (a_i) une base d'un espace cartésien E ; on obtient immédiatement une carte globale de E (ou de tout ouvert de E) en associant à chaque $x \in E$ ses coordonnées par rapport à cette base ; on pourrait l'appeler la *carte linéaire* de E associée à la base choisie. Cette carte constituant à elle seule un atlas de E, il est facile de calculer les signes des jacobiens des changements de cartes de cet atlas ... Par suite, E est orientable, et si l'on décide d'utiliser cette carte pour orienter E, on constate donc que le choix d'une base de E définit une orientation de E. Soit maintenant (b_i) une autre base de E ; il lui correspond une autre carte linéaire de E et l'on passe de la première à la seconde par les formules que tout le monde connaît. On en conclut que les orientations définies par les deux bases considérées sont identiques ou opposées selon que le déterminant de la matrice du changement de base est positif ou négatif. De ce point de vue, on peut considérer comme équivalentes deux bases telles que l'on passe de l'une à l'autre par une matrice de déterminant > 0. On partage ainsi l'ensemble de toutes les bases de E en deux classes d'équivalence, dont aucune ne joue un rôle privilégié ; orienter E revient alors à choisir l'une de ces classes. Les bases qui lui appartiennent sont dites *directes*, par analogie avec les "trièdres directs" des physiciens. Dans les espaces $\mathbb{R}^n$, il y a une classe de bases privilégiée : celle de la base canonique. D'où la possibilité de choisir dans $\mathbb{R}^n$ une *orientation canonique* – et l'impossibilité de le faire dans tout autre espace cartésien.

Le cas d'une variété X générale peut s'exposer de la même façon. Soit (U, φ) une carte de X. En tout point x de U, celle-ci permet, comme on l'a vu au point (i) du n° 13, de construire une base $(a_i(\xi))$ de $X'(x)$ telle que l'on ait
$$h = h^i(\xi) a_i(\xi) \quad \text{pour tout} \ h \in X'(x).$$

Si (V, ψ) est une autre carte, on a aussi $h = h^\alpha(\eta) b_\alpha(\eta)$ dans la base correspondant à cette carte; mais comme on passe des $h^i(\xi)$ aux $h^\alpha(\eta)$ par la formule $h^i(\xi) = \rho^i_\alpha(\eta) h^\alpha(\eta)$ dont les coefficients sont les $d\xi^i/d\eta^\alpha$, il est clair que le déterminant de la matrice faisant passer de la première base à la seconde est le jacobien en x du changement de base (ou de son inverse, ce qui n'en change pas le signe). Si donc, dans toute carte locale (U, φ), on utilise la base $(a_i(\xi))$ pour orienter l'espace tangent $X'(x)$ en tout $x \in U$ comme on l'a fait plus haut pour orienter un espace cartésien, on constate que deux telles cartes définissent, dans $U \cap V$, la même orientation si et seulement si elles orientent $X'(x)$ de la même façon pour tout $x \in X$.

La conclusion est claire : *orienter une variété X revient à orienter chaque espace tangent $X'(x)$ de telle sorte que l'on puisse recouvrir X par des cartes (U, φ) satisfaisant à la condition suivante: pour tout $x \in U$, l'orientation de $X'(x)$ est définie par la base $(a_i(\xi))$ de $X'(x)$ associée à (U, φ).*

(ii) *Intégrales de formes différentielles.* Ces raisonnements montrent que, pour définir l'intégrale d'une forme différentielle ω de degré maximum sur une variété X, il est nécessaire de supposer X *orientée* et ω à support compact. A défaut de mieux, les raisonnements du point (i) montrent alors que l'on peut donner un sens absolu à l'intégrale de ω dans le cas particulier où le support de ω est contenu dans un ouvert cartésien U de X: on applique la formule (1) après avoir choisi une carte (U, φ) *compatible avec l'orientation de X*; le résultat est le même pour tous les ouverts cartésiens U tels que $\mathrm{Supp}(\omega) \subset U$ et tous les difféomorphismes φ possibles.

La méthode suppose toutefois le compact $K = \mathrm{Supp}(\omega)$ contenu dans un ouvert cartésien. Dans le cas général, ne serait-ce qu'une sphère dans $\mathbb{R}^3$, on peut seulement garantir, grâce à BL, que l'on peut recouvrir K à l'aide d'un nombre fini de tels ouverts U_i. La méthode consiste alors à construire des formes ω_i, à support compact, vérifiant

(17.2) $$\mathrm{Supp}(\omega_i) \subset U_i \quad \& \quad \omega = \sum \omega_i$$

et à poser, par définition,

(17.3) $$\int_X \omega = \sum \int_{U_i} \omega_i$$

puisque, dans toute interprétation raisonnable de l'intégrale de ω_i, il suffit d'intégrer sur l'ouvert U_i en dehors duquel ω_i est nulle. Mais pour donner au premier membre de (3) un sens "absolu", il faut encore montrer que le second membre reste le même si l'on remplace les U_i par des ouverts cartésiens V_p recouvrant K et les ω_i par des ω_p vérifiant (2) pour le nouveau recouvrement, ce qui n'est aucunement évident. Il faut pour cela utiliser des *partitions de l'unité*, technique pouvant servir ailleurs.

Lemme 1. *Soient A et B deux fermés disjoints dans un espace métrique X. Il existe une fonction f définie et continue dans X vérifiant $f(x) = 1$ dans A, $f(x) = 2$ dans B et $1 \leq f(x) \leq 2$ partout.*

Le lemme est trivial si A est vide (prendre $f = 2$ partout) ou si B est vide (prendre $f = 1$ partout). Sinon, on choisit une fonction distance $d(x,y)$ définissant la topologie de X et l'on pose

$$f(x) = \inf[d(x,A), 2d(x,B)] / \inf[d(x,A), d(x,B)]$$

pour $x \in X - (A \cup B)$, ouvert dans lequel f est continue puisque les fonctions $d(x,A)$ et $d(x,B)$ le sont et ne s'y annulent pas. Au voisinage de tout point de A, on a $d(x,A) < d(x,B)$ et donc $f(x) = 1$; au voisinage de tout point de B, on a $2d(x,B) < d(x,A)$ et donc $f(x) = 2$. En posant $f(x) = 1$ sur A et $f(x) = 2$ sur B, on définit la fonction cherchée[68] dans l'espace X tout entier.

Lemme 2. *Soient U un ouvert et A un fermé contenu dans U. Il existe un ouvert V tel que $A \subset V \subset \bar{V} \subset U$. Si X est localement compact[69] et A compact, on peut supposer $\bar{V}$ compact.*

Ici encore, la première assertion est triviale si $U = X$ (prendre $V = X$) ou si A est vide (prendre $V = \{x\}$ avec $x \in U$). Sinon, poser $B = X - U$, choisir une fonction f par le lemme 1 et prendre $V = \{f(x) < 3/2\}$, ouvert qui contient A trivialement et dont l'adhérence, contenue dans l'ouvert $\{f(x) \leq 3/2\}$, ne rencontre pas $B = X - U$; d'où $\bar{V} \subset U$.

Si X est localement compact et A compact, on choisit pour tout $x \in A$ un voisinage ouvert $V(x)$ de x, d'adhérence compacte $\overline{V(x)} \subset U$; BL permet de recouvrir A par des $V(x_i)$ en nombre fini; la réunion V de ceux-ci répond à la question puisque $\bar{V} = \bigcup \overline{V(x_i)}$ est compact et contenu dans U.

---

[68] Résultat plus général (théorème d'Urysohn): si f est une fonction continue réelle et bornée définie sur un ensemble fermé $F \subset X$, il existe un prolongement continu de f à X. Si l'on suppose $f(F) \subset [1,2]$, cas auquel on peut se ramener, la formule

$$f(x) = d(x,F)^{-1} \cdot \inf[f(u)d(x,u)] \text{ pour } x \in X - F,$$

où le inf porte sur les $u \in F$, fournit une solution. Dieudonné, IV, 5. Le lemme correspond au cas de $F = A \cup B$.

[69] i.e. tel que tout $x \in X$ possède un voisinage compact V. Tout voisinage W de x contient alors un voisinage compact, par exemple $V \cap B$ où B est une boule fermée de centre x contenue dans W.

Lemme 3. *Soient $U_0, \ldots, U_n$ des ouverts de réunion X. Il existe des ouverts $V_0, \ldots, V_n$ de réunion X tels que $\bar{V}_i \subset U_i$ pour tout i.*

On construit les V_p par récurrence sur p en leur imposant en outre de vérifier
$$V_0 \cup \ldots \cup V_p \cup U_{p+1} \cup \ldots \cup U_n = X.$$

Comme V_0 doit seulement vérifier
$$X - (U_1 \cup \ldots \cup U_n) \subset V_0 \subset \bar{V}_0 \subset U_1,$$

on l'obtient en appliquant le lemme 2 à $A = X - (U_1 \cup \ldots \cup U_n)$ et $U = U_0$. Si maintenant l'on suppose construits $V_0, \ldots, V_{p-1}$, de sorte que
$$X = U_p \cup V_0 \cup \ldots \cup V_{p-1} \cup U_{p+1} \cup \ldots \cup U_n,$$

on obtient V_p en raisonnant de la même façon sur ce nouveau recouvrement.

Lemme 4. *Soient X un espace métrique localement compact, A une partie compacte de X et $(U_i)_{1 \leq i \leq n}$ un recouvrement ouvert fini de A. Il existe alors des fonctions f_i à valeurs positives, définies et continues dans X, à supports compacts et telles que l'on ait*

(17.4) $$\operatorname{Supp}(f_i) \subset U_i, \quad \sum f_i(x) = 1 \quad \text{dans } A.$$

Posons $U_0 = X - A$. Le lemme 3 fournit des ouverts $V_i (0 \leq i \leq n)$ recouvrant X et tels que $V_i \subset \overline{V_i} \subset U_i$. Pour $0 \leq i \leq n$, le lemme 1 prouve l'existence de fonctions g_i définies et continues dans X, à valeurs dans $[0,1]$, et telles que l'on ait

(17.5) $$g_i(x) = 1 \text{ si } x \in \overline{V_i}, \quad g_i(x) = 0 \text{ si } x \in X - U_i.$$

Considérons la fonction $g = \sum g_i$. Elle est à valeurs ≥ 0, elle est même > 0 sur les V_i, donc sur leur réunion X. Les fonctions $h_i = g_i/g (0 \leq i \leq n)$ sont donc définies et continues dans X et vérifient $\sum h_i(x) = 1$ pour tout $x \in X$; mais comme $h_0 = g_0/g$ est nulle dans $X - U_0 = A$, les fonctions $h_i (1 \leq i \leq n)$ ont pour somme 1 sur A, chacune étant nulle en dehors de l'ouvert U_i correspondant. Il reste à transformer les h_i en fonctions à support compact. Mais comme A est compact, le lemme 2 montre l'existence d'un ouvert W d'adhérence compacte tel que
$$A \subset W \subset \bar{W} \subset U_1 \cup \ldots \cup U_n$$

et le lemme 1 celle d'une fonction p égale à 1 sur A et nulle en dehors de W. En multipliant les h_i par p, on obtient des fonctions f_i nulles en dehors des

U_i et dont les supports, contenus dans W, sont compacts; leur somme sur A est évidemment encore égale à 1, cqfd.

C'est le lemme 4 qui va permettre de définir sans ambiguïté l'intégrale sur une variété orientée X d'une forme différentielle ω de classe C^0, de degré maximum $n = \dim(X)$ et à support compact. On choisit pour cela, conformément au lemme 4, des ouverts cartésiens U_i recouvrant le support de ω, ainsi que des fonctions f_i et l'on applique la formule (3) en choisissant $\omega_i = f_i\omega$, forme dont le support est un compact de U_i. Si l'on remplace les U_i et les f_i par des V_p et des g_p satisfaisant aux mêmes conditions, on a évidemment $\omega_i = \sum g_p\omega_i$; comme le support de ω_i est un compact dans U_i, l'intégrale de ω_i dans U_i est la somme des intégrales des $g_p\omega_i$ puisque, dans un ouvert cartésien, tout se passe comme dans un ouvert de $\mathbb{R}^n$ comme on l'a vu au début du point (ii). Mais le support de $g_p\omega_i$ étant en fait contenu dans l'ouvert cartésien $U_i \cap V_p$, son intégrale sur U_i, définie comme en (i), est égale à son intégrale sur $U_i \cap V_p$. On a donc finalement

$$\sum \int_{U_i} f_i\omega = \sum_{i,p} \int_{U_i \cap V_p} g_p f_i\omega.$$

Si maintenant on permute les rôles des U_i et des V_p, on trouve de même que

$$\sum \int_{V_p} g_p\omega = \sum_{p,i} \int_{V_p \cap U_i} f_i g_p\omega.$$

Les deux partitions de l'unité utilisées pour calculer l'intégrale de ω conduisent donc bien au même résultat.

On voit en même temps que, si ω et ϖ sont des formes à suppoort compact, on a

(17.6) $$\int \omega + \int \varpi = \int \omega + \varpi;$$

la réunion des supports de ω et ϖ étant compacte, on peut en effet utiliser la même partition de l'unité pour calculer les trois intégrales en cause; on est alors ramené au cas trivial d'un ouvert d'un espace cartésien.

Notons enfin que si ω est une forme de degré $p \leq n$ et si Y est une sous-variété de dimension p de X, l'immersion $Y \longrightarrow X$ conduit, par image réciproque, à une forme de degré maximum sur Y. Si ω est à support compact et si Y est fermée, on peut donc définir $\int_Y \omega$.

18 – La formule de Stokes

Elle affirme que si ω est une forme différentielle de degré $n-1$ dans une variété orientée X de dimension n, et si Ω est un ouvert d'adhérence compacte dont la frontière $\partial\Omega$ est une sous-variété de dimension n-1 de X au sens défini à la fin du n° 12, alors on a

(18.1) $$\int_{\partial\Omega} \omega = \int_\Omega d\omega,$$

à condition bien sûr d'orienter convenablement le bord de Ω et moyennant une condition supplémentaire signifiant, intuitivement, qu'au voisinage de tout point de sa frontière, l'ouvert Ω est situé "d'un seul côté" de celle-ci.

Corollaire : *si X est une variété compacte de dimension n, on a*

$$\int_X d\omega = 0$$

pour toute forme ω de degré $n-1$ sur X, pour la raison que ∂X est vide.

Avant d'entreprendre la démonstration, faisons quelques remarques sur ce qui se passe au voisinage d'un $x_0 \in \partial\Omega$.

Comme $\partial\Omega$ est par hypothèse une sous-variété de dimension n-1 de X, il existe en x_0, comme on l'a vu à la fin du n° 12, une carte cubique[70] (U, φ) telle que $\varphi(x_0) = 0$ et que $\varphi(U \cap \partial\Omega)$ soit la partie de K^n définie par la relation $\xi^1 = 0$. Soient U_0, U_+ et U_- les parties de U définies respectivement par les conditions $\xi^1 = 0$, $\xi^1 > 0$ et $\xi^1 < 0$, d'où $U_0 = U \cap \partial\Omega$. Puisque Ω ne rencontre pas sa frontière, on a $U \cap \Omega \subset U_+ \cup U_-$ et, pour la même raison,

$$U_+ \cap \Omega = U_+ \cap (\Omega \cup \partial\Omega).$$

Les intersections de Ω avec U_+ et U_- sont donc à la fois fermées et ouvertes dans ces ouverts connexes, d'où deux cas possibles seulement : (a) $U \cap \Omega = U_+$ ou U_-, (b) $U \cap \Omega = U_+ \cup U_-$.

Comme on le verra, la formule de Stokes suppose que l'on est partout dans le cas (a). Or il est clair que, si l'on est dans l'un de ces deux cas en $x_0 \in \partial\Omega$, il en est encore de même pour tout $x \in \partial\Omega$ assez voisin de x_0. L'ensemble S des $x \in \partial\Omega$ où l'on est dans le cas (b) est donc un ouvert de $\partial\Omega$, de même que l'ensemble S' des points où l'on est dans le cas (a), d'où une partition de $\partial\Omega$ en deux ouverts, i.e. en deux fermés. S et S' sont donc, comme $\partial\Omega$, des sous-variétés compactes de dimension $n-1$ de X. Il est par ailleurs clair que $S \cup \Omega$ est un ouvert connexe de X si Ω est connexe. En remplaçant X par $S \cup \Omega$, on est ainsi amené à se poser la question suivante : *dans une variété connexe de dimension n, le complémentaire Ω d'une sous-variété compacte S de dimension n-1 peut-il être connexe ?* Si la réponse était toujours négative, on aurait $S = \varnothing$ et l'on serait toujours dans le "bon" cas (a). Si $X = \mathbb{R}^2$, S est une courbe lisse et sans points multiples, donc, on le présume, une réunion finie de courbes fermées simples deux à deux

---

[70] i.e. telle que $\varphi(U)$ soit le cube K^n : $|\xi^i| < 1$ de $\mathbb{R}^n$.

disjointes, à savoir ses composantes connexes ; la réponse à la question est donc négative d'après le théorème de Jordan auquel, sans le démontrer, nous avons fait allusion à la fin du Chap. IV, § 4 ; même résultat pour une sphère. Mais si l'on ôte de la surface d'un tore de dimension deux un cercle dont le plan contient l'axe de rotation du tore, ou bien lui est orthogonal, on est dans le cas (b) : le complémentaire d'un tel cercle est connexe et situé " des deux côtés " de celui-ci. Pour que $S = \varnothing$, il faudrait ôter du tore deux cercles ; l'ouvert complémentaire possède alors deux composantes connexes, et l'on est dans le cas (a) pour chacune d'entre elles. La topologie algébrique (théorie de la dualité) a depuis longtemps résolu et généralisé ce problème : relation entre la topologie d'une sous-variété et celle de son complémentaire.

On supposera dans ce qui suit que l'on est toujours dans le cas (a) ci-dessus. On dit alors que $\partial \Omega$ est le *bord* de Ω, expression plus restrictive que " frontière ", et que Ω est un *ouvert à bord* dans X. On peut alors supposer $\xi^1 > 0$ dans $U \cap \Omega$, au besoin en remplaçant la fonction ξ^1 par $-\xi^1$ et en effectuant une permutation impaire sur les autres coordonnées, opérations qui ne modifient ni l'orientation de la carte considérée ni son caractère cubique. On a alors $U \cap \Omega = U_+$.

Cela dit, on peut recouvrir le compact $\Omega \cup \partial \Omega$ par un nombre fini de cartes cubiques (U, φ) compatibles avec l'orientation de X et telles que $U \cap \Omega = U$ ou U_+. Soit G la réunion, ouverte dans X, de ces cartes. Le lemme 4 ci-dessus permet, dans G, de décomposer ω en une somme de formes différentielles dont les supports sont des compacts contenus dans les cartes considérées ; il suffit donc, d'après la formule d'additivité (15), de démontrer la formule de Stokes pour ces formes. Autrement dit, on peut supposer que le support de ω est un compact contenu dans l'une de ces cartes cubiques (U, φ).

Considérons d'abord le cas où $U \cap \Omega = U$. Comme le support de ω ne rencontre pas $\partial \Omega$, le premier membre de la formule de Stokes est nul. Pour montrer qu'il en est de même du second, raisonnons dans le cube ouvert $\varphi(U) = \{|\xi^i| < 1\}$ de $\mathbb{R}^n$, ce qui remplace ω par une forme

(18.2) $$\sum p_i(\xi) d\xi^1 \wedge \ldots \wedge \widehat{d\xi^i} \wedge \ldots \wedge d\xi^n ,$$

où l'accent indique que $d\xi^i$ doit être omis, et $d\omega$ par

(18.3) $$\sum (-1)^{i-1} D_i p_i(\xi) d\xi^1 \wedge \ldots \wedge d\xi^n .$$

Lorsqu'on intègre à la Lebesgue-Fubini le i^e terme de (3), on peut intégrer d'abord par rapport à ξ^i, ce qui fournit, au signe près, la variation sur $]-1, +1[$ de la fonction

(18.4) $$t \longmapsto p_i\left(\xi^1, \ldots, \xi^{i-1}, t, \xi^{i+1}, \ldots, \xi^n\right) ;$$

comme le support de ω est un *compact* dans l'*ouvert* $\varphi(U)$, cette fonction est nulle si t est assez voisin de 1 ou de -1, d'où le résultat.

Reste le cas où $U \cap \Omega = U_+$. On a encore une forme (2) dans $\varphi(U)$, mais on intègre maintenant sa dérivée extérieure (3) sur l'ouvert $\xi^1 > 0$, de sorte que l'intégration par rapport à la variable ξ^i doit être étendue à l'intervalle $]-1,+1[$ si $i \neq 1$ et à l'intervalle $]0,1[$ si $i = 1$. Si $i \neq 1$, le résultat est nul comme dans le cas (a). Si par contre $i = 1$, le résultat est la variation de (4) sur $]0,1[$; le support de $d\omega$ étant un compact de $\varphi(U)$, la fonction (4) est nulle pour t voisin de 1 comme dans le cas (a), mais non au voisinage de $\xi^1 = 0$; en appliquant le TF, on trouve donc

$$(18.5) \qquad \int_\Omega d\omega = -\int_{K^{n-1}} p_1\left(0, \xi^2, \ldots, \xi^n\right) d\xi^2 \ldots d\xi^n ,$$

intégrale multiple ordinaire étendue au cube K^{n-1} de $\mathbb{R}^{n-1}$.

Quant à l'intégrale de ω étendue à $\partial\Omega$, i.e. à $U \cap \partial\Omega$, on la calcule à l'aide de la carte cubique (U_0, φ_0) de la variété $\partial\Omega$, où $U_0 = U \cap \partial\Omega$ comme plus haut et où

$$\varphi_0(x) = \left(0, \varphi^2(x), \ldots, \varphi^n(x)\right) .$$

L'image de U_0 par cette carte est précisément le cube K^{n-1} figurant dans (5), et φ_0 transforme ω en la forme qui se déduit de (2) en y remplaçant la variable ξ^1 par 0, ce qui annule les termes de (2) tels que $i \neq 1$. On a donc

$$(18.6) \qquad \int_{\partial\Omega} \omega = \varepsilon \int_{K^{n-1}} p_1\left(0, \xi^2, \ldots, \xi^n\right) d\xi^2 \ldots d\xi^n ,$$

avec un signe ε dont la détermination dépend de l'orientation de $\partial\Omega$, orientation que nous n'avons pas encore définie. Pour obtenir la formule de Stokes dans ce cas, il faut donc faire en sorte que $\varepsilon = -1$, autrement dit orienter $\partial\Omega$ de telle sorte que la carte (U_0, φ_0) soit *incompatible* avec cette orientation.

On peut formuler le résultat d'une autre façon. Soit f l'application réciproque de φ, considérons le point $x_0 = f(0) \in U \cap \partial\Omega$ et posons $a_i = f'(0)e_i$, où (e_i) est la base canonique de $\mathbb{R}^n$. On obtient ainsi une base de $X'(x_0)$ qui en définit l'orientation puisque la carte (U, φ) est compatible avec celle-ci ; en outre, les vecteurs $a_2, \ldots, a_n$ forment une base du sous-espace tangent à $Y = \partial\Omega$ en x_0 et définissent l'orientation de $\partial\Omega$ opposée à celle qui convient pour le théorème de Stokes. Ceci dit, considérons dans X la courbe

$$\gamma : t \longmapsto f(-t, 0, \ldots, 0)$$

qui passe par x_0 pour $t = 0$; pour $|t|$ assez petit, on a $\gamma(t) \in \Omega$ pour $t < 0$ et $\gamma(t) \notin \Omega$ pour $t > 0$ d'après les hypothèses faites sur la carte (U, φ). La courbe γ est donc la trajectoire d'un mobile qui *sort* de Ω en franchissant le bord de Ω en x_0 au temps $t = 0$; son vecteur vitesse en $t = 0$

est $-a_1$. La base $(-a_1, a_2, \ldots, a_n)$ étant incompatible avec l'orientation de Ω, on peut la rendre compatible en effectuant sur $a_2, \ldots, a_n$ une permutation impaire, laquelle transforme ces vecteurs en une base de $Y'(x_0)$ compatible avec l'orientation de $\partial\Omega$. La règle à appliquer peut donc se formuler de la façon suivante : soit $h_1 \in X'(x)$ la vitesse en x d'un mobile qui *sort* de Ω au point x ; pour qu'une base $(h_2, \ldots, h_n)$ de l'espace tangent à $\partial\Omega$ en x définisse l'orientation de $\partial\Omega$, il faut et il suffit que la base $(h_1, \ldots, h_n)$ de $X'(x)$ soit compatible avec l'orientation de X.

Considérons le cas le plus simple : X est une sous-variété de dimension 2 dans $\mathbb{R}^3$, i.e. ce que les physiciens entendent par une "surface", $\partial\Omega$ étant une courbe tracée sur X et limitant un ouvert Ω de X. En un point $x \in \partial\Omega$, choisissons une base (h_1, h_2) du plan tangent traditionnel $T_x(X)$ définissant l'orientation de X et pour laquelle h_2 est tangent à la courbe limitant Ω ; si le vecteur h_1 "sort" de Ω, il faut orienter $\partial\Omega$ comme h_2. Mais si (h_1, h_2) définit l'orientation de X, cela veut dire que l'orientation de sa normale est celle du vecteur $h_1 \wedge h_2$. Autrement dit, les vecteurs h_1, h_2 et le vecteur unité de la normale orientée en x, énoncés dans cet ordre, doivent former un trièdre "direct". On retrouve ainsi la règle classique que nous avons décrite au n° 9, (iv) : un piéton ou une piétonne parcourant le bord de Ω dans le sens prescrit par la formule de Stokes et restant orienté ou orientée comme la normale à la surface doit, en regardant devant lui ou elle, laisser Ω à sa gauche, laquelle est jusqu'à nouvel ordre la même pour les deux sexes.

Cette règle s'applique en particulier à un ouvert Ω de $\mathbb{C}$ limité par une ou plusieurs courbes fermées simples $\gamma_0, \ldots, \gamma_p$, comme on en rencontre en théorie des fonctions holomorphes ; si l'on suppose Ω intérieur à γ_0 et extérieur[71] à $\gamma_1, \ldots, \gamma_p$ et si l'on oriente Ω comme tout le monde, alors on doit orienter γ_0 dans le sens "positif" usuel et les autres γ_k dans le sens négatif.

Supposons maintenant, autre cas classique, que $X = \mathbb{R}^3$, de sorte que Ω est un ouvert borné dont la frontière est une sous-variété compacte de dimension 2 de X, par exemple une sphère, un tore, etc. Il est naturel d'orienter Ω comme la base canonique de X. Il reste alors à orienter $\partial\Omega$ de façon à vérifier la formule de Stokes (en l'occurence, Ostrogradsky). Le résultat général montre que si, en $x \in \partial\Omega$, on choisit une base (h_1, h_2, h_3) orientée comme la base canonique et telle que (i) h_1 soit le vecteur vitesse en x d'un mobile qui part de x pour sortir de Ω, (ii) (h_2, h_3) forment une base du plan tangent à $\partial\Omega$ en x, alors il faut orienter celui-ci comme la base (h_2, h_3). Cela revient à dire que le vecteur $h_2 \wedge h_3$ normal à $\partial\Omega$ en x doit *sortir* de Ω.

---

[71] Au sens que nous avons donné à ces termes au Chapitre VIII : $\mathrm{Ind}_\gamma(z) = +1$ ou -1 selon que z est intérieur ou extérieur à γ.

X – La Surface de Riemann d'une Fonction Algébrique

1 – Surfaces de Riemann

Soit X une variété C^0 de dimension 2 au sens du Chap. IX, n° 11, (ii). Si (U,φ) est une carte de X, on peut considérer φ comme un homéomorphisme de l'ouvert U sur un ouvert de $\mathbb{C}$: si $\xi_1(x), \xi_2(x)$ sont les coordonnées de $\varphi(x) \in \mathbb{R}^2$ pour $x \in U$, il suffit de convenir que $\varphi(x) = \xi_1(x) + i\xi_2(x)$.

Soient (U,φ) et (V,ψ) deux cartes de S. Le changement de carte $\varphi(U \cap V) \longrightarrow \psi(U \cap V)$ n'est, a priori, que C^0, de sorte que si, par miracle, une fonction définie dans $U \cap V$ s'exprime holomorphiquement dans (U,φ), elle n'a aucune raison de faire de même dans (V,ψ). Pour qu'il en soit ainsi, il faudrait que le changement de carte transforme les fonctions holomorphes en fonctions holomorphes, autrement dit soit une *représentation conforme* de $\varphi(U \cap V)$ sur $\psi(U \cap V)$.

On est ainsi amené à la notion de surface de Riemann (ou de variété analytique complexe de dimension complexe 1) : c'est une variété X de classe C^0, *connexe*[1] et de dimension 2, dans laquelle on s'est donné un atlas (U_i, φ_i) tel que tous les changements de carte

$$\varphi_i(U_i \cap U_j) \longrightarrow \varphi_j(U_i \cap U_j)$$

soient holomorphes, auquel cas ce sont des représentations conformes (permuter i et j). On définit plus généralement à partir de là une *carte holomorphe* (U,φ) de X par la condition que, pour tout i, les changements de coordonnées $\varphi_i(x) \mapsto \varphi(x)$ et $\varphi(x) \mapsto \varphi_i(x)$ soient holomorphes dans les ouverts où ils sont définis ; lorsque (U,φ) est une carte locale holomorphe en $a \in U$ telle que $\varphi(a) = 0$, on dit que la fonction φ est une *uniformisante locale* en a ; certains auteurs adoptent dans ce cas la notation q_a au lieu de φ, ce que nous ferons à l'occasion en dépit du fait qu'elle pourrait faire croire, à tort, que la donnée de a détermine q_a. Les fonctions holomorphes étant C^∞, une surface de Riemann est donc, pour commencer, une variété C^∞.

L'exemple le plus évident, à part un ouvert de $\mathbb{C}$, est la sphère de Riemann $\hat{\mathbb{C}} = \mathbb{C} \cup \{\infty\}$: on a ici un atlas à deux cartes (U,φ) et (V,ψ) où $U = \mathbb{C}$, $\varphi(z) = z$, $V = \hat{\mathbb{C}} - \{0\}$, $\psi(z) = 1/z$.

---

[1] Ne pas faire cette hypothèse entraînerait des complications ridicules. Pour commencer, le théorème 1 ci-dessous deviendrait faux.

290   X – La Surface de Riemann d'une Fonction Algébrique

Un autre cas, plus utile car contrôlant la théorie des fonctions elliptiques, consiste à choisir dans $\mathbb{C}$ un réseau L, sous-groupe discret engendré par deux nombres ω_1 et ω_2 non proportionnels (Chap. II, n° 23) et à considérer l'espace quotient $X = \mathbb{C}/L$ des classes mod L. On le munit de la topologie évidente : $U \subset X$ est ouvert si et seulement si son image réciproque est un ouvert de $\mathbb{C}$ ou, ce qui revient au même en la circonstance, si c'est l'image d'un ouvert de $\mathbb{C}$; X devient un espace compact homéomorphe au tore $\mathbb{T}^2$. Pour définir une structure complexe sur X, on remarque d'abord que si $D \subset \mathbb{C}$ est un disque ouvert *assez petit* de centre a, ses images par les translations $z \mapsto z + \omega$, avec $\omega \in L$, sont deux à deux disjointes, de sorte que $p \colon \mathbb{C} \longrightarrow \mathbb{C}/L$ applique homéomorphiquement D sur un ouvert U de S ; si l'on note φ l'application $U \longrightarrow D$ réciproque de p, le couple (U, φ) est une carte de X, et pour obtenir la structure analytique cherchée il suffit de montrer que les cartes ainsi définies vérifient la condition imposée plus haut, ce qui est évident. La fonction $\varphi(x) - a$, où a est le centre de D, est alors une uniformisante locale au point $p(a)$.

Si X est une surface de Riemann, on peut, pour tout ouvert $O \subset S$, définir les fonctions h que l'on dira *holomorphes* (resp. *méromorphes*) dans O en leur imposant la condition suivante : pour toute carte holomorphe (U, φ), il existe dans l'ouvert $\varphi(U \cap O)$ de $\mathbb{C}$ une fonction holomorphe (resp. méromorphe) h_φ telle que l'on ait $h(x) = h_\varphi[\varphi(x)]$ pour tout $x \in U \cap O$; il suffirait de le vérifier pour les cartes d'un atlas. Définition équivalente : pour tout $a \in U \cap O$, la fonction h est, au voisinage de a, somme d'une série entière (resp. de Laurent avec un nombre fini de termes de degré < 0) en $\varphi(x) - \varphi(a)$:

(1.1) $$h(x) = \sum c_n \left[\varphi(x) - \varphi(a)\right]^n = \sum c_n q_a(x)^n.$$

Comme dans $\mathbb{C}$, une fonction méromorphe dans O n'est donc pas partout définie, sauf à lui attribuer la valeur ∞ aux points d'une partie discrète de O. On notera $\mathcal{H}(O)$ resp. $\mathcal{M}(O)$ l'ensemble des fonctions holomorphes resp. méromorphes dans O. La propriété qui les définit est visiblement de nature locale. Comme dans $\mathbb{C}$, on peut effectuer sur les fonctions méromorphes dans X les opérations algébriques usuelles, y compris la division : si f n'est pas la fonction 0, ses zéros sont isolés puisque X est connexe, ce qui élimine toute difficulté ; il faudrait aussi, pour être correct, définir le résultat en des points où, apparemment, il n'a pas de sens : si par exemple f et g ont des pôles en $a \in X$ et si, dans la somme de leurs séries de Laurent (1), leurs parties polaires se détruisent mutuellement, on attribue à $f + g$ une valeur en a, à savoir la somme des termes constants de leurs séries de Laurent. On peut donc considérer l'ensemble $\mathcal{M}(X)$ des fonctions méromorphes dans X comme un *corps* commutatif.

Une différence essentielle entre la théorie C^∞ et celle des surfaces de Riemann est que l'existence de fonctions holomorphes ou méromorphes dans un ouvert O donné, tout en étant claire si O est contenu dans le domaine d'une carte, n'est pas évidente dans les autres cas ; montrer – ce que l'on ne fera pas ici – qu'il existe beaucoup de fonctions méromorphes *globalement* définies sur une surface de Riemann est la première difficulté majeure que l'on rencontre lorsqu'on avance dans la théorie.

Ce n'est pas surprenant. Si l'on considère comme plus haut un réseau L dans $\mathbb{C}$ et la surface de Riemann $X = \mathbb{C}/L$, les fonctions holomorphes, ou méromorphes, dans un ouvert O de X sont celles qui, composées avec $p : \mathbb{C} \longrightarrow \mathbb{C}/L$, sont holomorphes, ou méromorphes, dans l'ouvert $p^{-1}(O)$ de $\mathbb{C}$. Elles sont invariantes par les translations $z \mapsto z + \omega$, $\omega \in L$. Toute démonstration d'existence globale de fonctions méromorphes sur $\mathbb{C}/L$ prouve donc, sans le moindre calcul, l'existence des *fonctions elliptiques*, i.e. de fonctions méromorphes dans $\mathbb{C}$ invariantes par les translations $z \mapsto z + \omega$. C'est là un résultat qu'on ne peut espérer rendre trivial : ou bien vous démontrez le théorème valable pour toutes les surfaces de Riemann, ou bien, comme Weierstrass, vous écrivez des séries

$$\sum_{\omega \in L} 1/(z-\omega)^k, \quad k = 4, 6, 8, \ldots$$

qui répondent à la question (Chap. II, n° 23).

Définissons maintenant l'*ordre* $v_a(h)$ d'une fonction méromorphe h en un point a. On choisit pour cela une uniformisante locale q_a en a ; on a alors au voisinage de a un développement $h(x) = \sum c_n q_a^n(x)$ en série de Laurent ; $v_a(h)$ est alors le plus petit entier n tel que $c_n \neq 0$. Cette définition ne dépend pas du choix de la carte.

Soit ω une forme différentielle C^∞ de degré 1 sur X (ou plus généralement dans un ouvert O de X : remplacer X par O) et à valeurs complexes. Soit (U, φ) une carte locale de X, sous-entendu holomorphe, comme toujours dans la suite. En posant $\varphi(x) = \zeta$, (U, φ) transforme ω en une forme ω_φ dans $\varphi(U)$ que l'on peut écrire

(1.2) $$\omega_\varphi = h_\varphi(\zeta) d\zeta + k_\varphi(\zeta) d\bar{\zeta},$$

avec des fonctions h_φ et k_φ de classe C^∞ dépendant de la carte considérée. On dira que ω est *holomorphe* si, quelle que soit la carte (U, φ), on a $\omega_\varphi = h_\varphi(\zeta) d\zeta$ avec une fonction h_φ holomorphe dans $\varphi(U)$ ou, en d'autres termes, si ω est l'image réciproque par φ d'une forme différentielle holomorphe dans $\varphi(U)$. Si (V, ψ) est une autre carte, il est clair (transitivité des images réciproques) que les changements de carte

$$\theta : \varphi(U \cap V) \longrightarrow \psi(U \cap V), \quad \rho : \psi(U \cap V) \longrightarrow \varphi(U \cap V)$$

transforment ω_φ en ω_ψ et vice-versa ; par suite

$$\omega_\varphi = h_\varphi(\zeta) d\zeta \Longrightarrow \omega_\psi = h_\varphi[\rho(\zeta)] d[\rho(\zeta)] = h_\varphi[\rho(\zeta)] \rho'(\zeta) d\zeta,$$

de sorte que le coefficient h_φ de ω dans une carte locale (U, φ) se transforme par

(1.3) $$h_\psi(\zeta) = h_\varphi\left[\rho(\zeta)\right]\rho'(\zeta),$$

cas très particulier des formules du calcul tensoriel. On a $d\omega = 0$ comme dans $\mathbb{C}$.

On peut aussi définir plus généralement les formes différentielles méromorphes dans X : ce sont des formes holomorphes dans $X - D$, où D est une partie discrète de X, et telles que, pour tout $a \in D$ et dans une (donc dans toute) carte locale (U, φ) assez petite en a, on ait $\omega_\varphi = h_\varphi(\zeta)d\zeta$ où la fonction h_φ est méromorphe dans $\varphi(U)$ et n'a qu'un pôle au point $\varphi(a)$. Dans toute carte (U, φ) de X, on a donc $\omega_\varphi = h_\varphi(\zeta)d\zeta$ où h_φ est méromorphe dans $\varphi(U)$. Si par exemple h est une fonction méromorphe dans X et si, dans (U, φ), h est représentée par une fonction méromorphe $h_\varphi(\zeta)$, sa différentielle dh est représentée par $h'_\varphi(\zeta)d\zeta$ d'après le théorème de dérivation des fonctions composées ; dh est donc une forme différentielle méromorphe, qui possède les mêmes pôles que h. On définit de façon évidente le produit d'une différentielle méromorphe ω par une fonction méromorphe. On peut par exemple, pour toute fonction méromorphe h, considérer la forme dh/h dont les pôles sont manifestement les pôles et les zéros de h, comme dans $\mathbb{C}$.

Pour une forme différentielle $\omega = h_\varphi(\zeta)d\zeta$ où h_φ est méromorphe dans $\varphi(U)$, on a, au voisinage de tout $a \in U$, un développement $h_\varphi(\zeta) = \sum c_n \left[\zeta - \varphi(a)\right]^n$; le coefficient c_{-1} est, par définition, le *résidu* de ω en a, noté $\mathrm{Res}(\omega, a)$. Lui non plus ne dépend pas du choix de la carte [Chap. VIII, n° 5, (v) : invariance du résidu par représentation conforme]. Prenons par exemple $\omega = dh/h$ où h est méromorphe dans X ; si h est représentée dans la carte (U, φ) par une fonction méromorphe $h_\varphi(\zeta)$, il est clair que ω est représentée par la forme $h'_\varphi(\zeta)d\zeta/h_\varphi(\zeta)$; ω est donc une forme différentielle méromorphe, et l'on a

(1.4) $$\mathrm{Res}_a(dh/h) = v_a(h)$$

comme dans $\mathbb{C}$.

Nous allons maintenant établir un résultat qui généralise ce qu'on a vu au Chap. 8, n° 5 à propos des fonctions définies sur la sphère de Riemann :

Théorème 1. *Soit X une surface de Riemann compacte.*

(a) *Toute fonction définie et holomorphe dans X est une constante.*
(b) *Pour toute fonction méromorphe f sur X, on a*

(1.5) $$v(f) = \sum v_a(f) = 0.$$

(c) *Pour toute forme différentielle méromorphe ω dans X, on a*

(1.6) $$\sum \mathrm{Res}_a(\omega) = 0.$$

Le point (a) est évident : une fonction h partout holomorphe atteint son maximum quelque part, donc est constante au voisinage de son maximum. Comme X est par définition connexe, le raisonnement classique s'applique verbatim. (Corollaire : dans $\mathbb{C}$, il n'existe pas de fonctions elliptiques *entières*, constantes mises à part).

D'après (4), il suffit, pour obtenir (b), de prouver l'assertion (c). Elle va résulter du théorème de Stokes. Il est applicable, car les changements de carte holomorphes ont des jacobiens > 0, ce qui permet d'orienter X à l'aide de ces cartes.

Ceci dit, X étant compacte et les pôles de ω étant isolés, ceux-ci sont en nombre fini ; notons-les $a_k (1 \leq k \leq n)$. Pour chaque k, choisissons une carte locale (U_k, φ_k) telle que $\varphi_k(a_k) = 0$ et, pour $r > 0$ assez petit, notons $D_k(r)$ l'ensemble des $x \in U_k$ tels que $|\varphi_k(x)| \leq r$. Ces " disques " sont fermés dans X et, si r est assez petit, deux à deux disjoints ; ω possède alors un seul pôle, en a_k, dans $D_k(r)$, et même dans $D_k(r')$ pour un $r' > r$.

Considérons alors l'ouvert G obtenu en ôtant de X les disques $D_k(r)$. Sa frontière est la réunion des " cercles " qui limitent les " disques " $D_k(r)$. Au voisinage d'un point frontière de $D_k(r) \subset D_k(r')$, la situation est la même que pour deux disques concentriques dans $\mathbb{C}$. Il est donc clair d'une part que la frontière de G est une sous-variété de dimension (réelle) un de S, réunion des " cercles " $|\varphi_k(x)| = r$, d'autre part qu'au voisinage d'un point frontière de G, l'ouvert G est situé d'un seul côté de sa frontière.

Dans la variété $X' = X - \{a_1, \ldots, a_n\}$, ω est holomorphe et a fortiori C^∞ ; G est un ouvert de X', d'adhérence compacte dans X' puisque celle-ci, complémentaire dans X des disques ouverts $|\varphi_k(x)| < r$, est fermée dans l'espace compact X et ne contient pas les a_k. On peut donc appliquer le théorème de Stokes

$$\int_{\partial G} \omega = \iint_G d\omega .$$

On a $d\omega = 0$ puisque ω est holomorphe, de sorte que la somme des intégrales de ω le long des " cercles " limitant les $D_k(r)$ est nulle.

Si l'on utilise la carte (U_k, φ_k) qui transforme ω en une forme $\omega_k = h_k(\zeta)d\zeta$ dans le disque $|\zeta| < r'$, il est clair que (U_k, φ_k) transforme l'orientation de X, donc de X', en l'orientation standard de $\mathbb{C}$; elle transforme aussi le bord de $D_k(r)$, orienté conformément à la formule de Stokes, en le cercle $|\zeta| = r$ orienté dans le sens habituel. Le difféomorphisme φ_k transforme donc l'intégrale de ω étendue au bord de $D_k(r)$ en celle de ω_k étendue à la circonférence $|\zeta| = r$, égale à $2\pi i \operatorname{Res}_0(h_k)$. Mais le résidu de h_k en $0 = \varphi_k(a_k)$ est, par définition, le résidu de ω en a_k. D'où le théorème.

L'assertion (b) a des corollaires importants. Tout d'abord, si f est une fonction méromorphe sur X, il est clair que, pour tout $c \in \mathbb{C}$, les fonctions f et $f - c$ ont les mêmes pôles avec les mêmes ordres de multiplicité. Comme

$\sum v_a(f)$ est la différence entre le nombre de zéros et le nombre de pôles f (comptés avec leurs ordres de multiplicité), on en conclut que, pour une surface compacte, *le nombre de solutions de $f(x) = c$ est indépendant de c et égal au nombre de pôles de f.*

D'autre part, si ω est une forme méromorphe dans X et si (U, φ) est une carte locale holomorphe en a, avec $\varphi(a) = 0$, l'image $\omega_\varphi = h_\varphi(\zeta)d\zeta$ de ω dans $\varphi(U)$ est méromorphe dans $\varphi(U)$. On définit alors l'*ordre* $v_a(\omega)$ en a par la relation

$$v_a(\omega) = v_0(h_\varphi).$$

Comme, dans (3), le coefficient $\rho'(\zeta)$ est holomorphe et $\neq 0$ en a, la définition ne dépend pas du choix de la carte (U, φ). Les $a \in X$ où $v_a(\omega) \neq 0$ forment un ensemble discret, donc fini si X est compacte. On a évidemment $v_a(h\omega) = v_a(h) + v_a(\omega)$ pour toute fonction h méromorphe dans S. Si donc l'on pose

$$v(\omega) = \sum v_a(\omega)$$

pour toute forme méromorphe dans X, on a $v(h\omega) = v(h) + v(\omega) = v(\omega)$ pour toute fonction méromorphe h. Mais si ω et ω' sont deux formes méromorphes, il existe une fonction méromorphe h telle que $\omega' = h\omega$; c'est évident dans toute carte locale (h est le rapport entre les coefficients de ω et ω'), et les fonctions h obtenues dans les cartes locales se "recollent" en une fonction globalement définie en raison de la formule de transformation (3), identique pour ω et ω'. La conclusion est que *l'entier $v(\omega)$ est le même pour toutes les différentielles méromorphes sur S.* On pose

$$v(\omega) = 2g - 2,$$

où g est le *genre* de la surface de Riemann *compacte* X.

On démontre que g est un entier ≥ 0 et, ce qui est beaucoup moins évident, que deux surfaces de Riemann compactes sont homéomorphes[2] si et seulement si elles ont le même genre. La sphère de Riemann est de genre 0 ; la forme différentielle $\omega = dz$ possède en effet un pôle double à l'infini puisque l'on doit le calculer à l'aide de l'uniformisante locale $\zeta = 1/z$, et comme on a, en tout $a \in \mathbb{C}$, $\omega = 1.d(z-a)$ avec $1 \neq 0$, le pôle à l'infini est la seule contribution au calcul de $v(\omega)$; d'où $v(\omega) = -2$ et $g = 0$. Inversement, toute surface de Riemann compacte de genre 0 est isomorphe (et non pas seulement homéomorphe) à la sphère de Riemann. Pour $g = 1$, on obtient les quotients $\mathbb{C}/L$ de la théorie des fonctions elliptiques; on étudiera ce cas classique au volume IV. Pour $g \geq 1$, X est homéomorphe à une sphère à g anses.

---

[2] Mais non isomorphes en tant que variétés complexes (un isomorphisme étant un homéomorphisme holomorphe ainsi que l'application réciproque). La classification à isomorphisme près des surfaces de Riemann est beaucoup plus compliquée.

2 – Fonctions algébriques

C'est pour étudier les fonctions algébriques d'une variable et, en particulier, les rendre uniformes que Riemann a imaginé ses surfaces, sous une forme beaucoup moins claire que la définition que nous en avons donnée. Pour le comprendre, il faudrait d'abord comprendre ce qu'on entend par une *fonction algébrique* $\zeta = \mathcal{F}(z)$ d'une variable complexe z. La première caractéristique d'une "fonction" algébrique est de ne pas être une fonction : comme $\mathcal{L}og\, z$, qui n'est pas algébrique, et comme $z^{1/3}$ ou

$$\left[(z^2+1)^{1/2} - (z^3-2z+1)^{1/3}\right]^{1/4}$$

qui le sont, elle peut prendre plusieurs valeurs (une infinité dans le premier cas, 3 dans le second et 24 dans le troisième) pour une valeur donnée de z ; la notation $\mathcal{F}(z)$ ne peut donc représenter qu'un *ensemble* de nombres complexes, la seule notation ayant un sens étant $\zeta \in \mathcal{F}(z)$ et non pas $\zeta = \mathcal{F}(z)$. Les éléments de $\mathcal{F}(z)$ sont, par définition, toutes les racines (y compris éventuellement ∞ comme on le verra plus tard) d'une équation

(2.1) $$P(z,\zeta) = 0$$

où

(2.2) $$P(X,Y) = \sum a_{pq} X^p Y^q = P_0(X) Y^n + \ldots + P_n(X) =$$
$$= Q_0(Y) X^m + \ldots + Q_m(Y)$$

est un polynôme donné[3] à deux variables ou "indéterminées" à coefficients complexes, par exemple $Y^3 - X$ dans le cas de $z^{1/3}$ et une équation de degré 24 dans le cas du troisième exemple[4]. Si P_0 n'est pas identiquement nul, auquel cas on dira que $\mathcal{F}$ est de degré n (il vaudrait peut-être mieux dire $1/n$ pour éviter de confondre avec le degré d'un polynôme), l'équation (1) a toujours au plus n racines et, pour z donné, exactement n, éventuellement multiples, si $P_0(z) \neq 0$.

---

[3] Dans ce qui suit, il est utile de supposer que P est *irréductible*, i.e. ne peut pas s'écrire de façon non triviale sous la forme d'un produit $P = QR$ de deux autres polynômes, puisque si tel était le cas on devrait considérer séparément les équations $Q = 0$ et $R = 0$; c'est aussi la condition pour que la surface de Riemann que nous construirons soit connexe, comme on le verra. Tout polynôme P est un produit de facteurs irréductibles : considérer un diviseur Q de degré total minimum et raisonner par récurrence sur le degré total de P. Le *degré total* est le plus grand entier d tel que l'on ait $a_{pq} \neq 0$ pour un couple (p,q) tel que $p+q=d$.

[4] Pour la calculer, on construit le polynôme en Y ayant pour racines les six différences $u-v$, où $u = \varepsilon(X^2+1)^{1/2}$ avec $\varepsilon \in \{1,-1\}$ et $v = \omega(X^3-2X+1)^{1/3}$ où ω est une racine cubique de l'unité ; on constate (et on peut montrer a priori) que le résultat est un polynôme $p(X,Y)$ – les "irrationnelles" disparaissent parce que les coefficients de p sont les fonctions symétriques élémentaires des six différences $u-v$; l'équation cherchée est alors $p(X,Y^4) = 0$.

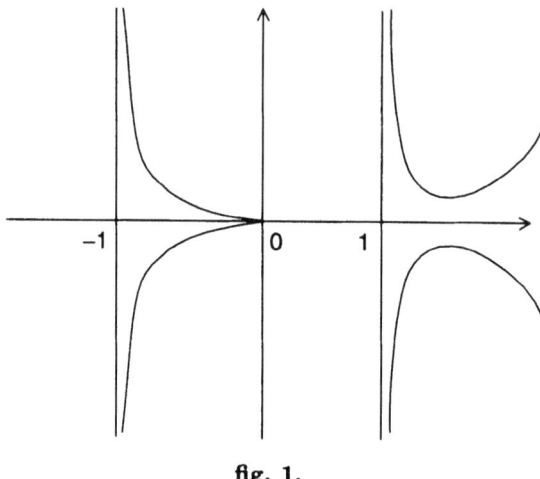

fig. 1.

L'équation (1) a des racines multiples pour les valeurs de z telles que les équations $P(z,\zeta) = 0$ et $D_2 P(z,\zeta) = 0$ aient des racines communes en ζ, où D_2 est l'opérateur de dérivation par rapport à ζ. On voit facilement – résultat classique d'algèbre[5] – que l'ensemble de ces valeurs de z est fini. Pour l'équation $\zeta^2(z^2 - 1) - z^5 = 0$, dont le graphe dans $\mathbb{R}^2$ possède un point de rebroussement à l'origine, c'est le cas si $z = 0, 1$ ou $+1$; il est visible que, pour z voisin de 0, l'équation possède deux racines voisines de 0, et bien que l'on puisse, dans le domaine réel, les distinguer par leur signe, c'est impossible dans le domaine complexe. Si en effet l'on suit par continuité l'une des racines le long d'un cercle de centre 0, on obtient à l'arrivée la racine opposée car le nombre $z^5/(z^2-1)$ dont ζ est " la " racine carrée décrit une courbe entourant l'origine. Dans le cas particulièrement simple où $P(X,Y) = Y^2 - X$, qui correspond à $\zeta = z^{1/2}$, la courbe ne présente aucune singularité à l'origine, mais sa tangente y est verticale et la conclusion est la même: parler de la " fonction " $z^{1/2}$ n'a aucun sens au voisinage de 0 comme on l'a déjà exposé au Chapitre IV.

Dans ce qui suit, on notera S l'ensemble, fini, des $z \in \mathbb{C}$ où l'équation (1) possède moins de n racines distinctes, soit parce que son degré s'abaisse (points qui annulent P_0), soit parce qu'elle possède des racines multiples (*points critiques*).

---

[5] Si $P(Y)$ et $Q(Y)$ sont des polynômes de degrés p et q à coefficients dans un anneau d'intégrité, par exemple $\mathbb{C}[X]$, et si y est une racine commune à P et Q, on obtient $p+q$ équations linéaires et homogènes en les $y^n (0 \leq n \leq p+q-1)$ en multipliant successivement $P(y)$ par $1, y, \ldots, y^{q-1}$ et $Q(y)$ par $1, y, \ldots, y^{p-1}$; ce système admettant une solution non nulle (car $1 \neq 0$), son déterminant, polynôme en les coefficients de P et Q, doit être nul. Faites le calcul pour $p = q = 2$.

Si l'on appelle z et ζ les coordonnées canoniques dans $\mathbb{C}^2$, l'équation (1) définit une *courbe algébrique* complexe dans $\mathbb{C}^2$ (par opposition aux courbes algébriques réelles dans $\mathbb{R}^2$) ; dans le langage de la théorie des ensembles (Chapitre I, n° 5), $\mathcal{F}$ est une *correspondance*[6] entre $\mathbb{C}$ et $\mathbb{C}$ dont la courbe est le graphe. Pour transformer $\mathcal{F}$ en une fonction F au sens strict, il suffit de se placer sur la courbe et de poser $F(z,\zeta) = \zeta$, comme on l'a fait au §4 du Chap. IV à propos du logarithme complexe. L'ignorance de ce procédé pourtant simple, et plus généralement du $b-a-ba$ de la théorie "abstraite" des ensembles, a longtemps semé la confusion, et pas seulement à propos des fonctions algébriques. Elle explique pourquoi Dieudonné qualifie quelque part de "verbiage" les discours classiques sur les "fonctions multiformes", sans toutefois aller jusqu'à expliquer à ses lecteurs comment transformer le verbiage en raisonnements mathématiques parfaitement corrects. Le premier objectif de la théorie est de construire une surface de Riemann *compacte* sur laquelle z, la "fonction" $\zeta = \mathcal{F}(z)$ et plus généralement toute expression rationnelle en z et ζ deviennent de vraies fonctions méromorphes. Le graphe de $\mathcal{F}$ n'est qu'une première approximation dans la construction, sensiblement plus compliquée comme on le verra.

Le premier pas consiste à se placer dans l'ouvert $B = \mathbb{C} - S$ défini par la condition

$$z \in B \iff \operatorname{Card} \mathcal{F}(z) = n$$

et à montrer que la partie X du graphe de $\mathcal{F}$ située au-dessus de B admet une structure analytique complexe naturelle (autrement dit, est une surface de Riemann, non compacte) pour laquelle $p : (z,\zeta) \mapsto z$ et $F : (z,\zeta) \mapsto \zeta$ sont holomorphes. La surface de Riemann compacte cherchée s'obtiendra ensuite en adjoignant à X un nombre fini de points, opération analogue à la construction de la sphère de Riemann $\hat{\mathbb{C}}$ à partir de $\mathbb{C}$.

Prouvons d'abord le résultat suivant :

Lemme 1 (Continuité des racines d'une équation algébrique). *Soient a un point de $\mathbb{C}$ et $\alpha \in \mathbb{C}$ une racine multiple d'ordre p de $P(a,\zeta) = 0$. Il existe des nombres $r > 0$ et $\rho > 0$ tels que, pour tout z vérifiant $0 < |z-a| < r$, l'équation $P(z,\zeta) = 0$ possède exactement p racines, toutes simples, dans $0 < |\zeta - \alpha| < \rho$.*

Comme on l'a vu au Chap. VIII, n° 5, (viii) dans un contexte plus général, si $\rho > 0$ donné est suffisamment petit, le nombre $\nu(z)$ de racines de $P(z,\zeta) = 0$ vérifiant $|\zeta - \alpha| < \rho$ est une fonction continue, pour la convergence compacte, de la fonction $P_z : \zeta \mapsto P(z,\zeta)$. Mais puisque P est une fonction continue du couple (z,ζ), donc uniformément continue sur tout

---

[6] Ce terme a du reste été utilisé en géométrie algébrique bien avant que la théorie des ensembles soit inventée ou diffusée.

compact de $\mathbb{C} \times \mathbb{C}$, P_z est une fonction continue de z pour la topologie de la convergence compacte; $\nu(z)$ est donc une fonction continue de z, d'où $\nu(z) = \nu(a)$ au voisinage de a. On voit donc que, pour $|z - a| < r$ assez petit, l'équation $P(z, \zeta) = 0$ possède exactement p racines, distinctes ou non, telles que $|\zeta - \alpha| < \rho$. Les valeurs de z telles que l'équation $P(z, \zeta) = 0$ ait une racine multiple étant en nombre fini, la seule de ces valeurs vérifiant $|z - a| < r$ est a si r est assez petit. Les p racines de $P(z, \zeta) = 0$ telles que $|\zeta - \alpha| < \rho$ sont donc simples si $0 < |z - a| < r$, cqfd.

On verra plus loin que $\mathcal{F}$ se décompose en n branches uniformes $f_k(z)$ dans tout ouvert *simplement connexe* U de B, une *branche uniforme* dans U étant, par définition, une vraie fonction f, définie et (pour le moment) *holomorphe* dans U, telle que $f(z) \in \mathcal{F}(z)$ pour tout $z \in U$; c'est ce qu'on avait établi au § 4 du Chap. IV pour la pseudo-fonction $\mathcal{L}og\, z$ pour $U \subset \mathbb{C}^*$.

Il y a tout d'abord un résultat local à établir:

Lemme 2. *Soient $P(X, Y)$ un polynôme à coefficients complexes et $E \subset \mathbb{C}^2$ l'ensemble des points simples[7] de la courbe $P(z, \zeta) = 0$. Alors E est une sous-variété de $\mathbb{C}^2 = \mathbb{R}^4$ et, pour tout $(a, \alpha) \in E$ où $D_2 P(a, \alpha) \neq 0$, il existe des voisinages ouverts V de a et W de α tels que $E \cap (V \times W)$ soit le graphe d'une fonction $\zeta = f(z)$ définie et holomorphe dans V et à valeurs dans W.*

Il reviendrait au même de dire qu'il existe dans V une et une seule fonction f holomorphe vérifiant

(2.3) $\qquad f(a) = \alpha \ \& \ P[z, f(z)] = 0 \quad \text{pour tout } z \in V.$

On appelle f une *branche uniforme* locale en a de la fonction algébrique définie par P.

Puisque α est racine simple de $P(a, \zeta) = 0$, il existe (lemme 1) des voisinages V et W de a et α tels que, pour tout $z \in V$, l'équation $P(z, \zeta) = 0$ possède exactement une racine $\zeta \in W$. Il s'agit de montrer que cette unique racine ζ est une fonction *holomorphe* de z.

Considérons l'application

$$P : (z, \zeta) \longmapsto P(z, \zeta)$$

de $\mathbb{C}^2$ dans $\mathbb{C}$ comme une application de $\mathbb{R}^4$ dans $\mathbb{R}^2$. Elle possède en chaque point une application linéaire tangente $P'(z, \zeta)$ qui est $\mathbb{C}$-linéaire puisque P est holomorphe en z et ζ, à savoir (Chap. IX, formule (2.24))

(2.4) $\qquad (h, k) \longmapsto D_1 P(z, \zeta) h + D_2 P(z, \zeta) k$

où h, k sont des vecteurs variables dans $\mathbb{C}$ et où les dérivées sont prises au sens complexe; (4) montre que P' est surjective en tout point de l'ouvert Ω de $\mathbb{C}^2$ où $D_1 P$ et $D_2 P$ ne sont pas tous deux nuls, de sorte que $P : \Omega \longrightarrow \mathbb{R}^2$

---

[7] C'est-à-dire des points où $D_1 P(z, \zeta)$ et $D_2 P(z, \zeta)$ ne sont pas tous les deux nuls.

est une *submersion*. Toute équation $P(z,\zeta) = c$ définit donc une sous-variété fermée de dimension $4-2 = 2$ de Ω [Chap. IX, n° 13, (ii)], donc une sous-variété de $\mathbb{R}^4 = \mathbb{C}^2$; c'est en particulier le cas de E. En un point $(a, \alpha) \in E$ où $D_2 P \neq 0$, l'espace vectoriel tangent à E est l'ensemble des (h, k) tels que

$$D_1 P(a, \alpha) h + D_2 P(a, \alpha) k = 0,$$

i.e. tels que

$$k = -D_1 P(a, \alpha) h / D_2 P(a, \alpha) ;$$

au voisinage de (a, α), la variété E est donc le graphe d'une application $\zeta = f(z)$ où f est C^∞, avec une application linéaire tangente donnée par

$$f'(a) h = -D_1 P(a, \alpha) h / D_2 P(a, \alpha)$$

[Chap. IX, n° 13, (iv)]. Cette formule montre que $f'(a)$ est $\mathbb{C}$-linéaire, de sorte que f est holomorphe, cqfd.

On montrerait de même qu'au voisinage d'un point (a, α) où $D_1 P \neq 0$, E est le graphe d'une fonction holomorphe $z = g(\zeta)$.

Revenant à la surface de Riemann X, graphe de $\mathcal{F}$ au-dessus de B, considérons un $a \in B = p(X)$. Si l'on note α_k les n racines simples de l'équation $P(a, \zeta) = 0$, il existe au voisinage de a des fonctions holomorphes $f_k(z)$, $1 \leq k \leq n$, vérifiant

(2.5) $$P[z, f_k(z)] = 0, \quad f_k(a) = \alpha_k.$$

Si D est un disque assez petit de centre a, ces n branches uniformes locales f_k en a sont toutes définies dans D et, étant continues, ont des valeurs deux à deux distinctes en tout $z \in D$ puisque les $f_k(a) = \alpha_k$ le sont. Si l'on note $D_k \subset X$ l'image de D par $z \mapsto (z, f_k(z))$, on voit donc que les D_k sont deux à deux disjoints et ont pour réunion l'ensemble $p^{-1}(D)$ des points de X se projettant dans D. Les applications $p : D_k \longrightarrow D$ et $f_k : D \longrightarrow D_k$ étant continues et réciproques l'une de l'autre, p est un homéomorphisme de D_k sur D, de sorte que les D_k sont connexes par arcs comme D. Enfin, D_k est ouvert dans X puisque c'est l'ensemble des $(z, \zeta) \in X$ vérifiant $z \in D$ et $\zeta \in W_k$, où W_k est un voisinage ouvert de α_k. Par suite, *les D_k sont les composantes connexes de $p^{-1}(D)$ et p est un homéomorphisme local de X sur B*.

Il est clair d'autre part que, pour tout k, le couple (D_k, p) est une carte locale de X ; on obtient ainsi un atlas de X, a priori C^0. Il est en fait *holomorphe*. Soient en effet (a, α), (b, β) deux points de X et f, g les branches uniformes locales en a et b telles que $f(a) = \alpha$, $g(b) = \beta$. Elles sont définies dans des disques U et V de centres a et b et les appliquent homéomorphiquement sur des voisinages ouverts $f(U)$ et $g(V)$ de (a, α) et (b, β). Si

$f(U) \cap g(V) \neq \varnothing$, f et g sont égales en au moins un point de $U \cap V$, donc dans tout $U \cap V$ (unicité des branches uniformes dans un ouvert connexe) et lorsqu'on passe de la carte locale $(f(U), p)$ à la carte locale $(g(V), p)$, la coordonnée $p(z, \zeta) = z$ d'un point de la première carte se transforme en sa coordonnée $p(z, \zeta) = z$ dans la seconde. Le changement de coordonnées est donc l'application $z \mapsto z$, aussi holomorphe qu'il est possible de l'être. La conclusion de ces raisonnements est qu'il existe sur X une structure analytique complexe faisant de X une surface de Riemann. Elle n'est pas encore compacte, mais c'est un début.

Pour passer de là à l'existence de branches uniformes globales dans tout ouvert simplement connexe contenu dans B et pour compléter X en la surface de Riemann *compacte* $\hat{X}$ attachée à P, il est utile de développer quelques points de topologie générale qui peuvent servir ailleurs.

3 – Revêtements d'un espace topologique

Cette théorie demandant passablement d'explications, je la décomposerai en plusieurs parties en me bornant au minimum indispensable[8]. En particulier, je passerai sous silence la notion de groupe fondamental d'un espace, inutile pour construire les surfaces de Riemann des fonctions algébriques.

(i) *Définition des revêtements*. La notion de revêtement d'un espace topologique (séparé, i.e. vérifiant l'axiome de Hausdorff) généralise la situation rencontrée à la fin du n° précédent. On se donne deux espaces séparés X et B et une application continue et surjective $p : X \longrightarrow B$; bien que ce ne soit pas toujours nécessaire, on supposera la "base" B *connexe*[9] et *localement connexe* (existence pour tout $z \in B$ de voisinages connexes arbitrairement petits, cas des variétés par exemple). Pour encourager le lecteur à comparer la théorie générale avec des raisonnements déjà utilisés en variable complexe, au n° précédent et au § 4 du Chap. IV, on notera z un point arbitraire de B et ζ un point quelconque de X.

Pour que le système (X, B, p) soit un revêtement, on impose la condition suivante, exprimant que le revêtement est *localement trivial* :

(R) tout $z \in B$ possède un voisinage ouvert D dont l'image réciproque $p^{-1}(D)$ est la réunion d'une famille $(D_i)_{i \in I}$ d'ouverts deux à deux disjoints que p applique homéomorphiquement sur D.

---
[8] Cette section suit d'assez près le Chapitre XVI.28 des *Eléments d'analyse* de Dieudonné, lequel suit d'encore plus près ce que N. Bourbaki a écrit sur le sujet lorsqu'il était à l'ordre du jour dans les années 1950. Comme il y avait à l'époque dans le groupe des experts maximum de l'homotopie, à commencer par Samuel Eilenberg et Jean-Pierre Serre, et d'autres personnes ayant déjà sérieusement réfléchi au sujet, il est peu probable que l'on puisse faire mieux.

[9] Dans tout ce n° et dans la suite de ce §, "connexe" signifiera : connexe *par arcs*.

La conséquence la plus évidente de (R) est que p transforme tout voisinage d'un $\zeta \in X$ en un voisinage de $p(\zeta)$. En particulier, p transforme tout ouvert de X en un ouvert de B. On voit aussi que, pour tout $z \in B$, la *fibre* $p^{-1}(\{z\})$ de z dans X est une partie *discrète* de X puisque ses intersections avec les ouverts D_i se réduisent à un seul point.

Exemple 1. Choisissons $B = \mathbb{C}^*$, $X = \mathbb{C}$ et pour p l'application

$$\mathbf{e} : \zeta \longmapsto \exp(2\pi i \zeta)$$

de X sur B. Comme on a partout $\mathbf{e}'(\zeta) \neq 0$, p est un homéomorphisme local (Chap. VIII, n° 5, théorème 7 appliqué localement). Si $a \in B$ est l'image d'un $\alpha \in X$ et si $D \subset B$ est un disque assez petit de centre a, il y a donc un voisinage D' de α que p applique homéomorphiquement sur D. La périodicité de la fonction exponentielle montre que

$$p^{-1}(D) = \bigcup_{\mathbb{Z}} D' + n = \bigcup D_n,$$

et il est clair que si D' (i.e. D) est assez petit, les translatés D_n de D' sont deux à deux disjoints et appliqués homéomorphiquement sur D par p. On peut donc considérer $\mathbb{C}$ comme un revêtement, au surplus simplement connexe, de $\mathbb{C}^*$. Il est tout aussi clair que, si l'on choisit dans $\mathbb{C}$ un réseau L de périodes comme en théorie des fonctions elliptiques, alors $\mathbb{C}$ devient un revêtement simplement connexe du tore $\mathbb{C}/L$. Enfin, l'application $t \mapsto \mathbf{e}(t)$ transforme $\mathbb{R}$ en un revêtement de $\mathbb{T} = \mathbb{R}/\mathbb{Z}$.

Exemple 2. Pour un entier $k > 0$ donné, considérons le quotient $P/k\mathbb{Z}$ de P par le groupe des translations horizontales $\zeta \mapsto \zeta + nk$, où $n \in \mathbb{Z}$, avec la topologie évidente. La fonction $\mathbf{e}(\zeta/k)$ est invariante par ces translations, donc définit une application continue $p : P/k\mathbb{Z} \longrightarrow D^*$. Il est à peu près évident qu'on obtient ainsi un revêtement "à k feuillets" de D^*, comme on appelait cela autrefois, le *revêtement canonique d'ordre k* de D^*. On peut aussi, à isomorphisme près, le construire à l'aide de l'application $z \mapsto z^k$ de D^* sur D^* ; l'axiome (R) est vérifié en raison du lemme 1 du n° 2 appliqué, pour $a = 0$, au polynôme $Y^k - X$; en fait, le revêtement canonique d'ordre k de D^* n'est autre que la partie de la surface de Riemann du polynôme $Y^k - X$ située au-dessus de D^*.

Il peut arriver que la condition (R) soit vérifiée pour $D = B$. Si l'on identifie tout $\zeta \in D_i$ au couple (z, i), où $z = p(\zeta)$, on transforme X en le produit cartésien $B \times I$ muni du produit de la topologie de B par la topologie discrète de I (toute partie de I est un ouvert) ; inversement, le produit $X = B \times I$, où I est un espace discret, est un revêtement de B grâce à l'application $p(z, i) = z$. Un tel revêtement est dit (globalement) *trivial* ou *décomposé*.

Dans le cas des fonctions algébriques (fin du n° précédent), on a un revêtement "à n feuillets" de B, mais dans le cas général les D_i ne sont pas nécessairement en nombre fini ni même constant si B n'est pas connexe[10], comme le montre le graphe X de la pseudo-fonction $\zeta = \mathcal{L}og\, z$ étudiée au Chapitre IV, §4 ; on a ici $B = \mathbb{C}^*$, X est l'ensemble des couples $(z,\zeta) \in \mathbb{C}^2$ tels que $z = \exp(\zeta)$, et $p(z,\zeta) = z$. Dans tout disque $D \subset \mathbb{C}^*$, la "fonction multiforme" $\mathcal{L}og\, z$ se décompose en branches uniformes $L_k(z)$ dépendant d'un $k \in \mathbb{Z}$ et les graphes $D_k \subset X$ des L_k sont les composantes connexes de $p^{-1}(D)$. On remarquera en passant que cette situation ne diffère en rien de celle de l'exemple 1 : en associant à tout $\zeta \in \mathbb{C}$ le point $(\mathbf{e}(\zeta), \zeta)$ du graphe de $\mathcal{L}og\, z$, on obtient un homéomorphisme du premier revêtement sur le second qui commute avec les applications p correspondantes. Deux tels revêtements d'un même espace de base B sont dits *isomorphes*.

Dans le cas général, si la condition (R) est vérifiée pour un voisinage D de z, elle l'est évidemment aussi pour tout voisinage $D' \subset D$. Si donc B est localement connexe, on peut supposer D connexe ; les D_i le sont alors aussi. Puisque les D_i sont deux à deux disjoints, ce sont les composantes connexes de l'ouvert $p^{-1}(D)$ de X.

En pratique, tous les espaces que l'on considère sont métrisables. Si la topologie de B est définie par une distance $d(x,y)$, alors, pour tout $z \in B$, il existe des $r > 0$ tels que X soit trivial au-dessus de la boule $D(z,r)$. Si l'on désigne par $r(z)$ la borne supérieure de ces r, il est clair que X est trivial au-dessus de $D(z,r)$ pour tout $r < r(z)$. Si $d(z,z') < r < r(z)$, X est trivial au-dessus de $D(z',r')$ pour tout $r' < r(z) - r$ puisque $D(z',r') \subset D(z,r)$. On en conclut que $r(z') > r(z) - d(z,z')$ et par suite que la fonction r est *semi-continue inférieurement* (Chap. V, n° 10). Pour tout compact $K \subset B$, on a

$$(3.1) \qquad \inf_{z \in K} r(z) = r(K) > 0$$

car il existe un $z \in K$ où $r(z)$ est minimum (même référence).

(ii) *Sections d'un revêtement.* Puisque $p : D_i \longrightarrow D$ est un homéomorphisme, on peut considérer l'application réciproque $\varphi_i : D \longrightarrow D_i$; elle vérifie $p \circ \varphi_i = id$; c'est l'analogue d'une branche uniforme locale. Plus généralement, si E est une partie de B, on appelle *section de X au-dessus de E* toute application continue $\varphi : E \longrightarrow X$ telle que $p[\varphi(z)] = z$ pour tout $z \in E$, autrement dit, l'analogue d'une branche uniforme dans E. Puisque p est un homéomorphisme local, il existe des sections au-dessus de tout voisinage *assez petit* de tout $a \in B$, à savoir les φ_i ; il existe même une section prenant une valeur donnée en un point donné de D. Si deux sections φ et ψ définies sur un même ensemble $E \subset B$ sont égales en $a \in E$, elles sont égales en a à une même φ_i : puisque D_i est ouvert dans X, les valeurs de φ et ψ

---

[10] L'axiome (R) montre que le nombre d'éléments de $p^{-1}(\{z\})$ est une fonction localement constante de $z \in B$, donc constante si B est connexe. Ce nombre, fini ou non, est généralement appelé l'*ordre* du revêtement (X, B, p).

au voisinage de a sont dans D_i, d'où $\varphi(z) = \psi(z) = \varphi_i(z)$ pour tout $z \in E$ assez voisin de a.

L'ensemble des points de E où φ et ψ sont égales est donc ouvert dans E; il est aussi fermé puisque φ et ψ sont continues. Par suite, *deux sections de X au-dessus d'une partie connexe de X sont identiques si elles sont égales en un point*. Si par exemple $\mathcal{F}$ est une fonction algébrique et si l'on a, dans un ouvert connexe $U \subset \mathbb{C} - S$ (notations du n° précédent), deux branches uniformes f et g de $\mathcal{F}$, l'existence d'un $a \in U$ où $f(a) = g(a)$ implique $f = g$ dans tout U. Il y a donc au plus n branches uniformes dans U si $n = d°(\mathcal{F})$ et, en fait, exactement n si U est simplement connexe (n° 4, théorème 6).

Montrons maintenant que *si φ est une section de X au-dessus d'une partie connexe E de B, alors $\varphi(E)$ est une composante connexe de $p^{-1}(E)$*. Comme $(p^{-1}(E), E, p)$ est visiblement un revêtement de E, il suffit de le faire pour $E = B$. Puisque $z \mapsto (z, \varphi(z))$ et $(z, \zeta) \mapsto z$ sont continues et réciproques l'une de l'autre, φ est un homéomorphisme de B sur $Y = \varphi(B)$, qui est donc connexe. D'après (R), il est clair que Y est ouvert dans X. Si d'autre part une suite $\varphi(z_n) \in Y$ converge vers une limite, les $z_n = p[\varphi(z_n)]$ convergent vers un $a \in B$, d'où $\lim \varphi(z_n) = \varphi(a)$. Par suite, Y est ouvert et fermé dans X, et connexe comme image de B, cqfd.

D'autre part, *si Y est une composante connexe de X, alors $p(Y)$ est une composante connexe de B, d'où $p(Y) = B$ si B est connexe*. Tout d'abord, Y étant ouvert dans X et p étant un homéomorphisme local, $p(Y)$ est ouvert dans B. Soient $a \in B$ un point adhérent à $p(Y)$ et D un voisinage ouvert connexe de a dans B vérifiant (R). Comme D rencontre $p(Y)$, $p^{-1}(D) = \bigcup D_i$ rencontre Y. Si un D_i, ouvert connexe, rencontre Y, alors $Y \cup D_i$ est un ouvert connexe contenant Y. On a donc $D_i \subset Y$ et $a \in p(D_i) \subset p(Y)$, de sorte que $p(Y)$ est fermé, cqfd.

Il est clair en outre que Y est un revêtement de B: appliquer (R) en remplaçant X par Y.

Supposons enfin que, pour toute composante connexe Y de X, l'application $p : Y \longrightarrow B$ soit injective. Elle est alors bijective si B est connexe, et comme p est un homéomorphisme local, c'est un homéomorphisme global de Y sur B. Par suite, Y est l'image de B par une section globale φ de X et le revêtement (X, B, p) est trivial.

(iii) *Relèvements d'un chemin.* Soit $\gamma : I \longrightarrow B$ un chemin continu dans B, où $I = [0, 1]$. Un relèvement de γ est un chemin $\mu : I \longrightarrow X$ tel que $p \circ \mu = \gamma$ (§ 4 du Chap. IV pour le cas de $\mathcal{L}og\, z$). Un tel relèvement existe toujours, mais il y a mieux :

Théorème 2. *Soient (X, B, p) un revêtement et $\gamma : I \longrightarrow B$ un chemin dans B. Il existe un et un seul relèvement μ de γ à X ayant une origine donnée. Si deux chemins γ_0 et γ_1 dans B sont homotopes à extrémités fixes et si μ_0 et μ_1 sont des relèvements de γ_0 et γ_1 ayant la même origine, alors μ_0 et μ_1 ont la même extrémité et sont homotopes.*

Prouvons d'abord l'unicité de μ. Au voisinage d'un $t_0 \in I$, un relèvement $\mu(t)$ de γ, étant fonction continue de t, prend ses valeurs dans un voisinage de $\mu(t_0)$ que $p : X \longrightarrow B$ applique homéomorphiquement sur un voisinage D de $\gamma(t_0)$ vérifiant l'axiome (R). Dans D, on a donc $\mu = \varphi \circ \gamma$ où φ est la seule et unique section de X au-dessus de D qui applique $\gamma(t_0)$ sur $\mu(t_0)$. Il s'ensuit que l'ensemble des points où deux relèvements coïncident est ouvert et fermé dans I, d'où l'unicité.

Pour prouver l'existence de μ, on choisit un $\alpha \in X$ tel que $p(\alpha) = \gamma(0) = a$ et, comme on l'a fait au §4 du Chap. IV, on considère tous les couples (J, μ) où $J \subset I$ est un intervalle d'origine 0 et μ une application continue de J dans X vérifiant $p \circ \mu = \gamma$ dans J, ainsi que $\mu(0) = \alpha$. L'existence de tels couples est claire – prendre J assez petit pour que X soit trivial au-dessus de $\gamma(J)$ –, de même que leur "cohérence" : si (J', μ') et (J'', μ'') sont deux tels couples, on a $\mu' = \mu''$ dans $J' \cap J''$ d'après l'unicité des relèvements. En considérant la réunion de tous ces J, on obtient un couple (J_0, μ_0) tel que μ_0 ne puisse pas se prolonger au-delà de l'extrémité droite b de J_0. Mais comme X est trivial au-dessus d'un voisinage ouvert connexe D de $\gamma(b)$ dans B, on voit que si $b' \in J_0$ est suffisamment voisin de b pour que $\gamma(b') \in D$, il existe dans D une section de X égale à $\mu_0(b')$ en $\gamma(b')$, ce qui permet de prolonger μ_0 au-delà de b si $b < 1$, et à b si $b = 1$. D'où $b = 1$.

Considérons maintenant une homotopie $\sigma : I \times I = K \longrightarrow B$ entre les chemins γ_0 et γ_1 de l'énoncé, dont on désignera l'origine et l'extrémité par a et b ; on a donc

(3.2) $\qquad \sigma(s, 0) = a, \;\; \sigma(s, 1) = b \;\; \text{pour tout } s,$
$\qquad\qquad \sigma(0, t) = \gamma_0(t), \;\; \sigma(1, t) = \gamma_1(t) \;\; \text{pour tout } t.$

Soit α l'origine commune de μ_0 et μ_1. Tout le problème est de construire une application continue $\sigma' : K \longrightarrow X$ vérifiant $p \circ \sigma' = \sigma$ et

(3.3) $\qquad \sigma'(s, 0) = \alpha \;\; \text{pour tout } s,$
$\qquad\qquad \sigma'(0, t) = \mu_0(t), \;\; \sigma'(1, t) = \mu_1(t) \;\; \text{pour tout } t.$

Il est en fait inutile d'imposer à $\sigma'(s, 0)$ d'être indépendant de s, car la condition $p \circ \sigma' = \sigma$ montre que $s \mapsto \sigma'(s, 0)$ est une application continue de I dans l'espace *discret* $p^{-1}(a)$, donc est constante. On pourrait même substituer aux conditions (3) la seule condition que $\sigma'(0, 0) = \alpha$; la relation $p \circ \sigma' = \sigma$ montre en effet que (1) $\sigma'(s, 0)$ prend ses valeurs dans $p^{-1}(a)$, donc est constante, (2) $\sigma'(0, t)$ est un relèvement de γ_0 de même origine que μ_0, donc égal à μ_0, (3) $\sigma'(1, t)$ est un relèvement de γ_1 de même origine que μ_1, donc égal à μ_1.

Comme dans le cas précédent, l'unicité de σ' est claire puisque $K = I \times I$ est connexe.

Comme $\sigma(B)$ est compact et σ uniformément continue, (1) montre qu'il existe un $r > 0$ tel que X soit trivial au-dessus de $\sigma(D)$ pour tout disque D

de rayon r dans K. Si l'on quadrille K par les droites $s = i/n$ et $t = j/n$, avec $0 \leq i, j \leq n$ avec n assez grand, X est trivial au-dessus des images $\sigma(K_{ij}) = H_{ij}$ des carrés compacts K_{ij} ainsi obtenus. Si l'on choisit, pour le moment arbitrairement, une section φ_{ij} de X au-dessus de chaque H_{ij} et si l'on pose $\sigma'_{ij} = \varphi_{ij} \circ \sigma$ dans K_{ij}, on a

$$p \circ \sigma'_{ij} = \sigma \text{ dans } K_{ij}.$$

Si des carrés K_{ij} (au plus quatre) ont un point commun x, on peut supposer, en choisissant n assez grand, qu'ils sont tous contenus dans le disque ouvert de centre x et de rayon r ; comme ces K_{ij} sont connexes, donc aussi les H_{ij} et leur réunion, on voit que si les sections φ_{ij} choisies sont égales en $\sigma(x)$, ce sont les restrictions à ces H_{ij} de la seule et unique section au-dessus de leur réunion qui, en x, prend la même valeur qu'elles.

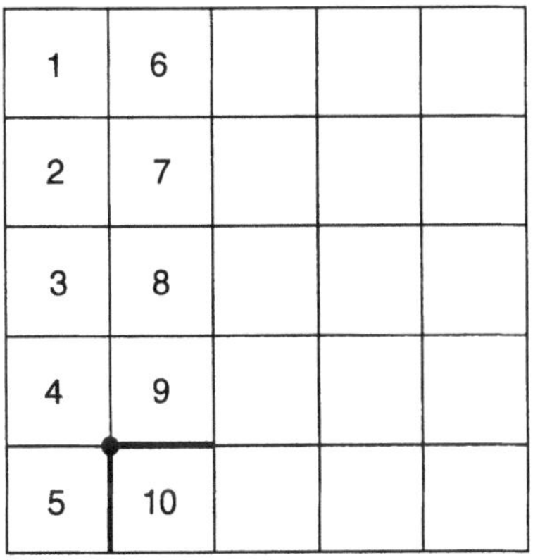

1	6			
2	7			
3	8			
4	9			
5	10			

fig. 2.

Pour choisir les φ_{ij} de telle sorte que les applications σ'_{ij} soient les restrictions aux K_{ij} de l'application σ' cherchée, on ordonne les K_{ij} en une suite simple $K_i (1 \leq i \leq n^2)$ comme l'indique la figure ci-dessus. On choisit dans $H_1 = \sigma(K_1)$ la section φ_1 égale à $\alpha = \mu_0(0)$ en $\sigma(0,0)$ et on définit

$$\sigma'_1 = \varphi_1 \circ \sigma \text{ dans } K_0.$$

Comme $t \mapsto \sigma'(0,t)$ est, dans l'intervalle $[0, 1/n]$, un relèvement de γ_0 de même origine que μ_0, on a

(3.4) $\qquad \sigma'_1(0,t) = \mu_0(t) \text{ pour } 0 \leq t \leq 1/n.$

Comme $\sigma(s, 0) = a$ pour tout s, on a de même

(3.5) $\qquad \sigma'_1(s,0) = \alpha \text{ pour } 0 \leq s \leq 1/n.$

Ceci fait, on choisit dans $H_2 = \sigma(K_2)$ la section φ_2 égale à φ_1 sur l'image du côté commun aux deux carrés K_1 et K_2, puis la section φ_3 au-dessus de H_3 égale à φ_2 sur l'image du côté commun à K_2 et K_1, et ainsi de suite, et l'on définit $\sigma'_i = \varphi_i \circ \sigma$ dans K_i.

Supposons prouvée l'existence dans $K_1 \cup \ldots \cup K_i$ d'une application σ' qui, dans chaque $K_j, j \leq i$, coïncide avec σ'_j. Pour que la définition de σ' puisse se prolonger à $K_1 \cup \ldots \cup K_{i+1}$, il faut et il suffit que, si K_{i+1} rencontre un K_j d'indice $j \leq i$, on ait $\sigma'_{i+1} = \sigma'_j$ dans la partie commune. Faisons-le pour $i = 10$ et $j = 5$ (figure !). Les relèvements partiels σ'_{10} et σ'_9 sont, par construction, égaux sur $K_{10} \cap K_9$, mais l'hypothèse de récurrence montre que σ'_9 et σ'_5 sont égaux sur $K_9 \cap K_5$, ensemble réduit à un point et donc non vide. Ce point appartenant aussi à K_{10}, σ'_{10} et σ'_5 sont égaux en ce point, donc dans $K_{10} \cap K_5$ comme on l'espérait.

Ce raisonnement montre qu'il existe une application continue $\sigma' : I \times I \longrightarrow X$ telle que $p \circ \sigma' = \sigma$. Comme elle vérifie $\sigma'(0,0) = \alpha$, le théorème est démontré.

Un corollaire immédiat est que *tout revêtement de I est trivial*, car il possède des sections globales : prendre $B = I$ et pour σ l'application identique de I dans B. Même résultat pour I^n pour $n \in \mathbb{N}$.

Plus important :

Corollaire 1. *Soit (X, B, p) un revêtement et supposons X connexe et simplement connexe*[11]. *Soient γ_0 et γ_1 deux chemins dans B ayant même origine et même extrémité et soient μ_0 et μ_1 des relèvements de γ_0 et γ_1 à X ayant la même origine. Pour que γ_0 et γ_1 soient homotopes, il faut et il suffit que μ_0 et μ_1 aient la même extrémité.*

Si la condition est vérifiée, les deux relèvements sont homotopes puisque X est simplement connexe, donc aussi les chemins donnés dans B. La réciproque, qui ne suppose rien sur X, est la seconde assertion du théorème 2.

En particulier, *pour qu'un chemin fermé γ dans B soit homotope à un point, il faut et il suffit qu'un (et donc tout) relèvement de γ à X soit fermé*, à condition bien sûr que X soit simplement connexe.

Pour énoncer le corollaire suivant qui résoud une question essentielle en théorie de Cauchy, prenons $B = \mathbb{C}^*$ et considérons le chemin

$$\mathbf{u} : t \longmapsto r.\exp(2\pi i t)$$

dans B, cercle de centre 0 et de rayon $r > 0$ parcouru une fois dans le sens positif ; soit $n\mathbf{u}$ le chemin $t \mapsto r.\exp(2\pi i n t)$, cercle de centre 0 parcouru n fois dans le sens positif si $n \geq 0$, ou $-n$ fois dans le sens négatif si $n < 0$; le choix de r n'a évidemment aucune influence sur la classe d'homotopie de $n\mathbf{u}$

---

[11] i.e. possédant la propriété suivante : deux chemins quelconques, de même origine et de même extrémité, sont toujours homotopes à extrémités fixes.

dans $\mathbb{C}^*$, qui nous importe seule pour ce qui suit, ce qui permet de supposer $r = 1$.

Corollaire 2. *Pour tout chemin fermé γ dans $\mathbb{C}^*$, il existe un entier n et un seul tel que γ soit homotope à $n\mathbf{u} : t \mapsto \mathbf{e}(nt)$.*

L'application $\mathbf{e} : \mathbb{C} \longrightarrow \mathbb{C}^*$ transforme en effet $\mathbb{C}$ en un revêtement connexe et simplement connexe de $\mathbb{C}^*$ [(i), Exemple 1]. Un relèvement de γ est un chemin μ dans $\mathbb{C}$ tel que $\mathbf{e}[\mu(t)] = \gamma(t)$ pour tout t, autrement dit, au facteur $2\pi i$ près, une *branche uniforme* de $\mathcal{L}og\, z$ le long de γ au sens du Chap. IV, § 4. Comme γ est fermé, on a $\mu(1) = \mu(0) + n$ pour un $n \in \mathbb{Z}$, de sorte que μ est homotope à extrémités fixes au chemin rectiligne

$$t \longmapsto (1-t)\mu(0) + t\mu(1) = (1-t)\alpha + t\beta\,.$$

Par suite, γ est homotope à extrémités fixes au chemin

$$t \longmapsto \mathbf{e}\left[(1-t)\alpha + t\beta\right] = \gamma(0)\mathbf{e}(nt)\,,$$

i.e. à $n\mathbf{u}$. La fin de la démonstration peut être laissée au lecteur.

Le corollaire montre que, pour que γ soit homotope à un point dans $\mathbb{C}^*$, il faut et il suffit que la variation de $\mathcal{L}og\, z$ ou, ce qui revient au même, de $\mathcal{A}rg\, z$ le long de γ soit nulle. Si la variation de l'argument est $2\pi n$, alors γ est homotope à un cercle de centre 0 parcouru n fois.

On pourrait, dans l'énoncé précédent, remplacer $\mathbb{C}^*$ par un disque ouvert pointé de centre 0, par exemple $0 < |z| < 1$; il suffit de raisonner dans le demi-plan de Poincaré au lieu de $\mathbb{C}$.

Exercice 2. Extraire des raisonnements précédents une démonstration élémentaire directe du corollaire 2.

(iv) *Revêtements d'un espace simplement connexe.* Nous pouvons maintenant démontrer l'un des résultats principaux de la théorie :

Théorème 3. *Tout revêtement (X, B, p) d'un espace simplement connexe et localement connexe est trivial.*

Tout revient à montrer l'existence d'une section globale qui, en un point $a \in B$ donné, a une valeur donnée $\alpha \in X$. Pour la définir en un $z \in B$ quelconque, joignons a à z par un chemin γ et considérons *le* relèvement μ de γ d'origine α. Si l'on remplace γ par un autre chemin γ' joignant a à z, l'extrémité $\mu(1)$ ne change pas car, B étant simplement connexe, γ et γ' sont homotopes à extrémités fixes, donc aussi leurs relèvements. On peut donc définir sans ambiguïté une application $f : B \longrightarrow X$ en posant $f(z) = \mu(1)$, d'où $p[f(z)] = z$ pour tout $z \in B$. Cela ressemble beaucoup, et pour cause, à la construction d'une primitive d'une fonction holomorphe dans un ouvert simplement connexe.

Pour montrer que f est une section, il suffit de prouver qu'elle est *continue* en tout $z \in B$. Mais soit D un voisinage ouvert connexe de z au-dessus duquel

X est trivial. Pour calculer $f(z')$ pour $z' \in D$, on choisit une fois pour toutes un chemin γ joignant a à z et on le fait suivre d'un chemin γ' joignant z à z' dans D. Pour relever le nouveau chemin à X, on relève γ en un chemin μ d'origine α et dont l'extrémité est, par définition, $f(z)$, puis on relève γ' en un chemin d'origine $f(z)$; il se termine en $f(z')$. Mais $f(z)$ appartient à l'une des composantes connexes D_i de $p^{-1}(D)$, donc aussi le relèvement de γ' puisque son image est une partie connexe de $p^{-1}(D)$. Par suite, $f(z')$ est le point de D_i qui se projette en z', cqfd.

Dans l'énoncé qui suit, on dira que B est *localement simplement connexe* si tout voisinage d'un $z \in B$ contient un voisinage ouvert simplement connexe. Exemple trivial mais fondamental : toute variété C^0 puisque, dans un espace cartésien, une boule est simplement connexe et même contractile.

Théorème 4. *Tout espace B connexe et localement simplement connexe possède un revêtement connexe et simplement connexe (X, B, p), unique à un isomorphisme près. Si (Y, B, q) est un revêtement connexe de X et si $\alpha \in X$ et $\beta \in Y$ sont tels que $q(\beta) = p(\alpha)$, il existe une et une seule application continue f de X sur Y telle que*

$$p = q \circ f, \quad f(\alpha) = \beta,$$

et (X, Y, f) est un revêtement de Y.

La démonstration comporte plusieurs étapes dont on va indiquer les grandes lignes en laissant au lecteur le soin de les compléter.

(a) Choisissons un point $a \in B$ et considérons l'ensemble de tous les chemins $\gamma : I \longrightarrow B$ d'origine a. Considérons comme équivalents deux chemins homotopes (sous-entendu : à extrémités fixes) et soit X l'ensemble des classes de ces chemins. On définit $p : X \longrightarrow B$ en associant à chaque chemin son extrémité. On notera α la classe du chemin constant $t \mapsto a$.

(b) Soient $D \subset B$ un ouvert simplement connexe, z un point de D et $\zeta \in X$ la classe d'un chemin γ joignant a à z. Notons $D(\zeta)$ l'ensemble des classes ζ' des chemins $\gamma' = \gamma.\delta$ obtenus en adjoignant à γ un chemin δ d'origine z dans D; ζ' ne dépend que de l'extrémité de δ puisque D est simplement connexe, d'où l'on déduit que l'application p de $D(\zeta)$ dans D est bijective.

L'ensemble $D(\zeta)$ ne change pas si l'on remplace z par un $z' \in D$ et γ par $\gamma' = \gamma.\delta$, où δ joint z à z' dans D; car si l'on joint z et z' à un $z'' \in D$ par des chemins ϵ et ϵ' dans D, les chemins $\gamma.\varepsilon$ et $\gamma.\delta.\varepsilon'$ qui joignent a à z'' sont homotopes. On voit donc que

(3.6) $$\zeta' \in D(\zeta) \Longrightarrow D(\zeta) = D(\zeta').$$

Disons, pour simplifier le langage, qu'un ensemble de la forme $D(\zeta)$ est, entre guillemets, un "*disque*" dans X. Soient $D(\zeta)$ et $D'(\zeta')$ deux "disques" dans X, γ et γ' des chemins d'origine a et d'extrémités z et z' dans B dont ζ

et ζ' sont les classes d'homotopie, ζ'' un point de $D(\zeta) \cap D'(\zeta')$ correspondant à un chemin γ'' dans B d'extrémité $z'' \in D \cap D'$, et $D'' \subset D \cap D'$ un voisinage simplement connexe D'' de z''. Par définition, il existe des chemins δ et δ' d'origines z et z' dans D et D' et d'extrémité z'' tels que γ'' soit homotope à la fois à $\gamma.\delta$ et à $\gamma'.\delta'$. On a alors

(3.7) $$D''(\zeta'') \subset D(\zeta) \cap D'(\zeta') \ .$$

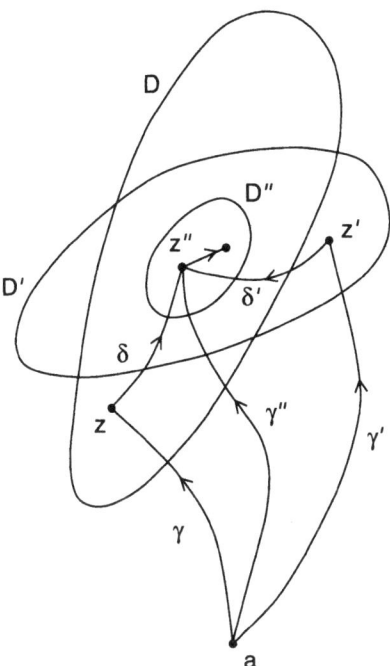

fig. 3.

La figure ci-dessus montre les constructions à effectuer pour obtenir le résultat.

(c) Pour D et $z \in D$ donnés, les $D(\zeta)$ avec $p(\zeta) = z$, dont la réunion est $p^{-1}(D)$, sont *deux à deux disjoints*. Si en effet ζ et ζ' sont les classes de deux chemins γ et γ' d'extrémité z et si $\zeta'' \in D(\zeta) \cap D(\zeta')$, il existe dans D un chemin δ d'origine z et d'extrémité $p(\zeta'')$ tel que $\gamma.\delta$ et $\gamma'.\delta$ soient homotopes ; γ et γ' le sont alors aussi (exercice !), d'où $\zeta = \zeta'$.

(d) Disons qu'un ensemble $U \subset X$ est *ouvert* si, pour tout $\zeta \in U$, on a $D(\zeta) \subset U$ pour D assez petit. La vérification des axiomes (unions et intersections) est évidente – utiliser (7) pour l'intersection –, et (6) montre que tout "disque" est ouvert dans X. Comme les ouverts D sont arbitrairement petits, on voit qu'en fait tout ouvert de X est la réunion des $D(\zeta)$ qu'il contient.

Pour vérifier que l'espace X est séparé, il suffit de montrer que l'on peut réaliser la relation $D(\zeta) \cap D'(\zeta') = \varnothing$ si $\zeta \neq \zeta'$. C'est clair si $p(\zeta) \neq p(\zeta')$: choisir D et D' tels que $D \cap D' = \varnothing$. Si $z = z'$, cela résulte du point (c).

(e) L'application $p : D(\zeta) \longrightarrow D$ est un homéomorphisme. La continuité résulte du fait que, si $z' \in D' \subset D$, l'ensemble

$$p^{-1}(D') = \bigcup_{p(\zeta')=z'} D'(\zeta')$$

est ouvert dans X. Comme d'autre part p applique tout "disque" $D(\zeta)$ sur un ouvert D, p applique tout ouvert de X, et en particulier de $D(\zeta)$, sur un ouvert de B. Comme $p : D(\zeta) \longrightarrow D$ est bijective, c'est un homéomorphisme.

Le fait que (X, B, p) soit un revêtement de B est maintenant clair.

(f) X est connexe, car si l'on note α la classe du chemin constant $t \mapsto a$, et si γ joint a à $z \in B$, les classes des chemins

$$\gamma_s : t \longmapsto \gamma(st), \qquad s, t \in I,$$

définissent, dans X, un chemin joignant α à la classe ζ de γ.

Pour montrer que X est simplement connexe, on observe que si l'on a dans X deux chemins μ et μ' d'origine α et de même extrémité ζ, ce sont les relèvements de deux chemins γ et γ' d'origine a et d'extrémité $p(\zeta)$; or les extrémités de μ et μ' dans X sont, par définition, les classes d'homotopie de γ et γ' ; γ et γ' sont donc homotopes, donc aussi μ et μ' (théorème 2). On passe de là à des chemins d'origine quelconque en tenant compte de la connexité de X.

(g) Soient (Y, B, q) un revêtement connexe de B et $\alpha \in X$, $\beta \in Y$ tels que $q(\beta) = p(\alpha)$. Pour tout $\zeta \in X$, il existe un chemin μ joignant α à ζ, unique à homotopie près puisque X est simplement connexe. Si γ est la projection de μ sur B, il existe un et un seul relèvement ν de γ à Y ayant β pour origine ; comme γ est unique à homotopie près, l'extrémité $f(\zeta)$ de ν ne dépend que de ζ, d'où l'application f cherchée. Son unicité provient du fait qu'il n'est évidemment pas possible de la définir autrement. Que (X, Y, f) soit un revêtement est à peu près évident.

Si Y est simplement connexe, il existe en sens inverse une application $g : Y \longrightarrow X$ telle que $p \circ g = q$, $g(\beta) = \alpha$. Il est clair que f et g sont réciproques l'une de l'autre, d'où l'isomorphisme des revêtements simplement connexes considérés, cqfd.

Si B est un espace connexe et localement connexe par arcs, le revêtement (X, B, p) connexe et simplement connexe du théorème 4 est le *revêtement universel* de B ; il "domine" tous les autres d'après le point (g) de la démonstration. L'exemple 1 ci-dessus montre que $\mathbb{C}$ est un revêtement universel de

$\mathbb{C}^*$ grâce à l'application exponentielle, l'application $t \mapsto \mathbf{e}(t)$ faisant d'autre part de $\mathbb{R}$ le revêtement universel de $\mathbb{T}$.

Exercice 3. Soient $G \subset \mathbb{C}$ un domaine et $(\tilde{G}, G, p)$ son revêtement universel. Montrer qu'il existe sur $\tilde{G}$ une structure analytique complexe telle que p soit une submersion holomorphe. Soient f une fonction holomorphe dans G et ω_f l'image réciproque par p de la forme différentielle $f(z)dz$. Montrer qu'il existe une fonction F holomorphe dans $\tilde{G}$ telle que $dF = \omega_f$. Cas où $G = \mathbb{C}^*$?

(v) *Revêtements d'un disque pointé.* Soit D^* un disque pointé, i.e. ou bien un disque ouvert moins son centre dans $\mathbb{C}$, ou bien l'extérieur d'un disque fermé dans $\mathbb{C}$ (disque pointé " de centre ∞") ; à l'aide d'une représentation conforme, on se ramène au disque $0 < |z| < 1$. Comme tout revêtement de toute surface de Riemann, un revêtement (Y, D^*, q) de D^* possède une structure naturelle de surface de Riemann : on transporte aux " disques" de Y la structure analytique de leurs projections sur D^* et l'on vérifie la clause de compatibilité, ce qui est immédiat. Le résultat suivant jouera un rôle essentiel dans le construction de la surface de Riemann compacte d'une fonction algébrique :

Théorème 5. *Soit (Y, D^*, q) un revêtement connexe d'ordre $k < +\infty$ du disque pointé D^* : $0 < |z| < 1$. Il existe alors dans Y une fonction holomorphe φ telle que (i) $\zeta \mapsto \varphi(\zeta)$ soit une représentation conforme de Y sur D^*, (ii) $\varphi(\zeta)^k = q(\zeta)$.*

Cela signifie que (Y, D^*, q) est isomorphe au revêtement de D^* obtenu en prenant $Y = D^*$ et $q(z) = z^k$ [(i), Exemple 2], ou encore au revêtement obtenu en construisant, par la méthode du n° 2, la surface de Riemann de la fonction algébrique $z^{1/k}$, ou enfin que la fonction algébrique $z^{1/k}$, qui ne possède évidemment pas de branches uniformes dans le disque pointé, devient uniforme sur Y : on peut associer à chaque $\zeta \in Y$ un racine k^e de $z = q(\zeta)$ de telle sorte qu'elle dépende *holomorphiquement* de ζ (mais non de z, bien sûr).

(a) Choisissons un point quelconque a de D^* et un $\beta \in Y$ tel que $q(\beta) = a$ et associons à tout chemin *fermé* γ d'origine a dans D^* l'extrémité de son relèvement ν d'origine β dans Y. L'extrémité de ν ne dépendant que de la classe d'homotopie de γ, on peut se borner aux chemins $\gamma_n : t \mapsto a\mathbf{e}(nt)$ d'après le théorème 2 et son corollaire 2 ; soit ν_n le relèvement de γ_n. Il est clair que le chemin $\gamma_m.\gamma_{n^{-1}}$ consistant à parcourir γ_m puis l'opposé de γ_n est, au paramétrage près, le chemin γ_{m-n}. Si ν_m et ν_n ont la même extrémité, le relèvement de γ_{m-n} est évidemment le chemin *fermé* $\nu_m.\nu_{n^{-1}}$. Si inversement le relèvement ν_{m-n} de γ_{m-n} est fermé, le chemin $\nu_{m-n}.\nu_n$, d'origine β, est un relèvement de $\gamma_{m-n}.\gamma_n$, chemin identique, au paramétrage près, à γ_m ; on a alors $\nu_m = \nu_{m-n}.\nu_n$ au paramétrage près, de sorte que les chemins ν_m et ν_n ont la même extrémité.

On tire de là deux conclusions. Tout d'abord, si ν_m et ν_n sont fermés, il en est de même de ν_{m-n} ; l'ensemble des n tels que γ_n se relève en un chemin *fermé* est donc un sous-groupe $p\mathbb{Z}$ de $\mathbb{Z}$. En second lieu, l'extrémité de ν_n ne dépend que de la classe de $n \bmod p$. Comme tout point de Y se projetant en a est l'extrémité d'un tel relèvement, on en conclut qu'il y a autant de classes $\bmod p$ que de points de Y au-dessus de a, i.e. que $p = k$.

(b) Ce point acquis, considérons le revêtement universel $(P, D^*, \mathbf{e})$ de D^* où P est le demi-plan $\mathrm{Im}(\zeta) > 0$ et $\mathbf{e}$ l'application $\zeta \mapsto \mathbf{e}(\zeta)$ de P sur D^*. Si l'on choisit un $\alpha \in P$ tel que $\mathbf{e}(\alpha) = a$, le théorème 4 montre l'existence et l'unicité d'une application continue $f : P \longrightarrow Y$ telle que $f(\alpha) = \beta$ et $q[f(\zeta)] = \mathbf{e}(\zeta)$ pour tout $\zeta \in P$. Soient ζ' et ζ'' deux points tels que $f(\zeta') = f(\zeta'')$, d'où $\zeta'' = \zeta' + n$ pour un $n \in \mathbb{Z}$; en posant $\mathbf{e}(\zeta') = z'$, $\mathbf{e}(\zeta'') = z''$, $f(\zeta') = f(\zeta'') = \eta \in Y$, l'application f transforme tout chemin μ joignant ζ' à ζ'' en un chemin fermé ν d'origine η dans Y, lequel est un relèvement du chemin γ, image de μ par $\mathbf{e}$; en choisissant pour μ le chemin rectiligne $[\zeta', \zeta''] = [\zeta', \zeta' + n]$, il est clair que $\gamma(t) = z'\mathbf{e}(nt)$. Comme γ se relève en un chemin ν fermé dans Y, on a $n = 0 \bmod k$ d'après la partie (a) de la démonstration, applicable à tout point de D^* et en particulier à z'. Inversement, si n est un multiple de k, f transforme $[\zeta', \zeta' + n]$ en un relèvement, nécessairement fermé, de $t \mapsto z'\mathbf{e}(nt)$, d'où $f(\zeta') = f(\zeta'')$.

Il s'ensuit que f est un homéomorphisme du quotient $P/k\mathbb{Z}$ sur Y, évidemment compatible avec les structures analytiques complexes des deux espaces et avec les projections $q : Y \longrightarrow D^*$ et $p_k : P/k\mathbb{Z} \longrightarrow D^*$, de sorte que le revêtement donné (Y, D^*, q) est isomorphe, y compris au point de vue analytique complexe, au revêtement canonique $(P/k\mathbb{Z}, D^*, p_k)$ de l'exemple 2 de ce n°. Il reste donc à construire la fonction φ du théorème pour ce revêtement particulier. Or l'application $z \mapsto \mathbf{e}(z/k)$ de P sur D^* est invariante par $k\mathbb{Z}$; il y a donc une et une seule application $\varphi : P/k\mathbb{Z} \longrightarrow D^*$ qui, pour tout $z \in P$, transforme la classe de $z \bmod k\mathbb{Z}$ en $\mathbf{e}(z/k)$. On laisse au lecteur le soin de vérifier que φ est holomorphe et satisfait aux conditions (i) et (ii) du théorème.

Il s'applique à tout disque de centre $a \in \hat{\mathbb{C}}$; on remplace la relation $\varphi(\eta)^k = q(\eta)$ par

$$\varphi(\eta)^k = q(\eta) - a \text{ si } a \neq \infty, \quad \varphi(\eta)^k = 1/q(\eta) \text{ si } a = \infty.$$

Il s'applique aussi aux revêtements de $\mathbb{C}^*$: remplacer P par $\mathbb{C}$ dans les raisonnements précédents.

4 – La surface de Riemann d'une fonction algébrique

(i) *Branches uniformes globales.* Reprenons une équation irréductible

(4.1) $$P(z, \zeta) = P_0(z)\zeta^n + \ldots + P_n(z) = 0$$

de degré n en ζ et, comme au n° 2, ôtons de $\mathbb{C}$ l'ensemble fini des valeurs de z où (1) ne possède pas n racines distinctes, d'où un ouvert B. Comme on l'a montré, la partie $X \subset \mathbb{C}^2$ de la courbe $P = 0$ qui se projette sur B est à la fois une surface de Riemann et un revêtement d'ordre n de B ; si $(a, \alpha) \in X$ et si D est un disque ouvert assez petit de centre a, il y a dans D une seule et unique fonction holomorphe $f(z)$ vérifiant $P[z, f(z)] = 0$ et $f(a) = \alpha$, et le couple $(f(D), p)$ est une carte locale holomorphe de X au voisinage de (a, α), définie dans le "disque" $D(\alpha) = f(D)$. Comme $(z, \zeta) \in f(D)$ signifie que $\zeta = f(z)$, les fonctions $p : (z, \zeta) \mapsto z$ et $F : (z, \zeta) \mapsto \zeta$ sont holomorphes dans cette carte, donc dans X au sens du n° 1. Plus généralement, si f et g sont des polynômes, les fonctions $(z, \zeta) \mapsto f(z, \zeta)$ et $(z, \zeta) \mapsto g(z, \zeta)$ sont holomorphes dans X, de sorte que $(z, \zeta) \mapsto f(z, \zeta)/g(z, \zeta)$ est méromorphe si g ne s'annule pas identiquement dans X (i.e. n'est pas un mutiple du polynôme P).

Une première conséquence immédiate de ces résultats concerne les *branches uniformes globales* d'une fonction algébrique. Leur existence est gouvernée par le résultat suivant, où les notations sont les mêmes que ci-dessus :

Théorème 6. *Soit U un ouvert* simplement connexe *contenu dans B. Il existe n fonctions holomorphes f_k dans U dont les valeurs en chaque $z \in U$ sont les n racines de l'équation $P(z, \zeta) = 0$.*

Comme X est un revêtement de B, $p^{-1}(U)$ est un revêtement de U, donc trivial (théorème 3). Il possède donc n sections $z \mapsto (z, f_k(z))$, avec des fonctions f_k définies dans U et localement, donc globalement, holomorphes, cqfd.

Notre tâche va maintenant être de compléter X en une surface de Riemann compacte $\hat{X}$ pour laquelle l'application $p : X \longrightarrow B = \mathbb{C} - S$ se prolonge en une application $\hat{X} \longrightarrow \hat{\mathbb{C}}$ qui sera holomorphe sans toutefois vérifier l'axiome (R) des revêtements au voisinage des $z \in \hat{\mathbb{C}} - B$. Pour cela, il faut adjoindre à X, "au-dessus" des $z \in \hat{\mathbb{C}} - B$, un nombre fini de points et définir des cartes holomorphes au voisinage de ces points[12].

Cela suppose connue la structure de X au-dessus d'un voisinage de tout $a \in \hat{\mathbb{C}} - B$; le théorème 5 fournit la réponse. Ce sera quand même un peu long, mais il n'existe pas de méthode-éclair, a fortiori si l'on désire tout expliquer.

(ii) *Définition de la surface de Riemann $\hat{X}$*. Revenons à la surface de Riemann (X, B, p) de l'équation $P(z, \zeta) = 0$ au-dessus de l'ouvert B de $\mathbb{C}$; pour tout $a \in \hat{\mathbb{C}} - B$ donné, choisissons un disque ouvert $D(a)$ de centre a ne contenant aucun autre point de $\hat{\mathbb{C}} - B$ que a, et soit Y une composante connexe

---

[12] Les développements qui suivent, et même une partie de ceux qui précèdent, sont fortement inspirés du Chap. I de Otto Forster, *Lectures on Riemann Surfaces* (Springer, 1981). Citons aussi Hershel M. Farkas and Irwin Kra, *Riemann Surfaces* (Springer, 1980).

de $p^{-1}(D^*(a))$; c'est un revêtement connexe d'ordre $k \leq n$ de $D^*(a)$. Soit φ_Y une fonction holomorphe sur Y possédant les propriétés du théorème 5 relativement à $D^*(a)$; comme on a

(4.2) $$\varphi_Y(z,\zeta)^k = z - a \text{ resp. } 1/z$$

pour tout $\eta = (z, \zeta) \in Y$, on voit que $\varphi_Y(\eta)$ tend vers 0 lorsque $p(\eta) = z$ tend vers a. Il s'impose alors d'ajouter à Y un " point idéal " (Forster dixit) comme on le fait pour passer de $\mathbb{C}$ à $\hat{\mathbb{C}}$. Notons η_Y ce point, posons $\hat{Y} = Y \cup \{\eta_Y\}$ et convenons que $\varphi_Y(\eta_Y) = 0$, d'où une bijection de $\hat{Y}$ sur un disque ouvert de centre 0 dans $\mathbb{C}$; elle permet de transporter à $\hat{Y}$ la structure holomorphe de ce disque. La composante connexe $Y = \hat{Y} - |\eta_Y|$ devient un ouvert de $\hat{Y}$ et les fonctions holomorphes dans un ouvert U de $\hat{Y}$ sont celles qui s'expriment holomorphiquement à l'aide de φ_Y : on munit $\hat{Y}$ de la structure holomorphe pour laquelle $(\hat{Y}, \varphi_Y)$ est une *carte holomorphe* de $\hat{Y}$ et φ_Y une uniformisante locale en η_Y.

Montrons que, dans tout ouvert U de Y, les fonctions holomorphes que nous connaissons déjà depuis la fin du n° 2 (un ouvert de Y est aussi un ouvert de X) ne sont autres que les fonctions holomorphes de φ_Y. Tout d'abord, U est réunion de " disques " de X ; la notion d'holomorphie étant de caractère local, on peut donc se borner au cas où U est un " disque ", donc supposer que $U = D'(\beta)$ pour un $(b, \beta) \in Y$, où $D' \subset D^*(a) \subset B$ est un disque ouvert assez petit de centre $b \neq a$ au-dessus duquel le revêtement X, et a fortiori Y, est trivial ; $D'(\beta)$ est l'image de D' par $z \mapsto (z, f(z))$, où f est la branche uniforme dans D' de la fonction algébrique $P(z, \zeta) = 0$ qui, en b, prend la valeur β. Si l'on considère U comme un ouvert de X, les fonctions holomorphes de (z, ζ) dans U sont, d'après la fin du n° 2, les fonctions holomorphes de z dans D'. Tout revient donc à montrer que, dans $D'(\beta)$, les fonctions holomorphes de $\varphi_Y(z, \zeta)$ sont identiques aux fonctions holomorphes de z. Or on a $\varphi_Y(z, \zeta) = \varphi_Y(z, f(z))$ dans $D'(\beta)$; comme φ_Y est holomorphe dans Y au sens du n° 2 (théorème 5) et comme $z \mapsto (z, f(z))$ est une application holomorphe de D' dans X, le premier membre est fonction holomorphe de z dans D'. En sens inverse, la relation $\varphi_Y(z, f(z))^k = z - a$ resp. $1/z$ montre que, dans $D'(\beta)$, z est une fonction holomorphe de $\varphi_Y(z, f(z))$, cqfd.

La surface de Riemann complète $\hat{X}$ que nous cherchons s'obtient alors comme suit : pour chaque $a \in \hat{\mathbb{C}} - B$, on adjoint à X les points η_Y correspondant aux composantes connexes de X au-dessus de $D^*(a)$. *On considère ces η_Y comme deux à deux distincts* ; si le revêtement Y de $D^*(a)$ est d'ordre k, on dit que $(\hat{X}, \hat{\mathbb{C}}, p)$, qui n'est un revêtement qu'au-dessus de B et, peut-être, d'un voisinage de ∞, est un *revêtement ramifié* de $\hat{\mathbb{C}}$ qui, au point η_Y, possède une *ramification d'ordre* k. Ce n'est pas là une propriété de la surface de Riemann $\hat{X}$, laquelle est une variété aussi " lisse " qu'il est possible ; c'est une propriété de l'application $p : \hat{X} \longrightarrow \hat{\mathbb{C}}$.

Si par exemple on prend l'équation algébrique $\zeta^2 - z = 0$, X est l'ensemble des $(z, \zeta) \in \mathbb{C}^2$ tels que $\zeta^2 = z$, $z \neq 0$; au-dessus d'un disque D ne contenant pas 0, la surface a deux composantes connexes disjointes correspondant aux deux branches uniformes dans D de la pseudo-fonction $z^{1/2}$; au-dessus d'un disque D de centre 0, il n'en est plus de même car, lorsque z tourne une fois autour du point 0, la détermination choisie au départ pour $z^{1/2}$ devint la détermination opposée à l'arrivée ; cela signifie que les deux points de la surface se projetant en z peuvent être joints par une courbe, comme dans le cas du logarithme (Chap. IV, § 4). Au-dessus de $D^* = D - \{0\}$, la surface X est donc connexe ; elle l'est aussi au-dessus de D, car lorsque z tend vers 0 les deux valeurs possibles de $z^{1/2}$ tendent vers 0, et il n'y a plus qu'un seul point, à savoir $(0,0)$, au-dessus de l'origine. Il n'y a de "ramification" dans ce cas que parce qu'on essaie d'exprimer ζ à l'aide de z au voisinage de 0 ; si l'on cherchait à exprimer z en fonction de ζ, tout redeviendrait normal. Mais une courbe algébrique générale peut, même dans le domaine réel, présenter des singularités (points multiples, points de rebroussement, etc.) autrement plus compliquées qu'une tangente verticale.

Dans le cas général, $\hat{X}$ étant la réunion de X et des $\hat{Y}$, on définit la topologie de $\hat{X}$ en convenant qu'un $U \subset \hat{X}$ est ouvert si $U \cap X$ est ouvert dans X et si, pour tout Y tel que $\eta_Y \in U$, l'ensemble $U \cap \hat{Y}$ est ouvert dans $\hat{Y}$. Il est immédiat de vérifier l'axiome de Hausdorff et que X et les $\hat{Y}$ sont ouverts dans $\hat{X}$. Enfin, la structure analytique complexe de $\hat{X}$ s'obtient en adjoignant les cartes $(\hat{Y}, \varphi_Y)$ aux cartes dont on dispose déjà dans X. Comme on vient de le montrer, celles-ci sont compatibles avec la structure analytique complexe des ouverts Y, donc de X, définie au n° 2 ; elles sont aussi compatibles entre elles car deux à deux disjointes. D'où une structure de surface de Riemann sur $\hat{X}$ qui, dans l'ouvert X, coïncide avec celle du n° 2.

L'application p de $\hat{X}$ sur $\hat{\mathbb{C}}$ s'obtient en convenant que, pour chacun des ouverts $\hat{Y}$, $p(\eta_Y)$ est le point $a \in \hat{\mathbb{C}}$ à partir duquel on a obtenu Y ; si $D(a)$ est le disque de centre a que l'on a choisi pour obtenir les composantes connexes Y au-dessus d'un voisinage de a, l'image réciproque $p^{-1}(D(a))$ est réunion d'ouverts $\hat{Y}$, donc est ouverte dans $\hat{X}$, de même évidemment que $p^{-1}(D')$ pour tout disque $D' \subset D(a)$. Par suite, p est continue et, ce qui est mieux, applique tout ouvert de $\hat{X}$ sur un ouvert de $\hat{\mathbb{C}}$. Mais $\hat{X}$ n'est pas un revêtement de $\hat{\mathbb{C}}$ au sens strict.

Montrons que $\hat{X}$ est *compacte*. Pour chaque $a \in \hat{\mathbb{C}} - B$, considérons l'ouvert $p^{-1}(D(a))$ de $\hat{X}$, réunion d'ouverts du type $\hat{Y}$. Soit $D_a \subset D(a)$ un disque *fermé*, donc compact dans $\hat{\mathbb{C}}$, de centre a ; pour tout $Y \subset p^{-1}(D(a))$, la carte (Y, φ_Y) de $\hat{X}$ transforme homéomorphiquement $p^{-1}(D_a) \cap \hat{Y}$ en un disque fermé, donc compact, de centre 0. Par suite, $p^{-1}(D_a)$ est réunion finie de compacts, donc compact. Pour tout $a \in B$, il existe de même un disque fermé D_a de centre a tel que $p^{-1}(D_a)$ soit compact. Les intérieurs des D_a recouvrant l'espace compact $\hat{\mathbb{C}}$, on peut recouvrir $\hat{\mathbb{C}}$ à l'aide d'un nombre fini de disques D_a, de sorte que $\hat{X}$ est réunion d'un nombre fini de compacts, cqfd.

(iii) *La fonction algébrique $\mathcal{F}(z)$ comme fonction méromorphe sur $\hat{X}$.*
Montrons maintenant que les fonctions $(z,\zeta) \mapsto z$ et $F : (z,\zeta) \mapsto \zeta$, définies et holomorphes dans X, se prolongent en des fonctions méromorphes dans $\hat{X}$. Il suffit de le faire dans chacun des ouverts $\hat{Y}$ et, pour cela, de le vérifier dans la carte $(\hat{Y}, \varphi_Y)$. Si $\hat{Y}$ correspond à un point $a \in \hat{\mathbb{C}} - B$ et si Y est d'ordre k, on a $\varphi_Y(z,\zeta)^k = z - a$ ou $1/z$, d'où le résultat relatif à $(z,\zeta) \mapsto z$; en particulier, $(z,\zeta) \mapsto z$ possède un pôle d'ordre k en η_Y si ce point se projette sur le point ∞ de $\hat{\mathbb{C}}$. Noter en passant que, puisqu'on a exclu le point ∞ lorsqu'on a construit X, il se peut fort bien que $\hat{X}$ soit un vrai revêtement d'un voisinage de ∞, autrement dit que $k = 1$ pour chaque η_Y se projetant à l'infini ; la surface de Riemann de $\zeta(\zeta - 1)z = 1$ possède deux points au-dessus de ∞, la fonction ζ prenant en ces points les valeurs 0 et 1.

Le cas de la fonction algébrique $F : (z,\zeta) \mapsto \zeta$ est moins évident ; on supposera que η_Y se projette en un point $a \neq \infty$, l'autre cas se traitant de façon analogue. Comme $(\hat{Y}, \varphi_Y)$ est une carte holomorphe de $\hat{Y}$ et comme F est holomorphe dans $Y = \hat{Y} - \eta_Y$, on a dans Y un développement en série de Laurent

(4.3) $$F(z,\zeta) = \zeta = \sum_{\mathbb{Z}} c_n q^n = h(q), \quad q = \varphi_y(z,\zeta),$$

et tout revient à montrer que $c_n = 0$ pour $n < 0$ assez grand. Puisque $P(z,\zeta) = 0$ et $q^k = z - a$, on a

$$P_0\left(q^k + a\right) h(q)^n + \ldots + P_n\left(q^k\right) = 0$$

et donc

(4.4) $$h(q)^n + s_1(q) h(q)^{n-1} + \ldots + s_n(q) = 0 \quad \text{pour} \quad q \neq 0 ;$$

les fonctions rationnelles

$$s_i(q) = P_i\left(q^k + a\right) / P_0\left(q^k + a\right)$$

sont méromorphes à l'origine ; ce sont, au signe près, les fonctions symétriques élémentaires des racines de (4). Pour montrer que $h(q)$ n'a, tout au plus, qu'un pôle en $q = 0$, il suffit de montrer qu'on a une majoration de la forme $h(q) = O(q^{-N})$. Or les coefficients $s_i(q)$ sont dans ce cas. Il reste donc à établir le résultat suivant qui doit remonter à la nuit des temps et que l'on trouve par exemple dans les exercices de Dieudonné, *Calcul infinitésimal*, Chap. III :

Lemme 1. *Soient $\zeta_i (1 \leq i \leq n)$ les racines d'une équation*

(4.5) $$\zeta^n + c_1 \zeta^{n-1} + \ldots + c_n = 0$$

à coefficients complexes. On a

(4.6) $$\sup |\zeta_i| \leq \max (1, |c_1| + \ldots + |c_n|).$$

Soit M le premier membre de (6). Chaque racine de (5) vérifie
$$|\zeta_i|^n \leq |c_1|.|\zeta_i|^{n-1} + \ldots + |c_n| \leq |c_1|.M^{n-1} + \ldots + |c_n|,$$
d'où
$$M^n \leq |c_1|.M^{n-1} + \ldots + |c_n|.$$
Si $M \leq 1$, il n'y a rien à démontrer. Si $M \geq 1$, on écrit que
$$M \leq |c_1| + \ldots + |c_n|/M^{n-1} \leq |c_1| + \ldots + |c_n|,$$
cqfd.

On notera que si $P_0(a) \neq 0$, les coefficients $s_i(q)$ de (5) sont holomorphes en $q = 0$, donc bornés pour q assez petit, donc aussi $h(q)$. Par suite, la fonction $F(z,\zeta) = \zeta$ *est holomorphe au point* $\eta_Y \in \hat{X}$ *si* $P_0(a) \neq 0$, autrement dit si, au point a, l'équation $P(a,Y) = 0$ est effectivement de degré n. Puisque, dans Y, on a $P(z,\zeta) = 0$, la valeur de ζ au point η_Y s'obtient en passant à la limite lorsque (z,ζ) converge vers η_Y, donc est l'une des racines de $P(a,\zeta) = 0$.

Si par contre $R_0(0) = P_0(a) = 0$, on a $P_0(X + a) = X^m Q_0(X)$ avec $Q_0(0) \neq 0$, les coefficients
$$s_i(q) = P_i\left(q^k + a\right)/q^{mk} Q_0\left(q^k\right)$$
peuvent avoir à l'origine des pôles d'ordre $\leq mk$, donc sont $O(q^{-mk})$, ainsi par conséquent que $h(q)$. Le calcul de l'ordre exact de ζ au point η_Y peut, théoriquement, se faire par la méthode des polygônes de Newton[13], mais elle a fort heureusement disparu depuis longtemps des exposés sur les surfaces de Riemann.

Dans tous les cas, la situation au-dessus du point a est alors facile à élucider. Reprenons le disque $D(a)$ de centre a utilisé plus haut et soient $Y_1, \ldots, Y_m$ les diverses composantes connexes de X au-dessus de $D^*(a)$. Chaque Y_i est un revêtement connexe d'ordre k_i de $D^*(a)$, et l'on a $k_1 + \ldots + k_m = n$ puisqu'il y a n points de X au-dessus de chaque point de B. Si l'on note $q_i(z,\zeta)$ la fonction φ_Y correspondant à $Y = Y_i$, de sorte que (Y_i, q_i) est une carte de $\hat{X}$, on a

---
[13] L'exposé le plus court, mais non nécessairement le plus abordable, est celui de Dieudonné, *Calcul infinitésimal*, Appendice au Chap. III. Le fait qu'il se borne à chercher des branches réelles et des développements limités plutôt que des séries de Laurent en q pour ne pas traumatiser trop tôt ses lecteurs néophytes ne change rien. En outre, la méthode s'applique à des fonctions non nécessairement algébriques.

(4.7) $\qquad q_i(z,\zeta)^{k_i} = z - a$ si $a \neq \infty$, $= 1/z$ si $a = \infty$;

$(z,\zeta) \mapsto \zeta$ est, dans Y_i, une fonction méromorphe $h_i(q_i)$ ayant peut-être un pôle en $q_i = 0$, donc une série de Laurent méromorphe en l'uniformisante locale q_i. Les k_i points de Y_i situés au-dessus d'un $z \in D^*(a)$ donné correspondent aux k_i valeurs de q_i vérifiant (7); elles se déduisent les unes des autres en multipliant q_i par les racines k_i-ièmes de l'unité. Pour $z \in D^*(a)$, l'équation $P(z,\zeta) = 0$ possède exactement k_i racines, distinctes, telles que $(z,\zeta) \in Y_i$; elles correspondent aux k_i points, distincts, de Y_i situés au-dessus de z; ce sont les nombres obtenus en substituant à q_i, dans la série h_i, les k_i racines k_i-ièmes de $z - a$ ou de $1/z$. Lorsque $(z,\zeta) \in Y_i$ tend vers le point $\eta_Y = \eta_i$ qu'on a adjoint à $Y = Y_i$, ζ tend soit vers une limite finie $\zeta_i = h_i(0)$ qui vérifie $P(a,\zeta_i) = 0$, soit vers l'infini. Si l'on a $P_0(a) \neq 0$ et $a \neq \infty$, les h_i sont holomorphes à l'origine comme on l'a vu et l'on en déduit que, pour tout $r > 0$, il existe un $\rho > 0$ tel que, pour $|z - a| < \rho$, l'équation $P(z,\zeta) = 0$ possède au moins k_i racines simples vérifiant $|z - \zeta_i| < r$; par suite, l'ordre de multiplicité de la racine ζ_i de $P(z,\zeta) = 0$ est *au moins* k_i d'après le lemme 1 du n° 2.

Comme $\sum k_i = n$, ce résultat suggère que les composantes connexes Y_i de X au-dessus de $D^*(a)$ correspondent bijectivement aux diverses racines de l'équation $P(a,\zeta) = 0$, chaque racine multiple ζ_i d'ordre k_i donnant lieu à une composante Y_i d'ordre k_i.

Faux : on peut avoir $\zeta_i = \zeta_j$ pour des indices i et j différents, auquel cas la multiplicité de la racine ζ_i est au moins $k_i + k_j$.

Exercice 1. On considère l'équation

(4.8) $$\zeta^2 - z\zeta - z^4 = 0.$$

Elle possède des racines doubles en ζ pour $z = 0$, $i/2$ et $-i/2$; la surface de Riemann X construite au n° 2 est donc la partie du graphe dans $\mathbb{C}^2$ de la relation (8) qui est située au-dessus de l'ouvert

$$B = \mathbb{C} - \{0, i/2, -i/2\}$$

de $\mathbb{C}$. On pose $\zeta = z\tau$, ce qui ramène à l'équation $\tau^2 - \tau = z^2$, qui a deux branches uniformes dans le disque D le disque $|z| < 1/2$. Montrer que celles-ci sont données par

(4.9) $\qquad g_1(z) = 1 + z^2 + \ldots$
(4.10) $\qquad g_2(z) = -z^2 + z^4 + \ldots$.

Montrer que $p^{-1}(D^*)$ est la réunion des graphes Y_1 et Y_2 au-dessus de D^* des fonctions

$$f_1(z) = zg_1(z) = z + z^3 + \ldots \quad \text{et} \quad f_2(z) = zg_2(z) = -z^3 + z^5 + \ldots$$

et que ce sont les *deux* composantes connexes de $p^{-1}(D^*)$ en dépit du fait que l'équation $P(0,\zeta) = 0$ possède *une* racine. Montrer qu'aux deux points η_1 et η_2 de $\hat{X}$ se projetant en $z = 0$, la fonction $\tau : (z,\zeta) \mapsto \zeta/z$, méromorphe sur $\hat{X}$ comme $(z,\zeta) \mapsto z$ et $(z,\zeta) \mapsto \zeta$, prend les valeurs 1 et 0. Pourrait-on lui attribuer une valeur au-dessus de 0 si l'on se plaçait sur le graphe de l'équation (8)?

Lorsque $P_0(a) = 0$, l'équation $P(a,\zeta) = 0$ possède moins de n racines; pour en obtenir n, on remplace ζ par $1/\zeta = \zeta'$, autrement dit on remplace le polynôme $P(X,Y)$ initial par

$$Q(X,Y) = Y^n P(X, 1/Y) = P_n(X)Y^n + \ldots + P_0(X).$$

Pour $X = a$, celui-ci possède la racine 0 que l'on interprète en disant que $P(a,\zeta) = 0$ admet la racine ∞ avec un ordre de multiplicité r égal à celui de la racine 0 de $Q(a,\zeta') = 0$; celui-ci est donné par les relations

$$P_0(a) = \ldots = P_{r-1}(a) = 0, \quad P_r(a) \neq 0.$$

Comme ces relations montrent que l'équation $P(a,\zeta) = 0$ est de degré $n-r$, on obtient au total n racines pour celle-ci, à savoir $n-r$ racines finies et une racine infinie d'ordre r.

(iv) *Connexité de $\hat{X}$.*

Théorème 7. *La surface de Riemann d'une équation algébrique* irréductible *est connexe.*

Il suffit de le faire pour l'ouvert X de $\hat{X}$, car les points η_Y que l'on a adjoints à X peuvent évidemment être reliés à des points de X par des chemins.

Comme on l'a vu dans la section (ii) du n° précédent, toute composante connexe X' de X est, comme X, un revêtement de B; soit k son ordre, de sorte que, pour tout disque $D \subset B$, l'ouvert $p^{-1}(D) \cap X'$ est réunion de "disques" $D_i (1 \leq i \leq k)$ correspondant par $z \mapsto (z, f_i(z))$ à des, article indéfini, branches uniformes dans D de notre "fonction" algébrique $z \mapsto \zeta$. L'identité

$$\prod (T - f_i(z)) = T^k + c_1(z)T^{k-1} + \ldots + c_k(z)$$

où T est une indéterminée, montre que les $f_i(z)$ sont les racines du polynôme

(4.11) $\qquad P'(T) = T^k + c_1(z)T^{k-1} + \ldots + c_k(z) = 0$

à coefficients dans l'anneau des fonctions holomorphes dans D (aucun rapport avec la dérivée de P). Mais pour tout $z \in D$, les $c_i(z)$ sont les fonctions symétriques élémentaires des $f_i(z)$, i.e. des racines de l'équation $P(z,\zeta) = 0$

telles que $(z,\zeta) \in X'$. Il s'ensuit que les $c_i(z)$ sont les mêmes pour tous les disques $D \subset B$ et sont donc les restrictions à D de fonctions holomorphes dans B. Nous allons montrer que celles-ci sont *rationnelles* et, pour cela, qu'elles n'ont en tout point $a \in \hat{\mathbb{C}} - B$ que des singularités polaires.

Reprenons comme au point (ii) le disque $D(a) = D$; au-dessus de D^*, X est réunion d'ouverts connexes Y ; il en est donc de même de X'. Si $Y \subset X'$ et si $q = \varphi_Y(z,\zeta)$ est l'uniformisante locale correspondante, ζ est, dans $\hat{Y}$, une fonction méromorphe de q possédant tout au plus un pôle en $q = 0$. Si, pour $z \in D^*$, on considère les racines ζ_i de $P(z,\zeta) = 0$ telles que $(z,\zeta_i) \in Y$, on a donc une majoration $\zeta_i = O(q^{-N})$ lorsque q tend vers 0. Mais si l'ordre du revêtement Y de D^* est égal à r, on a $q^r = z - a$ ou $1/z$ selon les cas, d'où $\zeta = O((z-a)^{-N})$ ou $O(z^N)$ pour un autre entier N. Les fonctions symétriques élémentaire des $\zeta_i = f_i(z)$ tels que $(z,\zeta_i) \in X'$ vérifient donc des majorations du même genre. Étant holomorphes dans B et à croissance au plus polynomiale au voisinage des points de $\hat{\mathbb{C}} - B$, les coefficients de (11) sont donc bien des fonctions rationnelles de z.

Par suite, (11) est, pour chaque composante connexe X' de X, une équation algébrique à coefficients dans le corps K des fonctions *rationnelles* de z. Si l'on note X_j les diverses composantes connexes de X et P_j les polynômes (11) correspondants, il est clair que

(4.12) $\quad \prod P_j(T) = \prod (T - \zeta) = T^n + s_1(z)T^{n-1} + \ldots + s_n(z) = P(z,T)$

où le produit est étendu à toutes les racines ζ de $P(z,\zeta) = 0$ et où, par conséquent, les coefficients sont les fonctions rationnelles $s_i(z) = P_i(z)/P_0(z)$ déjà rencontrées dans (4). Multipliée par $P_0(z)$, cette identité entre polynômes en T à coefficients dans le corps $K = \mathbb{C}(z)$ des fractions rationnelles à une variable montre que, dans l'anneau $K[T]$, les $P_j(T)$ divisent $P(T)$. Les coefficients des P_j ne sont pas nécessairement des polynômes en z, mais on sait (exercice ci-dessous) que si P est irréductible, i.e. ne possède aucun diviseur non trivial à coefficients dans $\mathbb{C}[z]$, il n'en possède pas non plus à coefficients dans $\mathbb{C}(z)$. Il y a donc un seul indice j, et X est connexe, cqfd.

Exercice 2. Soit $f(Y) = \sum a_k Y^k$ un polynôme à coefficients dans $\mathbb{Z}$. On appelle *contenu* de f le pgcd $c(f)$ des a_k. (a) Soient $f, g \in \mathbb{Z}[Y]$ et p un nombre premier qui divise $c(fg)$, i.e. tous les coefficients de fg. Montrer que p divise $c(f)$ ou $c(g)$. [Comme p divise $a_0 b_0$, il divise a_0 ou b_0 ; si p divise a_0 mais non tous les coefficients de f, soit r le plus grand entier tel que p divise $a_0, \ldots, a_{r-1}$; en calculant les coefficients de $Y^r, Y^{r+1}, \ldots$ dans fg, montrer que p divise b_0, puis b_1, etc.] (b) On dit que f est *primitif* si $c(f) = 1$. Montrer que si f et g sont primitifs, fg l'est aussi (" lemme de Gauss "). (c) Montrer que l'on a $c(fg) = c(f)c(g)$ quels que soient $f, g \in \mathbb{Z}[X]$. (d) Montrer que les raisonnements et résultats précédents subsistent si l'on remplace $\mathbb{Z}$ par l'anneau $A = k[X]$ des polynômes à une variable à coefficients dans un corps k [remplacer " premier " par " irréductible "] et plus généralement pour tout anneau principal A. (e) Soit $P(X, Y)$ un polynôme irréductible à coefficients dans un corps k. Montrer qu'en tant que polynôme en Y à coefficients dans le corps $K = k(X)$ de fractions rationnelles, P est encore irréductible. Autrement dit : si P a un diviseur non trivial dans $K[X] = k(X)[Y]$, il a un diviseur non trivial dans $k[X,Y]$.

(v) *Fonctions méromorphes sur $\hat{X}$.*

Théorème 8. *Toute fonction méromorphe sur $\hat{X}$ est une fonction rationnelle de z et ζ.*

La démonstration sera complète, mis à part un résultat de la théorie générale des extensions de corps commutatifs que nous admettrons bien qu'il ne soit pas très difficile à établir.

Soit φ une fonction méromorphe sur $\hat{X}$. Elle possède un nombre fini de pôles qui se projettent en des points $a_i \in \hat{\mathbb{C}}$; soit B_φ l'ouvert obtenu en ôtant de B les a_i qui lui appartiennent. Si, pour un $z \in B_\varphi$, on numérote (z, ζ_k) les n points (distincts) de X au-dessus de z, l'expression

(4.13) $$\prod (T - \varphi(z, \zeta_k)) = T^n + c_1(z) T^{n-1} + \ldots + c_n(z)$$

a un sens. Ses coefficients, fonctions symétriques élémentaires au signe près des $\varphi(z, \zeta_k)$, sont définis dans tout B_φ. Ce sont des fonctions holomorphes dans B_φ car, au-dessus d'un disque $D \subset B_\varphi$ assez petit de centre a, le revêtement X se décompose en " disques " $D(\alpha_k)$, correspondant aux racines α_k de $P(a, \zeta) = 0$, dans lesquels φ est une fonction holomorphe de l'uniformisante locale q, donc de z, d'où le résultat. Comme d'autre part la fonction φ est $O(q^{-N})$ au voisinage de tout point qui ne se projette pas dans B_φ, où q est l'uniformisante locale en ce point, les $c_i(z)$ possèdent tout au plus des pôles aux points de $\hat{\mathbb{C}} - B_\varphi$, donc sont des fonctions *rationnelles* de z.

Si l'on note M le corps des fonctions méromorphes sur $\hat{X}$ et si l'on identifie toute fonction rationnelle $f(z)$ sur $\hat{\mathbb{C}}$ à la fonction $(z, \zeta) \mapsto f(z)$ sur $\hat{X}$, on voit donc que *toute $\varphi \in M$ est algébrique et de degré $\leq n$* sur $K = \mathbb{C}(z)$.

D'autre part, M contient le corps L des fonctions rationnelles de z et ζ ; comme on l'a vu à la fin de la section (iv) précédente, le polynôme $P(X,Y)$ est irréductible en tant que polynôme en Y à coefficients dans K. Le très simple résultat suivant montre alors que L est de dimension n sur K :

Lemme 2. *Soient M un corps commutatif, K un sous-corps de M et ζ un élément de M vérifiant une équation algébrique irréductible de degré n sur K. Le sous-corps L de M engendré par K et ζ est alors de dimension n sur K, et admet $1, \zeta, \ldots, \zeta^{n-1}$ pour base sur K.*

Comme ζ^n est une combinaison linéaire de $1, \zeta, \ldots, \zeta^{n-1}$ à coefficients dans K, il en est de même de ζ^p pour tout $p > n$:

$$\zeta^{n+1} = \zeta \left(c_0 + \ldots + c_{n-1} \zeta^{n-1} \right) = c_0 \zeta + \ldots + c_{n-1} \zeta^n =$$
$$= c_0 \zeta + \ldots + c_{n-1} \zeta^{n-1} + c_{n-1} \left(c_0 + \ldots + c_{n-1} \zeta^{n-1} \right),$$

etc. (récurrence sur p). Par suite, l'ensemble A des polynômes en ζ à coefficients dans K est un espace vectoriel de dimension $\leq n$ sur K. C'est un sous-anneau de M et, pour tout $a \in A$, l'application $u : x \mapsto ax$ de A dans A est linéaire sur K; elle est injective si $a \neq 0$ puisqu'on est dans un corps. Comme A est de dimension finie, u est bijective, d'où un $x \in A$ tel que $ax = 1$. Par suite, A est un sous-corps et on a $L = A$. Si L était de dimension $< n$ sur K, il existerait une relation linéaire non triviale, à coefficients dans K, entre $1, \zeta, \ldots, \zeta^{n-1}$, ce qui signifie que ζ vérifierait une équation de degré $< n$ sur K, contradiction.

Revenant aux fonctions méromorphes sur $\hat{X}$, on voit donc que l'on a
$$K \subset L \subset M, \quad \dim_k(L) = n.$$
Pour montrer que $M = L$, il suffit donc de montrer que $\dim_K(M) \leq n$. Or nous savons que toute $\varphi \in M$ vérifie une équation algébrique (non nécessairement irréductible) de degré n sur K; il suffit donc d'établir (ou d'admettre, ce que nous ferons) le résultat général que voici:

Lemme 3. *Soient M un corps commutatif de caractéristique 0, K un sous-corps de M et n un entier ≥ 1. Supposons que tout $x \in M$ vérifie une équation algébrique de degré $\leq n$ à coefficients dans K. Alors, en tant qu'espace vectoriel sur K, M est de dimension $\leq n$.*

Ce lemme repose lui-même sur le *théorème de l'élément primitif*, dû à Dedekind pour les corps de nombres algébriques et valable pour tout corps de caractéristique 0: si tout $x \in M$ est algébrique sur K, alors quels que soient $x_1, \ldots, x_p \in M$ en nombre fini, il existe un x tel que le sous-corps $K[x_1, \ldots, x_p]$ engendré par K et les x_i (ce sont évidemment les polynômes en les x_i à coefficients dans K: appliquer p fois le lemme 2) est égal à $K[x]$. Si l'on admet ce résultat, on voit que, dans les hypothèses du lemme 3, on a $\dim_K K[x_1, \ldots, x_p] \leq n$, ce qui, pour $p = n+1$, montre que $n+1$ éléments de M ne peuvent jamais être linéairement indépendants sur K, cqfd.

(vi) *Le point de vue purement algébrique*[14]. Je n'irai pas plus loin dans cette théorie. Disons toutefois quelques mots d'une autre méthode pour associer une surface de Riemann à tout *corps de fonctions algébriques à une variable* sur $\mathbb{C}$; on appelle ainsi tout corps L contenant le corps $K = \mathbb{C}(X)$ des fractions rationnelles à une variable et de dimension finie sur K; le théorème de l'élément primitif montre que L est nécessairement isomorphe au corps des fractions rationnelles en z et ζ, où ζ est une fonction algébrique de z; si le corps de base est $\mathbb{C}$, il ne s'agit donc pas d'une généralisation. Le point de vue est différent parce qu'on ne choisit pas a priori un $\zeta \in L$ tel que L soit l'ensemble des polynômes en ζ à coefficients dans $\mathbb{C}(z)$. Comment, alors, construire une surface de Riemann $\hat{X}$ attachée à L?

---

[14] Serge Lang, *Introduction to Algebraic and Abelian Functions (2nd ed., Springer, 1982)*.

4 – La surface de Riemann d'une fonction algébrique

L'idée de base est très simple, et s'applique à des corps bien plus généraux que $\mathbb{C}$ avec quelques modifications techniques. Les $x \in L$ doivent être les fonctions méromorphes sur $\hat{X}$. Si tel est le cas, on peut, en chaque point $P \in \hat{X}$, attribuer à x une valeur $x(P) \in \hat{\mathbb{C}}$; elle doit vérifier les conditions suivantes :

(P1) l'ensemble des x tels que $x(P) \neq \infty$ est un sous-anneau $o(P)$ de L, et l'application $P \mapsto x(P)$ est un homomorphisme de $o(P)$ sur $\mathbb{C}$;
(P2) la relation $x(P) = \infty$ implique $x^{-1}(P) = 0$;
(P3) on a $x(P) = x$ pour tout $x \in \mathbb{C}$.

Toute application $P : x \mapsto x(P)$ de L dans $\hat{\mathbb{C}}$ vérifiant les conditions précédentes est, par définition, une *place* du corps L. Cela dit, la surface de Riemann cherchée est l'ensemble de ces places, ensemble sur lequel on définit ensuite une structure de surface de Riemann compacte.

Certains auteurs définissent les places de L à l'aide des anneaux $o(P)$ associés, que l'on peut caractériser directement : ils doivent contenir $\mathbb{C}$ et vérifier

$$x \notin o \Longrightarrow x^{-1} \in o.$$

Un sous-anneau d'un corps K possédant cette propriété est un *anneau de valuation* de K. Exemple dans le corps $\mathbb{Q}$ des nombres rationnels : l'ensemble des fractions dont le dénominateur ne contient pas un nombre premier p donné. Exemple dans $\mathbb{C}(X)$: l'ensemble des fractions rationnelles holomorphes en un $a \in \hat{\mathbb{C}}$ donné.

Exercice 3. On obtient ainsi tous les anneaux de valuation de $\mathbb{Q}$, et de $\mathbb{C}(X)$ contenant $\mathbb{C}$, ce qui correspond au fait que la surface de Riemann de $\mathbb{C}(X)$ est $\hat{\mathbb{C}}$.

D'autres auteurs préfèrent définir les places d'un corps L de fonctions algébriques à l'aide de *valuations*; pour eux, un point de la surface de Riemann est une application

$$v : L \longrightarrow \mathbb{Z}$$

vérifiant les conditions suivantes : on a

$$v(xy) = v(x) + v(y), \quad v(x+y) \geq \min(v(x), v(y))$$

et $v(x) = 0$ si $x \in \mathbb{C}$. Cette définition correspond au fait qu'en tout point P de la surface de Riemann de L, on peut associer à chaque $x \in L$ son ordre $v_P(x)$ en P puisqu'au voisinage de P, la fonction x est une série de Laurent en une uniformisante locale. Le lecteur n'aura aucune peine à déterminer toutes les valuations de $\mathbb{C}(X)$, ou de $\mathbb{Q}$.

En définitive, les points de la surface de Riemann d'un corps L de fonctions algébriques sont, indifféremment, les places, les anneaux de valuation ou les valuations de L. On passe d'un anneau de valuation o à une place en observant que les $x \in o$ qui ne sont pas inversibles dans o forment un idéal $\mathfrak{p}$ de o et que le quotient $o/\mathfrak{p}$ est isomorphe à $\mathbb{C}$; pour $x \in o, x(P)$ est alors la classe de $x \bmod \mathfrak{p}$ et l'on pose $x(P) = \infty$ si $x \notin o$. D'autre part, on montre que les seuls idéaux de o sont les puissances $\mathfrak{p}^n$ de $\mathfrak{p}$, deux à deux distinctes ; pour $x \in o, v_P(x)$ est alors le plus petit n tel que $x \in \mathfrak{p}^n$, et pour $x \notin o$ on pose $v_P(x) = -v_P(x^{-1})$; en fait, $\mathfrak{p}$ est l'ensemble des $x \in L$ qui sont nulles au point P de la surface de Riemann, et $\mathfrak{p}^n$ l'ensemble des x ayant en P un zéro d'ordre $\geq n$.

Il faudrait aussi mentionner les relations avec la théorie des courbes algébriques.

Le point de vue algébrique a été inventé par Richard Dedekind et Heinrich Weber[15] une trentaine d'années après Riemann ; les constructions passablement obscures et floues de celui-ci, a fortiori le " verbiage " considérablement moins génial de certains de ses successeurs, ont dû passablement agacer les esprits cristallins des deux algébristes ; comme Dedekind avait déjà mis sous une forme parfaitement claire et, à beaucoup de points de vue, définitive la théorie des corps de nombres algébriques[16], il est naturel qu'il ait cherché à appliquer des méthodes similaires aux corps de fonctions algébriques d'une variable en remplaçant $\mathbb{Q}$ par $\mathbb{C}(X)$. Une trentaine d'années de plus, Hermann Weyl, *Die Idee der Riemannschen Fläche*, introduit dans la question les premières idées correctes sur les variétés complexes " abstraites " de dimension 1 et utilise le principe de Dirichlet pour prouver a priori l'existence de " beaucoup " de fonctions méromorphes sur les surfaces de Riemann ; ce résultat, évident pour les surfaces associées aux fonctions algébriques, demande, y compris à l'heure actuelle, une longue démonstration dans le cas général. Dans les années 1930 et 1940, on commence, grâce notamment à André Weil et Oscar Zarisky, à comprendre clairement ce qu'est une variété algébrique de dimension n sur un corps quelconque et à mettre en place une mécanique purement algébrique remplaçant avantageusement les raisonnements géométriques douteux de l'école italienne (qui n'en avait pas moins découvert depuis 1870 au moins des résultats et introduit des idées fort importants). En partant de la notion de place pour aboutir à une variété analytique complexe, Claude Chevalley publie après la guerre le premier exposé moderne sur les fonctions algébriques d'une variable ; on peut encore en conseiller la lecture ; le livre de Serge Lang va beaucoup plus loin en une centaine de pages, ce qui indique le degré de concision des démonstrations ...

---

[15] auteur d'un *Lehrbuch der Algebra* où l'on peut trouver pratiquement tout ce qu'on savait en algèbre aux environs de 1900.

[16] On l'a énormément perfectionnée et généralisée, mais sans changer fondamentalement son point de vue autrement qu'en introduisant la notion de valuation. La lecture de ses principaux articles, qu'on trouve dans ses oeuvres complètes, est encore un exercice des plus recommandables.

4 – La surface de Riemann d'une fonction algébrique

Vers la fin des années 1950, Alexandre Grothendieck, influencé par un séminaire de Chevalley sur les variétés algébriques et par l'introduction, par Jean-Pierre Serre, de la théorie des faisceaux dans la question, fait irruption dans le panorama et rend la théorie tellement générale et abstraite que l'on n'y comprend plus rien, sauf à lire ses 30 NP[17], rédigées par Dieudonné qui n'a jamais reculé devant rien, et celles de ses disciples; autant entrer au couvent. La théorie des schémas de Grothendieck, qui est de la géométrie algébrique sur un anneau et non sur un corps, n'en a pas moins permis de résoudre des problèmes classiques, auparavant inabordables, de la théorie des nombres ou des fonctions modulaires.

---

[17] NP : abréviation de "nouvelle page", concept inventé dans le groupe Bourbaki à l'époque où la France, multipliant par cent la valeur de sa monnaie, introduisait les "nouveaux francs".

Index

Algébrique
- correspondance, 296
- courbe, 297
- fonction, 295

Application différentiable, 154, 236
- de classe C^r, 237
- jacobien d'une, 156
- linéaire tangente, 154, 243
- rang en un point, 156

Atlas, 232

Bord d'un ouvert, 286

Calcul différentiel absolu, 146–148
Cartésien
- espace, 141
- ouvert, 233

Carte locale
- C^r-compatible, 232
- dans un espace cartésien, 164
- dans une variété, 232
- holomorphe, 289

Cauchy (formule des résidus), 46
Cauchy (formule intégrale de)
- générale, 48
- pour un cercle, 36

Champ de vecteurs, 264
- courbes intégrales, 266

Chemin, 10
- admissible ou de classe $C^{1/2}$, 10
- extérieur d'un chemin, 33
- indice d'un point, 33
- intérieur d'un chemin, 33
- longueur d'un chemin, 35
- relèvement d'un, 303
- support, 33

Connexe (espace)
- localement, 300
- localement simplement, 308
- simplement, 306

Convergence compacte, 37

- et convergence dans L^p, 38, 103

Courbe algébrique, 297
Covecteur, 140
Critique (point), 296

Dérivée
- covariante d'un champ de tenseurs, 169
- d'une application, 154
- d'une fonction holomorphe, 8

Déterminant de n vecteurs, 141
Difféomorphisme, 161, 237
Différentielle, 154, 242
- d'une application composée, 6, 245, 246
- du déterminant, 274
- notation, 156, 157, 243
- partielle, 159–161, 246

Discrète
- partie, 45

Distribution holomorphe, 41
Domaine (ouvert connexe)
- étoilé, 9
- contractile, 18
- simplement connexe, 27, 187

Dual d'un espace vectoriel, 140

Espace
- cartésien, 141
- de Riemann, 172–174, 262
- projectif, 234

Etoilé (domaine), 9, 10
Exponentielle d'une matrice, 273

Fonction
- algébrique, 295
- analytique, 8
- constante à r près, 37
- de classe $C^{1/2}$, 3
- différentiable, 4
- elliptique, 58

- $\mathbf{e}(z) = \exp(2\pi i z)$, 66
- gamma, 82–89
- holomorphe, 7, 290
- holomorphe à l'infini, 53
- méromorphe, 49, 290
- réglée, 3
- zêta de Riemann, 113

Fonction algébrique, 295
- branche uniforme, 298, 313
- corps de, 322, 323
- point critique, 296

Forme différentielle, 175, 194, 196, 275
- dérivée extérieure, 180, 197, 203
- exacte, 175
- fermée, 175
- image réciproque, 183, 201
- intégrale sur une variété orientée, 281
- produit extérieur, 195

Formes linéaire, 13

Formule
- d'inversion de Mellin, 109, 115
- de changement de cartes, 233
- de dérivation des fonctions composées, 157
- de duplication de la fonction Γ, 84
- de Green-Riemann, 205
- de Hankel, 86–89
- de Stirling pour la fonction gamma, 123
- de Stokes, 207, 212, 226, 284
- du changement de variable dans une intégrale, 215
- du changement de variables dans les intégrales, 212

Holomorphe
- à l'infini, 53
- analyticité, 41
- différentielle, 291
- distribution, 41
- fonction, 7

Homotopie
- chemins homotopes, 20, 187, 303
- linéaire, 23, 187

Immersion, 163, 246
Indice d'un point par rapport à un chemin, 33
Intégrale d'une fonction holomorphe
- comme intégrale de Stieltjes, 12
- invariance par homotopie, 25
- le long d'un chemin, 10

Intégrale d'une forme différentielle
- et image réciproque, 184, 208, 227
- le long d'un chemin, 181
- sur une variété orientée, 281
Irréductible (polynôme), 295

Jacobien, matrice jacobienne, 156
- d'une application holomorphe, 56
- et intégration, 215
- formule de multiplication, 158

Laurent (série de), 42
Logarithme (fonction), 27, 32
- branche uniforme, 27
Longueur d'un chemin, 35

Méromorphe
- différentielle, 292
- fonction, 49
- nombre de zéros et de pôles, 49
- sur la sphère de Riemann, 57
Multilinéaire (forme ou fonction), 141

Opérateur différentiel, 265
Orientation
- canonique de $\mathbb{R}^n$, 280
- d'un espace cartésien, 280
- d'une variété, 279

Partition de l'unité, 282, 283
Plongement d'une variété dans une autre, 254
Primitive
- d'une fonction holomorphe, 8
- d'une forme différentielle, 175
- existence globale, 46

Réglée
- fonction, 3
Résidu, 44
- à l'infini, 52
- d'une forme différentielle, 54, 292
- invariance par représentation conforme, 53
Rang d'une application en un point, 156
Relèvement
- d'un chemin, 303
- d'une homotopie, 303–307
Repère mobile, 166
Représentation conforme, 28, 51
- du disque unité, 29
Revêtement

- d'un espace, 300–310
- de $\mathbb{C}^*$ ou d'un disque pointé, 311, 312
- ordre, 302
- ramifié, 314
- section d'un, 302
- trivial, 301
- universel d'un espace, 308–310

Section (d'un revêtement), 302
Sous-variété, 250
- d'un espace cartésien, 260
- définie par une immersion, 253
- définie par une submersion, 252
Sphère de Riemann, 56
Subimmersion, 163, 246
Submersion, 163, 246
- forme canonique, 164
Surface de Riemann, 289
- carte holomorphe, 289
- d'une fonction algébrique, 298, 313–315
- et fonicons elliptiques, 290
- genre, 294
- holomorphe (différentielle), 291
- holomorphe (fonction), 290
- méromorphe (différentielle), 292
- méromorphe (fonction), 290
- ordre en un point, 291, 294
- résidu en un point, 292
- uniformisante locale, 289
Symboles de Christoffel, 171

Tangente (application linéaire), 154
Tenseur, 142, 167–169
- convention de sommation d'Einstein, 143
- covariant, contravariant, 143
- de type (p,q), 143
- en un point d'une variété, 238
- notations tensorielles, 141–146
- produit tensoriel, 143
Transformée de Fourier
- complexe, 98
- d'une fonction rationnelle, 72–78
- de $(x-a)^{-1}$, 78
- de $e^{-x}x^{s-1}$, 82
- de $1/\cosh \pi x$, 131

Transformée de Mellin, 108
- formule d'inversion, 109, 116
Transposée, 140

Uniforme (branche), 298, 313
Uniformisante locale, 289

Valeur principale, 96
Variété de classe C^r
- immergée, 259
- orientable, 213, 279
- produit, 237
Vecteur tangent
- à un espace cartésien, 242, 244
- à une courbe, 241
- en un point d'une variété, 239
- variété des vecteurs tangents, 247

THEOREMES du Chap. VIII
- Théorème 1, 16
- Théorème 2, 19
- Théorème 3, 26
- Théorème 4, 32
- Théorème 5, 46
- Théorème 6, 48
- Théorème 7, 51
- Théorème 8, 59
- Théorème 9, 62
- Théorème 10, 97
- Théorème 11, 98
- Théorème 12, 101
- Théorème 13, 107
- Théorème 14, 116

THEOREMES du Chap. IX
- Théorème 1, 164
- Théorème 2, 182
- Théorème 3, 187

THEOREMES du Chap. X
- Théorème 1, 292
- Théorème 2, 303
- Théorème 3, 307
- Théorème 4, 308
- Théorème 5, 311
- Théorème 6, 313
- Théorème 7, 319
- Théorème 8, 321

Table des matières du volume I (2ème édition)

Préface. L'analyse et ses adhérences .... I/V

I – Ensembles et Fonctions I/1

§ 1. *La théorie des ensembles* I/8

  1 – Appartenance, égalité, ensemble vide I/8
  2 – Ensemble défini par une relation. Intersections et réunions I/11
  3 – Entiers naturels. Ensembles infinis I/16
  4 – Couples, produits cartésiens, ensembles de parties I/19
  5 – Fonctions, applications, correspondances I/22
  6 – Injections, surjections, bijections I/26
  7 – Ensembles équipotents. Ensembles dénombrables I/29
  8 – Les différentes sortes d'infini I/31
  9 – Ordinaux et cardinaux I/35

§ 2. *La logique des logiciens* I/42

II – Convergence : Variables discrètes I/47

§ 1. *Suites et séries convergentes* I/47

  0 – Introduction : qu'est-ce qu'un nombre réel ? I/47
  1 – Opérations algébriques et relation d'ordre : axiomes de $\mathbb{R}$ I/55
  2 – Inégalités et intervalles I/57
  3 – Propriétés locales ou asymptotiques I/60
  4 – La notion de limite. Continuité et dérivabilité I/65
  5 – Suites convergentes : définition et exemples I/69
  6 – Le langage des séries I/79
  7 – Les merveilles de la série harmonique I/85
  8 – Opérations algébriques sur les limites I/99

§ 2. *Séries absolument convergentes* I/102

  9 – Suites croissantes. Borne supérieure d'un ensemble
       de nombres réels I/102
 10 – La fonction $\log x$. Racines d'un nombre positif I/107
 11 – Qu'est-ce qu'une intégrale ? I/115

12 – Séries à termes positifs I/119
13 – Séries alternées I/125
14 – Séries absolument convergentes classiques I/129
15 – Convergence en vrac : cas général I/133
16 – Relations de comparaison. Critères de Cauchy et d'Alembert .. I/138
17 – Limites infinies I/144
18 – Convergence en vrac : associativité I/155

§ 3. *Premières notions sur les fonctions analytiques* I/155

19 – La série de Taylor I/155
20 – Le principe du prolongement analytique I/165
21 – La fonction $\cot x$ et les séries $\sum 1/n^{2k}$ I/170
22 – Multiplication des séries. Composition des fonctions analytiques.
    Séries formelles I/175
23 – Les fonctions elliptiques de Weierstrass I/186

III – Convergence : Variables continues I/197

§ 1. *Le théorème des valeurs intermédiaires* I/197

1 – Valeurs limites d'une fonction. Ensembles ouverts et fermés I/197
2 – Fonctions continues I/202
3 – Limites à droite et à gauche d'une fonction monotone I/208
4 – Le théorème des valeurs intermédiaires I/211

§ 2. *Convergence uniforme* I/216

5 – Limites de fonctions continues I/216
6 – Un dérapage de Cauchy I/222
7 – La distance de la convergence uniforme I/227
8 – Séries de fonctions continues. Convergence normale I/231

§ 3. *Bolzano-Weierstrass et critère de Cauchy* I/237

9 – Intervalles emboîtés, Bolzano-Weierstrass, ensembles compacts . I/237
10 – Le critère général de convergence de Cauchy I/240
11 – Le critère de Cauchy pour les séries : exemples I/247
12 – Limites de limites I/254
13 – Passage à la limite dans une série de fonctions I/252

§ 4. *Fonctions dérivables* I/257

14 – Dérivées d'une fonction I/257
15 – Règles de calcul des dérivées I/266
16 – Le théorème des accroissements finis I/274
17 – Suites et séries de fonctions dérivables I/279
18 – Extensions à la convergence en vrac I/285

§ 5. *Fonctions dérivables de plusieurs variables* I/288

19 – Dérivées partielles et différentielles I/289
20 – Différentiabilité des fonctions de classe C^1 .... I/291
21 – Dérivation des fonctions composées I/294
22 – Limites de fonctions dérivables I/300
23 – Permutabilité des dérivations I/303
24 – Fonctions implicites I/306

Appendice au Chapitre III. Généralisations I/321

1 – Espaces cartésiens et espaces métriques généraux I/321
2 – Ensembles ouverts ou fermés I/324
3 – Limites et critère de Cauchy dans un espace métrique ;
    espaces complets I/326
4 – Fonctions continues I/329
5 – Séries absolument convergentes dans un espace de Banach I/331
6 – Applications linéaires continues I/336
7 – Espaces compacts I/340
8 – Espaces topologiques I/342

IV – **Puissances, Exponentielles, Logarithmes, Fonctions Trigonométriques** I/345

§ 1. *Construction directe* I/345

1 – Exposants rationnels I/345
2 – Définition des exposants réels I/347
3 – Calcul des exposants réels I/350
4 – Logarithme de base a. Fonctions puissances I/352
5 – Comportements asymptotiques I/354
6 – Caractérisations des fonctions exponentielles,
    puissances et logarithmiques I/357
7 – Dérivées des fonctions exponentielles : méthode directe I/360
8 – Dérivées des fonctions exponentielles, puissances et
    logarithmiques I/363

§ 2. *Développements en séries* I/366

9 – Le nombre e. Logarithme népérien I/366
10 – Série exponentielle et logarithme : méthode directe I/368
11 – La série du binôme de Newton I/372
12 – La série entière du logarithme I/381
13 – La fonction exponentielle comme limite I/391
14 – Exponentielles imaginaires et fonctions trigonométriques I/395
15 – La relation d'Euler chez Euler I/406
16 – Fonctions hyperboliques I/412

§ 3. *Produits infinis* I/417

17 – Produits infinis absolument convergents I/417
18 – Le produit infini de la fonction sinus I/420
19 – Développement en série d'un produit infini I/426
20 – Étranges identités I/431

§ 4. *La topologie des fonctions* $\mathcal{A}\mathrm{rg}(z)$ *et* $\mathcal{L}\mathrm{og}\, z$ I/438

Index I/449

Table des matières du volume II I/455

Table des matières du volume II

V – Calcul Différentiel et Intégral II/1

§ 1. *L'intégrale de Riemann* II/1

1 – Intégrales supérieure et inférieure d'une fonction bornée II/1
2 – Propriétés élémentaires des intégrales II/5
3 – Sommes de Riemann. La notation intégrale II/13
4 – Limites uniformes de fonctions intégrables II/15
5 – Applications aux séries de Fourier et aux séries entières II/19

§ 2. *Conditions d'intégrabilité* II/25

6 – Le théorème de Borel-Lebesgue II/25
7 – Intégrabilité des fonctions réglées ou continues II/28
8 – La continuité uniforme et ses conséquences II/31
9 – Dérivation et intégration sous le signe $\int$ II/35
10 – Fonctions semi-continues II/40
11 – Intégration des fonctions semi-continues II/48

§ 3. *Le " Théorème Fondamental " (TF)* II/52

12 – Le théorème fondamental du calcul différentiel et intégral II/52
13 – Extension du théorème fondamental aux fonctions réglées II/60
14 – Fonctions convexes; inégalités de Hölder et Minkowski II/66

§ 4. *Intégration par parties* II/74

15 – Intégration par parties II/74
16 – La série de Fourier des signaux carrés II/77
17 – La formule de Wallis II/80

§ 5. *La formule de Taylor* II/83

18 – La formule de Taylor II/83

§ 6. *La formule du changement de variable* II/92

19 – Changement de variable dans une intégrale II/92
20 – Intégration des fractions rationnelles II/96

§ 7. *Intégrales de Riemann généralisées* II/103

21 – Intégrales convergentes: exemples et définitions II/103
22 – Intégrales absolument convergentes II/105
23 – Passage à la limite sous le signe $\int$ II/110
24 – Séries et intégrales II/116
25 – Dérivation sous le signe $\int$ II/119
26 – Intégration sous le signe $\int$ II/125

§ 8. *Théorèmes d'approximation* II/130

27 – Comment rendre C^∞ une fonction qui ne l'est pas II/130
28 – Approximation par des polynômes II/136
29 – Fonctions ayant des dérivées données en un point II/139

§ 9. *Mesures de Radon dans $\mathbb{R}$ ou $\mathbb{C}$* II/143

30 – Mesures de Radon sur un compact II/143
31 – Mesures sur un ensemble localement compact II/153
32 – La construction de Stieltjes II/160
33 – Application aux intégrales doubles II/168

§ 10. *Les distributions de Schwartz* II/171

34 – Définition et exemples II/171
35 – Dérivées d'une distribution II/176

VI – Calculs Asymptotiques II/181

§ 1. *Développements limités* II/181

1 – Relations de comparaison II/181
2 – Règles de calcul II/183
3 – Développements limités II/184
4 – Développement limité d'un quotient II/186
5 – Le critère de convergence de Gauss II/188
6 – La série hypergéométrique II/190
7 – Étude asymptotique de l'équation $xe^x = t$ II/192
8 – Asymptotique des racines de $\sin x . \log x = 1$ II/194
9 – L'équation de Kepler II/196
10 – Asymptotique des fonctions de Bessel II/199

§ 2. *Formules sommatoires* II/211

11 – Cavalieri et les sommes $1^k + 2^k + \ldots + n^k$ II/211
12 – Jakob Bernoulli II/213
13 – La série entière de $\cot z$ II/218
14 – Euler et la série entière de *arctan x* II/221
15 – Euler, Maclaurin et leur formule sommatoire II/225
16 – La formule d'Euler-Maclaurin avec reste II/226

17 – Calcul d'une intégrale par la méthode des trapèzes II/228
18 – La somme $1 + 1/2 + \ldots + 1/n$, le produit infini de la
fonction Γ et la formule de Stirling II/229
19 – Prolongement analytique de la fonction zêta II/234

VII – Analyse Harmonique et Fonctions Holomorphes II/237

1 – La formule intégrale de Cauchy pour un cercle II/237

§ 1. *L'analyse sur le cercle unité* II/241

2 – Fonctions et mesures sur le cercle unité II/241
3 – Coefficients de Fourier II/248
4 – Produit de convolution dans $\mathbb{T}$ II/252
5 – Suites de Dirac dans $\mathbb{T}$ II/257

§ 2. *Théorèmes élémentaires sur les séries de Fourier* II/261

6 – Séries de Fourier absolument convergentes II/261
7 – Calculs hilbertiens II/262
8 – L'égalité de Parseval-Bessel II/264
9 – Séries de Fourier des fonctions dérivables II/271
10 – Distributions sur $\mathbb{T}$ II/274

§ 3. *La méthode de Dirichlet* II/282

11 – Le théorème de Dirichlet II/282
12 – Le théorème de Fejér II/288
13 – Séries de Fourier uniformément convergentes II/290

§ 4. *Fonctions analytiques et holomorphes* II/294

14 – Analyticité des fonctions holomorphes II/295
15 – Le principe du maximum II/297
16 – Fonctions analytiques dans une couronne. Points singuliers
Fonctions méromorphes II/300
17 – Fonctions holomorphes périodiques II/306
18 – Les théorèmes de Liouville et de d'Alembert-Gauss II/308
19 – Limites de fonctions holomorphes II/317
20 – Produits infinis de fonctions holomorphes II/320

§ 5. *Fonctions harmoniques et séries de Fourier* II/328

21 – Fonctions analytiques définies par une intégrale de Cauchy ... II/328
22 – La fonction de Poisson II/330
23 – Applications aux séries de Fourier II/332
24 – Fonctions harmoniques II/335
25 – Limites de fonctions harmoniques II/339
26 – Le problème de Dirichlet pour un disque II/342

§ 6. *Des séries aux intégrales de Fourier* II/345

27 – La formule sommatoire de Poisson II/345
28 – La fonction thêta de Jacobi II/350
29 – Formules fondamentales de la transformation de Fourier II/354
30 – Extensions de la formule d'inversion II/357
31 – Transformation de Fourier et dérivation II/362
32 – Distributions tempérées II/367

Postface. Science, technologie, armement II/377

Index II/467

Table des matières du volume I II/471

If you have any concerns about our products,
you can contact us on
ProductSafety@springernature.com

In case Publisher is established outside the EU,
the EU authorized representative is:
**Springer Nature Customer Service Center GmbH
Europaplatz 3, 69115 Heidelberg, Germany**

Printed by Libri Plureos GmbH
in Hamburg, Germany